“十二五”普通高等教育本科国家级规划教材

大学计算机

——互联网+（第5版·修订版）

主　编　蒋加伏　孟爱国

副主编　朱前飞

本书资源使用说明

北京邮电大学出版社

·北京·

内 容 提 要

本书是根据教育部高等学校大学计算机课程教学指导委员会提出的《新时代大学计算机基础课程教学基本要求》，并结合以计算思维能力培养和新一代信息技术赋能为目的的大学计算机基础课程教学改革目标编写而成的。全书分为8章，主要内容包括计算机系统基础、操作系统基础、文字处理软件Word 2016、电子表格处理软件Excel 2016、演示文稿制作软件PowerPoint 2016、计算机网络基础、多媒体技术和计算机新技术。

本书内容丰富、层次清晰、图文并茂、通俗易懂，根据高等学校计算机基础教学的现状，从新的视角提出了大学计算机的入门教学要求和教学设计。本书在注重基础知识、基本原理和基本方法的同时，采用案例教学的方式培养学生的计算机应用能力，并在配套的实验指导书中进一步加强实践，以便于在教学中实现理论与实践的紧密结合。

本书可作为高等学校非计算机专业“大学计算机基础”课程的教材，也可供其他读者学习使用。

图书在版编目（CIP）数据

大学计算机：互联网+/蒋加伏，孟爱国主编．--5版（修订版）．-- 北京：北京邮电大学出版社，2023.7（2025.1重印）

ISBN 978-7-5635-6866-6

Ⅰ．①大… Ⅱ．①蒋… ②孟… Ⅲ．①电子计算机—高等学校—教材 Ⅳ．①TP3

中国国家版本馆CIP数据核字（2023）第013608号

策划编辑：马双武　**责任编辑**：韩　霞　**封面设计**：赫　健

出版发行 北京邮电大学出版社
社　　址 北京市海淀区西土城路10号（100876）
电话传真 010-82333010　62282185（发行部）　010-82333009　62283578（传真）
网　　址 www.buptpress3.com
电子信箱 buptpress3@163.com
经　　销 各地新华书店
印　　刷 鸿博睿特（天津）印刷科技有限公司
开　　本 787 mm×1 092 mm　1/16
印　　张 20.5
字　　数 538千字
版　　次 2023年7月第5版
印　　次 2025年1月第6次印刷

ISBN 978-7-5635-6866-6　　定价：59.00元

前　言

计算思维是指运用计算机科学的思维方式进行问题求解、系统设计以及人类行为理解等的一系列思维活动。计算思维能力，不仅是计算机专业学生应该具备的基本能力，而且是所有大学生必须具备的重要素养。因此，从2010年开始，计算思维能力培养成为大学计算机基础教学的核心任务。

近年来，新一代信息技术不断与各类专业交叉融合，涌现出新工科、新文科、新医科和新农科“四新”专业体系。这些专业对新一代信息技术的需求有增无减。因此，迫切需要将新一代信息技术融入大学计算机基础体系和教学内容之中，在强化大学生的计算思维能力培养的同时，进一步实现新一代信息技术赋能。教育部高等学校大学计算机课程教学指导委员会（2018—2022年）提出了以计算思维能力培养和新一代信息技术赋能为目的的大学计算机基础课程教学改革目标，形成了《新时代大学计算机基础课程教学基本要求》。

2022年10月，党的二十大报告提出“深入实施科教兴国战略、人才强国战略、创新驱动发展战略”。教材是人才培养的重要支撑，也是引领创新发展的重要基础。

为了更好地服务于高水平科技自立自强、拔尖创新人才的培养，编者对本书进行了修订和完善，使教材内容与时代发展的要求同步。本次修订时进一步完善了课程思政的内容，以二维码的形式放在书中，本书课程思政目录请扫描下页的二维码查看。

本书分为8章。第1章介绍计算机系统基础知识，主要内容包括计算机的发展、计算机的类型、计算机的基本工作原理及结构、计算机硬件系统的组成、数据在计算机中的表示、计算机软件的类型。第2章介绍操作系统基础知识及应用，主要内容包括操作系统的发展、类型、功能，以及Windows 10操作系统的安装、配置和使用。第3章主要介绍文字处理软件Word 2016及相关操作。第4章主要介绍电子表格处理软件Excel 2016及相关操作。第5章主要介绍演示文稿制作软件PowerPoint 2016及相关操作。第6章主要介绍计算机网络基础知识，内容包括计算机网络的发展、数据通信的基本方法、计算机网络结构、计算机网络的组成、因特网的基本服务、网络安全与防范。第7章主要介绍多媒体技术，内容包括多媒体的基础知识、音频处理技术、图像处理技术、动画制作技术、视频处理技术。第8章主要介绍计算机新技术，内容包括人工智能、大数据、物联网和其他新技术。

为了方便教师使用本书教学和学生学习，本书配有采用案例方式讲述并按零起点设计的辅助教材《大学计算机实践教程——互联网+》（第5版·修订版）和配套的“互联网+”立体化资源、电子教案、考试系统、移动互联网教学平台、教学素材等。

本书为“互联网+”立体化系列教材，通过助学助教平台手机端APP扫描书中的二维码即

可查看相应的视频和补充拓展知识等阅读材料。具体资源使用说明，请扫描扉页中的二维码查看。

本书由蒋加伏、孟爱国担任主编，朱前飞担任副主编，参加编写的人员还有易建勋、周书仁、汤琛、陈曦、吴海珍、刘继华、王鑫等。李峰教授认真、仔细地审查了全书，并提出许多宝贵意见。此外，向蕾、肖玉坤、杨玉梅构思并设计了全书在线课程教学资源的结构与配置，赵梅、张展华、苏国强编辑了教学资源的内容，范茹婷、王琴参与了微课的录制及后期处理，苏文刚审查了全书配套在线课程的教学资源，李敏、张赞提供了版式和装帧设计方案。在此一并感谢。

由于本书的知识面较广，要将众多的知识很好地贯穿起来难度较大，不足之处在所难免。为便于以后的教材修订，恳请专家、教师及读者多提宝贵意见。

编　者

课程思政
目录

目　录

第4章 电子表格处理软件 Excel 2016 143

第5章 演示文稿制作软件 PowerPoint 2016......198

第1章
计算机系统基础

计算机是一种处理信息的工具，它能自动、高速、精确地对信息进行存储、传输和加工处理。计算机的广泛应用，推动了社会的发展和进步，并对人类社会的生产和生活产生了极其深刻的影响。可以说，计算机文化已融入社会的各个领域之中，成为人类文化中不可缺少的一部分。在进入信息时代的今天，学习计算机知识，掌握计算机的应用已成为人们的迫切需求。

本章主要介绍计算机系统基础知识，包括计算机的发展与应用、计算机系统的组成等内容。

1.1 计算机的发展

计算机的发展

计算技术的发展历史是人类文明史的一个缩影。在远古时代，人们采用石块、贝壳进行简单的记数，我国唐代发明了算盘，欧洲中世纪发明了加法计算器、分析机等，直到今天的电子计算机，这些发明记录了人类计算工具的发展历程。因此，计算机是人类对计算技术的继承和发展，是现代人类社会中不可缺少的基本工具。现代计算机是一种按程序自动进行信息处理的通用工具，它的处理对象是信息，处理结果也是信息。

1.1.1 早期计算工具的发展

1. 人类最早的记数工具

人类最早的计算工具也许是手指和脚趾，因为这些计算工具与生俱来，无须任何辅助设施，但是手指和脚趾只能实现计算，不能用于存储，而且局限于0～20以内的计算。

人类最早保存数字的方法有结绳和刻痕。1937年，在摩拉维亚(捷克东部)地区人们发现了一根40万年前(旧石器时代)幼狼的前肢骨，有7 in(1 in=25.4 mm)长，上面有55道很深的刻痕，“逢五一组”，这是迄今为止发现的人类最早的记数工具。

2. 十进制记数法

在古代世界的记数体系中，除巴比伦文明的楔形数字为六十进制、玛雅文明为二十进制

外，几乎全部为十进制。公元前3400年左右，古埃及已有十进制记数法，不过这些十进制记数体系还没有位值（数的位置不同，表示的值也不同）的概念。

我国周朝（前1046—前256年）的十进制已经有了明显的位值的概念。如图1-1所示为西周早期青铜器大盂鼎，其上的铭文记载："自驭至于庶人，六百又五十又九夫，易（注：通'赐'）尸司王臣十又三白（注：通'伯'），人鬲（注：奴隶）千又五十夫。"另外，小盂鼎上的铭文记载："伐鬼方□□□三人获馘（读[guó]，首级）四千八百[又]二馘。俘人万三千八十一人。俘马□□匹。俘车卅辆。俘牛三百五十五牛。"这里的三、五等数都具有位值记数的功能。

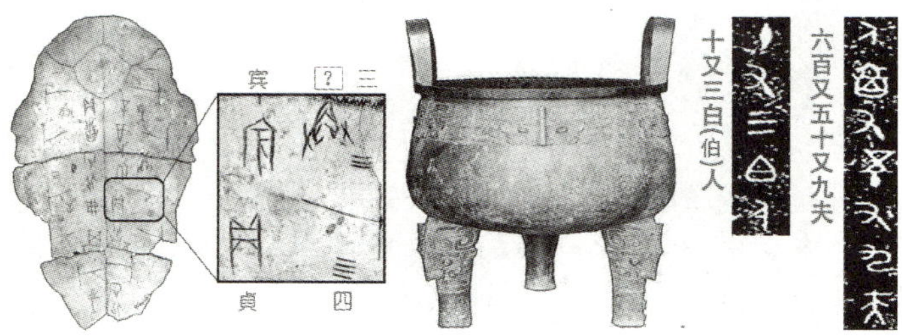

图1-1 商武丁时期甲骨文及西周大盂鼎铭文

3. 算筹

算筹是我国古代最早的计算工具之一，成语"运筹帷幄"中的"筹"就是指算筹。南北朝数学家祖冲之（429—500年）借助算筹作为计算工具，成功地将圆周率计算到了小数点后第7位。算筹可能起源于周朝，在春秋战国时已经非常普遍了。根据史书记载和考古材料发现，古代算筹实际上是一些差不多长短和粗细的小棍子。

4. 算盘

算盘一词并不专指中国算盘。从文献资料看，一些文明古国有过各种形式的算盘，如古希腊算板、古印度沙盘等。但是，它们的影响和使用范围都不及中国发明的穿珠算盘。从计算技术的角度看，算盘主要有以下进步：一是建立了一套完整的算法规则，如"三下五去二"；二是具有临时存储功能（类似于内存），能连续运算；三是出现了五进制，如上档一珠当五；四是制作简单，携带方便。2013年，我国的穿珠算盘被联合国教科文组织评选确定为人类非物质文化遗产。

中国算盘起源于何时？珠算专家华印椿认为算盘是由算筹演变而来的，但是至今没有定论。"珠算"一词最早见于东汉三国时期徐岳（？—220年）《数术记遗》一书，书中所述："刘会稽（注：刘洪）博学多问，偏于数学……隶首注术，乃有多种……其一珠算""珠算控带四时，经纬三才"。

1.1.2 早期计算机的发展

在欧洲文艺复兴时期，被神权长期压抑的创造力得到了空前释放，自然科学技术也得到了很大的发展。制造一台能帮助人们进行计算的机器，成为很多科学家的理想，但限于当时的科技水平，大都失败了。计算机的发展经历了机械式计算机、机电式计算机和电子计算机3个阶段。

1625年，英国人威廉·奥特雷德（William Oughtred，1575—1660年）发明了能进行6位数

加、减法的滑动计算尺。

1642 年，法国数学家布莱斯 · 帕斯卡（Blaise Pascal，1623—1662 年）采用与钟表类似的齿轮传动装置，设计出能进行 8 位十进制计算的加法器，如图 1-2 所示。

1822 年，英国数学家查尔斯 · 巴贝奇（Charles Babbage，1791—1871 年）制造出差分机，如图 1-3 所示，它由以前的每次只能完成一次算术运算，发展为自动完成某个特定的完整运算过程。之后，巴贝奇又设计了一种程序控制的通用分析机，它是现代程序控制方式计算机的雏形，其设计理论非常超前，但限于当时的技术条件而未能实现。

图 1-2　帕斯卡发明的加法器（1642 年）

图 1-3　巴贝奇发明的差分机（1822 年）

德国科学家康拉德 · 楚泽（Konrad Zuse，1910—1995 年）最先采用电气元件制造计算机。他于 1941 年制成的全自动继电器计算机 Z-3，已具备浮点计数、二进制运算、数字存储地址的指令形式等现代计算机的特征。

第 1 台现代电子数字计算机是 ABC（Atanasoff-Berry computer，阿塔纳索夫 - 贝瑞计算机），如图 1-4 所示。它是美国艾奥瓦州立大学物理系的副教授约翰 · 文森特 · 阿塔纳索夫（John Vincent Atanasoff，1903—1995 年）和他的研究生克利福特 · 贝瑞（Clifford Berry）于 1939 年 10 月研制成功的，后来的 ENIAC（electronic numerical integrator and computer，电子数字积分计算机）仿制了 ABC。1990 年，阿塔纳索夫获得了美国国家自然科学奖。

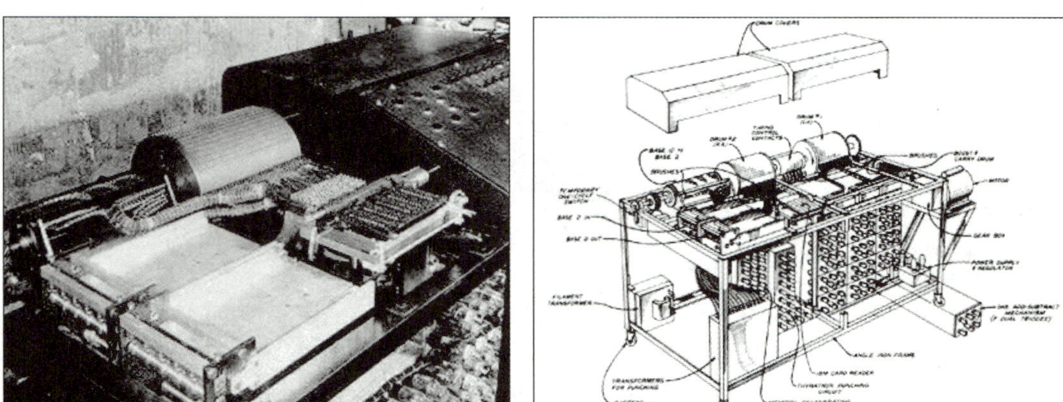

图 1-4　第 1 台现代电子数字计算机 ABC 及其设计示意图（1939 年）

阿塔纳索夫提出了现代计算机最重要的 3 个基本设计原则。

（1）以二进制的方式实现数字运算和逻辑运算，以保证运算精度。

（2）利用电子技术实现控制和运算，以保证运算速度。

（3）采用计算功能与存储功能相分离的结构，以简化计算机设计。

新的重大突破是由美籍匈牙利数学家约翰·冯·诺依曼(John von Neumann,1903—1957年)领导的设计小组完成的。1945年,他们发表了一个全新的“存储程序式通用电子计算机”设计方案,1946年6月,冯·诺依曼等提出了更为完善的设计报告《电子计算机装置逻辑结构初探》。1949年,英国剑桥大学数学实验室率先研制成功EDSAC(electronic delay storage automatic calculator,电子延迟存储自动计算机)。至此,电子计算机发展的萌芽时期宣告结束,进入现代计算机的发展时期。

1.1.3 现代计算机的发展

在现代计算机诞生后的70多年中,计算机所采用的基本电子元件经历了电子管、晶体管、中小规模集成电路、大规模和超大规模集成电路4个发展阶段,如表1-1所示。

表1-1 现代计算机的4个发展阶段

阶段	时间	基本电子元件	技术特点
1	1949—1956年	电子管	穿孔卡片和磁鼓,使用机器语言和汇编语言
2	1956—1962年	晶体管	主存储器采用磁芯存储器,磁鼓和磁盘开始用于辅助存储器。使用高级语言,主要用于科学计算,开始大量生产中、小型计算机
3	1962—1970年	中小规模集成电路	大型化,集中式计算,远程终端
4	1971年至今	大规模和超大规模集成电路	超大型化,计算机化,嵌入式,图形用户界面,多媒体,网络通信,网格计算

1. 第1代计算机(1949—1956年)

第1代计算机采用电子管作为基本电子元件,当时,主存储器有水银延迟线存储器、阴极射线示波管静电存储器、磁鼓和磁芯存储器等类型。由于电子管体积大、耗电多,因此这一代计算机的运算速度低,存储容量小,可靠性差且造价昂贵。在这一代计算机中,几乎没有什么软件配置,编制程序使用机器语言或汇编语言。第1代计算机主要用于科学计算和军事应用方面,代表机型为1952年由冯·诺依曼设计的EDVAC(electronic discrete variable automatic computer,离散变量自动电子计算机)。这台计算机共采用17 468个电子管,运算速度比ENIAC提高了10倍,冯·诺依曼“程序存储”的设想首次在这台计算机上得到了体现。

2. 第2代计算机(1956—1962年)

第2代计算机采用晶体管作为基本电子元件,第2代计算机另一个很重要的特点是存储器的革命。1949年,王安申请了磁芯存储器的专利,这项技术彻底改变了继电器存储器的工作方式及其与处理器的连接方法,也大大缩小了存储器的体积,为第2代计算机的发展奠定了基础。

这一时期,计算机软件配置开始出现,一些高级程序设计语言相继问世,如科学计算用的FORTRAN、商业事务处理用的COBOL、符号处理用的LISP等高级语言开始进入实用阶段。操作系统也初步成型,计算机的使用方式由手工操作转变为自动作业管理。

3. 第3代计算机(1962—1970年)

第3代计算机采用中小规模集成电路作为基本电子元件,计算机的体积和耗电量显著减

小，计算速度显著提高，存储容量大幅度增加。

这一时期，半导体存储器逐步取代了磁芯存储器的主存储器地位，磁盘成了不可缺少的辅助存储器，并且开始普遍采用虚拟存储技术。

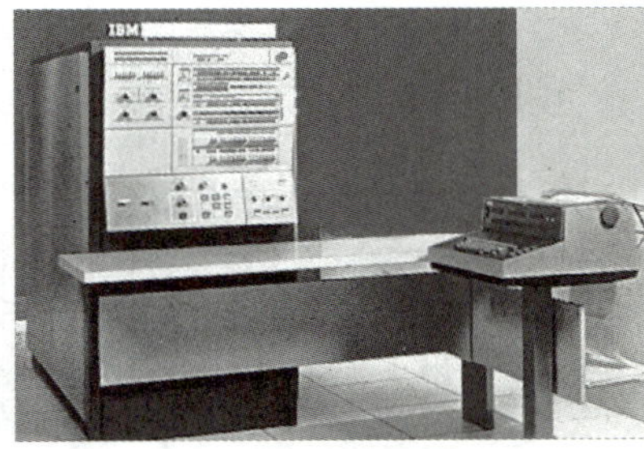

图 1-5　IBM 360 计算机（1964 年）

同时，计算机的软件技术也有了较大的发展，出现了操作系统和编译系统，出现了更多的高级程序设计语言，计算机的应用开始进入更多领域。1964 年，由 IBM 公司推出的 IBM 360 计算机是第 3 代计算机的代表产品，如图 1-5 所示。

4. 第 4 代计算机（1971 年至今）

第 4 代计算机采用大规模和超大规模集成电路作为主要电子元件，主存储器使用了集成度更高的半导体存储器，计算机的运算速度高达每秒几亿次甚至数百万亿次。在这个时期，计算机的体系结构有了较大发展，并行处理、多机系统、计算机网络等都已进入实用阶段。在软件方面，软件品种更加丰富，出现了网络操作系统和分布式操作系统及各种实用软件。

1.1.4　微型计算机的发展

第 1 台微型计算机（Microcomputer，以下简称“微机”）发明人爱德华·罗伯茨（Edward Roberts）是美国业余计算机爱好者，他拥有电子工程学学位。罗伯茨在 1975 年 1 月出版的《大众电子》杂志的封面登出产品广告，介绍了他设计的“牛郎星”（Altair 8800）计算机，如图 1-6 所示。Altair 8800 包括一个 Intel 8080 处理器、256 字节的存储器（后来增加到 4 KB）、一个电源、一个机箱、一个有大量开关和显示灯的面板。Altair 8800 的模样非常简陋，既没有输入数据的键盘，也没有输出计算结果的显示器。插上电源后，使用者需要用手按下面板上的开关，把二进制数“0”或“1”输入机器；计算完成后，面板上的几排小灯泡忽明忽灭，用发出的灯光信号表示计算结果。Altair 8800 的市场售价为 375 美元，它更像一台简单的游戏机，但是，销售反响好得出人意料，订货单纷至沓来，购买 Altair 8800 的大都是初出校门的高中生或正在读书的大学生。正是这台简陋的 Altair 8800，掀起了一场改变整个计算机世界的革命，它的一些设计思想，如微型化设计方法、OEM（original equipment manufacturer，原厂委托制造）生产方式、开放式设计思想、硬件与软件分离等，直到今天也具有重要的指导意义。

在微机兴起的初期，大型计算机公司对它不屑一顾，认为微机只是计算机爱好者的试验品而已。但是苹果公司的微机 Apple Ⅱ 在市场取得的巨大成功，以及由此而引发的巨大经济利益，使这些大型计算机公司开始坐立不安了。

1981 年 8 月 12 日，IBM 公司推出了第 1 台 16 位个人计算机 IBM PC 5150，如图 1-7 所示。这台微机采用 Intel 公司的 8088 CPU，工作频率为 4.77 MHz，内存为 16 KB，包括一个 160 KB、5.25 in 的软盘驱动器和一个 11.5 in 的单色显示器，没有硬盘，操作系统为 Microsoft 公司的 DOS 1.0，微机价格为 3 045 美元。IBM 公司将这台计算机命名为 PC（personal computer，个人计算机），现在 PC 已经成为微机的代名词。计算机终于突破了只为个人爱好者使用的状

况，迅速普及到工程技术领域和商业领域中。

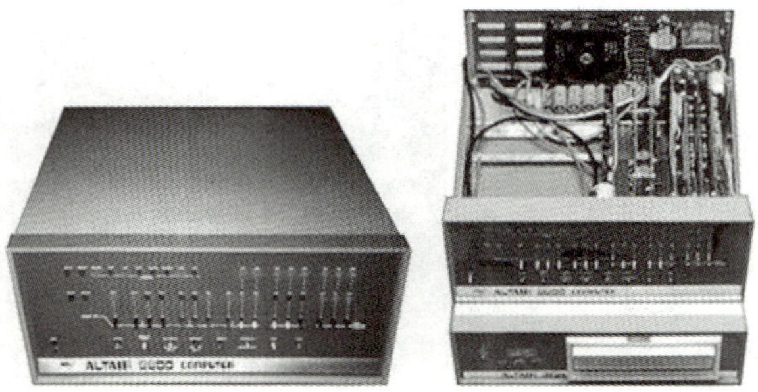

图 1-6 Altair 8800(1975 年)

图 1-7 IBM PC 5150(1981 年)

1983 年 3 月，IBM 公司发布了改进机型 IBM PC/XT，它采用 Intel 公司的 8086 CPU，在主板上预装了 256 KB 的 DRAM(dynamic random access memory，动态随机存储器，可扩展至 640 KB)和 40 KB 的 ROM(read-only memory，只读存储器)，总线扩展插槽从 5 个增加到 8 个。它还带有一个容量为 10 MB 的 5 in 硬盘，这是硬盘第一次成为微机的标准配置。IBM PC/XT 预装了 DOS 2.0 操作系统，DOS 2.0 支持“文件”的概念，并以“目录树”结构存储文件。

1984 年 8 月，IBM 公司推出了 IBM PC/AT 微机，它支持多任务、多用户。系统采用 Intel 公司的 80286 CPU，工作频率为 6 MHz，操作系统采用 DOS 3.0，并增加了网络连接功能。IBM PC/AT 第一次采用了与以前 CPU 兼容的设计思想。

1985 年 6 月，长城 0520 微机研制成功，这是我国第 1 台自行研制的 PC 兼容微机。

进入 20 世纪 90 年代后，每当 Intel 公司推出新型 CPU 产品时，马上会有新型的微机推出。

在微机发展的各个时期，为了满足市场的需求，都会推出一些相应的微机主流应用技术。早期的微机主要用于 BASIC 等简单语言的编程，解决了计算机普及化的问题。以后又推出了 2D 图形技术，解决了微机只能处理字符的问题，而且采用的显示技术也得到了很好的应用。386 微机时代，随着音频处理技术的发展，又推出了多媒体技术，主要解决音频和视频播放问题。到 486 微机时代，推出了 Windows 技术，实现了图形化操作界面，使普通用户也可以很简单地使用微机。随着微机性能的增强，不同开发商推出了越来越多的微机设备和接口卡，为了简化对这些设备的安装和配置，即插即用技术得到了很好的应用。近年来，发展方向主要是不断加强 3D 图形处理技术和无线网络通信技术。

微机经过 40 多年的发展，性能得到了极大的提高，功能也越来越强大，应用涉及各个领域。毫不夸张地说，微机已经成为人们工作和生活中重要的组成部分之一。统计资料表明，微机自 20 世纪 70 年代中期问世以来，至今已售出 20 多亿台。其中，75% 用于办公，25% 用于个人用途，桌上型微机占了 81.5% 左右。根据国家统计局数据，2021 年中国微机设备产量为 4.67 亿台左右，占全球计算机产量的 80% 左右。

1.2 计算机的类型

中国计算机发展史

从计算机的主要组成部件来看，目前的计算机主要采用半导体集成电路芯片。从市场主要产品来看，有大型计算机、微机、嵌入式系统等产品。

1.2.1　计算机的分类

1. 计算机的定义

▶ 计算机的分类与应用

计算机（computer）是一种在程序控制下，自动进行通用计算工作，并具有信息存储能力、友好交互界面的数字化信息处理设备。

计算机由硬件系统和软件系统两大部分组成。硬件系统由一系列电子元器件按照设计的逻辑关系连接而成，硬件是计算机系统的物质基础；软件系统由操作系统和各种应用软件组成，软件管理和控制硬件设备按照预定的程序运行和工作。

2. 计算机的基本类型

1989 年，IEEE 将计算机划分为巨型计算机、小巨型计算机、主机、小型计算机、工作站、个人计算机 6 种类型。这种按计算性能分类的方法随着时间发展不断变化，如 20 世纪 90 年代的巨型计算机并不比目前的微机的计算能力强。如果根据运算速度对计算机进行分类，其分类必然随运算速度不断提高而改变，这显然是不合理的。随着计算机集群技术的发展，大、中、小型计算机之间的界限变得模糊不清，工作站也被服务器取代。

计算机产业的发展迅速，技术不断更新，性能不断提高，因此，很难对计算机进行精确的类型划分。按照目前计算机的市场应用，计算机大致可以分为大型计算机、微型计算机、嵌入式计算机等类型，如图 1-8 所示。

- 计算机的基本类型
  - 大型计算机
    - 大型计算机集群：Summit、Sierra、神威·太湖之光、天河二号等
    - MPP超级计算机：蓝色基因、克雷等
    - PC服务器：浪潮、联想、戴尔、惠普等
  - 微型计算机
    - 个人计算机：联想、惠普、戴尔、神舟等
    - 苹果计算机：Mac Pro系列桌面微机等
    - 笔记本电脑：联想、惠普、戴尔、华硕、神舟等
    - 其他微机：平板电脑、HTPC、UMPC等
  - 嵌入式系统
    - 智能手机
      - Android系列：华为、三星、OPPO、小米等
      - iOS系列：苹果iPhone系列
    - 工业计算机
      - PC104/EPCI总线工业计算机
      - CPCI/CPCIE（紧凑型PCI）总线工业计算机
      - ATCA/mTCA（高级电信计算机结构）计算机
      - VPX/VME总线工业计算机
    - 其他计算机
      - 单片机：ARM、80C51系列单片机等
      - POS机（收款系统）、ATM（自动柜员机）等
      - 可穿戴计算机等

图 1-8　计算机的基本类型

1.2.2　大型计算机

1. 计算机集群技术

大型计算机主要用于科学计算、军事、通信、金融等大型计算项目。在大型计算机设计领域，计算机集群的价格只有专用大型计算机的几十分之一。因此，世界 500 强（TOP500）计算机大都采用集群结构（占 85% 以上），只有少数大型计算机采用 MPP 结构。

计算机集群（cluster）技术是将多台（几台到上万台）独立计算机（PC 服务器），通过高速局域网组成一个集群，以单一系统模式进行管理，使多台计算机像一台超级计算机那样统一管理和并行计算。集群中运行的单台计算机并不一定是高档计算机，但集群系统可以提供高性能不停机服务。集群中每台计算机都承担部分计算任务，因此整个系统的计算能力非常高。同时，集群系统具有很好的容错功能，当集群中某台计算机出现故障时，系统可将这台计算机进行隔离，并通过各台计算机之间的负载转移机制实现新的负载均衡，同时向系统管理员发出故障报警信号。

计算机集群大多采用 Linux 操作系统（在 TOP500 中，占 97%）和集群软件实现并行计算，集群的扩展性很好，可以不断向集群中加入新计算机。集群提高了系统可靠性和数据处理能力。

2.“天河二号”超级计算机

据 2019 年报道，国际超算大会公布的全球超算 500 强名单中，来自我国的“神威·太湖之光”排在第 3 位（计算能力为每秒 9.3 亿亿次），排在第 4 位的是我国的“天河二号”（计算能力为每秒 6.14 亿亿次）。超级计算机的应用广泛，例如 2017 年开始，广州的气象预报系统开始由“天河二号”运行，每 12 min“天河二号”就能给出每平方千米内 6 h 的天气预报；以 500 人规模的全基因组信息关联性分析为例，利用原有计算机需 1 年的计算时间，利用“天河二号”只需要 3 h 的计算时间；它还可以帮助国产大飞机 C919 做全机气动参数优化设计等大型计算工作。

“天河二号”（Tianhe-2）超级计算机（见图 1-9）是国防科技大学研制的，从 2015 年开始，其连续3年蝉联世界500强计算机第1名。“天河二号”的峰值计算速度为274 PetaFLOPS（千万亿次浮点运算 / 秒），持续计算速度为 33.86 PetaFLOPS。“天河二号”造价达 1 亿美元，整个系统的占地面积达 720 m^2，整机功率为 17.8 MW。

图 1-9 “天河二号”超级计算机集群系统

“天河二号”共有 16 000 个计算节点，安装在 125 个机柜内，每个机柜容纳 4 个机框，每个机框容纳 16 块主板，每个主板有 2 个计算节点，每个计算节点配备 2 个 Intel Xeon E5 12 核心的处理器、3 个 Xeon Phi 57 核心的协处理器（运算加速卡）。累计 3.2 万个 Xeon E5 主处理器和 4.8 万个 Xeon Phi 协处理器，共 312 万个计算核心。

“天河二号”每个计算节点有 64 GB 主存，每个协处理器板载 8 GB 内存，因此每个节点共有 88 GB 内存，整体内存总计为 1 375 TB。硬盘阵列容量为 12.4 PB。“天河二号”使用光电混合网络传输技术，由 13 个大型路由器通过 576 个连接端口与各个计算节点互相连接。“天河二号”采用麒麟 Linux 操作系统。

3. PC 服务器

PC 服务器往往采用机箱或机架等形式，如图 1-10 所示。机箱式 PC 服务器的体积较大，

便于今后扩充硬盘等 I/O（输入 / 输出）设备；机架式 PC 服务器的体积较小，尺寸标准化，扩充时在机柜中再增加一个机架式服务器即可。PC 服务器一般运行在 Windows Server 或 Linux 操作系统下，在软件和硬件上都与其他 PC 微机兼容。PC 服务器的硬件配置一般较高。例如，它们往往采用高性能的 CPU，如 Intel“至强”系列的 CPU 产品，有时甚至采用多 CPU 结构；内存容量一般较大，而且要求具有 ECC（error correcting code，错误校验）功能；硬盘也采用高转速和支持热插拔的 SCSI（small computer system interface，小型计算机系统接口）硬盘。由于大部分服务器要求不间断工作，因此往往采用冗余电源。PC 服务器主要用作网络服务器的主机，因此对图形和多媒体功能几乎没有要求，但是对数据处理能力和系统稳定性有很高要求。

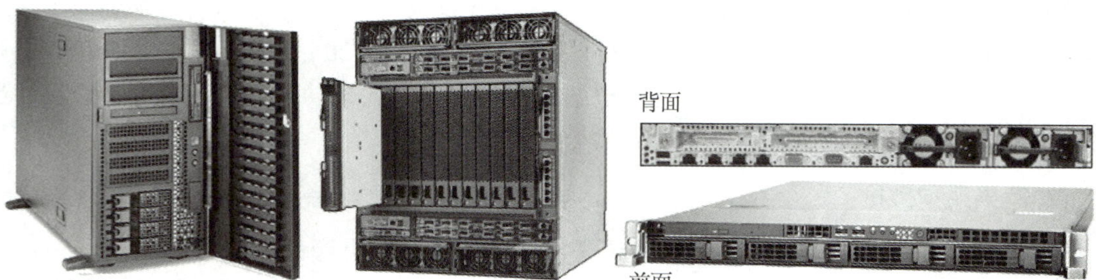

(a) 机箱式 PC 服务器　(b) 刀片式 PC 服务器　(c) 机架式 PC 服务器

图 1-10　各种类型的 PC 服务器

1.2.3　微型计算机

1971 年 11 月，Intel 公司推出一套芯片：4001 ROM、4002 RAM（random access memory，随机存储器）、4003 移位寄存器、4004 微处理器。Intel 公司将这套芯片称为 MCS-4 微机系统，这是最早提出“微机”的概念。但是，这仅仅是一套芯片而已，并没有组成一台真正意义上的微机。以后，人们将装有微处理器芯片的机器称为微机。微机按产品范围大致可以分为台式个人计算机（PC）、苹果微机（Mac）、笔记本电脑、平板电脑（Tablet PC）、掌上微机（PDA）等类型，如图 1-11 所示。

图 1-11　微机的类型

1. PC 系列微机

1981 年，IBM 公司推出 PC 系统，它采用 Intel 公司的 CPU 作为核心部件。以后，凡是能够兼容 IBM PC 的微机产品都称为 PC。目前，大部分桌面微机采用 Intel 和 AMD 公司的 CPU 产品，这两个公司的 CPU 产品往往兼容 Intel 公司早期的 80x86 系列 CPU 产品。因此，也将采

用这两家公司 CPU 产品的微机称为 x86 系列微机。

1）台式微机

台式微机在外观上有立式和卧式两种类型，它们在性能上没有区别。台式微机主要用于企业办公和家庭，因此，要求有较好的图形功能和多媒体功能。由于台式微机的应用广泛，它们的应用软件也是最丰富的，这类微机有较好的性价比。

2）笔记本电脑

笔记本电脑主要用于移动办公，因此，要求机器具有体积小、重量轻的特点。笔记本电脑在硬件上虽然按照 PC 设计规范制造，但是由于受到体积的限制，不同厂商之间的产品是不能互换的。在与台式微机相同的配置下，笔记本电脑的性能要低于台式微机，价格却要高于台式微机。笔记本电脑的屏幕大小有 10 in、12 in、14 in、15 in、17 in、20 in 几种类型，质量有 1 kg 以下、1～2 kg、3 kg 左右几种类型。笔记本电脑一般具有无线通信功能。笔记本电脑的尺寸虽然小于台式微机，但它的软件系统与台式微机是兼容的。

2. 苹果系列微机

苹果公司是早期微机生产厂商之一，苹果公司目前的微机产品主要有 Power Mac G5 系列，这些产品在硬件和软件上均与 PC 系列微机不兼容。苹果公司的 Power Mac 微机采用 Motorola 公司和 IBM 公司联合开发的 CPU 芯片——PowerPC，PowerPC 是一种 RISC 架构的 CPU。Power Mac G5 微机采用双 64 位 PowerPC G5 处理器，高端的型号拥有两块 2.5 GHz 处理器，而且配备先进的水冷系统。苹果微机采用基于 UNIX 的 Mac OS X 操作系统。

Mac 微机的外形漂亮时尚（见图 1-12），图像处理速度快。但是，由于软件与 PC 微机不兼容，造成大量 PC 软件不能在 Mac 微机上运行。另外，Mac 微机没有兼容机，因此微机价格偏高，影响了它的普及。Mac 微机在我国主要应用于美术设计、视频处理、出版等行业。

图 1-12 Mac 微机

3. 平板电脑

平板电脑是 Microsoft 公司于 2002 年 11 月推出的一种新式微机，也称为 Tablet PC（tablet personal computer）。平板电脑是一种小型的、方便携带的个人计算机，目前最典型的产品是苹果公司的 iPad，如图 1-13 所示。平板电脑在外观上只有杂志大小，现在主要采用苹果和安卓（Android）操作系统，它以触摸屏作为基本输入设备，所有操作都通过手指或手写笔完成，而不是传统的键盘和鼠标。平板电脑一般用于阅读、上网等。平板电脑的应用软件的专用性强，这些软件不能在台式微机或笔记本微机上运行，普通微机上的软件也不能在平板电脑上运行。

图 1-13 平板电脑

1.2.4 嵌入式系统

20 世纪 70 年代,单片机(单个微处理芯片控制的计算机)的出现,使得汽车、家电、工业设备、通信设备及成千上万种产品,可以通过内嵌电子装置来获得更好的使用性能及更加低廉的产品成本。这些装置已经初步具备了嵌入式的特点。目前,嵌入式系统已经发展了 40 多年。

1. 嵌入式系统的基本组成

嵌入式系统(embedded system)是一种为特定应用而设计的专用计算机系统,或者作为设备的一部分。嵌入是将微处理器设计和制造在某个设备内部的意思。嵌入式系统是一个外延极广的名词,凡是与工业产品结合在一起,并且具有计算机控制的设备都可以称为嵌入式系统。

嵌入式系统一般由嵌入式计算机和执行装置组成。嵌入式计算机是整个嵌入式系统的核心。执行装置也称为被控对象,它可以接收嵌入式计算机发出的控制命令,执行所规定的操作或任务。执行装置可以很简单,如手机上的一个微型电机,当手机处于振动接收状态时打开;执行装置也可以很复杂,如索尼公司的智能机器狗,它集成了多个微型控制电机和多种传感器,从而可以执行各种复杂的动作和感受各种状态信息。

2. 嵌入式系统的主要特征

1)系统内核小

由于嵌入式系统一般应用于小型电子装置,系统资源相对有限,所以内核软件比微机的操作系统要小得多。例如,谷歌公司的安卓嵌入式操作系统的系统内核只有几兆字节,而 Windows 10 的内核数据占用的存储空间有 581 GB。

2)专用性强

嵌入式系统的专用性强,软件与硬件结合得非常紧密。即使在同一品牌、同一系列的产品中,也需要根据系统硬件的变化,对软件进行增减或修改。针对不同的任务,往往需要对嵌入式系统的系统软件进行较大更改。

3)系统精简

嵌入式系统一般没有系统软件和应用软件的明显区分,要求其功能设计及实现上不要过于复杂,这样一方面利于控制产品成本,另一方面也利于实现产品安全。

4)固态存储

为了提高嵌入式系统的运行速度和系统可靠性,操作系统和应用软件一般固化在嵌入式系统的 ROM 芯片中。在没有特殊设备的情况下,不能修改和删除这些核心软件。

3. 嵌入式系统的主要应用

嵌入式系统具有非常广阔的应用前景，其应用领域包括以下几方面。

1）工业控制

基于嵌入式芯片的工业自动化设备近年来获得了长足的发展，嵌入式系统是提高生产效率和产品质量、减少人力资源的主要途径。嵌入式系统主要应用在工业控制计算机（见图 1-14）、工业产品设备（如汽车发动机控制器、智能机器人等）、工业过程控制、数字机床、电力系统、电网安全、电网设备监测、石油化工系统等方面。

(a) CPCI总线军用计算机

(b) VPX总线航空计算机

(c) ATCA总线电信计算机

图 1-14　工业控制计算机

2）交通管理

在车辆导航、流量控制、信息监测与汽车服务方面，嵌入式系统获得了广泛的应用，内嵌 GPS（global positioning system，全球定位系统）模块、GSM（global system for mobile communication，全球移动通信系统）模块的移动定位终端已经在各种运输行业获得了成功的应用。目前，GPS 设备已经从尖端产品进入普通百姓的家庭，只需要数百元的 GPS 设备就可以随时随地确定位置。

3）其他应用领域

嵌入式系统的其他应用领域主要包括军工设备（如飞机和导弹中的导航系统等）、商业自动化设备（如自动柜员机、自动售货机、收银机等）、通信设备（如手机、网络设备等）、办公自动化设备（如打印机、复印机等）、家用电器产品（如微波炉、洗衣机、电视机、空调等）。

1.3　计算机的基本工作原理及结构

计算机是一个复杂的系统，要详细地分析一台计算机的工作原理和体系结构，是一件十分困难的事情。如果按照层次结构的观点来分析它，事情要简单得多。

1.3.1　计算机的基本工作原理

计算机的工作原理

现代计算机的基本工作原理是由冯·诺依曼于 1946 年首先提出来的。冯·诺依曼提出了“程序存储式通用电子计算机”设计方案，并确定了计算机硬件体系结构的 5 个基本部件：输入设备、输出设备、控制器、运算器和存储器。人们把冯·诺依曼的这个理论称为“冯·诺依曼体系结构”。从计算机的第 1 代发

展至第 4 代，一直没有突破冯·诺依曼的这种体系结构，目前绝大多数计算机都是基于冯·诺依曼结构的计算机模型开发的。冯·诺依曼的主要思想可概括为以下 3 点。

1. 冯·诺依曼结构的计算机模型

冯·诺依曼结构的计算机模型主要包括输入设备、输出设备、存储器、控制器和运算器 5 大组成部分，它们之间的关系如图 1-15 所示。

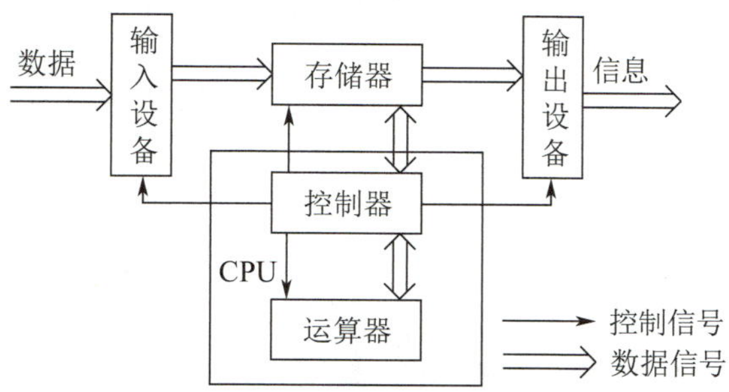

图 1-15　冯·诺依曼结构的计算机模型

1）运算器

运算器也称算术逻辑部件（arithmetic and logic unit，ALU），是计算机进行算术运算和逻辑运算的部件。算术运算有加、减、乘、除等，逻辑运算有比较、移位、与运算、或运算、非运算等。在控制器的控制下，运算器从存储器中取出数据进行运算，然后将运算结果写回存储器中。

2）控制器

控制器主要用来控制程序和数据的输入与输出，以及各个部件之间的协调运行。控制器由程序计数器、指令寄存器、指令译码器和其他控制单元组成。控制器工作时，它根据程序计数器中的地址，从存储器中取出指令送到指令寄存器，经译码单元译码后，再由控制器发出一系列命令信号，送到有关部件引起相应动作，完成指令所规定的操作。

3）存储器

存储器的主要功能是存放运行中的程序和数据。在冯·诺依曼结构的计算机模型中，存储器是指内存单元。存储器中有成千上万个存储单元，每个存储单元存放一组二进制数据。对存储器的基本操作是数据的写入或读取，这个过程称为内存访问。为了便于存入或取出数据，存储器中所有的存储单元均按顺序依次编号，每个存储单元的编号称为内存地址。当运算器需要从存储器中的某个存储单元读取或写入数据时，控制器必须提供存储单元的地址。

4）输入设备

输入设备的功能之一是将现实世界中的数据输入计算机，如输入数字、文字、图形、电信号等，并将它们转换成计算机熟悉的二进制代码；功能之二是由用户对计算机进行操作控制。常见的输入设备有键盘、鼠标、数码相机等。还有一些设备既可以作为输入设备，也可以作为输出设备，如 U 盘、硬盘等。

5）输出设备

输出设备的功能是将计算机处理的结果转换成用户熟悉的形式，如数字、文字、图形、声音、视频等。常见的输出设备有显示器、打印机、硬盘、U 盘、音箱等。

在现代计算机中，往往将运算器和控制器制造在一个集成电路芯片内，这个芯片称为中央处理器（central processing unit，CPU）。CPU 的主要工作是与内存系统或输入 / 输出（I/O）设

备之间传输数据，进行算术和逻辑运算，通过逻辑判断控制程序的流向。CPU 性能的高低，往往决定了一台计算机性能的高低。

2. 采用二进制形式表示数据和指令

指令是人们对计算机发出的用来完成一个基本操作的工作命令，指令由计算机硬件执行。指令在计算机中采用二进制形式，使信息数字化容易实现，并可以用二值逻辑元件进行表示和处理。指令和数据在代码形式上并无区别，都是由 0 和 1 组成的二进制代码序列，只是各自约定的含义不同。

3. 存储程序

存储程序是冯·诺依曼设计思想的核心。程序是人们为解决某一实际问题而设计的指令序列，指令的设计及调试过程称为程序设计。存储程序意味着事先将编制好的程序（包含指令和数据）存入计算机的存储器（内存）中，计算机在运行程序时就能自动地、连续地从存储器中依次取出指令并执行。计算机的功能在很大程度上体现为程序所具有的功能，或者说，计算机的程序越多，计算机的功能越强。

1.3.2 指令和指令系统

1. 指令

指令是能被计算机识别并执行的二进制代码，它规定了计算机能完成的某一种操作。指令的数量与类型由 CPU 决定。系统内存用于存放程序和数据，程序由一系列指令组成，这些指令在内存中是有序存放的，什么时候执行哪一条指令由 CPU 中的控制器决定。数据是用户需要处理的信息，它包括具体数据和数据在内存系统中的地址。

一条指令通常由操作码和操作数两部分组成。

操作码	操作数

操作码指明该指令要完成的操作类型或性质，如取数、做加法或输出数据等。操作码的位数决定了机器操作指令的条数。当使用定长操作码格式时，若操作码位数为 N，则指令条数为 2^N。

操作数指明操作对象的内容或所在的存储单元地址（地址码）。操作数在大多数情况下是地址码，地址码可以有多个。从地址码得到的仅是数据所在的地址，可以是原操作数的存放地址，也可以是操作结果的存放地址。

2. 指令系统

一台计算机的所有指令的集合称为该计算机的指令系统。不同类型的计算机的指令系统有所不同，但无论是哪种类型的计算机，指令系统都应包含以下指令。

- 数据传送指令：将数据在内存与 CPU 之间传送。
- 数据处理指令：对数据进行算术、逻辑或关系运算。
- 程序控制指令：控制程序中指令的执行，如条件转移、无条件转移、调用子程序、返回、停机等。
- 输入 / 输出指令：用来实现外部设备与主机之间的数据传输。

● 其他指令：对计算机的硬件和软件进行管理等。

3. 指令的执行

对计算机来说，所有复杂的事务处理都可以简化为两种基本的操作：二进制数据传输和二进制数据操作。因此，从软件运行层次来看，冯·诺依曼结构的计算机模型是一台指令执行机器。一条指令的执行可能包含许多操作，但是，任意指令的执行都主要由“取指令”“指令译码”“指令执行”“结果写回”4 种基本操作构成，这个过程是不断重复进行的，执行过程如图 1-16 所示。

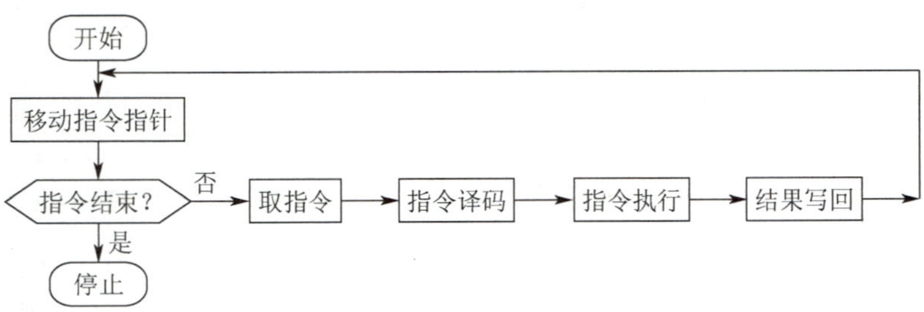

图 1-16 计算机中一条指令的执行过程

1）取指令

在 CPU 内部有一个指令寄存器（IP），其中保存着当前所处理指令的内存单元地址。当 CPU 开始工作时，按照指令寄存器的地址，通过地址总线找到指令在内存单元的位置，然后利用数据总线将内存单元的指令传送到 CPU 内部的高速缓存中。取指令的工作过程如图 1-17 所示。

2）指令译码

CPU 内部的译码单元将解释指令的类型和内容，判定这条指令的作用对象（操作数），并将操作数从内存单元读入 CPU 内部的高速缓存中。译码实际上就是将二进制指令代码翻译成特定的 CPU 电路微操作，然后由控制器传送给 ALU。指令译码的工作过程如图 1-18 所示。

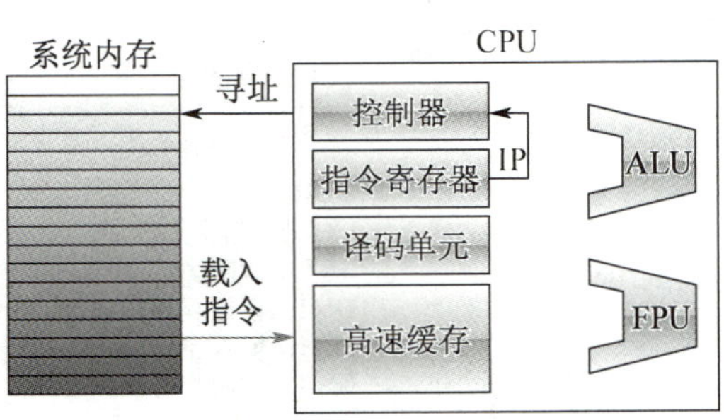

图 1-17 取指令的工作过程

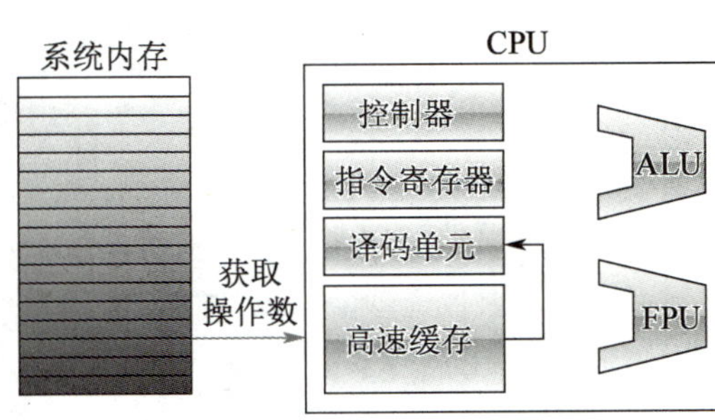

图 1-18 指令译码的工作过程

3）指令执行

控制器根据不同的操作对象，将指令送入不同的处理单元。如果操作对象是整数运算、逻辑运算、内存单元存取、一般控制指令等，则送入 ALU 处理；如果操作对象是浮点数据（如三角函数运算），则送入浮点处理单元（float point unit，FPU）处理。如果在运算过程中需要相应的用户数据，则 CPU 首先从高速缓存中读取相应数据。如果高速缓存中没有用户需要的数据，则 CPU 通过数据通道从内存中获取必要的数据，运算完成后输出运算结果。指令执行的

工作过程如图 1-19 所示。

4)结果写回

结果写回是指将执行单元(ALU 或 FPU)的处理结果写回高速缓存或内存单元中。结果写回的工作过程如图 1-20 所示。

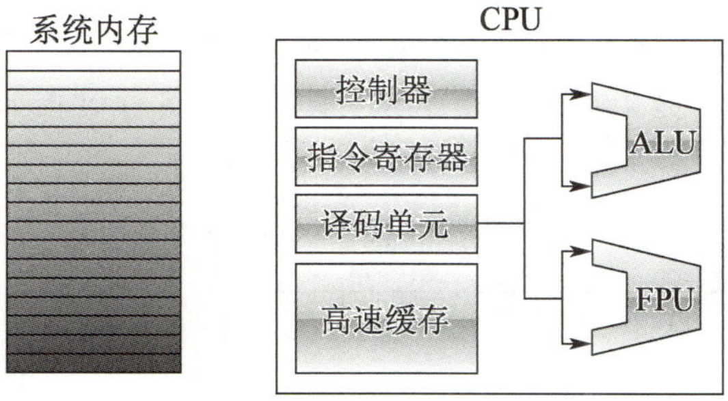

图 1-19 指令执行的工作过程

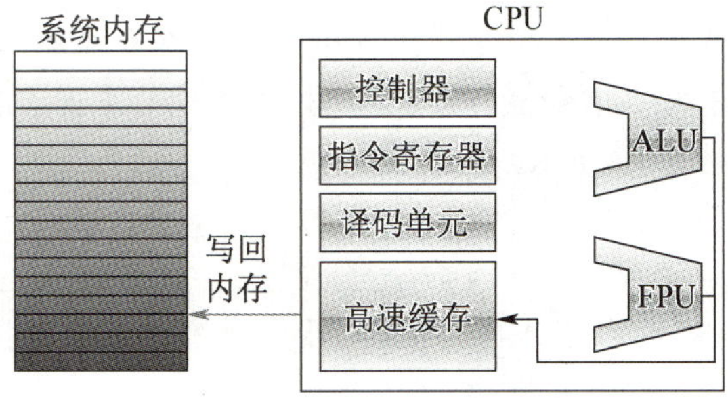

图 1-20 结果写回的工作过程

在 CPU 解释和执行指令之后,控制器告诉指令寄存器从内存单元中读取下一条指令。这个过程不断重复执行,最终产生用户在显示器上看到的结果。事实上各种程序都是由一系列指令和数据组成的,计算机的工作就是自动和连续地执行一系列指令,程序开发人员的工作就是编制程序。

1.3.3 微型计算机系统结构

台式计算机采用以 CPU 为核心的控制中心分层结构。例如,Intel Core i7 第 8 代计算机系统结构如图 1-21 所示。计算机系统结构可以用“1-2-3 规则”简要说明,即 1 个 CPU、2 大芯片、3 级结构。

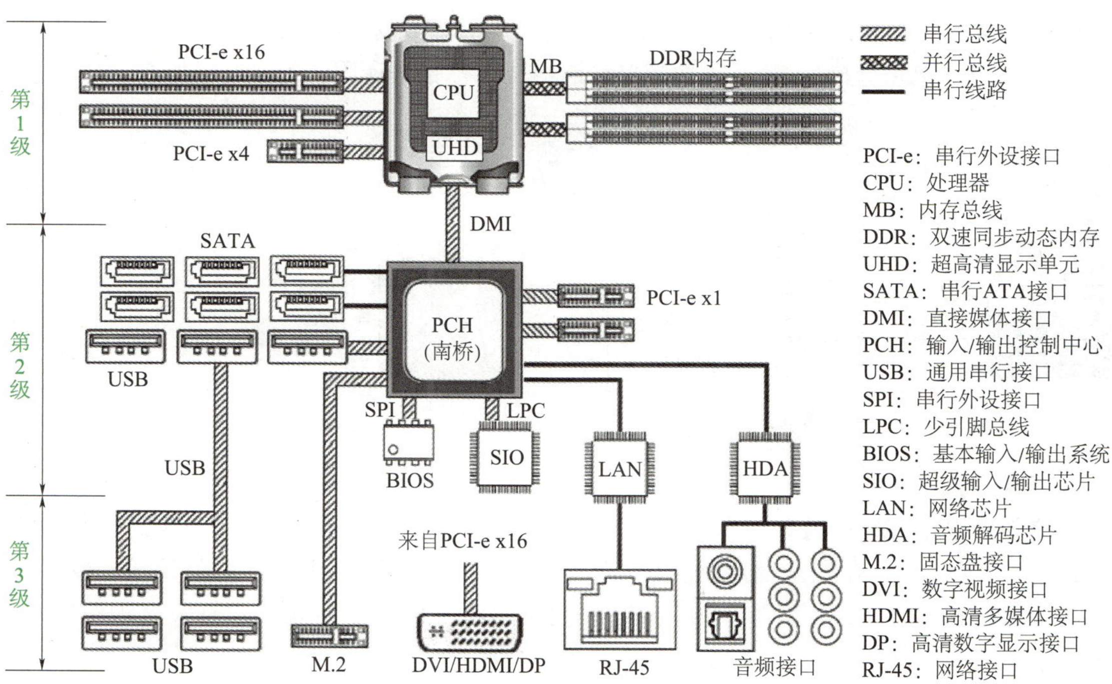

图 1-21 Intel Core i7 第 8 代计算机系统结构

1）1 个 CPU

CPU 在系统结构顶层（第 1 级），控制系统的运行状态，下面的数据必须逐级上传到 CPU 进行处理。从系统性能考察，CPU 的运行速度大大高于其他设备，各个总线上的设备，越往下走，性能越低。从系统组成考察，CPU 的更新换代将导致 PCH（南桥芯片）的改变及内存类型的改变等。从指令系统考察，指令系统改变时，必然引起 CPU 结构的变化，而内存系统不一定改变。目前计算机系统仍然以 CPU 为中心进行设计。

2）2 大芯片

2 大芯片指 PCH 和 BIOS（基本输入 / 输出系统）芯片。在 2 大芯片中，PCH 芯片负责数据的上传与下送。PCH 芯片连接着多种外部设备，它提供的接口越多，计算机的功能扩展性越强。BIOS 芯片主要解决硬件系统与软件系统的兼容性。

3）3 级结构

控制中心的结构分为 3 级，有以下特点：从速度上考察，第 1 级的工作频率最高，然后速度逐级降低；从 CPU 访问频率考察，第 3 级最低，然后逐级升高；从系统性能考察，前端总线和 PCH 芯片容易成为系统的瓶颈，然后逐级次之；从连接设备的多少考察，第 1 级的设备最少，然后逐级增加。在计算机系统结构中，上层设备较少，但是速度很快，CPU 和 PCH 芯片一旦出现问题（如发热），必然导致致命性故障；下层接口和设备较多，发生故障的概率也较大（如接触性故障），但是这些设备一般不会造成致命性故障。

注意：“1–2–3”是对主要结构而言的，实际产品的结构会有一些变化（或增或减）。

1.3.4　未来的新型计算机

Intel 公司的创始人之一戈登·摩尔（Gordon Moore）于 1965 年在总结存储器芯片的增长规律时指出“微芯片上集成的晶体管数目每 18 个月翻一番”。这种表述没有经过论证，只是一种现象的归纳，但是后来的集成电路工业的发展却很好地验证了这一说法，使其享有了“摩尔定律”的荣誉。

20 世纪 70 年代，人们发现能耗会导致计算机中的芯片发热，极大地影响了芯片的集成度，从而限制了计算机的运行速度。当代集成电路在制造中采用了光刻技术，集成电路内部晶体管的导线宽度达到了几十纳米。然而，当晶体管元件尺寸小到一定程度时，单个电子将会从线路中逃逸出来，这种单电子的量子行为（量子效应）将产生干扰作用，致使集成电路芯片无法正常工作。目前，计算机集成电路的内部线路尺寸将接近这一极限。这些物理及经济方面的制约因素，促使科学家进行新型计算机方面的研究和开发。

1. 超导计算机

超导是指导体在接近绝对零度（−273.15 ℃）时，电流在某些介质中传输时所受的阻力为 0 的现象。1962 年，英国物理学家约瑟夫森（Josephson）提出了“超导隧道效应”，即由超导体 – 绝缘体 – 超导体组成的元件（约瑟夫森元件），当对两端施加电压时，电子就会像通过隧道一样无阻挡地从绝缘介质中穿过，形成微小电流，而该元件的两端电压为 0。利用约瑟夫森元件制造的计算机称为超导计算机，这种计算机的耗电量仅为用半导体元件制造的计算机的耗电量的几千分之一，它执行一个指令只需十亿分之一秒，比半导体元件快 10 倍。

由于超导现象只有在超低温状态下才能发生，因此，要在常温状态下获得超导效果，还有许多困难需要克服。

2. 量子计算机

目前集成电路内部制程线宽达到了 12 nm（最小的氢原子直径为 0.1 nm）。当晶体管元件小到一定程度时，单个电子将会从线路中逃逸出来，这种单电子的量子行为将产生干扰作用，使集成电路芯片无法正常工作。这些物理学及经济成本方面的制约因素，激励科学家必须进行新型计算机的研究和开发。在计算机体系结构方面，专家提出的非诺依曼结构的计算机主要有哈佛结构计算机、数据流计算机、并行计算机、量子计算机、面向信息处理的智能计算机等。

量子计算机同样由存储元件和逻辑门元件构成。在现有计算机中，每个存储单元（cell）只能存储一位二进制数据，非 0 即 1。在量子计算机中，数据采用量子位存储。由于量子的叠加效应，也就是说量子可以同时处于两种形态，因此一个量子位可以同时存储 0 和 1。所以，一个量子位可以存储 2 位二进制数据，也就是说，同样数量的存储单元，量子计算机的存储量比半导体计算机增加了一倍。

量子的另外一个重要概念是纠缠，即一个量子位上的操作会影响被纠缠的另外一个量子位。量子的这一特征使得其能够实现并行计算，加快解题速度。例如，20 位的量子计算机能够同时处理 2^{20}=1 048 576 个状态数。2007 年，加拿大 D-Wave System 公司宣布研制成功了世界上第一台 16 qubits（量子位）的量子计算机样机。2013 年，D-Wave2 计算机达到了 512 qubits，在计算某些特定任务的运算速度上，比目前 Intel 公司最快的芯片还要快 1.1 万倍。

量子计算机也存在一些困难，量子计算过程中，任何外部影响（如震动、热量、辐射等）都会导致精密的量子计算机丢失 1 和 0 的叠加态，也就是说会发生量子退化现象。量子计算机目前存在以下困难：一是对微观量子态的操作非常困难，需要借助超低温（低于 10 K 的温度，相当于 −263 ℃）来放慢量子的移动速度；二是量子计算利用了量子位的纠缠特性，但是在实际系统中，受环境的影响，量子位的纠缠特性只能维持在 100 μs 以下；三是量子编码复杂，目前还需要借助许多量子位来探测和纠正各种错误。迄今为止，世界上还没有真正意义上的通用量子计算机（D-Wave 为专用量子计算机）。

3. 光子计算机

光子计算机是以光子代替电子、光互连代替导线互连的计算机。和电子相比，光子具备电子所不具备的频率和偏振，从而使它负载信息的能力得以扩大。光子计算机的主要优点是光子不需要导线，即使在光线相交的情况下，它们之间也丝毫不会相互影响。一台光子计算机只需要一小部分能量就能被驱动，从而大大减少芯片产生的热量。光子计算机的并行处理能力强，具有超高的运算速度，目前超高速电子计算机只能在常温下工作，而光子计算机在高温下也可以工作。除此之外，光子计算机的信息存储量大，抗干扰能力强；光子计算机具有与人脑相似的容错性，当系统中某一元件损坏或出错时，并不影响最终的计算结果。

光子计算机也面临一些困难：一是随着无导线计算机能力的提高，就要求有更强的光源；二是光线严格要求对准，全部元件和装配精度必须达到纳米级；三是必须研制具有完备功能的基础元件开关。

4. 生物计算机

生物计算机的运算过程是蛋白质分子与周围的物理、化学介质相互作用的过程。生物计算机的转换开关由酶来充当，生物计算机的信息存储量大，能够模拟人脑思维。

利用蛋白质技术生产的生物芯片，信息以波的形式沿着蛋白质分子链中的单键、双键结构顺序改变，从而传递信息。蛋白质分子比硅晶片上的电子元件要小得多，生物计算机完成一项运算，所需的时间仅为 10 ps（皮秒）。生物芯片的原材料是蛋白质分子，因此生物计算机有自我修复的功能。

蛋白质作为工程材料来说也存在一些缺点：一是蛋白质受环境干扰大，在干燥的环境下不会工作，冷冻时会凝固，加热时又会使机器不能工作或者不稳定；二是高能射线可能会打断化学键，从而分解分子机器；三是 DNA（deoxyribonucleic acid，脱氧核糖核酸）分子容易丢失和不易操作。

5. 神经网络计算机

神经网络计算机是模仿人的大脑神经系统，具有判断能力和适应能力，具有并行处理多种数据能力的计算机。神经网络计算机可以并行处理实时变化的大量数据，并得出结论。以往的信息处理系统只能处理条理清晰、经脉分明的数据，而人的大脑神经系统却具有处理支离破碎、含糊不清的数据的能力，神经网络计算机具有类似于人脑的智慧和灵活性。

神经网络计算机的信息不是保存在存储器中，而是存储在神经元之间的联络网中。若有节点断裂，神经网络计算机仍有重建数据的能力，它还具有联想记忆、视觉和声音识别能力。

未来的计算机技术将向超高速、超小型、并行处理、智能化方向发展。超高速计算机将采用并行处理技术，使计算机系统同时执行多条指令或同时对多个数据进行处理。计算机也将进入人工智能时代，它将具有感知、思考、判断、学习及一定的自然语言能力。随着新技术的发展，未来计算机的功能将越来越多，处理速度也将越来越快。

1.4　计算机硬件系统的组成

计算机硬件系统包括 CPU 系统、主板系统、内存系统、外存系统、显示系统、音频系统、网络系统、辅助系统等。在这些硬件设备中，CPU 系统是最重要的，它决定了一台计算机的基本规格与配置。计算机工业采用 OEM 生产方式。也就是说，每个计算机企业按照计算机标准和规范生产一部分计算机设备，然后由某个厂商将这些设备组装成一台完整的计算机，并且以这个组装厂商的品牌作为计算机的品牌。这种 OEM 生产方式大大降低了计算机的生产成本，而且能够更加灵活地满足用户的各种要求。但是，这种方式也造成了产品质量的良莠不齐。

1.4.1　计算机系统的组成

1. 计算机系统

一个完整的计算机系统由硬件系统和软件系统两部分组成。硬件系统是构成计算机系统的各种物理设备的总称，包括主机和外设两部分。硬件系统可以从系统结构和系统组成两个方面进行描述。软件系统是运行、管理和维护计算机的各类程序和文档的总称。通常把不安装任何软件的计算机称为“裸机”。计算机之所以能够应用到各个领域，是由于丰富多彩的软件能够出色地按照人们的意图完成各种不同的任务。计算机系统的组成如图 1-22 所示。

- 计算机系统
  - 硬件系统
    - 主机
      - CPU 系统：CPU、散热装置
      - 主板系统：主板、信号连接线
      - 内存系统：DRAM（如 DDR SDRAM 1/2/3/4 等）
      - 外存系统：硬盘、光盘、固态硬盘、U 盘
      - 显示系统：显卡、显示器
      - 音频系统：声卡、音箱、话筒
      - 网络系统：网卡、Modem、网线
      - BIOS 系统：BIOS 芯片、CMOS 芯片
      - 常用外设：电源、机箱、键盘、鼠标、散热装置等
    - 外设
      - 输出设备：打印机、刻录机、投影仪等
      - 输入设备：手写笔、触摸屏、扫描仪、数码相机、数码摄像机等
      - 其他设备：电源接线盒、净化电源等
  - 软件系统
    - 系统软件
      - 操作系统：如 Windows、Linux、Android、Mac OS X 等
      - 网络服务：如 IIS、Server-U、Exchange Server 等
      - 数据库系统：如 Oracle、MS SQL、MySQL 等
      - 程序设计语言：如 C++、Java、Python 等
      - 语言处理程序：如 Java 语言虚拟机、语言编译程序等
    - 应用软件
      - 办公自动化软件：如 Office、WPS 等
      - 多媒体软件：如 Photoshop、Flash、Premiere Pro 等
      - 辅助设计软件：如 AutoCAD、Visio、Protel 等
      - 企业应用软件：如财务管理、企业管理、工程管理等
      - 网络应用软件：如 QQ、迅雷、浏览器、Dreamweaver 等
      - 安全防护软件：如杀毒软件、防火墙软件、系统补丁等
      - 系统工具软件：如数据恢复软件、优化软件、磁盘工具等
      - 娱乐休闲软件：如游戏、电子杂志、图书、音频、视频等

图 1-22 计算机系统的组成

2. 微机硬件的基本组成

不同类型的计算机在硬件组成上有一些区别。例如，大型计算机往往安装在成排的大型机柜中，网络服务器往往不需要显示器，笔记本电脑将大部分外设都集成在一起。如图 1-23(a)所示，台式微机主要由主机、显示器、键盘和鼠标组成。

主机箱上部是符合 ATX（advanced technology extended）规范的开关电源，它的功能是将 220 V 的交流市电转换成微机工作需要的+3.3 V、±5 V、±12 V 直流电压，电源峰值功率在 200～450 W。电源的散热风扇是微机噪声的发生地。

主机箱中的主板上安装有 CPU、内存条、显卡等设备，如图 1-23(b)所示。CPU 在主机箱内主板的上部，它上面有一个铝质散热片和散热风扇。内存条在主板右侧的内存插座上，对 DDR SDRAM（double data rate synchronous DRAM，双倍速率同步动态随机存储器）内存来说，可以插在其中任何一个内存插座上。显卡在主机箱的中间位置，插在主板上的 PCI-e 插座上。在有些主机箱的内部可能看不到显卡，因为它们与主板集成在一起。大部分主板还集成了声卡、网卡等。

(a) 台式微机的硬件组成

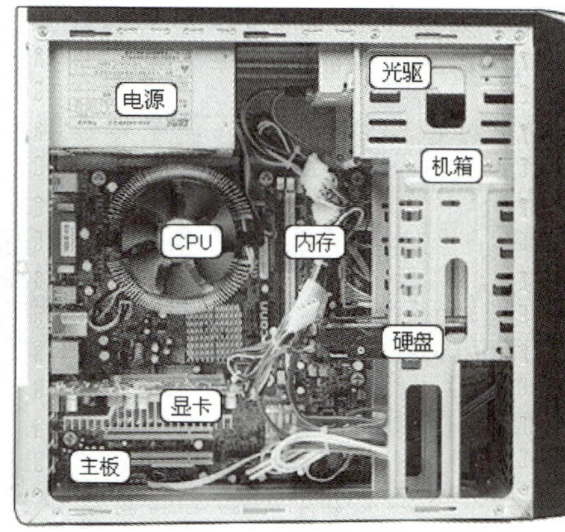

(b) 主机内部结构

图 1-23　台式微机的硬件组成和主机内部结构

主机箱内部靠右的位置是光驱、硬盘等设备，它们都是机电一体化设备。当主机箱面板上的硬盘灯闪烁时，说明硬盘正在工作，此时不要振动主机。

主机的外观虽然各式各样，但其基本功能都是相同的。在主机箱的前部有光驱、电源开关、复位按键、电源灯、硬盘灯、前置 USB 接口、前置音频接口等。

计算机的组装

1.4.2　CPU 系统

中国芯片发展历程

CPU 也称为微处理器（microprocessor），它是计算机系统中最重要的一个部件。CPU 是整个计算机系统的控制中心，它严格按照规定的脉冲频率工作。一般来说，工作频率越高，CPU 工作速度越快，能够处理的数据量就越大，功能也就越强。在 CPU 技术和市场上，Intel 公司一直是技术领头人，其他的 CPU 设计和生产厂商主要有 AMD 公司、IBM 公司、ARM（安谋）公司等。

1. CPU 的组成

CPU 外观看上去是一个矩形块状物，中间凸起部分是 CPU 核心部分的金属封装壳，在金属封装壳内部是一片指甲大小的、薄薄的硅晶片，称为 CPU 核心（die）。在这块小小的硅晶片上，密布着上亿个晶体管，它们相互配合，协调工作，完成各种复杂的运算和操作。金属封装壳周围是 CPU 基板，它将 CPU 内部的信号引接到 CPU 引脚上。基板下面有许多密密麻麻的镀金引脚，它们是 CPU 与外部电路连接的通道。目前，大部分 CPU 底部中间有一些电容和电阻。无引针 LGA（land grid array）封装的 CPU 外观如图 1-24（a）、（b）所示。

(a) CPU正面

(b) CPU背面

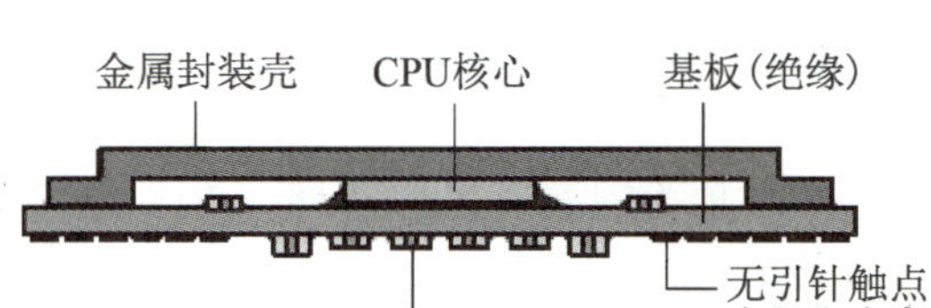

(c) CPU内部结构

图 1-24　Intel 公司 CPU 外观和内部结构

目前，CPU 主要采用 FC-PGA（flip chip pin grid array）封装和 LGA 封装两种形式。LGA 封装是指将 CPU 核心封装在有机基板之上，以便缩短连线，利于散热。CPU 由半导体硅晶片核心、基板、引脚、电容、金属封装壳等部件组成，如图 1-24（c）所示。

Intel 公司的 Core（酷睿）i7 是采用 22 nm 工艺制造的 4 核 CPU，它在 160 mm^2 的 CPU 核心上集成了 14.8 亿个晶体管，平均每平方毫米约有 900 万个晶体管。对于 CPU 来说，更小的晶体管制造工艺意味着更高的 CPU 工作频率、更高的处理性能和更低的发热量。集成电路制造工艺几乎成了 CPU 每个时代的标志。

2. CPU 的类型

由于 Intel 公司的 CPU 产品在市场中占据了主导地位，因此 CPU 按照 Intel 公司的产品进行分类。目前，Intel 公司的 CPU 产品有酷睿（Core）、至强（Xeon）、凌动（Atom）等系列，它们在设计技术上差异不大，在外观上也没有太大差别，用于不同的商业市场。

酷睿系列 CPU 是 Intel 公司的主流产品，其性能高于凌动系列 CPU，低于至强系列 CPU。酷睿系列 CPU 主要用于台式微机和笔记本电脑。

至强系列 CPU 主要面向 PC 服务器，产品性能优越，但价格较高。

凌动系列 CPU 主要用于平板微机，产品性能比酷睿系列 CPU 低，但是发热量小，功耗非常低，并且支持无线通信。

3. CPU 的技术性能

CPU 始终围绕着速度与兼容性两个目标进行设计。CPU 的技术指标相当多，如系统结构、指令系统、处理字长、工作频率、高速缓存容量、线宽、工作电压、插座类型等参数。

CPU 处理字长指 CPU 内部运算单元一次处理二进制数据的位数。目前，CPU 通用寄存器的宽度有 32 位和 64 位两种类型，64 位 CPU 的处理速度更快。由于 x86 系列 CPU 是向下兼容的，因此，16 位、32 位的软件可以运行在 32 位或 64 位的 CPU 中。目前，微机 CPU 绝大部分是 64 位的产品。

CPU 线宽指在硅晶片上内部各元件之间的连接线宽度，以 nm 为单位。线宽数值越小，生产工艺越先进，CPU 内部功耗和发热量就越小。目前，CPU 生产工艺已经达到 12 nm 的加工精度。

高速缓存（Cache）可以极大地改善 CPU 的性能。目前，CPU 的 Cache 容量为 1～10 MB，甚至更高。Cache 结构从一级发展到三级。

提高 CPU 工作频率也可以提高 CPU 的性能，现在主流的 CPU 工作频率在 2.0 GHz 以上。继续大幅度提高 CPU 工作频率受到生产工艺的限制。由于 CPU 是在半导体硅晶片上制造的，在硅晶片上的元件之间需要导线进行连接，在高频状态下要求导线越细越短越好，这样才能减小导线分布电容等杂散信号的干扰，以保证 CPU 运算正确。

CPU 工作频率越高，它的工作功率越大。部分台式微机 CPU 的发热功率达到 90 W 以上，CPU 的发热会造成工作不稳定等一系列问题。对于笔记本电脑，则会造成电池消耗加快，工作时间缩短等问题。因此，降低 CPU 工作功率一直是 CPU 设计、制造的技术难题。

目前，主要采用风冷散热方式和热管散热方式解决 CPU 的发热问题。风冷散热方式由散热片和风扇完成。一般来说，散热片的表面积越大，散热效果越好；表面积越小，散热效果越差。风扇吹出来的风力越强，空气流动的速度越快，越能加速热循环运动，迅速地将热量带走。

4. CPU 技术的新发展

2004 年以前，CPU 技术的重点在于提升 CPU 的工作频率，但是 CPU 工作频率的提升遇到了一系列的问题，如能耗问题、发热问题、工艺问题、量子效应问题、兼容性问题等。近年来，CPU 技术的发展重点转向了多核 CPU、64 位 CPU、低功耗 CPU、嵌入式 CPU 等技术。

1）多核 CPU

与传统的单核 CPU 相比，多核 CPU 带来了更强的并行处理能力，并大大减少了 CPU 的发热和功耗。在大多 CPU 厂商的产品中，双核、4 核甚至 8 核 CPU 已经占据了主要地位。2007 年 2 月，美国发布的万亿级计算速度的 80 核研究用 CPU 芯片，只有指甲盖大小，功耗只有 62 W。1996 年，同样性能的 CPU 大约需要由 1 万个 Pentium Pro 芯片组成，功耗为 500 kW。

多核 CPU 的内核拥有独立的 L1 缓存，共享 L2 缓存、内存子系统、中断子系统和外设，因此，系统设计师需要让每个内核独立访问某种资源，并确保资源不会被其他内核上的应用程序争抢。AMD 公司的 64 位双核 CPU 的外观与内核如图 1-25 所示。

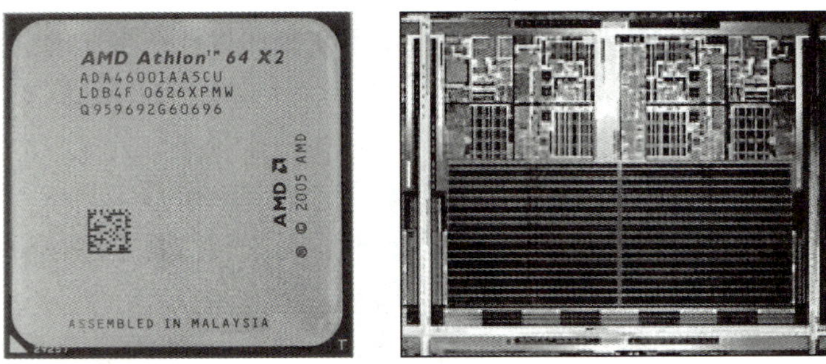

图 1-25　AMD 公司的 64 位双核 CPU 的外观与内核

为什么不能用单核的设计达到用户对 CPU 性能不断提高的要求呢？这是因为功耗和发热问题限制了单核 CPU 不断提高性能的途径。如果通过提高 CPU 工作频率来提高 CPU 的性能，就会使 CPU 的功耗以指数（3 次方）的速度急剧上升，很快就会触及所谓“频率高墙”的阻挡。过快的功耗上升，使得 CPU 厂商采用多核架构来提高 CPU 的性能。

多核的出现让微机系统的设计变得更加复杂。例如，运行在不同内核上的应用程序为了互相访问、相互协作，需要进行一些独特的设计，如高效的进程之间的通信机制、共享内存的数据结构等。程序代码的迁移也是一个问题，大多数厂商在针对单核 CPU 架构的程序设计上进行了大量投资，如何使这些代码最大限度地利用多核资源，也是一个急需解决的问题。目前，应用程序处在从单核环境向多核环境的迁移过程中。

多核 CPU 与单核 CPU 很大的不同就是它需要软件的支持，只有在基于线程化的软件上应用多核 CPU，才能发挥出应有的效能。目前，绝大多数的软件都是基于单线程的，多核处理器并不能为这些应用带来任何效率上的提升，因此多核 CPU 的最大问题是软件问题。

2）64 位 CPU

64 位 CPU 是指 CPU 通用寄存器的数据宽度为 64 位。也就是说，CPU 一次可以处理 64 位二进制数据。

64 位计算主要有两大优点：可以进行更大范围的整数运算和可以支持更大的内存。不能简单地认为 64 位 CPU 的性能是 32 位 CPU 的性能的 2 倍，实际上在 32 位操作系统和 32 位应用软件的支持下，32 位 CPU 的性能甚至会比 64 位 CPU 强。要实现真正意义上的 64 位计算，

仅有64位CPU是不够的，还必须有64位操作系统及64位应用软件的支持才行，三者缺一不可，缺少其中任何一种要素都无法实现64位计算。

在64位CPU方面，Intel和AMD两大厂商都发布了多个系列、多种规格的64位CPU，而在操作系统和应用软件方面，目前的情况不容乐观。真正适合于个人计算机使用的64位应用软件并不完善，一个明显的例子就是各种硬件设备的64位驱动程序很不完善，而且大量的32位软件还在应用中。现在64位应用软件还在开发之中。

注意：*64位CPU可以运行在32位操作系统上，32位CPU也可以运行在64位操作系统上。*

1.4.3 主板系统

1. 主板的功能

CPU与主板

主板是微机中重要的部件。微机的性能是否能够充分发挥，微机的硬件功能是否足够，微机的硬件兼容性如何等，都取决于主板的设计。主板的制造质量也决定了硬件系统的稳定性。主板与CPU的关系密切，CPU的每一次重大升级，必然导致主板的更新换代。

主板由集成电路芯片、电子元件、电路系统、各种总线插座和接口组成。主板的主要功能是传输各种电子信号，部分芯片也负责初步处理一些外围数据。从系统结构的观点看，主板由芯片组和各种总线构成。目前，市场上主流主板的系统结构为控制中心结构。

主板有XT主板、AT主板、ATX主板、BTX主板等类型，目前的市场主流为ATX主板。不同类型的CPU，往往需要不同类型的主板与之匹配。主板性能的高低主要由北桥芯片决定，北桥芯片性能的好坏对主板总体的技术性能产生举足轻重的影响。主板功能的多少，往往取决于南桥芯片与主板上的一些专用芯片。主板BIOS芯片将决定主板兼容性的好坏。芯片组确定后，主板上电子元件的选择和主板生产工艺将决定主板的稳定性。如图1-26所示为ATX主板的组成图。

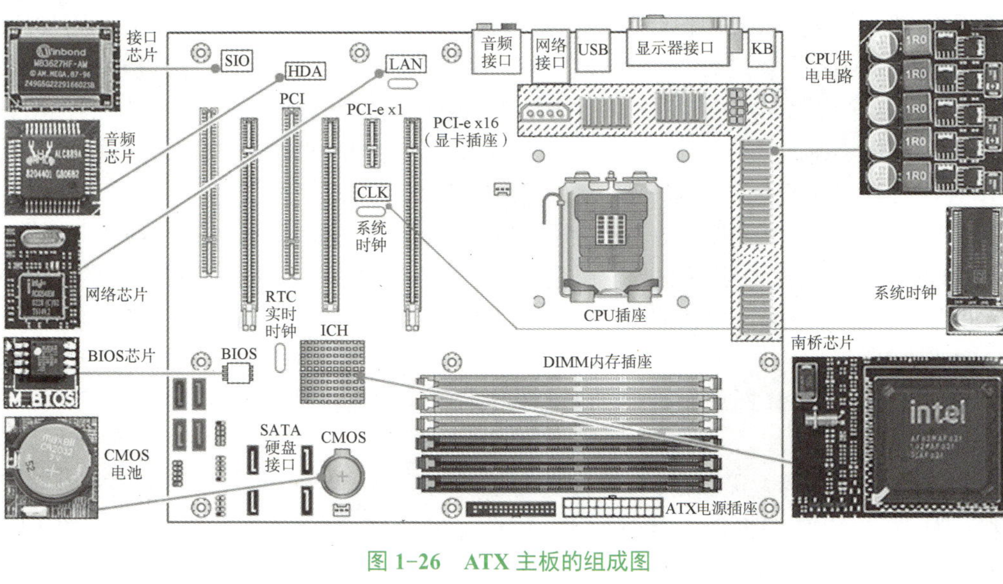

图1-26 ATX主板的组成图

2. CPU 插座

Intel 公司的 CPU 插座采用全金属制造，原因在于这种 CPU 插座的机械强度较高，并且随着 CPU 功率的增加，CPU 的表面温度也增高，金属材质的插座比较耐高温。

Intel 公司采用 LGA 封装的 CPU 没有引脚，只有一排排整齐排列的金属圆点，因此，CPU 不能利用引脚进行固定，而需要在主板上安装扣架固定。主板上的 Socket 插座由于内部的触针非常柔软和纤薄，如果在安装时用力不当，就非常容易造成触针的损坏。另外，引脚也容易变形，相邻的引脚很容易搭在一起，造成 CPU 内部电路短路，导致烧毁设备的后果。此外，过多地拆卸 CPU 将导致触针失去弹性，进而造成硬件方面的彻底损坏，这是 Socket 插座的最大缺点。

3. 芯片组

由于芯片组属于计算机核心技术，与 CPU 关系密切，产品利润高，因此，往往由 CPU 厂商进行设计和生产。有时 CPU 厂商也发放生产许可证给其他厂商进行改进设计和生产。生产芯片组的厂商主要有 Intel、AMD、VIA、SIS 等少数公司。

1.4.4　存储器系统

存储器

1. 存储器的类型

随着计算机功能的增强，操作系统和应用软件占用的存储空间也越来越庞大，对存储器容量的需求在成比例增长。不同存储器的工作原理不同，性能也不同。计算机中常用的存储器类型如图 1-27 所示。

- 存储器
  - 内存
    - DRAM（动态随机存储器）
      - DDR2 SDRAM（第 2 代 DDR），趋于淘汰
      - DDR3 SDRAM（第 3 代 DDR），常用产品
      - DDR4 SDRAM（第 4 代 DDR），市场主流产品
    - SRAM（静态随机存储器）：主要用于高速缓存
  - 外存
    - 半导体存储器
      - EEPROM（电擦除可编程只读存储器）：如内存条中的 SPD 芯片
      - Flash Memory（闪存）
        - NAND Flash（与非型闪存）：如 U 盘、SSD、SD 卡等
        - NOR Flash（或非型闪存）：如 BIOS、手机内存等
    - 磁介质存储器：HDD（硬盘），市场主流外存产品
    - 光介质存储器
      - CD-ROM（光盘）：CD-ROM、CD-R、CD-RW、CD-RAM 等（趋于淘汰）
      - DVD-ROM（光盘）：DVD-ROM、DVD-R、DVD-RW、DVD-RAM 等
      - BD-ROM（蓝光光盘）：BD-ROM、BD-R、BD-RW 等

图 1-27　计算机中常用的存储器类型

计算机的存储器分为内部存储器（简称为内存或主存）和外部存储器（简称为外存或辅存）。能够直接与 CPU 进行数据交换的存储器称为内存，与 CPU 间接交换数据的存储器称为外存。

内存主要采用以 CMOS（complementary metal oxide semiconductor，互补金属氧化物半导体）工艺制作而成的半导体存储芯片。根据工作原理，内存分为两类，一类是 DRAM（动态随机存储器），另一类是 SRAM（static RAM，静态随机存储器）。这两类存储器都可以进行随机读写操作，读写速度也高于其他类型的存储器，但是这两类存储器断电后都会丢失其中的数据。内存

一般安装在计算机主板上。

外存采用的材料和工作原理更加多样化。由于外存需要保存大量数据，因此要求容量大、价格便宜，更为重要的是，要求外存中的数据在断电后不会丢失。外存的存取速度相对内存要慢得多，但存储的数据很稳定，停电后数据不会消失。根据制作外存的材料划分，外存主要有：采用半导体材料的闪存（flash memory），如SSD（solid state disk，固态硬盘）、U盘（USB接口的半导体存储器）、CF（compact flash，小型闪存）卡等；采用磁介质材料的硬盘等；采用光介质材料的CD-ROM、DVD-ROM、BD-ROM（blu-ray ROM）光盘等。

2. 内存

存储容量

内存又称为主存储器，用于存放计算机进行数据处理所必需的原始数据、中间结果、最后结果及指示计算机工作的程序。内存是微机的主要技术指标之一，其容量大小和性能直接影响系统运行情况。内存的主要技术指标如下。

1）内存的计量单位

内存由大量的半导体存储单元组成，每个存储单元可存放1位（bit，b）二进制数据，8个存储单元称为一个字节（byte，B）。内存容量是指存储单元中的字节数，通常以KB、MB、GB、TB作为单位。其中，8 b=1 B，1 024 B=1 KB，1 024 KB=1 MB，1 024 MB=1 GB，1 024 GB=1 TB。

2）内存的类型

内存可分为随机存储器（RAM）和只读存储器（ROM）。RAM又分为静态随机存储器（SRAM）和动态随机存储器（DRAM）。

SRAM存储单元的电路工作状态稳定，速度快，不需要刷新，只要不掉电，数据就不会丢失。SRAM一般应用在CPU内部作为缓存。

DRAM中存储的信息以电荷形式保存在集成电路的小电容中，由于电容漏电，因此数据容易丢失。为了保证数据不丢失，必须对DRAM进行定时刷新。

现在，微机内存均采用DRAM芯片安装在专用电路板上，称为内存条。目前，内存条的类型有DDR3 SDRAM等，内存条容量有512 MB、1 GB、2 GB、4 GB、8 GB等规格。如图1-28所示，内存条由内存芯片（DRAM）、SPD（serial presence detect，序列存在检测）芯片、印制电路板（printed circuit board，PCB）、金手指、散热片、贴片电阻、贴片电容等部分组成。不同技术标准的内存条在外观上并没有太大区别，但是它们的工作电压、引脚数量和功能不同，定位口的位置也不同，互相不能兼容。

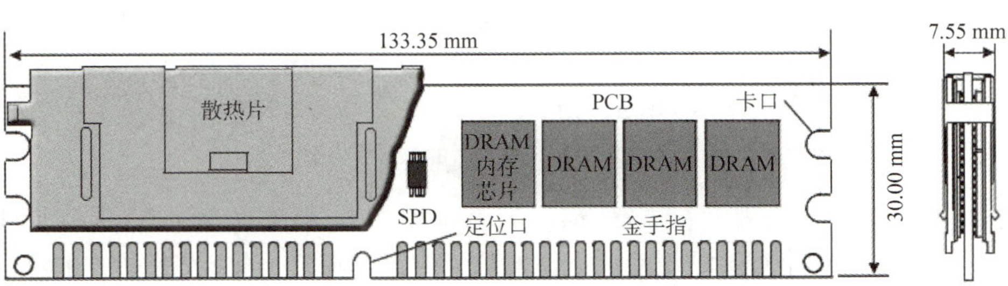

图1-28 DDR SDRAM内存条的组成

ROM与SRAM、DRAM不同，ROM中存储的数据在断电后能保持、不丢失。ROM只能一次写入数据，多次读出数据。微机主板上的ROM用于保存系统引导程序、自检程序等。目前，在微机中常用的ROM为闪存，这种存储器可以在断电的情况下长期保存数据，又能对数据进

行快速擦除和重写。

Cache 是一种高速缓存，为了提高 CPU 的运算速度，通常在 CPU 内部增设一级（L1 Cache）、二级（L2 Cache）、三级（L3 Cache）高速缓存。Cache 大大缓解了高速 CPU 与低速内存的速度匹配问题，它可以与 CPU 运算单元同步执行。目前，CPU 内部的 Cache 容量一般为 1～10 MB。

3. 外存

1）闪存

闪存具备 DRAM 快速存储的优点，也具备硬盘永久存储的特性。闪存可以利用现有半导体工艺生产，其缺点是读写速度较 DRAM 慢，而且擦写次数也有限。

闪存中的数据删除不是以单个字节为单位，而是以固定的区块为单位进行数据擦除与写入，区块大小一般为 8～128 KB。由于闪存不能以字节为单位进行数据的随机写入，因此，闪存目前还不能作为内存使用。硬盘也是以区块（扇区）为单位进行数据读写的。

U 盘又名闪存盘，它是一种采用快闪存储器（flash memory）为存储介质，通过 USB 接口与计算机交换数据的可移动存储设备。U 盘具有即插即用的功能，使用者只需将它插入 USB 接口，计算机就可以自动检测到 U 盘。U 盘在读写、复制及删除数据等操作上非常方便。目前，U 盘的存储容量达到 2 TB，可重复擦写达 100 万次。由于 U 盘具有外观小巧、携带方便、抗震性强、存储容量较大等优点，因此，受到微机用户的普遍欢迎。U 盘的外观及内部结构如图 1-29 所示。

图 1-29　U 盘的外观及内部结构

2）硬盘

硬盘（见图 1-30）是一种外存，它具有存储容量大、数据存取方便、价格便宜等优点，目前已经成为保存用户数据的重要的外部存储设备。但是，硬盘也是微机中最脆弱的部件，容易受到各种故障而损坏。如果硬盘出现故障，意味着用户的数据安全受到了严重威胁。另外，硬盘的读写是一种机械运动，因此相对于 CPU、内存等设备，其数据处理速度要慢得多。从“木桶效应”来看，可以说硬盘是阻碍计算机性能提高的瓶颈。

硬盘是利用磁介质存储数据的机电式产品。硬盘中的盘片由铝质合金和磁性材料组成。盘片中的磁性材料没有磁化时，内部磁粒子的方向是杂乱的，不同方向的磁粒子的磁性相互抵消，对外不显示磁性。当外部磁场作用于它们时，内部磁粒子的方向会逐渐趋于统一，对外显示磁性。当外部磁场消失时，由于磁性材料的“剩磁”特性，内部磁粒子的方向不会回到从前的状态，因而具有了记录数据位的功能。每个内部磁粒子都有南（S）、北（N）两极，可以利用磁记录位的极性来记录二进制数据位。我们可以人为地设定磁记录位的极性与二进制数据的对应关系，如用磁记录位的南极表示数字 0，用北极表示数字 1。这就是磁记录的基本原理。

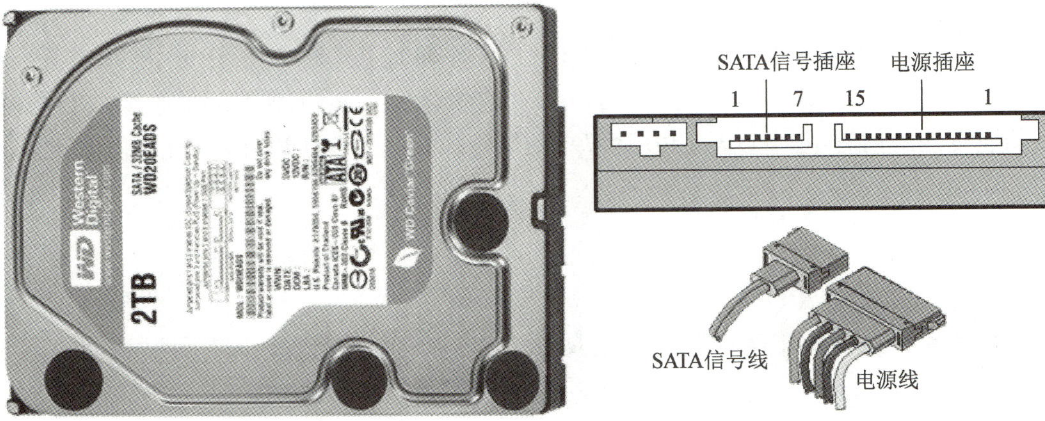

图1-30 硬盘的外观与接口

硬盘的存储容量常用的有320 GB、500 GB、1 TB、2 TB或更高。按照硬盘尺寸（磁盘直径）分类，有3.5 in、2.5 in等规格。目前，市场以3.5 in硬盘为主流，2.5 in硬盘主要用于笔记本电脑和移动硬盘。硬盘的接口有IDE（integrated drive electronics interface，集成驱动电接口，已经淘汰）、串行接口（SATA）、SCSI接口、USB接口等。SATA接口主要用于台式微机，SCSI接口主要用于早期PC服务器，USB接口主要用于移动存储设备。

1.4.5 总线和接口

光盘和光盘驱动器

1. 总线

总线是微机中各种部件之间共享的一组公共数据通信线路。

总线由多条信号线路组成，每条信号线路可以传输一个二进制信号0或1。例如，32位的PCI总线就意味着有32根数据通信线路，可以同时传输32位二进制信号。任何一条系统总线都可以分为5个功能组：数据总线、地址总线、控制总线、电源线和地线。数据总线用来在各个设备或者单元之间传输数据和指令，它们是双向传输的。地址总线用于指定数据总线上数据的来源与去向，它们一般是单向传输的。控制总线用来控制对数据总线和地址总线的访问与使用，它们大部分是双向传输的。

总线的性能可以通过总线宽度和总线频率来描述。总线宽度为一次并行传输的二进制位数。例如，32位总线一次能传输32位数据，64位总线一次能传输64位数据。微机中总线的宽度有8位、16位、32位、64位等。总线频率用来描述总线的速度，常见的总线频率有33 MHz、66 MHz、100 MHz、133 MHz、200 MHz、400 MHz、800 MHz、1 066 MHz等。

主板上有7大总线，它们是FSB、MB、PCI-e、PCI、USB、IHA、LPC。总线的工作频率与位宽是非常重要的技术指标。下面简单介绍前5种总线。

FSB总线由主板上的线路组成，没有插座。FSB总线负责CPU与北桥芯片之间的通信与数据传输，总线宽度为64位，数据传输频率为100～1 000 MHz。

MB总线负责北桥芯片与内存条之间的通信与数据传输，总线宽度为64位，数据传输频率为200 MHz、266 MHz、400 MHz、533 MHz或更高。主板上一般有4个DIMM（dual inline memory module）内存总线插座，它们用于安装内存条。

PCI-e总线是目前微机上流行的一种高速串行总线。PCI-e总线采用点对点串行连接方式，

这个与以前的并行通信总线大为不同。它允许和每个设备建立独立的数据传输通道，不用再向整个系统请求带宽，这样也就轻松地提高了总线带宽。PCI-e 总线根据接口对位宽要求的不同而有所差异，分为 PCI-e x1/x2/x4/x8/x16/x32，因此，PCI-e 总线的接口长短也不同，x1 最短，往上则越长。PCI-e x16 图形总线接口包括两条通道，一条可由显卡单独到北桥芯片，而另一条可由北桥芯片单独到显卡，每条单独的通道均拥有 4 GB/s 的数据传输带宽。PCI-e x16 总线插座用于安装独立显卡，有些主板将显卡集成在主板中北桥芯片的内部，因此不需要另外安装独立显卡。

PCI 总线插座一般有 3～5 个，主要用于安装一些功能扩展卡，如声卡、网卡、电视卡、视频卡等。PCI 总线宽度为 32 位，工作频率为 33 MHz。

USB 总线是一个通用串行总线，一般在主板后部，它支持热插拔。

2. I/O 接口

接口是指计算机系统中，在两个硬件设备之间起连接作用的逻辑电路。接口的功能是在各个组成部件之间进行数据交换。主机与外部设备之间的接口称为输入 / 输出接口，简称 I/O 接口。

计算机的外部设备多种多样，而系统总线上的数据都是二进制数据，而且外部设备与 CPU 的处理速度相差很大，所以需要在系统总线与 I/O 设备之间设置接口，以进行数据缓冲、速度匹配和数据转换等工作。外部设备与主机之间相互传送的信号有 3 类：数据信号、状态信号和控制信号。接口中有多个端口，每个端口传送一类数据。从数据传送的方式看，接口可分为串行接口（简称串口）和并行接口（简称并口）。在串行接口中，接口和外部设备之间的数据按位进行传送，而接口和主机之间以字节或字为单位进行多位并行传送。串行接口能够完成“串→并”和“并→串”之间的转换。微机上的 USB 接口是一种常用的串行接口。在并行接口中，接口和外部设备之间的数据都按字节或字进行传送，其特点是多个数据位同时传送，具有较高的数据传输速率。早期微机上连接打印机的 LPT（line print terminal）接口就是一种并行接口。

主板上配置的接口有 SATA 串行硬盘接口和光驱接口、COM 串行接口、PS/2 键盘接口和鼠标接口、音箱接口 Line Out、话筒接口 MIC、RJ-45 网络接口等，如图 1-31 所示。

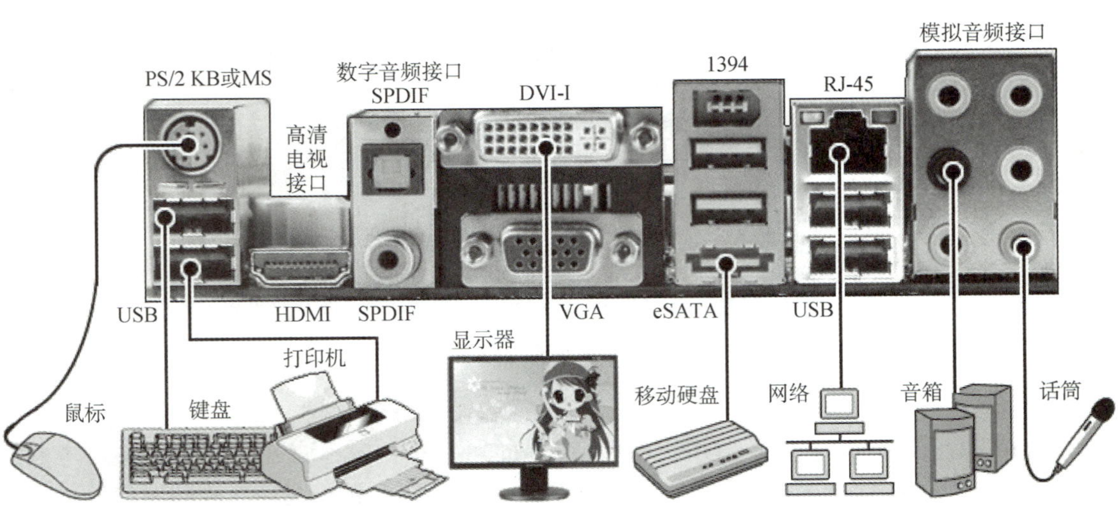

图 1-31　计算机输入 / 输出接口及连接设备

3. 微机线路连接

微机系统的接线可以分为信号线与电源线。信号线的布置应当尽量避免干扰信号源，如电视机、音响设备。电源线应当注意安全性。所有接线都应当接触良好，便于维护。

微机设备的接线集中在主机后部，如图 1-31 所示，每个插座上都标记了不同的色彩，将插头对色入座就行。那么会不会插反呢？一般不会，因为绝大部分接口都有防反插装置。按照微机设计规范 ATX 2.0，微机接口的形状、位置和色彩都有严格规定。

微机的各种外部接口如表 1-2 所示。

表 1-2　微机的各种外部接口

名　称	标　注	数　量	色　彩	接口说明
键盘	PS/2 KB	1	紫	圆形 6 孔
鼠标	PS/2 MS	1	绿	圆形 6 孔
通用串行接口	USB	6	黑	扁形 4 针
串行接口	COM	1	蓝	D 形 2 排 9 针
音频输出	SPK	1	绿	圆形孔
音频线性输出	Line Out	1	天蓝	圆形孔
话筒音频输入	MIC	1	粉红	圆形孔
局域网接口	LAN	1	黑	梯形孔
显示器模拟信号接口	VGA	1	蓝	D 形 3 排 15 孔
显示器数字信号接口	DVI	1	白	矩形 3 排 24 孔

1.4.6　输入/输出设备

常用的输入/输出设备

1. 键盘

键盘是向计算机输入数据的主要设备，由按键、键盘架、编码器、键盘接口及相应控制程序等部分组成，如图 1-32 所示。微机使用的标准键盘通常为 107 键，每个键相当于一个开关。

图 1-32　键盘

2. 鼠标

鼠标也是一种输入设备，广泛用于图形用户界面环境中。鼠标通过 PS/2 串行接口与主机连接。鼠标的工作原理是：当移动鼠标时，它把移动距离及方向的信息转换成脉冲信号送入计算机，计算机再将脉冲信号转换为鼠标指针的坐标数据，从而达到指示位置的目的。目前，常

用的鼠标为光电式鼠标，上面一般有两三个按键。对鼠标的操作有移动、单击、双击、拖动等。

3. 显示器

显示器用于显示输入的程序、数据或程序的运行结果等，它能以数字、字符、图形和图像等形式显示运行结果或信息的编辑状态。微机系统的显示器主要有两种类型。一种显示器是传统的 CRT（cathode ray tube，阴极射线管）显示器。CRT 显示器采用模拟信号显示方式，因此显示效果好，色彩比较亮丽。CRT 显示器的外观尺寸较大，目前已被淘汰。另外一种显示器是 LCD（liquid crystal display，液晶显示器），如图 1-33 所示，其尺寸有 10～24 in 等规格，台式计算机大部分采用 15～24 in 产品，而笔记本电脑大多采用 10～15 in 产品。LCD 采用数字显示方式，显示效果比 CRT 显示器稍差。LCD 采用 DVI（digital visual interface，数字视频接口），也有些 LCD 采用 VGA（video graphics array，视频图形阵列）显示接口，在 LCD 内部进行数 / 模转换。LCD 的外观尺寸较小，适合移动办公，主要用于笔记本电脑、平板电脑等，它是今后微机显示器的主要发展方向。

图 1-33　液晶显示器

显示器的主要技术参数如下。

1）屏幕尺寸

屏幕尺寸指显示器屏幕对角线的长度，以 in 为单位，表示显示屏幕的大小，主要有 10～24 in 几种规格。

2）点距

点距是屏幕上荧光点间的距离，它决定像素的大小，以及屏幕能达到的最高显示分辨率。点距越小越好，现有的点距规格有 0.20 mm、0.25 mm、0.26 mm、0.28 mm 等。

3）显示分辨率

显示分辨率指屏幕像素的点阵，通常写成“水平像素点 × 垂直像素点”的形式。常用的有 640×480、800×600、1 024×768、1 024×1 024、1 600×1 200 等，目前 1 024×768 较普及，更高的显示分辨率多用于大屏幕图像显示。

4）刷新频率

显示器每分钟内屏幕画面更新的次数称为刷新频率。刷新频率越高，画面闪烁越不明显，一般为 60 Hz。

1.4.7　计算机的主要技术指标

计算机的主要技术指标有性能、功能、可靠性、兼容性等指标，技术指标的好坏由硬件和软件两方面的因素决定。

1. 性能指标

计算机的性能主要是指计算机的速度与容量。计算机运行速度越快，在某一时间片内处理的数据就越多，计算机的性能也就越好。存储器容量也是衡量计算机性能的一个重要指标，大容量的存储器的产生，一方面是由于海量数据的需要，另一方面是为了保证计算机的处理速度，需要对数据进行预存放，这加大了对存储器容量的要求。计算机的性能往往可以通过专用的基准测试软件进行测试。例如，计算机能不能播放高清视频是有没有这项功能的问题，

但是画面效果如何是性能问题。为了得到好的画面质量,就必须使用高频率CPU和大容量内存,因为高清视频的数据量巨大,低速系统将导致马赛克效果。计算机的主要性能指标有以下4种。

1)CPU字长

CPU字长是指CPU能够同时处理的二进制数据的位数,它直接关系到计算机的运算速度、精度和性能。CPU字长有8位、16位、32位、64位之分,当前主流产品为64位。

2)时钟频率

时钟频率是指在单位时间(s)内发出的脉冲数,通常以兆赫兹(MHz)为单位。计算机中的时钟频率主要有CPU时钟频率(也叫作CPU主频)和总线时钟频率两种,如Core i7 3.4 GHz的CPU,其CPU主频为3.4 GHz。主频越高,计算机的运行速度越快。

3)内存容量

计算机的内存容量越大,运行速度越快。一些操作系统和大型应用软件常对内存容量有要求,如Windows XP的最低内存配置为1 GB,建议内存配置为2 GB;Windows 10的最低内存配置为2 GB,建议内存配置为4 GB。

4)外部设备配置

计算机外部设备的性能对系统也有直接影响,如硬盘的配置、硬盘接口的类型与容量、显示器的分辨率、打印机的型号与速度等。

2. 功能指标

计算机的功能是指其提供服务的类型。随着计算机的发展,3D图形功能、多媒体功能、网络功能、无线通信功能等都已经在计算机中实现,语音识别、笔操作等功能也在不断探索解决之中,计算机的功能将越来越多。计算机硬件提供了实现这些功能的基本硬件环境,而功能的多少以及实现的方法主要由软件决定。例如,网卡提供了信号传输的硬件基础,而浏览网页、收发邮件、下载文件等功能则由软件实现。对于计算机的所有功能,用户都可以通过软件或硬件进行测试。

3. 可靠性指标

可靠性是指计算机在规定的工作环境下和恶劣的工作环境下稳定运行的能力。例如,计算机经常性死机或重新启动,都说明计算机的可靠性不好。可靠性是一个很难测试的指标,往往只能通过产品的工艺质量、产品的材料质量和厂商的市场信誉来衡量。在某些情况下,也可以通过极限测试的方法进行检测。例如,不同厂商的主板,由于采用同一芯片组,它们的性能相差不大,但是,由于采用不同的工艺流程、不同的电子元件材料、不同的质量管理方法,它们产品的可靠性将有很大差异。为了提高主板的可靠性,有些厂商采用了8层印制电路板、蛇行布线、大量贴片电容、高质量的接插件、高温老化工艺等措施。

4. 兼容性指标

"兼容"这个词在计算机行业中可以说是流行语了,但是要对"兼容"下一个准确定义,却是一件不容易的事情。软件兼容性是指软件运行在某一个操作系统下时,可以正常运行而不发生错误。例如,某一DOS软件可以运行在Windows XP下时,我们说Windows XP与DOS软件兼容。硬件兼容性是指不同硬件在同一操作系统下运行性能的好坏。例如,A声卡在Windows 10中工作正常,B声卡在Windows 10中可能不发声,我们说B声卡的兼容性不好。因此,我们大致可以将"兼容"理解为:产品符合某一技术规范的特定要求,如果两个不同厂商

的产品能够在同一环境下应用，通常说它们是兼容的。硬件产品的兼容性不好，一般可以通过驱动程序或补丁程序解决；软件产品不兼容，一般可以通过软件修正包或产品升级解决。

1.5　数据在计算机中的表示

信息是丰富多彩的，有数值、文字、声音、图形、图像、视频等，但是计算机本质上只能处理二进制数的“0”和“1”，因此，必须将各种信息转换成计算机能够接收和处理的二进制数据。这种转换往往由外部设备和计算机自动进行。进入计算机中的各种数据都要转换成二进制数存储，计算机才能进行运算和处理。同样，从计算机中输出的数据也要进行逆向转换。各类数据在计算机中的转换过程如图 1-34 所示。

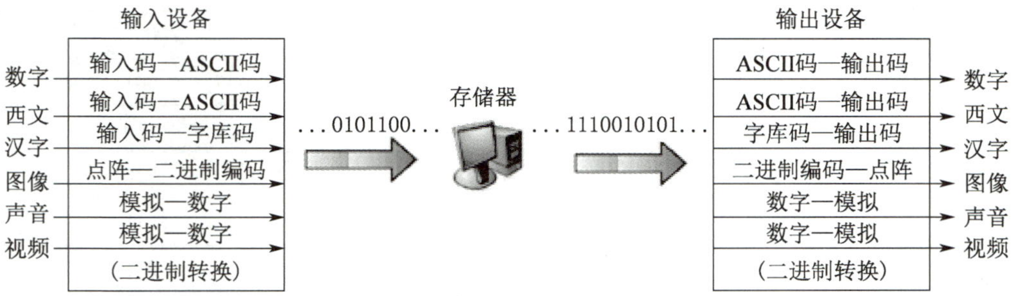

图 1-34　各类数据在计算机中的转换过程

1.5.1　常用数制的表示方法

1. 十进制数

人类有 10 根手指，十进制数自然成为人类最早使用的数制。十进制数的运算规则是“逢 10 进 1，借 1 当 10”，需要用到的数字符号有 10 个，分别是 0，1，2，3，4，5，6，7，8，9。

十进制中各数字符号的权为 10 的整数次幂，个位的权为 1(10^0)，十位的权为 10(10^1)，百位的权为 100(10^2)，……例如，十进制数 23 可以表示为“$2\times10^1+3\times10^0$”。

为了便于区分，十进制数用下标 10 或在数字尾部加 D 表示，如 $[23]_{10}$ 或 23D。

2. 二进制数

计算机硬件电路使用十进制数设计，会导致计算机的设计和制造非常复杂，因此，在计算机内部采用二进制数进行存储、传输和计算。用户输入的各种信息，由计算机软件和硬件自动转换为二进制数，在数据处理完成后，再由计算机自动转换为用户熟悉的十进制数或其他信息。

基于同样的原理，二进制数只有两种状态，基本数字符号为“0”和“1”。二进制数的运算规则是“逢 2 进 1，借 1 当 2”，各数字符号的权为 2 的整数次幂，分别为 2^0，2^1，2^2，……例如，二进制数 10111 可以表示为“$1\times2^4+0\times2^3+1\times2^2+1\times2^1+1\times2^0$”。

为了便于区分，二进制数用下标 2 或在数字尾部加 B 表示，如 $[10111]_2$ 或 10111B。

3. 十六进制数

当用二进制表示一个大数时，位数太多，计算机专业人员辨认困难，因此，经常采用十六进制数来表示二进制数。十六进制的数码有 0，1，2，3，4，5，6，7，8，9，A，B，C，D，E，F，其运算规则是“逢 16 进 1，借 1 当 16”。计算机内部并不采用十六进制数进行运算，引入十六进制数的原因是计算机专业人员可以很方便地将十六进制数转换为二进制数。

为了便于区分，十六进制数用下标 16 或在数字尾部加 H 表示，如 $[18]_{16}$ 或 18H。

常用数制之间的对应关系如表 1-3 所示。

表 1-3　常用数制之间的对应关系

十进制数	十六进制数	二进制数
0	0	0000
1	1	0001
2	2	0010
3	3	0011
4	4	0100
5	5	0101
6	6	0110
7	7	0111
8	8	1000
9	9	1001
10	A	1010
11	B	1011
12	C	1100
13	D	1101
14	E	1110
15	F	1111

4. 任意进制数的表示方法

任何一种进制都能用有限的几个基本数字符号表示出所有的数，我们称进制的数字符号个数为基数，如十进制的基数为 10，二进制的基数为 2；位于不同数位上的数字符号有不同的位权，简称权。对于任意的 R 进制数，其基本数字符号有 R 个，任意进制的数可以用式（1-1）表示。

$$(A_n\cdots A_1A_0A_{-1}\cdots A_{-m})_R=A_nR^n+\cdots+A_1R^1+A_0R^0+A_{-1}R^{-1}+A_{-2}R^{-2}+\cdots+A_{-m}R^{-m} \qquad (1\text{-}1)$$

其中，A 为任意进制的数字符号，R 为基数，n、m 分别为整数和小数的位数，整数为 $n+1$ 位，小数为 m 位。

【例 1-1】 十进制数 43.21 可以表示为 $4\times10^1+3\times10^0+2\times10^{-1}+1\times10^{-2}$。

【例 1-2】 二进制数 1101.11 可以表示为 $1\times2^3+1\times2^2+0\times2^1+1\times2^0+1\times2^{-1}+1\times2^{-2}$。

【例 1-3】 十六进制数 4D.25 可以表示为 $4\times16^1+13\times16^0+2\times16^{-1}+5\times16^{-2}$。

1.5.2　常用数制之间的转换

1. 二进制数与十进制数之间的转换

进制转换

二进制数转换成十进制数时，可以采用按权相加的方法，这种方法是按照十进制数的运算规则，将二进制数各位的数码乘对应的权再累加起来。

【例 1-4】 将 $[1101.101]_2$ 转换成十进制数。

解：$[1101.101]_2=[2^3+2^2+2^0+2^{-1}+2^{-3}]_{10}=[8+4+1+0.5+0.125]_{10}=[13.625]_{10}$

在二进制数到十进制数的转换过程中，要频繁地计算 2 的整数次幂。表 1-4 给出了 2 的整数次幂和十进制数值的对应关系。

表 1-4　2 的整数次幂与十进制数值的对应关系

2^n	2^8	2^7	2^6	2^5	2^4	2^3	2^2	2^1	2^0	2^{-1}	2^{-2}	2^{-3}
十进制数值	256	128	64	32	16	8	4	2	1	0.5	0.25	0.125

2. 十进制数与二进制数之间的转换

当十进制数转换为二进制数时，整数部分与小数部分必须分开转换。对于整数部分，采用除 2 取余法。也就是，将已知十进制数的整数部分反复除以 2，如果相除之后余数为 1，则对应二进制数的相应位为 1，如果余数为 0，则相应位为 0。第一次相除得到的余数是二进制数的低位（K_0 所在位），最后一次的余数是二进制数的高位（K_n 所在位）。从低位到高位逐次进行，直到商小于 2。最后一次相除所得的余数为 K_n，则 $K_nK_{n-1}K_{n-2}\cdots K_1K_0$ 为所求二进制数的整数部分。

对于小数部分，采用乘 2 取整法。也就是，将已知的十进制纯小数反复乘 2，每次乘 2 之后，所得数的整数部分为 1，相应位为 1，如果整数部分为 0，则相应位为 0。从高位向低位逐次进行，直到满足精度要求或乘 2 后的小数部分为 0。最后一次乘 2 所得的整数部分为 K_{-m}。转换后，所得的二进制纯小数为 $0.K_{-1}K_{-2}\cdots K_{-m}$。

【例 1-5】 将十进制数 18.812 5 转换为二进制数时，运算过程如图 1-35 所示，运算结果为“$[18.812\ 5]_{10}=[10010.1101]_2$”。

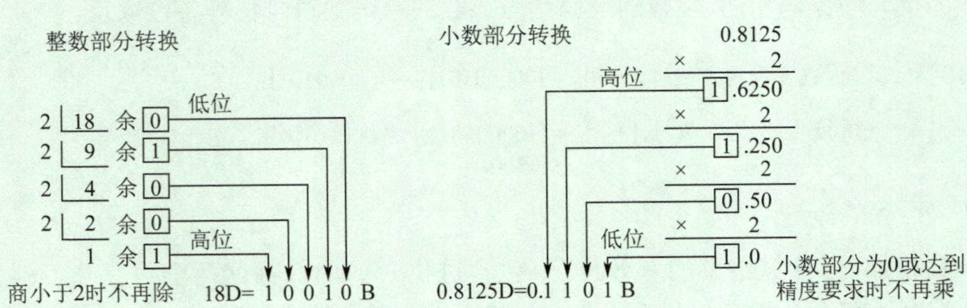

图 1-35　十进制数转换为二进制数的运算过程

3. 二进制数与十六进制数之间的转换

对于二进制整数，只要自右向左将每4位二进制数分为一组，不足4位时，在左面添0补足4位，每组对应一位十六进制数；对于二进制小数，只要自左向右将每4位二进制数分为一组，不足4位时，在右面添0补足4位，然后每组对应一位十六进制数，即可得到十六进制数。

【例 1-6】 $[111101.010111]_2=[0011\ 1101.0101\ 1100]_2=[3D.5C]_{16}$。

0011	1101	.	0101	1100
3	D	.	5	C

4. 十六进制数与二进制数之间的转换

将十六进制数转换成二进制数非常简单，只要以小数点为界，向左或向右每一位十六进制数用相应的4位二进制数表示，然后将其连在一起即可完成转换。

【例 1-7】 $[4B.61]_{16}=[0100\ 1011.0110\ 0001]_2=[1001011.01100001]_2$。

4	B	.	6	1
0100	1011	.	0110	0001

1.5.3 补码、反码和移位运算

1. 原码在运算中存在的问题

用原码表示二进制数简单易懂，易于与真值进行转换。但二进制数的原码进行加减运算时存在问题：一是在原码中，规定最高位是符号位，“0”表示正数，“1”表示负数，$[00000000]_2=[+0]_2$，$[10000000]_2=[-0]_2$，0有两种形式，产生了“二义性”问题；二是两个带符号的二进制数的原码运算时，在某些情况下，符号位会对运算结果产生影响，导致运算出错。

【例 1-8】 $[01000010]_2+[01000001]_2=[10000011]_2$，进位导致的符号位错误。

【例 1-9】 $[00000010]_2+[10000001]_2=[10000011]_2$，符号位相加导致的错误。

2. 反码编码方法

正数的反码与原码相同，负数的反码是对该数的原码除符号位外各位取反。

【例 1-10】 二进制数字长为8位时，$[+5]_{10}=[00000101]_{原}=[00000101]_{反}$。

【例 1-11】 二进制数字长为8位时，$[-5]_{10}=[10000101]_{原}=[11111010]_{反}$。

3. 补码运算的概念

两个数相加时，计算结果的有效位（不包含进位）为0时，称这两个数互补。例如，10以内的互补数有1和9，2和8，3和7，4和6，5和5；100以内的互补数有1和99，2和98，……，50和50等。

十进制数中，正数 x 的补码为正数本身 $[x]_{补}$，负数的补码为 $[y]_{补}=[模-|y|]_{补}$。例如，+4 的补码为+4，−1 的补码为+9（10−|1|=9）。

模是指计量系统的计数范围，如时钟的计量范围是 0～12，模为 12。十进制数中，1 位数的模为 10，2 位数的模为 100，其余以此类推。模运算具有以下特征：任何有关模的计算，均可将减法转换为加法运算。模为 10 的十进制数模运算示意图如图 1-36 所示。

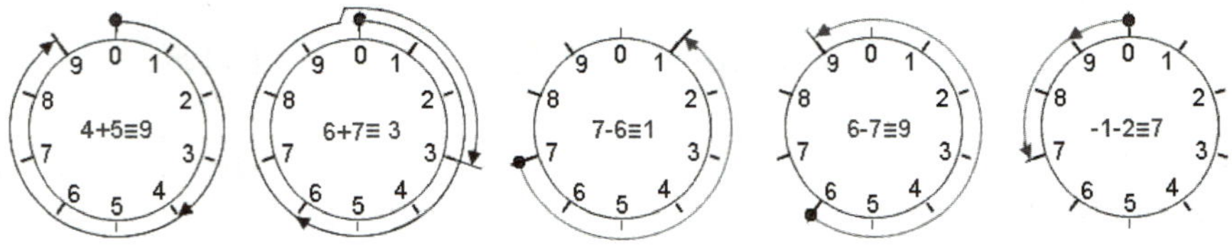

图 1-36　模为 10 的十进制数的模运算示意图（顺时针方向为"+"，逆时针方向为"−"）

4. 补码编码方法

二进制数中，正数的补码等于原码，负数的补码等于正数的原码"取反加 1"，即按位取反，末位加 1。负数的最高位（符号位）为 1，不管是原码、反码还是补码，符号位都不变。

【例 1-12】 $[10]_{10}$ 的二进制原码为 $[10]_{10}=[00001010]_{原}$（最高位 0 表示正数）。

$[-10]_{10}$ 的二进制原码为 $[-10]_{10}=[10001010]_{原}$（最高位 1 表示负数）。

【例 1-13】 $[10]_{10}$ 的二进制反码为 $[10]_{10}=[00001010]_{反}$（最高位 0 表示正数）。

$[-10]_{10}$ 的二进制反码为 $=[11110101]_{反}$（最高位 1 表示负数）。

【例 1-14】 $[10]_{10}$ 的二进制补码为 $[10]_{10}=[00001010]_{补}$（最高位 0 表示正数）。

$[-10]_{10}$ 的二进制补码为 $[-10]_{10}=[11110110]_{补}$（最高位 1 表示负数）。

5. 补码运算的规则

补码运算的算法思想是：把正数和负数都转换为补码形式，使减法变成加一个负数的形式，从而使加减法运算转换为单纯的加法运算。补码运算在逻辑电路设计中容易实现。当补码运算结果不超出表示范围（不溢出）时，可得出以下重要结论。

用补码表示的两数进行加法运算时，其结果仍为补码。补码的符号位可以与数值位一同参与运算。运算结果如有进位，则判断是不是"溢出"，如果不是"溢出"，就将进位舍去不要。不论对正数和负数，补码都具有以下性质。

$$[A]_{补}+[B]_{补}=[A+B]_{补} \tag{1-2}$$

$$[[A]_{补}]_{补}=[A]_{原} \tag{1-3}$$

其中，A、B 为正整数、负整数、0 均可。

【例 1-15】 $A=[-70]_{10}$，$B=[-55]_{10}$，求 A 与 B 相加之和。

先将 A 和 B 转换为二进制数的补码，然后进行补码加法运算，最后将运算结果（补码）转换为原码即可。原码、反码、补码在转换中，要注意符号位不变的原则。

$[-70]_{10}=[11000110]_{原}=[10111001]_{反}+[00000001]_2=[10111010]_{补}$

$[-55]_{10}=[10110111]_{原}=[11001000]_{反}+[00000001]_2=[11001001]_{补}$

```
                                  10111010
                              +   11001001
                              ─────────────
没有溢出时，进位1自然丢失→  1    10000011
```

相加后补码为$[10111010]_{补}+[11001001]_{补}=[10000011]_{补}$，进位1作为模丢失。为什么要丢弃进位呢？因为加法器的设计中，本位值与进位由不同的逻辑电路实现。

由补码运算结果再进行一次求补运算（取反加1）就可以得到真值：

$$[10000011]_{补}=[11111100]_{反}+[00000001]_2=[11111101]_{原}=[-125]_{10}$$

通过以上案例可以看到，进行补码加法运算时，不用考虑数值的符号。减法可以通过补码加法运算实现。如果运算结果不产生溢出，且最高位（符号位）为0，则表示结果为正数；如果最高位为1，则表示结果为负数。

6. 补码运算的特征

所有复杂计算（如线性方程组、矩阵、微积分等）都可以转换为四则运算，四则运算理论上都可以转换为补码加法运算。实际设计中，CPU为了提高计算效率，乘法和除法采用了移位运算和加法运算。CPU内部只有加法器，没有减法器，所有减法都采用补码加法进行。编译程序时，编译器将数值进行了补码处理，并保存在计算机的存储器中。补码运算完成后，计算机将运算结果转换为原码或十进制数输出。CPU对补码完全不知情，它只按照编译器给出的机器指令进行运算，并对某些溢出标志位进行设置。

7. 乘法运算

1）二进制数的移位操作

移位操作是二进制数乘除法的基本操作之一，移位操作有逻辑移位和算术移位。

逻辑移位时，数码位置变化，数值不变。左移时低位补0，右移时高位补0。

算术移位时，数码位置变化，数值变化，符号位不变。左移1位相当于带符号数乘2；右移1位相当于带符号数除以2。

【例1-16】 如果对8位二进制数$[0000\ 1100]_2=[12]_{10}$进行算术移位操作，左移1位后，二进制数变为$[0001\ 1000]_2=[24]_{10}$，可见左移1位相当于带符号数乘2。

【例1-17】 如果对8位二进制数$[0000\ 1100]_2=[12]_{10}$进行算术移位操作，右移1位后，二进制数变为$[0000\ 0110]_2=[6]_{10}$，可见右移1位相当于带符号数除以2。

以上只是简单地说明移位操作的方法与功能，还有许多复杂的问题需要解决，如进位问题、溢出问题、符号问题等。

2）乘法运算的基本思想

定点数的原码乘法运算规则为：乘积的符号位等于乘数与被乘数的符号位进行异或运算，乘积的值等于两数绝对值之积，即乘数与被乘数的绝对值进行移位后再相加。乘法运算的步骤如下。

（1）检测操作数是不是0，如果有一个操作数为0，则积为0。

（2）取两数的绝对值参加运算，积的符号为两数的符号的异或值。

（3）用移位操作和加法运算实现乘法运算，即将n位数的乘法运算转换为n次累加运算

与 n 次移位操作。当 8 位数乘 8 位数时，需要作 8 次移位操作和 8 次加法运算。值得注意的是，乘法运算在移位时，手工计算采用相加数逐次左移 1 位；机器计算大多采用部分积逐次右移 1 位。

（4）乘法运算需要用多个寄存器保存中间运算结果。乘法运算的具体实现过程远比以上描述复杂，需要考虑的问题非常多。

8. 除法运算

除法运算采用原码比较方便。运算规则为：商的符号位与原码乘法的处理方法相同，由两数的符号位进行异或运算；然后两数的绝对值部分相除。

定点数的原码除法运算有恢复余数法和加减交替法两种方法，在计算机中常用加减交替法，因为它的操作步骤少，而且也不复杂。定点数的原码除法运算的基本步骤如下。

（1）检测操作数是不是 0，如果有一个操作数为 0，则商为 0。

（2）取两数的绝对值参加运算，商的符号为两数的符号的异或值。

（3）用移位操作和加减运算实现除法运算。值得注意的是，除法运算在移位时，手工计算采用除数逐次右移 1 位；机器计算大多采用余数逐次左移 1 位。

（4）除法运算需要用多个寄存器保存中间运算结果。实现除法的逻辑电路与乘法的逻辑电路极其相似。

1.5.4 字符数据的表示

ASCII 编码

1. 英文字符的 ASCII 编码

计算机除了用于数值计算外，还要处理大量的非数值数据，其中文本字符数据占有很大比重。字符数据包括西文字符（字母、数字和各种符号）和汉字字符，它们也需进行二进制编码后，才能存储在计算机中并进行处理。每个字符对应唯一的一个二进制数，这个二进制数称为字符编码。对于西文字符与汉字字符，由于形式的不同，使用的编码方式也不同。

在计算机发展过程中，出现了多种字符编码，美国信息交换标准代码（American Standard Code for Information Interchange，ASCII）是目前使用得最为广泛的字符编码。1967 年，这一编码被国际标准化组织（International Standard Organization，ISO）确定为国际标准字符编码。ASCII 编码如表 1-5 所示。

表 1-5 ASCII 编码表（可显示字符部分）

字符	ASCII 编码			字符	ASCII 编码			字符	ASCII 编码		
	二进制	十进制	十六进制		二进制	十进制	十六进制		二进制	十进制	十六进制
回车	0001101	13	0D	?	0111111	63	3F	a	1100001	97	61
Esc	0011011	27	1B	@	1000000	64	40	b	1100010	98	62
空格	0100000	32	20	A	1000001	65	41	c	1100011	99	63
!	0100001	33	21	B	1000010	66	42	d	1100100	100	64
..	0100010	34	22	C	1000011	67	43	e	1100101	101	65
#	0100011	35	23	D	1000100	68	44	f	1100110	102	66

续表

字符	ASCII 编码			字符	ASCII 编码			字符	ASCII 编码		
	二进制	十进制	十六进制		二进制	十进制	十六进制		二进制	十进制	十六进制
$	0100100	36	24	>	0111110	62	3E	^	1011110	94	5E
%	0100101	37	25	E	1000101	69	45	—	1011111	95	5F
&	0100110	38	26	F	1000110	70	46	g	1100111	103	67
'	0100111	39	27	G	1000111	71	47	h	1101000	104	68
(	0101000	40	28	H	1001000	72	48	i	1101001	105	69
)	0101001	41	29	I	1001001	73	49	j	1101010	106	6A
*	0101010	42	2A	J	1001010	74	4A	k	1101011	107	6B
+	0101011	43	2B	K	1001011	75	4B	l	1101100	108	6C
、	0101100	44	2C	L	1001100	76	4C	m	1101101	109	6D
—	0101101	45	2D	M	1001101	77	4D	n	1101110	110	6E
.	0101110	46	2E	N	1001110	78	4E	o	1101111	111	6F
/	0101111	47	2F	O	1001111	79	4F	p	1110000	112	70
0	0110000	48	30	P	1010000	80	50	q	1110001	113	71
1	0110001	49	31	Q	1010001	81	51	r	1110010	114	72
2	0110010	50	32	R	1010010	82	52	s	1110011	115	73
3	0110011	51	33	S	1010011	83	53	t	1110100	116	74
4	0110100	52	34	T	1010100	84	54	u	1110101	117	75
5	0110101	53	35	U	1010101	85	55	v	1110110	118	76
6	0110110	54	36	V	1010110	86	56	w	1110111	119	77
7	0110111	55	37	W	1010111	87	57	x	1111000	120	78
8	0111000	56	38	X	1011000	88	58	y	1111001	121	79
9	0111001	57	39	Y	1011001	89	59	z	1111010	122	7A
:	0111010	58	3A	Z	1011010	90	5A	{	1111011	123	7B
;	0111011	59	3B	[	1011011	91	5B	|	1111100	124	7C
<	0111100	60	3C	\	1011100	92	5C	}	1111101	125	7D
=	0111101	61	3D	]	1011101	93	5D	～	1111110	126	7E

ASCII 编码使用 7 位二进制数对 1 个字符进行编码，可以表示 $2^7=128$ 个字符的编码。由于计算机中存储器的基本单位是字节，因此，以 1 个字节来存放 1 个字符的 ASCII 编码，每个字节的最高位为 0。

【例 1-18】“Hello.”的 ASCII 编码。

H	e	l	l	o	.
0100 1000	0110 0101	0110 1100	0110 1100	0110 1111	0010 1110

【例 1-19】利用 ASCII 标准对字符“book”进行编码。

查 ASCII 编码表可知，字符“book”的 ASCII 编码为 01100010 01101111 01101111 01101011。

【例 1-20】利用 ASCII 标准对字符“BOOK”进行编码。

查 ASCII 编码表可知，字符“BOOK”的 ASCII 编码为 01000010 01001111 01001111 01001011。

【例 1-21】利用 ASCII 标准对字符“1+2”进行编码。

查 ASCII 编码表可知，字符“1+2”的 ASCII 编码为 00110001 00101011 00110010。

ASCII 编码定义了 33 个无法显示的控制码，它们主要用于打印或显示时的格式控制，对外部设备的操作控制，进行信息分隔，在数据通信时进行传输控制等。

2. 中文字符的编码

“当代毕昇”王选

英文为拼音文字，所有的字均由 52 个英文大小写字母组合而成，加上数字及其他标点符号，常用的字符仅 95 种，因此 7 位二进制编码已经够用了。汉字数量庞大、构造复杂，这给计算机处理带来了困难。汉字是象形文字，每个汉字字符都有自己的形状，所以，每个汉字在计算机中都需要一个唯一的二进制编码。

1981 年，我国颁布了《信息交换用汉字编码字符集·基本集》(GB/T 2312—1980)，又称国标码。GB/T 2312—1980 编码标准规定：一个汉字用两个字节表示，每个字节只使用低 7 位，最高位为 0。例如，“大”字的国标码为 0011 0100 0111 0011。

GB/T 2312—1980 共收录 6 763 个简体汉字和 682 个符号，其中一级汉字为 3 755 个，以拼音排序，二级汉字为 3 008 个，以偏旁排序。GB/T 2312—1980 编码表的编码方法如表 1-6 所示。

表 1-6　GB/T 2312—1980 编码表(局部)

第 1 字节编码	区	第 2 字节编码							
		0100001	0100010	0100011	0100100	0100101	0100110	0100111	0101000
		位							
		01	02	03	04	05	06	07	08
0110000	16	啊	阿	埃	挨	哎	唉	哀	皑
0110001	17	薄	雹	保	堡	饱	宝	抱	报
0110010	18	病	并	玻	菠	播	拨	钵	波
0110011	19	场	尝	常	长	偿	肠	厂	敞
0110100	20	础	储	矗	搐	触	处	揣	川
0110101	21	怠	耽	担	丹	单	郸	掸	胆

由于国标码每个字节的最高位也为 0，与国际通用的 ASCII 编码无法区分，因此，在计算机内部，汉字编码全部采用机内码表示。机内码就是将国标码两个字节的最高位设定为 1，这

样解决了国标码与 ASCII 编码的冲突，保持了中英文编码的良好兼容性，如“大”字的机内码为0011 0100 0111 0011。

除此之外，为了利用计算机系统中现有的西文键盘来输入汉字，还要对每个汉字编一个西文键盘输入码（简称输入码），主要的输入码有拼音码、字形码、区位码等。

1.5.5 多媒体数据的表示

在计算机中，数值数据和字符数据都是转换成二进制数据来存储和处理的。同样，声音、图形和图像、视频等多媒体数据也要转换成二进制数据后才能在计算机中存储和处理，但多媒体数据的表示方式是完全不同的。在计算机中，声音往往用波形文件、MIDI 音乐文件或压缩音频文件的方式表示；图像的表示主要有位图编码和矢量编码两种方式；视频由一系列帧组成，每个帧实际上是一幅静态图像，需要连续播放才会变成动画（一般每秒要连续显示 30 帧左右）。多媒体数据的表示、存储和处理方法，将在第 7 章多媒体技术中介绍。

1.6 计算机软件的类型

中国软件变迁

计算机软件包括程序和程序运行时所需的数据，以及与这些程序和数据有关的文档资料。软件系统是计算机上可运行程序的总和。

1.6.1 计算机软件的分类

计算机系统由硬件和软件组成。硬件指看得见、摸得着的物理设备和元件的总称，如 CPU、存储器（内存与外存）、输入/输出设备等。硬件就其逻辑功能而言，可以用来完成信息变换、信息存储、信息传输和信息处理，硬件是计算机系统实现各种操作的物质基础。软件是计算机程序、数据及相关文档的总称，如在系统中运行的程序、数据等。软件就其逻辑功能而言，主要是描述和实现数据处理的规则和流程。

没有安装软件的计算机称为“裸机”，而裸机是无法进行任何工作的，不能从键盘、鼠标接收信息和操作命令，也不能在显示器的屏幕上显示信息，更不能运行可以实现各种操作的应用程序。

计算机软件可以分为系统软件和应用软件。系统软件的数量相对较少，其他绝大部分软件是应用软件。软件也可以分为商业软件与共享软件。商业软件的功能强大，软件收费也高，售后服务较好；共享软件大部分是免费或少量收费的，一般来说不提供软件售后服务。

1.6.2 系统软件的基本类型

计算机软件系统

系统软件是计算机软件系统中最靠近硬件的一层，其他软件一般都通过系统软件发挥作用。系统软件是用于计算机管理、监控、维护和运行的软件，通常包括操作系统、网络服务、数据库系统、程序设计语言等。

1. 操作系统

操作系统是对计算机硬件资源和软件资源进行控制和管理的大型程序，它是最基本的系统软件，其他软件必须在操作系统的支持下才能运行。操作系统一般包括进程管理、作业管理、存储管理、设备管理、文件管理等功能。目前，常用的操作系统有 Windows 7/8/10/11、Linux、UNIX 等，网络操作系统有 Windows Server、Linux、Free BSD 等。

2. 网络服务

操作系统本身提供了一些小型的网络服务功能，但对于大型的网络服务，必须由专业软件提供。网络服务程序提供大型的网络后台服务，它主要供网络服务提供商和企业网络管理人员使用。个人用户在利用网络进行工作和娱乐时，就是由网络服务程序提供服务的。例如，提供网页服务的 Web 服务软件有 IIS、Apache、Domino 等，提供文件下载的网络服务软件有 Server-U 等，提供邮件服务的软件有 Exchange Server、Lotus Notes/Domino、Qmail 等。

3. 数据库系统

数据库系统（database system，DBS）主要由数据库（database，DB）和数据库管理系统（database management system，DBMS）组成。数据库可以简单地理解为数据仓库，它是按一定方式组织起来的相关数据的集合。数据库管理系统是对数据库进行有效管理和操作的软件，是用户与数据库之间的接口，它提供了用户管理数据库的一套命令，包括数据库的建立、修改、检索、统计、排序等功能。数据库管理系统是建立信息管理（如财务管理、企业管理等）系统的主要软件工具。常用的数据库软件有 Oracle、MS SQL、MySQL 等。

4. 程序设计语言

程序设计语言是用来编写程序的语言，它是人与计算机交换信息的工具。程序设计语言一般分为机器语言、汇编语言、高级语言。

机器语言是以二进制代码表示的指令集合，是计算机唯一能直接识别和执行的语言。用机器语言编写的程序称为机器语言程序，其优点是占用内存少、执行速度快，缺点是难编写、难阅读、难修改、难移植。

汇编语言是将机器语言的二进制代码指令，用便于记忆的符号形式表示出来的一种语言，所以它又被称为符号语言。采用汇编语言编写的程序称为汇编语言程序，其特点相对于机器语言程序，其易阅读、易修改。

机器语言和汇编语言都是面向机器的语言，一般称为低级语言。低级语言对机器的依赖性大，所编程序的通用性差，用户较难掌握。

高级语言是一种比较接近于自然语言和数学表达的语言。用高级语言编写的程序便于阅读、修改及调试，而且可移植性强。高级语言已成为目前普遍使用的语言，从结构化程序设计语言到广泛使用的面向对象程序设计语言都是高级语言，高级语言有上百种之多。如表 1-7 所示为 IEEE Spectrum 发布的 2019 年编程语言排行榜的前 20 种高级语言及其应用领域。

表 1-7 IEEE Spectrum 发布的 2019 年编程语言排行榜（前 20 名）

排名	编程语言	应用领域	关注度	排名	编程语言	应用领域	关注度
1	Python	网络、AI、PC	100.0	3	C	PC、嵌入式	94.4
2	Java	PC、手机、网络	96.3	4	C++	PC、嵌入式	87.5

续表

排名	编程语言	应用领域	关注度	排名	编程语言	应用领域	关注度
5	R	PC、大数据	81.5	13	PHP	网络	65.1
6	JavaScript	网络	79.4	14	Assembly	嵌入式	63.7
7	C#	网络、PC、手机	74.5	15	SQL	PC、数据库	63.4
8	MATLAB	PC、仿真	70.6	16	Dart	网络、手机	57.4
9	Swift	PC、苹果机	69.1	17	Rust	网络、PC	55.5
10	Go	PC、并行计算	68.0	18	Scala	网络、手机	55.3
11	Arduino	嵌入式	67.2	19	Ruby	网络、PC	55.1
12	HTML	网络	66.8	20	VB	PC	55.1

说明：Arduino 是一个开源电子原型平台，它包含硬件和软件等开发环境。

5. 语言处理程序

用汇编语言和高级语言编写的程序称为源程序。源程序不能被计算机直接执行，必须把它们翻译成机器语言程序后才能被计算机识别及执行。这种翻译也是由程序实现的，不同的语言有不同的翻译程序，我们把这些翻译程序统称为语言处理程序。

翻译通常有两种方式：解释方式和编译方式。解释方式是通过相应的语言解释程序将源程序逐条翻译成机器指令，每译完一句立即执行一句，直至执行完整个程序，如 Python 语言。解释方式的特点是便于查错，但效率较低。编译方式是用相应语言的编译程序将源程序翻译成目标程序，再用连接程序将目标程序与函数库等连接，最终生成可在机器上运行的可执行程序。如图 1-37 所示为解释方式和编译方式的执行过程示意图。

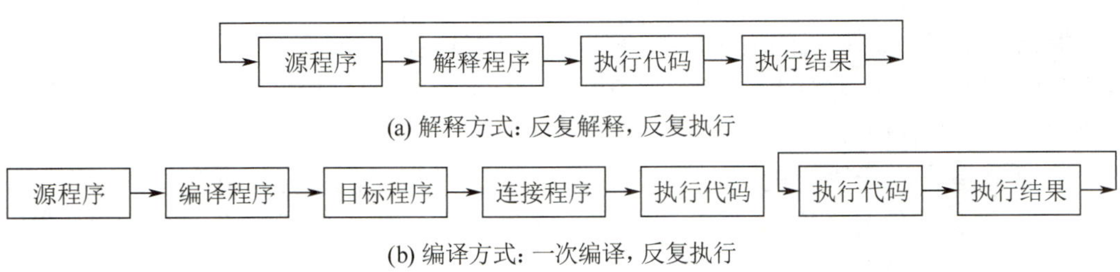

图 1-37　解释方式和编译方式的执行过程示意图

解释程序一般包含在开发软件或操作系统内，如 Internet Explorer（IE）浏览器就带有 ASP（active server pages，活动服务器页面）脚本语言解释功能；也有些是独立的，如 Java 语言虚拟机。编译程序一般都附带在开发系统内，如 Visual C++ 开发系统就带有程序编译器。

1.6.3　应用软件的基本类型

应用软件也可以分为两类。第一类是针对某个应用领域的具体问题而开发的程序，具有很强的实用性、专业性。这类软件可以由计算机专业公司开发，也可以由企业人员自行开发。正是这类应用软件的应用，使得计算机日益渗透到社会的各行各业。但是，这类应用软件的使用范围小，导致开发成本过高，通用性不强，软件的升级和维护有很大的依赖性。

第二类是一些大型专业软件公司开发的通用型应用软件，这些软件的功能非常强大，适用性非常好，应用也非常广泛。由于这类软件的销售量大，因此，相对于第一类应用软件而言，其价格便宜很多。由于使用人员较多，也便于相互交换文档，因此这类应用软件的缺点是专用性不强，对于某些有特殊要求的用户不适用。

1）办公自动化软件

应用较为广泛的办公自动化软件有 Microsoft 公司开发的 MS Office，它由几个软件组成，如文字处理软件 Word、电子表格软件 Excel 等。国内优秀的办公自动化软件有 WPS Office 等。IBM 公司的 Lotus 也是一套非常优秀的办公自动化软件。

2）多媒体应用软件

多媒体应用软件主要有图像处理软件 Photoshop、动画设计软件 Flash、音频处理软件 Audition、视频处理软件 Premiere、多媒体创作软件 Authorware 等。

3）辅助设计软件

辅助设计软件主要有机械和建筑辅助设计软件 AutoCAD、网络拓扑设计软件 Visio、电子电路辅助设计软件 Protel 等。

4）企业应用软件

通用的企业应用软件有用友财务管理软件、统计分析软件 SPSS（statistical product and service solutions，统计产品与服务解决方案）等。

5）网络应用软件

网络应用软件有网页浏览器软件 IE、即时通信软件 QQ、网络文件下载软件 FlashGet 等。

6）安全防护软件

安全防护软件主要有 360 杀毒软件、360 防火墙软件等。

7）系统工具软件

系统工具软件主要有文件压缩与解压缩软件 WinRAR、数据恢复软件 EasyRecovery、系统优化软件 Windows 优化大师、磁盘克隆软件 Ghost 等。

8）娱乐休闲软件

娱乐休闲软件主要有各种游戏软件、电子杂志、图片查看器、音频播放器、视频播放器等。

习　题

1. 现代计算机的发展经历了哪些阶段？
2. 第 4 代计算机主要采用什么元件？
3. 计算机大致可以分为哪些类型？
4. 冯·诺依曼结构的计算机模型包括哪些组成部分？
5. 一条指令通常由哪些部分组成？
6. 计算机中总线的作用是什么？
7. 计算机硬件的主要技术指标有哪些？
8. 写出表达式 $1\times2^3+1\times2^0+1\times2^{-2}$ 的二进制数。
9. 将二进制数 $[1101.1]_2$ 转换成十进制数。
10. 将十进制数 25 转换为二进制数。

第 2 章
操作系统基础

操作系统(operating system,OS)面对的是复杂的硬件系统,以及众多速度差异巨大、功能各不相同的外部设备。因此,对硬件进行抽象是操作系统最本质的任务。本章主要讨论操作系统的类型、结构、基本功能和基本操作方法。

2.1 操作系统概述

操作系统是配置在计算机硬件上的第一层软件,是对硬件系统的首次扩充。操作系统在计算机系统中占据了特别重要的地位,其他如编译程序、数据库管理系统等软件,以及大量的应用软件,都依赖于操作系统的支持。操作系统已成为现代计算机必备的系统软件。

2.1.1 操作系统的基本概念

1. 操作系统的定义

操作系统是控制计算机硬件和软件资源的一组系统软件。操作系统能有效地组织和管理计算机中的硬件和软件资源,合理地组织计算机工作流程,控制程序的执行,并向用户提供各种服务功能,使用户能够灵活、方便、有效地使用计算机,并使整个计算机系统能高效地运行。简单地说,操作系统就是操作计算机的系统软件。

操作系统的功能不是无限的,计算机的很多功能实际上是由应用软件来实现的。操作系统主要负责控制和管理计算机,使它正常工作,众多应用软件才能充分发挥计算机的作用。操作系统与计算机软件和硬件的层次关系如图 2-1 所示。

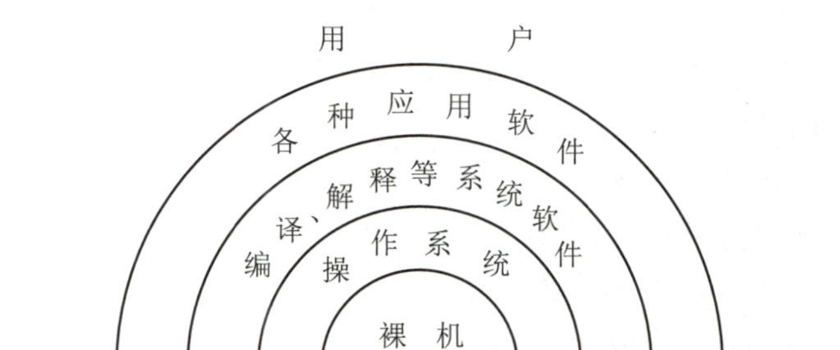

图 2-1　操作系统与计算机软件和硬件的层次关系

2. 操作系统的作用

操作系统是直接运行在“裸机”上的基本系统软件，任何其他软件都必须在操作系统的支持下才能运行。从用户角度看，操作系统具有以下作用。

1）方便用户使用

在操作系统出现之前，只有计算机专业人员才懂得怎样使用计算机。操作系统出现之后，不管用户是不是计算机专业人员，只要经过简单的培训，都能很容易地掌握计算机的使用方法。有了操作系统后，人们不需要直接对计算机硬件设备“发号施令”，只需要把要做的事情告诉操作系统，操作系统再把任务安排给计算机去做，等计算机做完工作之后，操作系统再将结果“告诉”人们，这样就省事多了。无论对用户还是对开发者，操作系统都极大地简化了计算机的使用。操作系统从用户角度提供了交互的能力；从开发者角度提供了底层设备的统一接口、公共程序库等。

2）隔离硬件设备

操作系统为所有应用程序提供一个运行环境，并将应用程序与具体硬件设备隔离。操作系统是用户和计算机之间的接口，同时也是计算机硬件和其他应用软件的接口。操作系统就像计算机的大管家，管理着计算机的各种资源，如 CPU、内存、磁盘等。应用程序想使用这些资源，都必须经过操作系统同意，并且由操作系统统一安排运行时间；应用程序运行完后，必须将资源交还给操作系统，以便其他应用程序使用。计算机在操作系统的管理下，以尽可能高的效率有条不紊地工作。

3）提高运行效率

对于操作系统而言，CPU、内存、外存等都是资源，操作系统要考虑如何最大限度地利用计算机的所有资源。

4）增强扩展能力

在不妨碍系统运行的前提下，操作系统为计算机应用和开发提供扩展能力，支持程序的新功能（如支持最新版 OpenGL 图形库，提升游戏程序的用户体验），支持增加新设备（如触摸屏操作、智能感应操作等），支持新服务（如智能手机与 PC 的近场通信等）。

3. 操作系统的基本特征

1）并发性

并发性是指两个或多个事件在同一时间内发生。在多核 CPU 运行环境下，并发性是指在一段时间内有多道程序同时在多个 CPU 中运行。在单核 CPU 运行环境下，程序被分成多个不同的线程，轮流在 CPU 中运行，由于每个线程的运行时间极短（纳秒级），因此从用户的角度看（宏观），这些程序是并行运行的；但是从微观上看，每个时刻仅能执行一个线程，因此微观上这些程序是交替执行的。

2）共享性

共享是指系统中的资源可供内存中多个并发执行的进程共同使用。由于资源的属性不同，因此多个进程对资源的共享方式也不同。互斥共享方式适用于具有独享属性的设备资源（如打印机、显示器等），它们只能以互斥方式使用；同时访问方式适用于具有共享属性的设备资源（如内存、磁盘等），它们允许在一段时间内由多个进程同时使用。

3）虚拟性

虚拟性是将一个物理实体变成若干个逻辑上的对应物。通过虚拟技术可以实现虚拟处

理器、虚拟存储器、虚拟设备等。虚拟性是操作系统对硬件的一种抽象。

4)不确定性

在多道程序运行环境下,由于系统的共享资源有限(如只有有限的内存),通常进程的执行并非“一气呵成”,而是以“走走停停”的方式运行。因此,进程何时执行,何时暂停,以怎样的方式向前推进,每个进程总共需要多少时间才能完成,都是不确定的。尽管如此,但只要运行环境相同,进程经过多次运行都会获得预期的结果。

2.1.2 操作系统的功能

操作系统通过内部极其复杂的综合处理,为用户提供友好、便捷的操作界面,以便用户不需要了解计算机硬件或系统软件的有关细节就能方便地使用计算机。

操作系统的主要任务是有效管理系统资源及提供友好、便捷的用户接口。为实现其主要任务,操作系统具有以下5大功能:处理机管理、存储器管理、文件系统管理、设备管理和接口管理。

1. 处理机管理

在多道程序系统中,存在多个程序共享系统资源的情况,就必然会引发对处理机的争夺。如何有效地利用处理机资源,如何在多个请求处理机的进程中选择和取舍,这就是进程调度要解决的问题。处理机是计算机中宝贵的资源,能否提高处理机的利用率,改善系统性能,在很大程度上取决于调度算法的好坏,因此,进程调度成为操作系统的核心。在操作系统中,负责进程调度的程序称为进程调度程序。

2. 存储器管理

存储器(内存)管理的主要工作是:为每个用户程序分配内存,以保证系统及各用户程序的存储区互不冲突;内存中有多个系统或用户程序在运行,保证这些用户程序的运行不会有意或无意地破坏其他用户程序的运行;当某个用户程序的运行导致系统提供的内存不足时,如何把内存与外存结合起来使用,给用户提供一个比实际内存大得多的虚拟内存,从而使用户程序能顺利地执行,这便是内存扩充要完成的任务。因此,存储器管理应包括内存分配、地址映射、内存保护和扩充。

3. 文件系统管理

在操作系统中,负责管理和存取文件信息的部分称为文件系统或信息管理系统。在文件系统的管理下,用户可以按照文件名访问文件,而不必考虑各种外存的差异,不必了解文件在外存上的具体物理位置及存放方式。文件系统为用户提供了一个简单、统一的访问文件的方法,因此它也被称为用户与外存的接口。

4. 设备管理

每台计算机都配置了很多设备,它们的性能和操作方式都不一样,操作系统的设备管理就是负责对设备进行有效管理。设备管理的主要任务是方便用户使用外部设备,提高 CPU 和设备的利用率。

5. 接口管理

为了方便用户使用操作系统,操作系统又向用户提供了用户与操作系统的接口。该接口

通常是以命令或系统调用的形式呈现在用户面前的，前者提供给用户在键盘终端上使用，后者提供给用户在编程时使用。

2.1.3 操作系统的类型

对操作系统进行严格的分类是困难的。早期的操作系统，按用户使用的操作环境和功能特征的不同，可分为 3 种基本类型：批处理操作系统、分时操作系统和实时操作系统。随着计算机体系结构的发展，又出现了嵌入式操作系统、分布式操作系统和网络操作系统。

1. 批处理操作系统

批处理操作系统的突出特征是批量处理，它把提高系统处理能力作为主要设计目标。批处理操作系统的主要特点是：用户脱机使用计算机，操作方便；成批处理，提高了 CPU 利用率。批处理操作系统的缺点是无交互性，即用户一旦将程序提交给系统，就失去了对程序的控制能力，使用户感到不方便。例如，VAX/VMS 是一种多用户、实时、分时和批处理的多道程序操作系统。目前，这种早期的操作系统已经被淘汰。

2. 分时操作系统

分时操作系统是指多用户通过终端共享一台主机 CPU 的工作方式。为使一个 CPU 为多道程序服务，操作系统将 CPU 时间划分为很小的时间片，采用循环轮转方式将这些 CPU 时间片分配给队列中等待处理的每个程序。由于时间片划分得很短，循环执行得很快，使得每个程序都能得到 CPU 的响应，好像在独享 CPU。分时操作系统的主要特点是允许多个用户同时运行多个程序，每个程序都是独立操作、独立运行、互不干涉的。现代通用操作系统中都采用了分时处理技术，Windows、Mac OS X、Linux（见图 2-2）等都是分时操作系统。

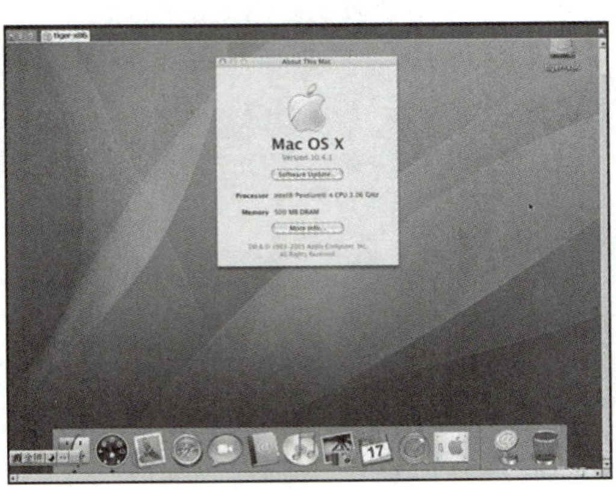

图 2-2 Mac OS X 操作系统和 Linux 操作系统的桌面

3. 实时操作系统

实时操作系统是指当外界事件或数据产生时，能够快速接收并以足够快的速度予以处理，处理结果能在规定时间之内返回，并且控制所有实时设备和实时任务协调一致地运行的操作系统。实时操作系统通常是具有特殊用途的专用系统。例如，通过计算机对飞行器、导弹发射过程进行自动控制时，计算机应及时对测量系统测得的数据进行加工并输出结果，对目标进行跟踪或向操作人员显示运行情况。

在工业控制领域，早期常用的实时操作系统主要有VxWorks和QNX等，目前的操作系统（如Linux和Windows等）经过一定改变（定制）后，都可以改造成实时操作系统。

4. 嵌入式操作系统

近年来，各种掌上型数码产品（如数码相机、智能手机等）成为一种日常应用潮流。除以上电子产品外，还有更多的嵌入式系统隐身在不为人知的角落，从家庭用品的电子钟表、电子体温计、电子翻译词典、电冰箱、电视机等，到办公自动化的复印机、打印机、空调、门禁系统等，甚至是公路上的红绿灯控制器、飞机的飞行控制系统、卫星自动定位和导航设备、汽车燃油控制系统、医院中的医疗器材、工厂中的自动化机械等。嵌入式系统已经环绕在人们的身边，成为人们日常生活中不可缺少的一部分。

绝大部分智能电子产品都必须安装嵌入式操作系统（embedded operating system，EOS）。嵌入式操作系统运行在嵌入式环境中，它对电子设备的各种软硬件资源进行统一协调、调度和控制。

嵌入式操作系统可分为通用型和专用型。通用型EOS有嵌入式Linux、VxWorks（用于航空航天、军事、工业自动化等领域）、Android（用于智能手机等领域）等。

常见的专用型EOS有μC/OS-Ⅲ（应用广泛的EOS）、FreeRTOS（开源、轻量级实时EOS）、Contiki（开源、可移植、TCP/IP网络、多任务，低能耗无线通信，运行只需要几千字节的内存）、TinyOS（开源、基于元件、低能耗，主要用于无线传感器网络等）、QNX（最成功的微内核EOS，用于车载信息娱乐系统等）、RS-RTOS（用于实时性强的工业控制、汽车电子设备等）、RT-Linux（用于航天飞机空间数据采集、科学仪器测控、电影特技等）、μCLinux（用于路由器、机顶盒等）、Mbed OS（ARM针对物联网低功耗设备开发的操作系统）、RTEMS（美国导弹与火箭控制实时系统）等。嵌入式操作系统在工业控制领域的应用如图2-3所示。

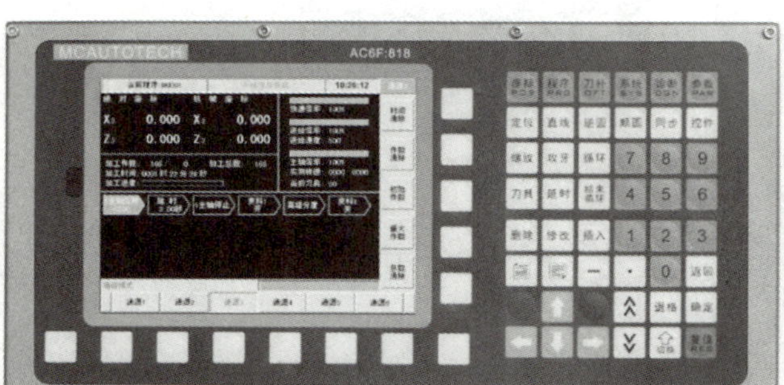

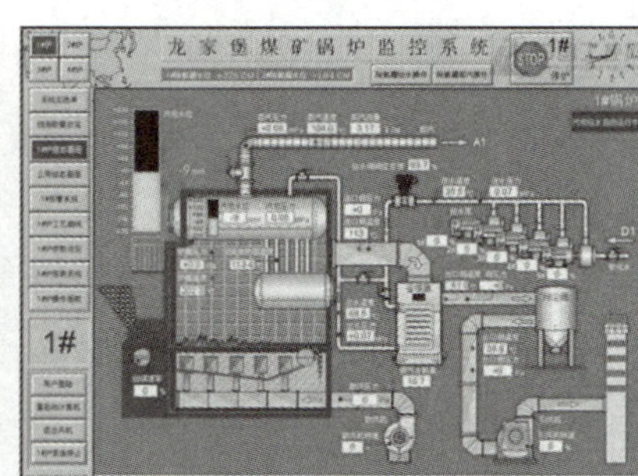

图2-3 嵌入式操作系统在工业控制领域的应用

嵌入式操作系统具有以下特点。

（1）系统精简。嵌入式操作系统一般应用于小型电子设备，系统资源相对有限，所以系统内核比其他操作系统要小得多。例如，ENEA公司的OSE嵌入式操作系统的内核只有5 KB。嵌入式操作系统一般没有系统软件和应用软件的明显区分，要求功能设计及实现上不要过于复杂，这样一方面利于控制成本，另一方面也利于实现系统安全。

（2）专用性强。嵌入式操作系统与硬件的结合非常紧密，一般要针对硬件进行系统移植，即使在同一品牌、同一系列的产品中，也需要根据硬件的变化对系统进行修改。因此，嵌入式

操作系统需要根据不同设备对系统功能模块进行裁剪和增加，这需要可伸缩的体系结构。

(3)实时性高。嵌入式操作系统的软件一般采用固态存储(集成电路芯片)，以提高运行速度。

(4)强大的网络功能。支持 TCP/IP，为移动计算设备预留接口。

(5)弱交互性。系统一旦开始运行就不需要用户过多干预，用户接口一般不提供操作命令，通过用户程序提供服务。

5. 网络操作系统

网络操作系统是基于计算机网络的操作系统，它的功能包括网络管理、通信、安全、资源共享和各种网络应用。网络操作系统的目标是使用户可以突破地理条件的限制，方便地使用远程计算机的资源，实现网络环境下计算机之间的通信和资源共享。例如，Windows Server、Linux、FreeBSD 等都是网络操作系统。

6. 分布式操作系统

分布式操作系统是指通过网络将大量计算机连接在一起，以获取极高的运算能力、广泛的数据共享及实现分散资源管理等功能为目的的一种操作系统。

目前，华为公司的 HarmonyOS(鸿蒙 OS)是一个成功的商业化分布式操作系统软件，学术研究用的分布式操作系统有 Amoeba、Mach、Chorus 和 DCE 等。Amoeba 是一个高性能的微内核分布式操作系统，可以在因特网上免费下载，可以用于教学和研究。

分布式操作系统与 PC 操作系统有以下不同点：数据共享(允许多个用户访问一个公共数据库)、设备共享(允许多个用户共享昂贵的计算机设备)、通信(计算机之间通信更加容易)、灵活性(用最有效的方式将工作分配到可用的机器中)。

分布式操作系统存在以下缺点：目前为分布式操作系统开发的软件还极少；分布式操作系统的大量数据需要通过网络产生传输，这会导致网络可能因为饱和而引起拥塞；分布式操作系统容易造成对保密数据的访问。

2.1.4　进程管理

1. 单道程序系统

在早期的计算机系统中，一旦某个程序开始运行，它就占用了整个系统的所有资源，直到该程序运行结束，这就是单道程序系统。在单道程序系统中，任意时刻只允许一个程序在系统中运行，正在运行的程序控制了整个系统资源，一个程序运行结束后才能运行下一个程序。因此，系统的资源利用率不高，大量的资源在许多时间内处于闲置状态。如图 2-4 所示是单道程序系统中 CPU 依次运行 3 个程序的情况：首先程序 A 被加载到系统内运行，运行结束后再加载程序 B 运行，最后加载程序 C 运行，这 3 个程序不能交替运行。

图 2-4　单道程序系统中 3 个程序的运行情况

2. 多道程序系统

为了提高系统资源的利用率，现在的操作系统都允许同时有多个程序被加载到内存中运行，这样的操作系统称为多道程序系统。从宏观上看，系统中多个程序同时在运行，但从微观上看，任意时刻（时间片）仅能运行一个程序片段，系统中各个程序片段交替运行。由于系统中同时有多道程序在运行，它们共享系统资源（如 CPU、内存等），提高了系统资源的利用率。但是，操作系统必须承担资源管理的任务，操作系统必须对处理机、内存等系统资源进行管理。如图 2-5 所示，3 个程序分为不同的程序片段，然后在 CPU 中交替运行。程序 A 的程序片段运行结束后，放弃 CPU 资源，让其他程序片段运行；程序 C 的程序片段运行结束后，将 CPU 资源让给程序 A 的程序片段。这样，3 个程序就可以交替运行。

图 2-5　多道程序系统中程序片段的运行

3. 进程的特征

进程是指一个具有独立功能的程序对数据集的一次执行。简单地说，进程就是程序的运行状态。进程具有以下特征。

1）动态性

进程是一个动态活动，这种活动的属性随时间而变化。进程由操作系统创建、调度和执行，进程可以等待、执行、撤销和结束。进程与计算机的运行有关，计算机关机后，所有进程都会结束；而一旦编制成功后，程序不会因为关机而消失。

2）并发性

在操作系统中，同时有多个进程在活动。进程的并发性提高了计算机系统资源的利用率。一个程序能同时与多个进程有关联。如图 2-6 所示，用浏览器程序打开多个网页时，只有一个浏览器程序，但是每个打开的网页都拥有自己的进程，每个网页的数据对应各自的进程，这样就不会出现网页数据显示混乱的情况。

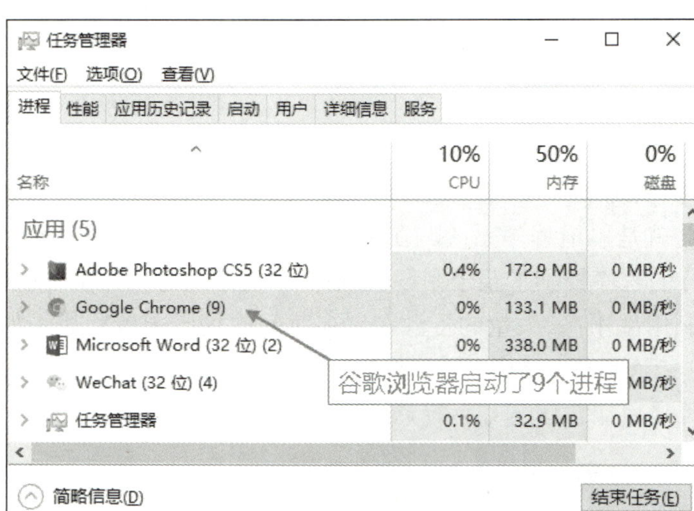

图 2-6　程序与进程的关系

3）独立性

进程是一个能够独立运行的基本单位，也是系统资源分配和调度的基本单位。进程获得资源后才能执行，失去资源后暂停执行。

4）异步性

多个进程之间按各自独立的、不可预知的速度生存。也就是说，进程是按异步方式执行的。一个进程什么时候被分配到 CPU 上执行，进程在什么时间结束等，都是不可预知的，操作系统负责各个进程之间的协调运行。例如，用户会突然关闭正在播放的视频，从而导致视频播放进程突然结束，其他进程的执行顺序也会进行相应的改变。

4. 进程的状态和转换

如图 2-7 所示，进程有 3 种基本状态：就绪、执行和阻塞。

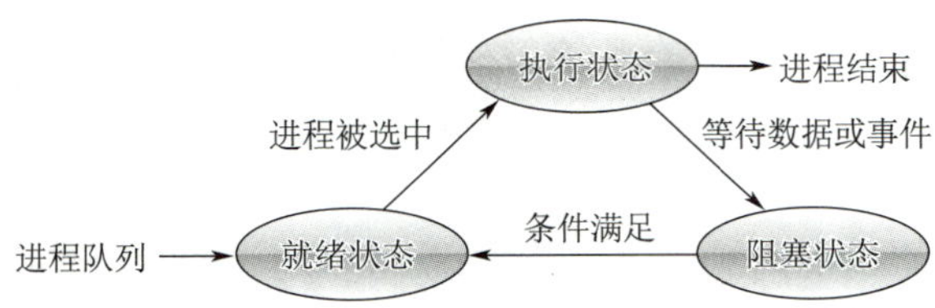

图 2-7　进程的状态和转换

1）就绪状态

进程获得了除 CPU 之外的所有资源，做好了执行准备时，就可以进入就绪状态排队。一旦得到 CPU 资源，进程便立即执行，即由就绪状态转换到执行状态。

2）执行状态

进程进入执行状态后，在 CPU 中执行进程。每个进程在 CPU 中的执行时间很短，一般为几十纳秒，这个时间称为时间片，时间片由 CPU 进行分配和控制。在单核 CPU 系统中，只能有一个进程处于执行状态；在多核 CPU 系统中，则可能有多个进程同时处于执行状态（在不同 CPU 内核中执行）。当进程在 CPU 中执行结束，不需要再次执行时，进程结束；当时间片已用完，但进程还没有结束时，进程进入阻塞状态。

3）阻塞状态

进程执行中，当时间片已经用完，或进程因等待某个数据或事件而暂停执行时，进程进入阻塞状态（也称为等待状态）。当进程等待的数据或事件准备好时，进程再进入就绪状态。

5. Windows 操作系统中进程的运行状态

在 Windows 环境下，将鼠标指针移动到任务栏的空白处右击，从弹出的快捷菜单中选择“启动任务管理器”命令，在打开的“Windows 任务管理器”窗口中，可以观察到程序和进程的运行情况。

2.2　Windows 操作系统

Windows 是 Microsoft（微软）公司开发的一系列操作系统，也是目前世界上用户最多的操作系统。微软公司开发的 Windows 产品分为 3 个系列：个人用户系列（主要有 Windows 2000/

XP/7/8/10/11 等）、服务器系列（主要有 Windows Server 2008/2012/2018 等）、嵌入式用户系列（主要有 Windows CE 等）。随着计算机硬件和软件的不断升级，微软公司的 Windows 操作系统也在不断升级，从 16 位、32 位到 64 位操作系统，128 位的 Windows 操作系统也在开发之中。

2.2.1 计算机人机界面

人机界面是指人与机器之间相互交流和影响的区域。在计算机使用中，人机界面包括对数据和信息的输入和输出方法，以及用户对机器的操作和控制方式。以人为中心的计算机操作方式更接近于人类自然交流形式，是未来人机界面的总体特征。

1. 控制台人机界面

20 世纪 50 年代，汇编语言和高级语言的问世，改善了计算机的人机界面。如图 2-8 所示，早期程序员为了在计算机上运行一个程序，必须准备好一大堆穿孔纸带或穿孔卡片，这些穿孔纸带上记录了程序和数据。程序员将这些穿孔纸带装入输入设备中，拨动控制台开关，计算机将程序和数据读入内存；接着，程序员在控制台上启动汇编程序或编译程序，将源程序翻译成目标代码。如果程序不出现语法错误，程序员就可以通过控制台按键，设定程序执行的起始地址，并启动程序。程序执行期间，程序员要观察控制台上的各种指示灯，以监视程序的运行情况。如果发现错误，可以通过指示灯检查存储器中的内容，并且在控制台上进行程序调试和排错。如果程序运行正常，而且计算机也没有发生故障，计算结果将通过电传打字机打印出来。

图 2-8 早期的穿孔纸带上的程序和控制台人机界面

2. 命令行人机界面

1964 年，IBM 360 计算机采用键盘作为标准控制设备；20 世纪 60 年代，CRT 显示器开始作为数据和信息的输出设备。20 世纪 70 年代，随着微机的流行，键盘和显示器逐渐成了标准的计算机操作设备。键盘和显示器的应用大大改善了计算机的人机界面，命令行人机界面应运而生，控制台人机界面被逐渐淘汰。

命令行人机界面通常不支持鼠标操作，用户通过键盘输入指令，计算机接收到指令后予以执行。在熟记操作命令的前提下，命令行人机界面的操作速度快，因此，在嵌入式计算机系统中，命令行人机界面用得较多。在图形用户界面系统中，通常保留了可选的命令行人机界面，如 Windows 系统的“命令提示符”窗口及 Linux 系统的 Shell 界面等，如图 2-9 所示。

在命令行用户界面和编程语言中，经常用到“控制台”（console）一词，它通常是指在计算机屏幕上看到的字符操作界面。通常所说的控制台命令，就是通过命令行用户界面输入的可以操作计算机系统的命令。例如，dir 命令就是一条 Windows 系统的控制台命令。

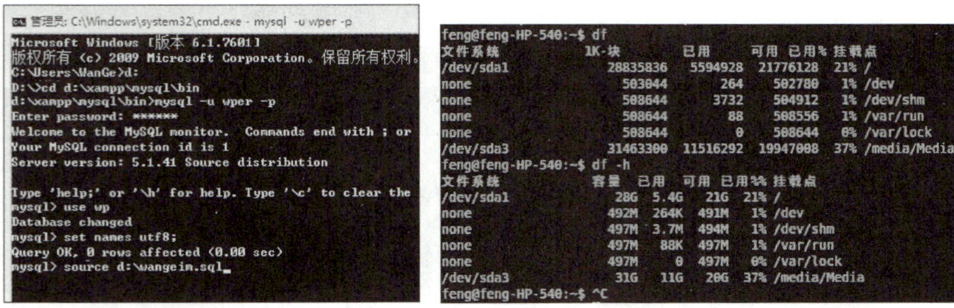

(a)在Windows控制台下进行数据库导入操作　　(b)在Linux控制台下进行设备挂接操作

图 2-9　命令行人机界面

3. 图形用户界面

20 世纪 80 年代以前，计算机用户主要以专业人员为主。80 年代以后，随着计算机广泛进入人们的工作和生活领域，计算机用户发生了巨大的改变，非专业人员成了计算机用户的主体，这一重大变化使得计算机的易用性问题日益突出起来。

1975 年，施乐公司的 Alto 计算机第一次采用图形用户界面；1984 年，苹果公司的 Macintosh 计算机开始采用图形用户界面；1986 年，X-Window System 窗口系统发布；1992 年，微软公司发布 Windows 3.1。如图 2-10 所示，目前计算机基本都支持图形用户界面。

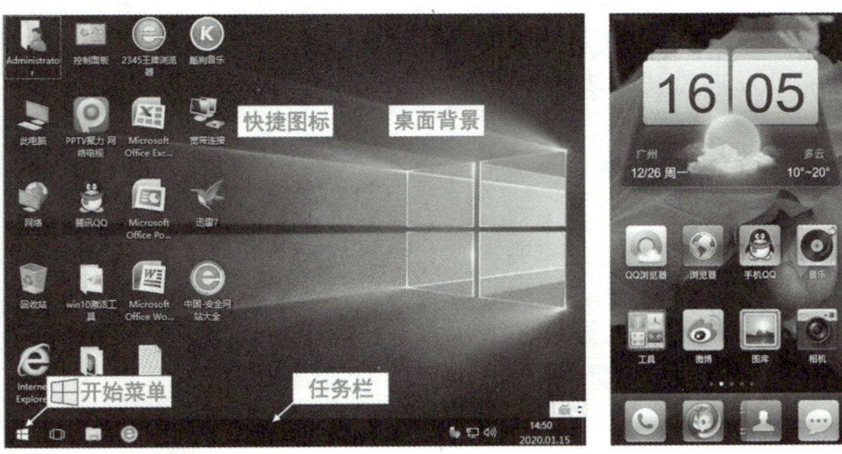

图 2-10　Windows 和 Android 图形用户界面

图形用户界面（graphical user interface，GUI）是指采用图形方式操作计算机的用户界面。在图形用户界面中，鼠标和显示器是主要的操作设备。图形用户界面主要由桌面、窗口、对话框、图标、菜单、按钮等元素组成，利用鼠标进行单击、双击、移动、拖动等操作。

图形用户界面极大地方便了普通用户，人们不再需要死记硬背大量的计算机操作命令；而且图形操作对普通用户来说在视觉上更易于接受，在操作上更简单易学，极大地提高了用户的工作效率。但是，图形用户界面的信息量大大多于命令行用户界面，因此需要消耗更多的计算机资源来支持图形用户界面。

4. 多媒体人机界面

近年来，在多媒体人机界面中，触摸屏图形用户界面（见图 2-11）广泛流行。触摸屏是一个安装在液晶显示器表面的定位操作设备，由触摸检测部件和控制器组成。触摸检测部件安

装在液晶显示器的表面,用于检测用户触摸位置,并且将检测到的信号发送到控制器。控制器的主要作用是从触摸检测部件接收触摸信号,并将它转换成触摸点坐标。

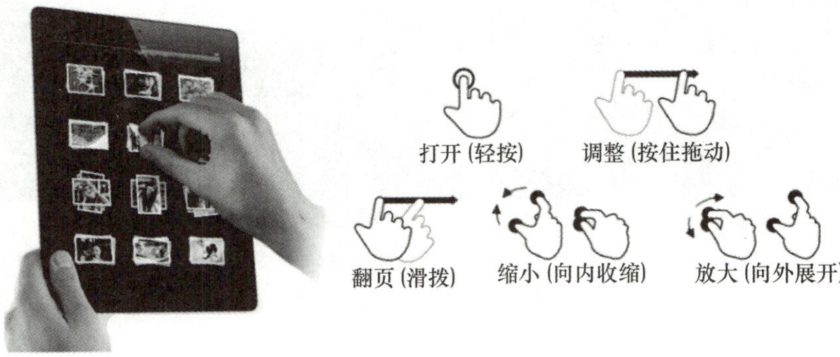

图 2-11 触摸屏图形用户界面和操作方式

触摸屏操作不需要鼠标和物理键盘(支持图形虚拟键盘),只需用手指或其他物体触摸,操作系统就能根据手指触摸的图标或菜单的位置来定位用户选择的输入信息。触摸屏的流行,使得操作方式发生了很大变化。

计算机科学家正在努力使计算机能听、能说、能看、能感觉,语音和手势也许将成为主要人机界面操作方式。虚拟现实将实现以人为中心的人机交互方式。计算机将为用户提供光、声、力、嗅、味等全方位、多角度的真实感觉。虚拟屏幕和非接触式操作等新技术,将彻底改变人们使用计算机的方式,也将对计算机应用的广度和深度产生深远的影响。

2.2.2 Windows 基本操作

中国操作系统变迁史

1. 鼠标操作

Windows 的绝大部分操作是基于鼠标设计的,因此使用鼠标操作 Windows 是最简便的操作方式。常见的鼠标有左、右两个按键和一个滚轮。鼠标的操作如图 2-12 所示。

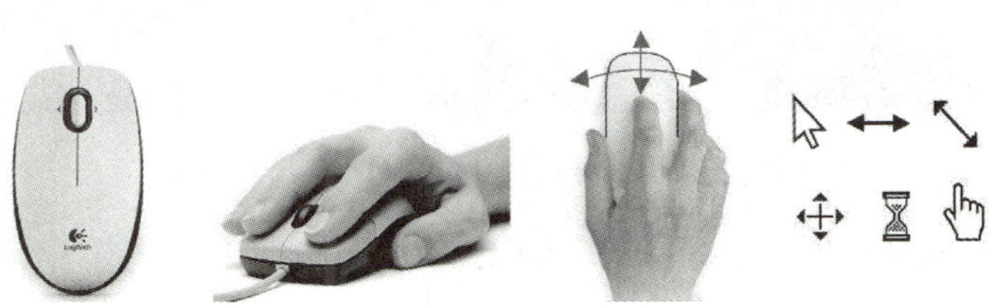

图 2-12 鼠标的操作

1)握鼠标的基本姿势

手握鼠标时不要太紧,就像把手放在自己的膝盖上一样,使鼠标的后半部分恰好在掌下,食指和中指分别轻放在鼠标的左、右按键上,拇指和无名指轻夹住鼠标两侧。

2)用鼠标移动显示器上的鼠标指针

在鼠标垫上移动鼠标时,显示器上的鼠标指针也在移动,指针移动的距离取决于鼠标移动的距离,通过鼠标来控制显示器上鼠标指针的位置。

3)单击操作

单击是指用食指快速地按一下鼠标左键,马上松开。还有一种单击是用中指单击鼠标右

键（简称右击）。右击后，通常出现一个快捷菜单，选择快捷菜单的命令是较方便的操作方式之一。

4）双击操作

双击是指不要移动鼠标，用食指快速地按两下鼠标左键，马上松开。

5）拖动操作

先移动鼠标指针到要选定的对象，按下鼠标左键不要松开，通过移动鼠标将选定的对象移到预定位置，然后松开左键，这样就可以将一个对象由一处移动到另一处。

2. 键盘操作

键盘操作有 3 种形式：输入操作、键盘快捷操作和命令操作。输入操作是用户通过键盘向计算机输入文字、数据等信息；键盘快捷操作是利用键盘的功能键或组合键，对系统进行操作；命令操作是在操作系统的“命令提示符”窗口下，向计算机发出一些操作命令，让计算机执行指定的操作。Windows 中常用的键盘快捷键如表 2-1 所示。

表 2-1　Windows 中常用的键盘快捷键

快捷键	功能说明	快捷键	功能说明
Alt+F4	关闭当前窗口	Ctrl+A	选中所有对象
Win+R	打开“运行”对话框	Ctrl+X	剪切选中的对象
Win+D	显示桌面	Ctrl+C	复制选中的对象
Win+I	打开“设置”窗口（原“控制面板”窗口）	Ctrl+V	粘贴对象
Win+S	打开文件搜索界面	Ctrl+Z	撤销操作
Win+E	打开文件管理器	Ctrl+Home	回到文件或窗口的顶部
PrintScreen	拷屏，复制屏幕图像到剪贴板	Ctrl+End	回到文件或窗口的底部

3. 桌面和桌面图标

桌面是计算机登录到 Windows 之后看到的主屏幕区域。桌面主要由桌面图标、任务栏和桌面背景等部分组成。

1）桌面图标及其使用

桌面图标由图像标志和文字组成，它是文件、文件夹、程序等项目的软件标识。文字描述桌面图标所代表的对象，这些对象代表一个文件、文件夹、程序或命令等。

桌面图标有助于用户快速执行命令和打开程序。双击桌面图标，可以启动对应的应用程序，或打开文档、文件夹等；右击桌面图标，可以打开对象的快捷菜单。

2）在桌面上添加快捷方式图标

快捷方式图标是与某个项目链接的一个图标，而不是项目本身。双击快捷方式图标，可以打开该项目。如果删除快捷方式图标，则只会删除这个快捷方式图标，而不会删除原始项目。可以通过图标上的箭头来识别快捷方式图标。

对于一些常用程序或文件，可将它们的快捷方式图标添加到桌面，方法如图 2-13 所示：找到要创建快捷方式图标的项目（程序或文件等），右击该项目，打开快捷菜单，依次选择“发送到”→“桌面快捷方式”命令，该快捷方式图标就会出现在桌面上。

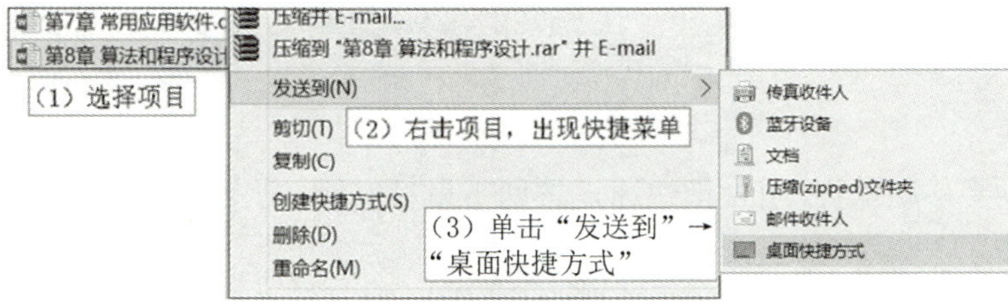

图 2-13　在桌面上添加项目的快捷方式图标

4. 窗口操作

Windows 操作系统的人机界面由多个窗口组成。每次打开程序、文件或文件夹时，都会在屏幕上显示一个窗口，如图 2-14 所示，窗口操作有最小化、最大化、关闭、移动、改变大小等。

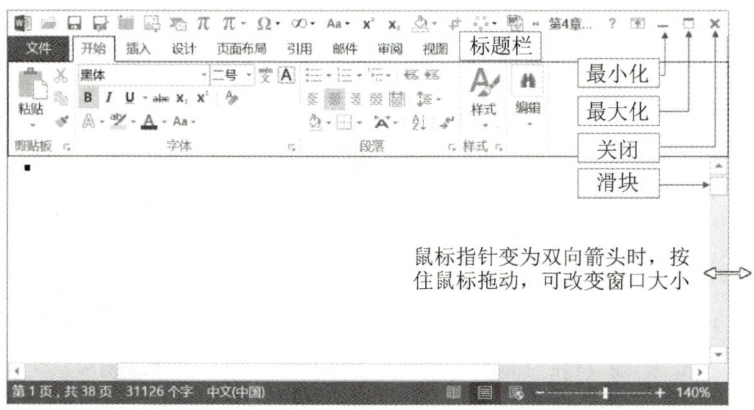

图 2-14　窗口操作

5. 对话框操作

如图 2-15 所示，对话框是特殊类型的窗口，它是 Windows 和用户进行信息交流的一个界面。系统用对话框向用户提问，用户可以通过回答问题或选择选项来完成对话，或者提供信息。与常规窗口不同，多数对话框无法最大化、最小化或调整大小，但可以移动位置。

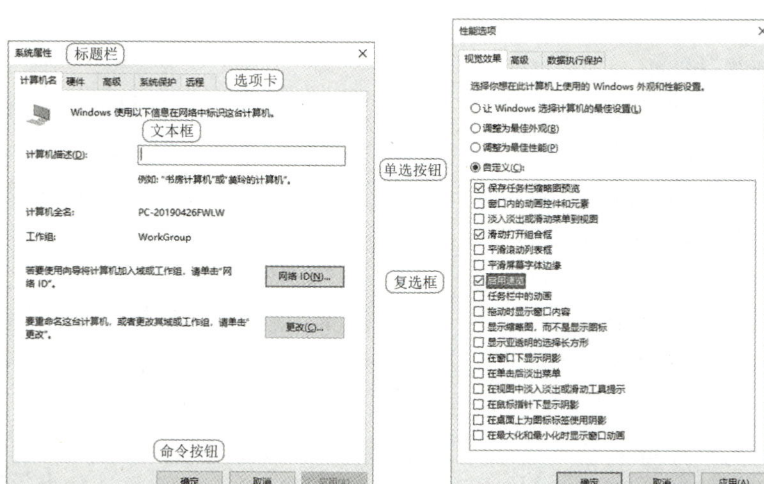

图 2-15　对话框的操作

6. 菜单操作

如图 2-16 所示，菜单是一种将软件可执行命令以阶层方式显示的操作界面。菜单一般位于窗口的最上方，应用程序能使用的所有命令几乎全部都能放入菜单。菜单的重要程度一般是从左到右，越往右其重要程度越低。菜单的层次根据应用程序的不同而异，一般文件操作、编辑功能放在最左边，然后往右有各种设置操作，最右边往往是“帮助”菜单。

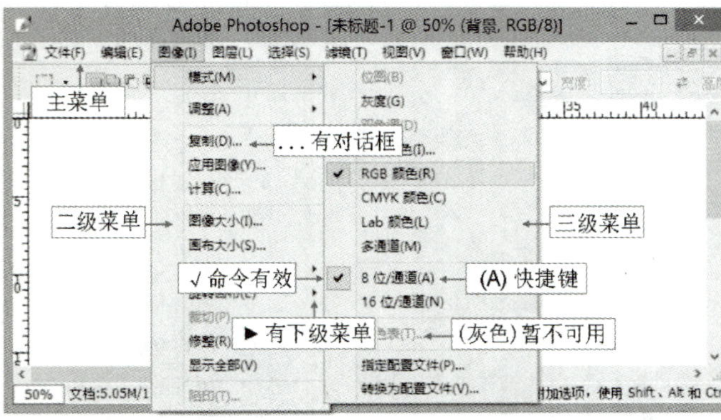

图 2-16　菜单的操作

7. 启动应用程序

在 Windows 中启动应用程序有以下方法。

● 利用桌面快捷方式图标启动应用程序。如果在桌面上有应用程序的快捷方式图标，直接双击桌面上应用程序的快捷方式图标即可启动应用程序。

● 通过“开始”菜单启动应用程序。单击“开始”按钮，在“开始”菜单中选择需要运行的程序即可。

● 直接在应用程序所在的文件夹中运行应用程序。

不是所有的应用程序都位于“开始”菜单中或放置在桌面上，运行这些程序的一个有效方法是使用“此电脑”或“文件资源管理器”，找到应用程序文件，然后双击。例如，启动 Windows 自带的“写字板”程序时，依次双击桌面上“此电脑”→“本地磁盘（C:）”→“Windows”→“System32”→“write.exe”，即可看到如图 2-17 所示的“写字板”窗口。

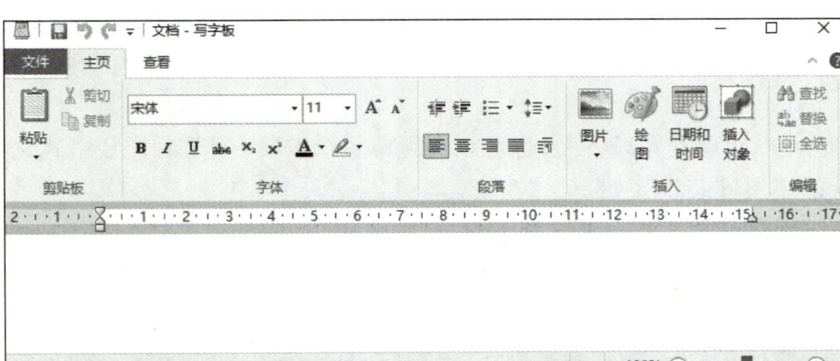

图 2-17　“写字板”窗口

8. 退出应用程序

在 Windows 中退出应用程序有以下几种方法。

● 在应用程序中选择“文件”→“退出”命令。
● 单击应用程序窗口右上角的“关闭”按钮。
● 按 Alt+F4 快捷键,关闭应用程序窗口。
● 当某个应用程序不再响应用户的操作时,可以在桌面下方的“任务栏”上右击,在弹出的快捷菜单中选择“任务管理器”命令,打开“任务管理器”窗口,如图 2-18 所示。选择“进程”选项卡,其中显示了正在运行的所有应用程序,选中要关闭的应用程序,再单击“结束任务”按钮。

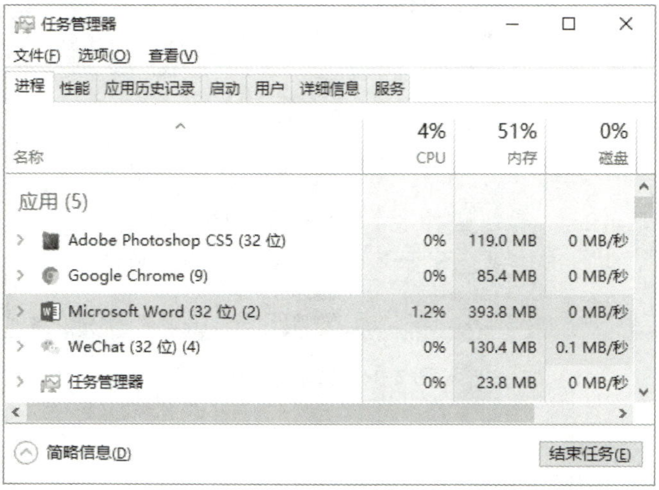

图 2-18 “任务管理器”窗口

9.Windows 的安装步骤

Windows 的安装方法有光盘安装、模拟光驱安装、硬盘安装、U 盘安装、VHD(虚拟硬盘文件格式)安装等。利用 U 盘(也可以是存储卡或移动硬盘)安装 Windows 有以下优点。

(1)不受 32 位和 64 位系统的影响。如果在 32 位系统下(如 Windows XP)安装 64 位的 Windows,或在 64 位系统下安装 32 位的 Windows,就会发现安装文件无法运行。利用 U 盘安装可以解决不兼容的问题,且安装速度比光盘快。

(2)U 盘可以作为急救盘备份。当 Windows 操作系统因各种原因崩溃,造成不能启动时,备份的 U 盘就可以作为系统恢复的急救盘。

(3)U 盘携带方便,可多次安装系统。不需要时可删除安装文件;有新版系统时,更新文件即可。

(4)U 盘既可以实现双系统安装,也可以实现单系统安装(安装时需要格式化 C 盘)。

Windows 的主要安装步骤如下。

(1)在 Windows 或 Windows Server 下格式化 U 盘,将 U 盘分区设为引导分区(这是成功安装的关键)。在桌面选择“此电脑”图标后右击,在弹出的快捷菜单中选择“管理”命令,在打开的“计算机管理”窗口中选择“U 盘”分区后右击,在弹出的快捷菜单中选择“格式化”命令,如图 2-19 所示,选择右侧窗格的“更多操作”→“所有任务”→“将分区标记为活动分区”命令。

以上方法需要 Windows 系统安装了微软公司的 NET Framework 2.0 以上版本(可单击选择“开始”→“Windows 系统”→“控制面板”→“系统和安全”中的“管理工具”,双击窗口右边的“服务”按钮,查看 .NET Framework 的启动情况),并以管理员身份登录系统。如果 U 盘无法进行“将分区标记为活动分区”操作,就必须利用工具软件进行制作。可以在因特网下载微

软公司的工具软件 Windows USB/DVD Download Tool（其他工具软件也可以），这款工具软件使用户无须使用 DVD 光驱，利用 U 盘就可以安装 Windows。将 U 盘插入 USB 端口，启动 Setup.exe 安装文件，然后选择 Windows 的 ISO 文件，并选择 U 盘，程序会自动为用户制作好可启动的 Windows 安装用 U 盘。

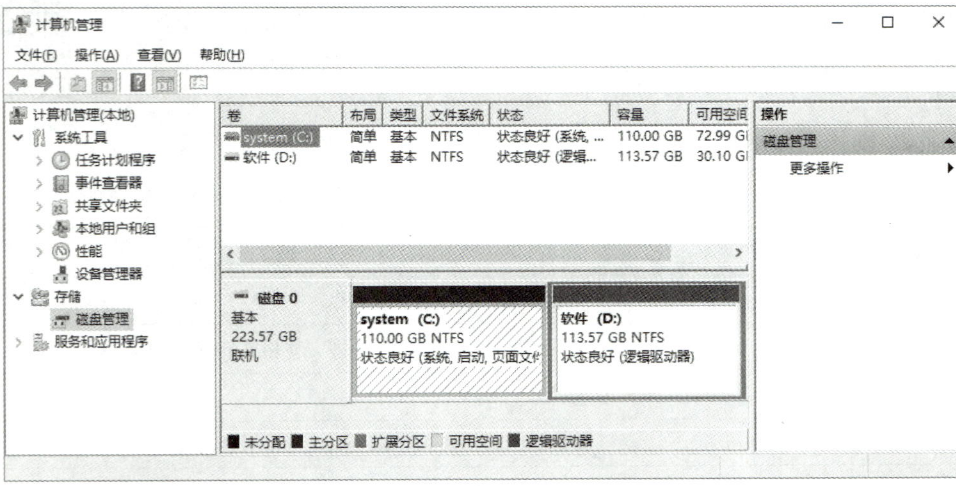

图 2-19　Windows 的“计算机管理”窗口

（2）将 Windows 的 ISO 镜像文件解压进 U 盘。最简单的方法是用 WinRAR 软件，直接将 ISO 镜像文件解压进 U 盘，安装盘即制作完成。

（3）在 BIOS 中将引导盘设为 U 盘。老式计算机将 USB-HDD 设为第一引导盘，新式计算机从引导硬盘中优先选择 U 盘。重启计算机后，按提示安装。

2.2.3　Windows 文件管理

文件是具有文件名的一组相关信息的集合。在计算机系统中，所有的程序和数据都是以文件的形式存放在计算机的外存（如硬盘、U 盘等）上的。例如，一个 C 语言源程序、一个 Word 文档、一张图片、一段视频、各种可执行程序等都是文件。

在操作系统中，负责管理和存取文件的部分称为文件系统。在文件系统下，用户可以按照文件名查找文件和访问文件（打开、执行、删除等），而不必考虑文件如何保存（在 Windows 系统中，大于 4 KB 的文件必须分块存储），以及硬盘中哪个物理位置有空间可以存放文件、文件目录如何建立、文件如何调入内存等问题。文件系统为用户提供了一个简单、统一的访问文件的方法。

1. 文件名

在计算机中，任何一个文件都有文件名，文件名是文件存取和执行的依据。在大部分情况下，文件名分为文件主名和扩展名两个部分。

文件主名由程序设计员或用户自己命名，一般用有意义的英文、中文词汇或数字命名，以便识别。例如，Windows 中的 Internet 浏览器的文件名为 iexplore.exe。

不同的操作系统对文件名的命名规则有所不同。例如，Windows 操作系统不区分文件名的英文大小写，在操作系统执行时，文件名的所有字母都会被转换为大写字母，如 test.txt、TEST.TXT、Test.TxT 在 Windows 操作系统中都被视为同一个文件。有些操作系统是区分文件名

的英文大小写的，如在 Linux 操作系统中，test.txt、TEST.TXT、Test.TxT 被认为是 3 个不同的文件。

2. 文件类型

在绝大多数操作系统中，文件扩展名表示文件的类型。不同类型的文件的处理方法是不同的。用户不能随意更改文件扩展名，否则将导致文件不能被执行或打开。在不同的操作系统中，表示文件类型的扩展名并不相同。在 Windows 操作系统中，虽然允许文件扩展名为多个英文字母，但是大部分扩展名习惯采用 3 个英文字母。

文件管理

Windows 操作系统中常见的文件扩展名的类型和意义如表 2-2 所示。

表 2-2 Windows 操作系统中常见的文件扩展名的类型和意义

文件类型	扩展名	说明
可执行程序	exe、com	可执行程序文件
文本文件	txt	通用性极强，往往作为各种文件格式转换的中间格式
源程序文件	c、py、asm	程序设计语言的源程序文件
Office 文件	docx、pptx	MS Office 中 Word 与 PowerPoint 创建的文档
图像文件	jpg、gif、bmp	图像文件，不同的扩展名表示不同格式的图像文件
视频文件	avi、mp4、rmvb	通过视频播放软件播放，视频文件格式不统一
压缩文件	rar、zip	压缩文件
音频文件	wav、mp3、mid	不同的扩展名表示不同格式的音频文件
网页文件	htm、html、asp	一般来说，前两种是静态网页，最后一种是动态网页

3. 文件属性

文件除了有文件名外，还有文件大小、占用存储空间、建立时间、存放位置等信息，这些信息称为文件属性。如图 2-20 所示是 Windows 中文件的属性示例。

图 2-20 Windows 中文件的属性示例

4. 文件操作

文件中存储的内容可能是数据，也可能是程序代码，不同格式的文件通常会有不同的应用和操作。文件的常用操作有建立文件（需要专门的应用软件，如建立一个电子表格文档需要 Excel 等软件）、打开文件（需要专用的应用软件，如打开图片文件需要 ACDSee 等看图软件）、编辑文件（在文件中写入内容或修改内容称为文件编辑，这需要专用的应用软件，如修改网页文件需要 Dreamweaver 等软件）、删除文件（可以在操作系统下实现）、复制文件（可以在操作系统下实现）、更改文件名称（可以在操作系统下实现）等。

5. 目录管理

计算机中的文件成千上万，如果把所有文件都存

放在一起会有许多不便。为了有效地管理和使用文件，大多数文件系统允许用户在根目录下建立子目录（也称为文件夹），在子目录下再建立子目录（也称为在文件夹中再建立文件夹）。如图 2-21 所示，可以将目录建成树状结构，然后将文件分门别类地存放在不同的目录中。这种目录结构像一棵倒置的树，树根为根目录，树中每一个分枝为子目录，树叶为文件。在树状目录结构中，用户可以将相同类型的文件或相同主题的文件放在同一个目录中，同名文件可以存放在不同的目录中。

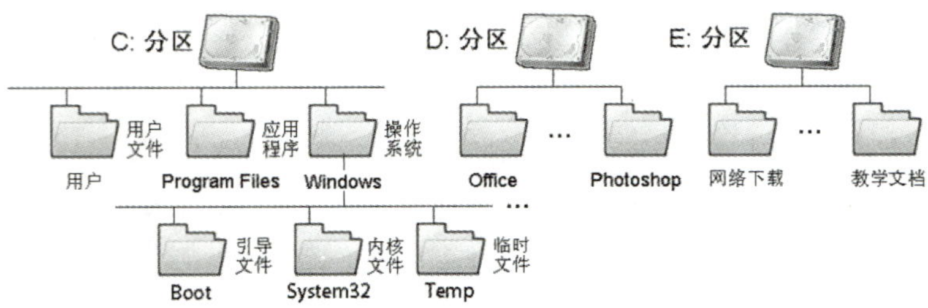

图 2-21　Windows 系统的树状目录结构

用户可以自行建立不同的目录，也可以对自行建立的目录进行移动、删除、修改目录名称等操作。在安装操作系统和应用软件时，也会建立一些子目录，如 Windows、Documents and Settings、Office 2016 等。对于这些子目录，用户不能进行移动、删除、修改目录名称等操作，否则将导致操作系统或应用软件不能正常使用。Windows 操作系统的目录结构如图 2-22 所示。

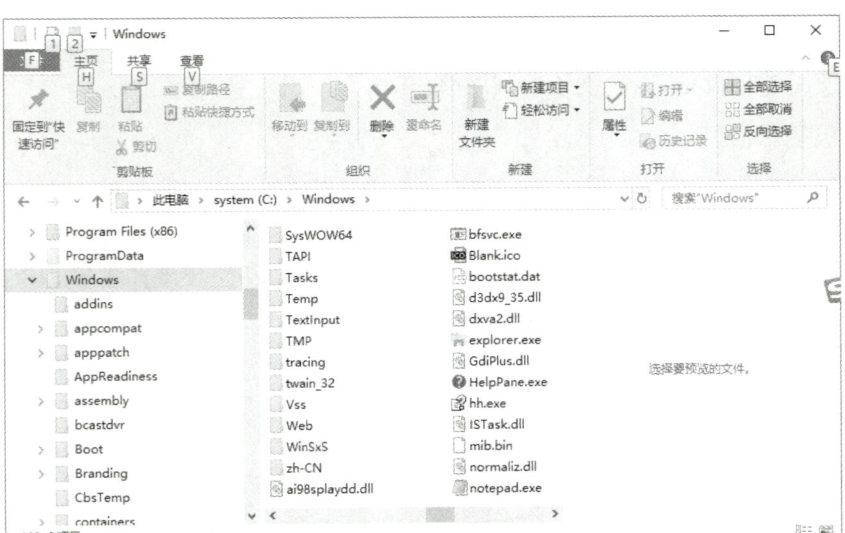

图 2-22　Windows 操作系统的目录结构

6. 文件路径

文件路径是文件存取时，需要经过的子目录的名称。目录结构在建立后，所有文件分门别类地存放在所属目录中，计算机在访问这些文件时，依据要访问文件的不同路径进行文件查找。

文件路径有绝对路径和相对路径之分。绝对路径指从根目录开始，依序到该文件之前的子目录名称；相对路径是从当前目录开始，到某个文件之前的子目录名称。

7. 文件查找

在 Windows 中查找文件或文件夹非常方便。用鼠标右击“开始”按钮，从打开的快捷菜单

中选择“文件资源管理器”命令，打开资源管理器窗口（也称为计算机窗口），然后单击窗口右上角的搜索框，输入需要查找文件的部分文件名即可，如图 2-23 所示。

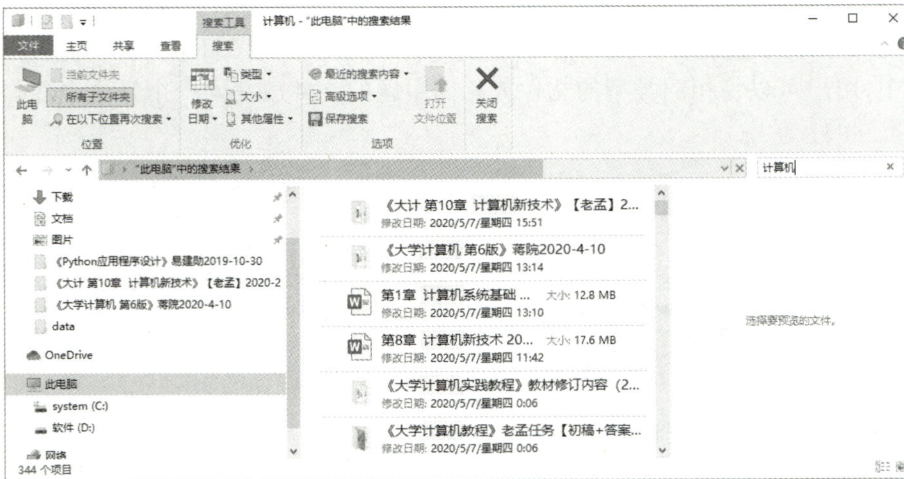

图 2-23　资源管理器窗口

2.2.4　Windows 软件和硬件管理

每台计算机都配置了外部设备，它们的性能和操作方式都不一样，设备管理的主要任务是方便用户使用外部设备，提高设备的利用率。

1. 计算机基本信息

若要在 Windows 中查看本机的基本信息，可以在桌面上右击“此电脑”图标，在弹出的快捷菜单中选择“属性”命令，打开如图 2-24 所示的“系统”窗口，从中可以看到本机的一些基本信息；若单击窗口左侧的“高级系统设置”选项，可以查看计算机主要硬件设备的基本性能参数。

图 2-24　“系统”窗口

2. 设备驱动程序

设备驱动程序（简称驱动程序）是操作系统识别设备和管理设备的程序。在使用设备之前，必须安装驱动程序。设备驱动程序与设备紧密相关，不同类型的设备的驱动程序是不同的，不同厂家生产的同一类型的设备的驱动程序也不尽相同。因此，操作系统必须提供设备驱动程序的标准框架和接口参数，设备厂商根据这些标准编写驱动程序，并随同设备一起提交给用户。事实上，在安装操作系统时，操作系统会自动检测设备并安装相应的驱动程序。用户如果需要添加新的设备，就必须再安装相应的驱动程序。

单击“系统”窗口左侧的“高级系统设置”选项（见图 2-24），打开“系统属性”对话框，选择“硬件”选项卡，单击“设备管理器”按钮，打开如图 2-25 所示的“设备管理器”窗口，展开相关设备目录，如“网络适配器”，选择设备名称，右击后在弹出的快捷菜单中选择“更新驱动程序”命令，即可进行设备驱动程序的更新。

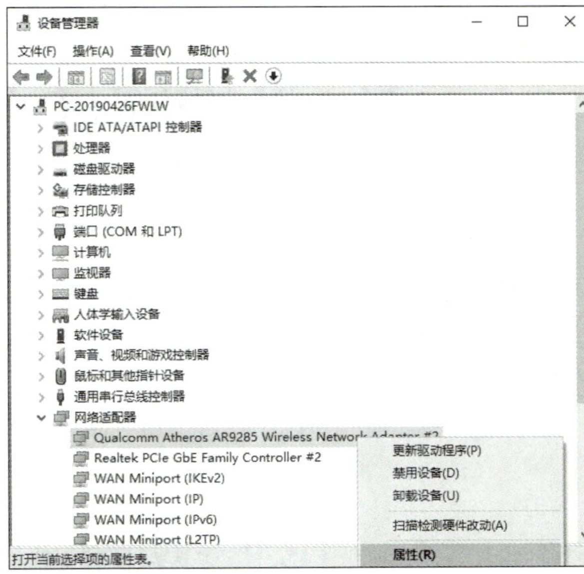

图 2-25　“设备管理器”窗口

3. 即插即用

即插即用（plug and play，PnP）是指将设备连接到计算机上后，无须用户手工配置设备参数，就可以立即使用设备。例如，用户将 U 盘插入计算机 USB 接口时，操作系统会自动启动即插即用功能进行设备检测，如检测 U 盘支持的标准是 USB 2.0 还是 USB 3.0，以及 U 盘是否可以读写等。即插即用功能不仅需要设备支持，还需要操作系统的支持。目前，大多数计算机设备都支持即插即用功能。

习　题

1. 简要说明操作系统的作用。
2. 简要说明图形用户界面的特点。
3. 简要说明图标、窗口、对话框、菜单的基本功能。
4. 简要说明操作系统的主要功能。
5. 鼠标的主要操作方法有哪些？
6. 简要说明计算机的人机界面。
7. 简要说明进程与程序的区别。
8. 简要说明进程有哪些基本状态。
9. 简要说明在 Windows 中启动应用程序的方法。
10. 分析 Windows 操作系统占用的存储空间为什么会越来越大。

第 3 章

文字处理软件 Word 2016

Word 是使用较为广泛的中文文字处理软件之一，用它可以方便地进行文本输入、编辑和排版，实现段落的格式化处理、版面设计和模板套用，生成规范的办公文档和可供印刷的出版物等。

本章将以 Word 2016 为例，介绍文字处理软件的基本功能和使用方法。

3.1 Word 2016 工作环境

利用 Word 2016 可以快速、规范地制作公文、信函和报告，制作内容丰富、设计精美的各类文档。要做到这一点，首先需要熟悉 Word 2016 的工作环境。

3.1.1 启动 Word 2016

通常我们按以下 3 种方法来启动 Word 2016。

- 常规启动：选择“开始”→“Word 2016”命令。
- 快捷启动：双击桌面上的 Word 2016 快捷方式图标。
- 通过已有文档启动 Word 2016：在文件夹窗口中，双击需要打开的 Word 文档，就会在启动 Word 2016 的同时打开该文档。

3.1.2 退出 Word 2016

要退出 Word 2016，可以采用以下 3 种方法 。

- 单击 Word 窗口右上角的“关闭”按钮☒ 。
- 单击“文件”按钮，在打开的菜单中选择“关闭”命令。
- 按 Alt+F4 快捷键。

如果在退出 Word 之前，文档没有存盘，系统会提示用户是否将编辑的文档存盘。

3.1.3 Word 2016 的工作窗口

1. 工作窗口的组成

Word 2016 的工作窗口如图 3-1 所示，主要包括快速访问工具栏、标题栏、选项卡、功能区、

编辑区等部分。

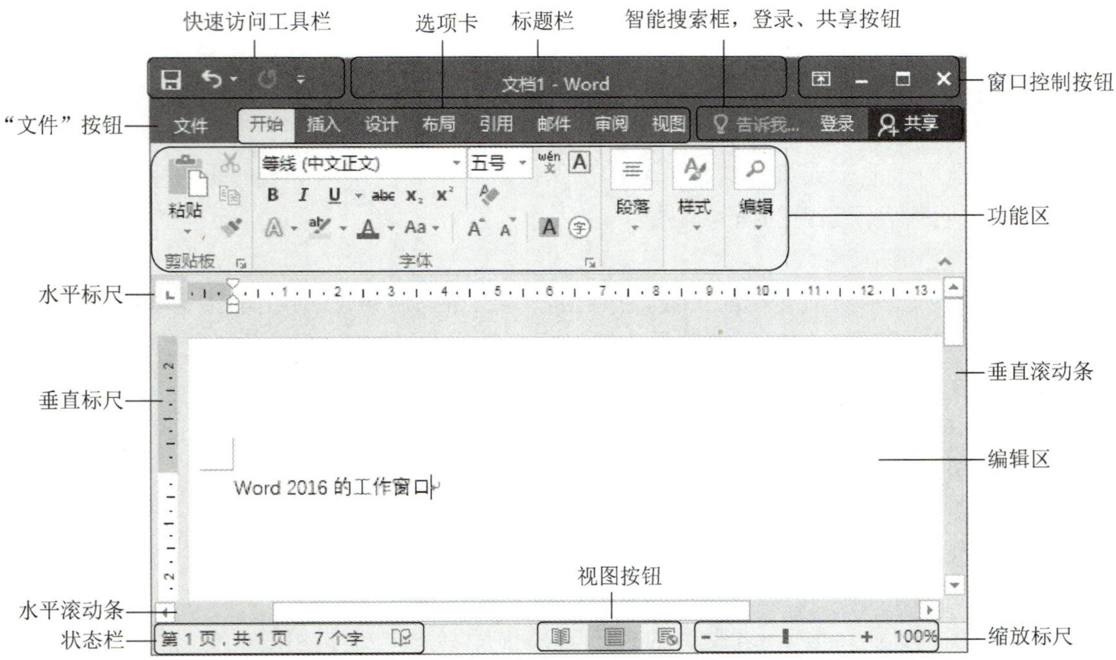

图 3-1　Word 2016 的工作窗口

各部分的作用如下。

1）快速访问工具栏

快速访问工具栏用于放置一些常用按钮，默认情况下包括“保存”“撤销”“重复”3 个按钮，用户可以根据需要进行添加。其中，“撤销”按钮一旦使用后，“重复”按钮会转换为“恢复”按钮。

2）标题栏

标题栏显示了当前文档名和应用程序名。首次进入 Word 2016 时，默认打开的文档名为“文档 1”，其后依次是“文档 2”“文档 3”等。Word 2016 文档的扩展名是“docx”。

3）窗口控制按钮

窗口控制按钮包括“功能区显示选项”“最小化”“最大化 / 向下还原”“关闭”4 个按钮，用于对文档窗口的功能区显示、大小和关闭进行相应控制。其中，功能区显示选项有 3 个：“自动隐藏功能区”“显示选项卡”“显示选项卡和命令”。

4）“文件”按钮

“文件”按钮用于打开“文件”菜单，菜单中包括“新建”“打开”“保存”等命令。

5）选项卡和功能区

选项卡将相同的功能命令归类，单击选项卡就可以展示编辑文档时所需要的功能命令按钮，程序将各功能命令按钮划分为一个一个的组。

6）智能搜索框，登录、共享按钮

智能搜索框是功能区上的“告诉我您想要做什么”搜索框，在其中输入想要执行的操作即可轻松利用功能并获得帮助；“登录”按钮用于登录 Office 账户，可以从任意位置访问云文档；“共享”按钮用于与他人实时协作，共同分享、编辑文档（文档需要先保存到云盘 OneDrive 上）。

7）水平标尺和垂直标尺

水平标尺和垂直标尺用于显示或定位文档的位置。

8）水平滚动条和垂直滚动条

拖动滚动条的滑块可向上、向下或向左、向右查看文档中未显示的内容。

9）编辑区

编辑区是用于显示或编辑文档内容的工作区域。编辑区中闪烁着的垂直条称为“光标”或“插入点”，它代表了当前的插入位置。

10）状态栏和缩放标尺

状态栏用于显示当前文档的页数、总页数、字数、拼写和语法、使用的语言、输入状态、宏等信息；缩放标尺用于对编辑区的显示比例和缩放尺寸进行调整，缩放后，标尺右侧会显示缩放的具体数值。

11）视图按钮

视图按钮用于切换文档的查看方式，这里显示的是3种常用视图：阅读视图、页面视图、Web版式视图。在需要时，用户可以在各个视图间进行切换。

● 阅读视图（）：用于阅读和审阅文档。该视图以书页的形式显示文档，页面被设计为正好填满屏幕，可以在阅读文档的同时显示注释、设置布局等。

● 页面视图（）：是Word默认的视图，也是制作文档时最常用的一种视图。在这种视图下，不但可以显示各种格式化的文本，页眉、页脚、图片和分栏排版等格式化操作的结果也都出现在合适的位置上，文档在屏幕上的显示效果与文档的打印效果完全相同，真正做到了“所见即所得”。

● Web版式视图（）：用于显示文档在Web浏览器中的外观。在这种视图下，可以方便地浏览和制作Web网页。

除了这3种视图外，Word 2016还提供了大纲视图和草稿视图。大纲视图以大纲形式显示文档，内容将显示为项目符号，对于创建标题和移动整个段落有帮助；草稿视图仅显示和专注于文档中的文本，对于快速编辑很有用，因为页眉、页脚、图片等对象不会显示。这两种视图可通过“视图”选项卡“视图”组中的相应按钮进行设置。

2. Word 2016工作界面的设置

如果Word 2016工作界面的设置与用户的个人习惯相冲突，或经常使用的工具未显示在明显的区域中，用户可以对Word 2016的工作界面进行自定义设置，从而提高使用效率。

1）自定义快速访问工具栏

快速访问工具栏中的默认按钮只有3个，如果用户常用的按钮不止这3个，可以对快速访问工具栏中的按钮进行添加或删除操作。以添加“新建”按钮为例，操作步骤如下。

（1）单击快速访问工具栏右侧的下拉按钮，在展开的“自定义快速访问工具栏”下拉列表中，单击要添加的按钮名称（如“新建”），如图3-2所示。

（2）返回文档后就可以在快速访问工具栏看到所添加的“新建”按钮，如图3-3所示。

注意：删除快速访问工具栏中的按钮时，在下拉列表中取消选中要删除的按钮名称即可。

2）自定义功能区

功能区用于放置Word编辑文档时所使用的全部功能按钮，包括“开始”“插入”“布局”等几个主要选项卡，在编辑图片、图形、形状等内容时还会显示相应的选项卡。使用时，用户可根

据自身习惯，对功能按钮进行添加或删除，位置更改，以及新建或删除选项卡等操作。

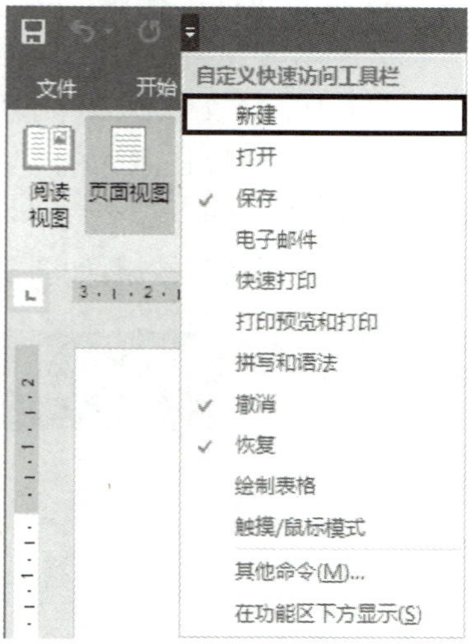

图 3-2　选择“新建”选项

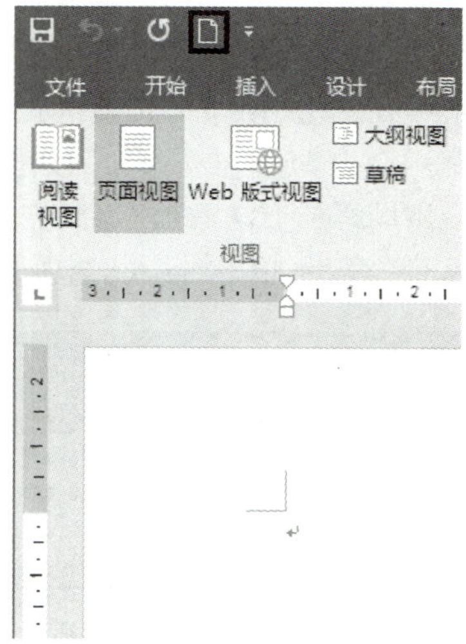

图 3-3　“新建”按钮已添加在快速访问工具栏中

以在“插入”选项卡中添加“文本框”组及其按钮为例，操作步骤如下。

（1）单击“文件”按钮，在菜单中选择“选项”命令，打开“Word 选项”对话框。单击“自定义功能区”选项卡，确保“自定义功能区”下拉列表框中为“主选项卡”，在列表框中单击“插入”前的⊞，单击“插图”，如图 3-4 所示。这样选项组添加的具体位置在“插入”选项卡的“插图”组之后。

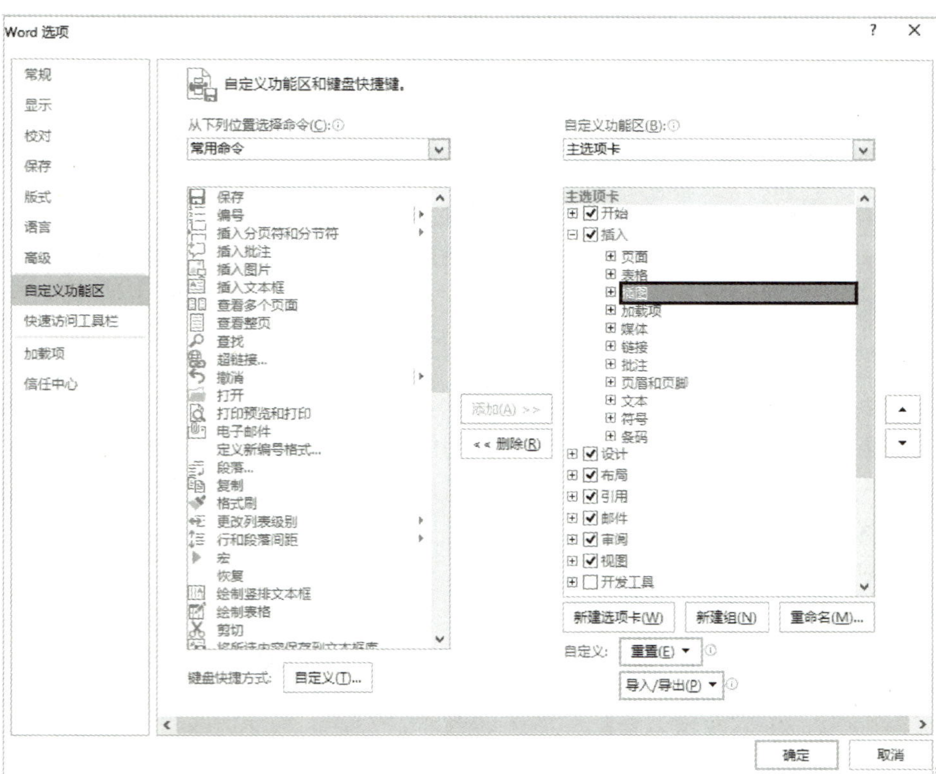

图 3-4　“自定义功能区”的设置

（2）继续单击列表框下方的“新建组”按钮，然后单击“重命名”按钮，在弹出的“重命名”对话框的“显示名称”文本框中输入组的名称“文本框”，然后单击“确定”按钮，此时在列表框中的“插图”后出现“文本框（自定义）”。

（3）继续在左边“从下列位置选择命令”列表框中选择“绘制竖排文本框”（下拉列表框中默认为“常用命令”），单击“添加”按钮，“绘制竖排文本框”按钮便出现在刚才的“文本框（自定义）”下，用同样的方法添加“绘制文本框”命令，然后单击“确定”按钮。

（4）返回文档后，单击“插入”选项卡，可以看到添加的“文本框”组及其按钮，如图 3-5 所示。

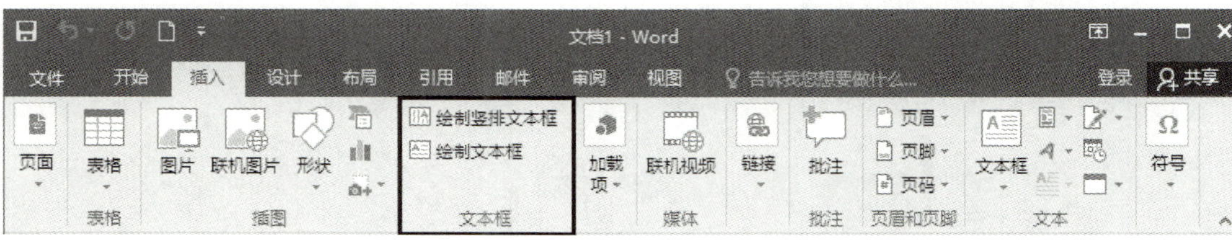

图 3-5　在“插入”选项卡中添加的“文本框”组及其按钮

注意：需要删除功能区中的某组时，只要在打开的“Word 选项”对话框的“自定义功能区”选项卡中选择需要删除的组，单击列表框左侧的“删除”按钮（也可利用快捷菜单中的“删除”命令），然后单击“确定”按钮即可。

利用 Word 进行文字处理，所有的工作都是在这个工作窗口中进行的，主要包括以下环节：新建或打开一个文档，输入文档的内容并进行编辑；及时保存文档；利用 Word 的排版功能对文档的字符、段落和页面进行排版；在文档中制作表格和插入对象；文件预览后打印输出。这些环节的实现都是依靠 Word 的功能命令来完成的。

3.1.4　Word 2016 功能命令的使用

要熟练使用 Word 2016，关键是学会使用 Word 2016 的功能命令。着重掌握两点：一是在哪里可以找到需要的命令；二是怎样执行命令，包括先做什么、后做什么及执行时的注意事项。

在 Word 中，功能命令是告诉 Word 完成某项功能的指令。Word 2016 中的功能命令包括选择命令、撤销命令、恢复命令和重复命令。

1. 选择命令

选择命令有 3 种方法。

- 从功能区中选择相应的功能命令按钮、功能组对话框。其中，功能组对话框是单击功能组名称右下角的箭头图标（对话框启动器）打开的。简单的操作可以通过单击功能命令按钮完成，复杂的操作使用对话框更为方便。
- 使用快捷菜单。
- 使用快捷键。

其中，快捷菜单是选择命令的一种常用方式。在 Word 中，选定某些内容时，右击，将弹出一个快捷菜单，快捷菜单中列出的命令与选定内容有关。

2. 撤销命令

Word 具有记录近期刚完成的一系列操作步骤的功能。若用户操作失误，可以单击快速访

问工具栏中的“撤销”按钮（快捷键 Ctrl+Z），取消对文档所作的修改，使操作回退一步。Word 2016 还具有多级撤销功能，如果需要取消再前一次的操作，可继续单击“撤销”按钮。用户也可以单击“撤销”按钮右边的下拉按钮，打开一个下拉菜单，该下拉菜单按从后向前的顺序列出了可以撤销的所有操作，只要在该下拉菜单中用鼠标选定需要撤销的操作步数，就可以一次撤销多步操作，如图 3-6 所示。

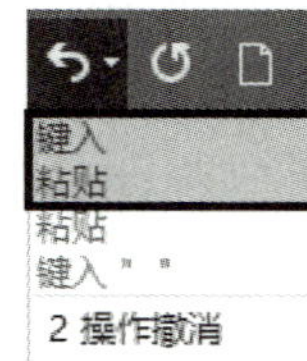

图 3-6　撤销最近的 2 个操作

3. 恢复命令

快速访问工具栏上还有一个“恢复”按钮，其功能与“撤销”按钮正好相反，通过它可以恢复被撤销的一步或多步操作。

4. 重复命令

如果需要多次进行某种同样的操作时，可以单击快速访问工具栏上的“重复”按钮（快捷键 Ctrl+Y），重复前一次的操作。

3.2　创建文档的基本操作

使用 Word 可以创建多种类型的文档，其基本操作是类似的，主要包括新建文档、输入正文、编辑文档、保存和保护文档及打开文档等。这些操作可以通过单击“文件”按钮，然后在菜单中选择相应的命令，或者单击“开始”选项卡的“剪贴板”组和“编辑”组中的相应按钮来实现。

3.2.1　新建文档

要对文字进行处理，首先需要输入文字，在哪里输入呢？这就需要新建一个文档，它跟要写字应先准备好纸是一样的道理。

新建 Word 空白文档有两种常用方法。

- 在快速访问工具栏中添加“新建”按钮后，单击该按钮。
- 单击“文件”按钮，在菜单中选择“新建”命令，单击“空白文档”按钮。

其中，前一种方法是建立空白文档最快捷的方法，后一种方法的功能要强一些，可以根据文档模板来建立新文档，包括书法字帖、各类联机模板（业务、卡、传单、信函、教育、简历和求职信、假日等）。所谓模板，就是一种特殊文档，它具有预先设置好的最终文档的外观框架，用户不必考虑格式，只要在相应位置输入文字，就可以快速建立具有标准格式的文档。模板为某类形式相同、具体内容有所不同的文档的建立提供了便利。

利用模板可以方便、快速地完成某一类特定的文字处理工作。

3.2.2　输入文本

创建好空白文档后，接下来的工作就是输入文本。

1. 输入文本的途径

在文档中输入文本的途径有多种，有键盘输入、语音输入、联机手写输入和扫描输入等。

● 键盘输入：指利用输入法软件通过键盘输入文本。输入法软件主要有两类：以拼音为主和以字形为主。以拼音为主的输入法软件主要有智能 ABC 输入法、搜狗拼音输入法、微软拼音输入法等；以字形为主的输入法软件主要有万能五笔、陈桥五笔等。因为同音字较多，需花费时间选择，因此，以拼音为主的输入法软件不如以字形为主的输入法软件打字快，但是它简单、容易上手。

● 语音输入：用语音代替键盘输入文字或发出控制命令，即让计算机具有“听懂”语音的能力，这是利用了语音识别技术。计算机对语音的识别主要采用样板匹配法，即对输入的语音信息和识别系统中的词汇表内的词条进行匹配来实现语音识别。随着计算机技术的发展，语音输入已进入实用阶段，它将彻底改变人们与计算机的沟通方式。

● 联机手写输入：利用输入设备（如输入板或鼠标）模仿一支笔进行书写。联机手写输入主要用来解决两个问题，一是输入生僻字或只会写不会读的字，二是对电子文档进行手写签名。它对手写汉字的识别原理是：输入板或屏幕中内置的高精密的电子信号采集系统将笔画变为一维电信号，输入计算机的是以坐标点序列表示的笔尖移动轨迹，因而被处理的是一维的线条（笔画）串，这些线条串含有笔画数目、笔画走向、笔顺和书写速度等信息。搜狗拼音输入法中的“输入方式”窗口提供了手写输入方式，如图 3-7 所示。单击“输入方式”按钮，再单击“手写输入”按钮，将出现如图 3-8 所示的窗口，在左边框输入手写字后，右边框就会显示相似的汉字供用户选择。

● 扫描输入：利用扫描仪将纸介质上的字符图形数字化后输入计算机，再经过光学字符识别（optical character recognition，OCR）软件对输入的字符图形进行判断，转换成文字并以 .txt 格式文件保存。对于印刷字，扫描仪自带的光学字符识别软件的识别率很高。扫描输入为大量的文字输入带来了方便，也可以减少重要数据键盘输入时的人为错误。

图 3-7　搜狗拼音输入法中的“输入方式”窗口

图 3-8　“手写输入”窗口

在以上几种输入文本的途径中，目前最常用的方法是键盘输入。

2. 输入状态

通过键盘输入文字有两种状态：插入和改写。在插入状态下，状态栏中出现“插入”按钮，输入的字符插在光标所在位置；在改写状态下，状态栏中出现“改写”按钮，输入的字符将替代光标后的字符。要在插入和改写状态间切换，可以单击“插入”或“改写”按钮切换，或按键盘上的 Insert 键。输入文字一般在插入状态下进行。

3. 输入正本前的一般操作

（1）光标定位，分为两种情况。

● 光标定位在文档中：在欲插入文本处单击。

- 光标定位在文档外：在当前文本范围之外的区域双击。

（2）选择输入法，有 3 种方法。

- 单击任务栏右侧的输入法指示器，在打开的菜单中选择需要的输入法。
- 按快捷键 Ctrl+Shift（有的计算机设置为 Alt+Shift），在英文和各种中文输入法之间进行切换。
- 按快捷键 Ctrl+Space（空格键）或按 Shift 键，在英文和系统首选中文输入法之间进行切换。

4. 输入文字

图 3-9　搜狗拼音输入法的状态栏

选择好中文输入法之后，就会有一个如图 3-9 所示的输入法状态条（此处以搜狗拼音输入法为例）出现在文档窗口下方。状态条最左边的是自定义状态栏按钮“S”，接着是最常用的 5 个按钮，从左至右依次为“中 / 英文（Shift）”“全 / 半角（Shift+Space）”“中 / 英文标点（Ctrl+.）”“语音”“输入方式（内含软键盘）”，可单击各按钮实现切换。

其中的半角（半月形）/ 全角（满月形）状态，是用来控制字母和数字的输入效果的，半角使输入的字母和数字仅占半个汉字的宽度，全角使输入的字母和数字占一个汉字的宽度。切换半角和全角的快捷键是 Shift+Space。

输入文字时应注意以下几点。

（1）随着字符的输入，光标从左向右移动，到达文档的右边界时自动换行。只有在开始一个新的自然段或需要产生一个空行时才需要按 Enter 键，按键后会产生一个段落标记（↵），用于区分段落。在 Word 中，还存在一些有特殊意义的符号，称为非打印字符（不能被打印出来的字符），除了段落标记符外，还有手动换行符（↓）、分页符、制表符和空格符等。

（2）如果没有到达文档的右边界就需要另起一行，而又不想开始一个新的段落时（如诗歌的输入），可以按快捷键 Shift+Enter 产生一个手动换行符，实现既不产生新段落又可换行的操作。

（3）当输入的内容超过一页时，系统会自动换页。如果要强行将后面的内容另起一页，可以按快捷键 Ctrl+Enter 输入分页符来达到目的。

（4）在输入过程中，如果遇到只能输入大写英文字母不能输入中文的情况，这是因为大小写锁定键已打开，按 Caps Lock 键使之关闭即可。

（5）如果不小心输入了错误的字符，可以用 Backspace 键或 Delete 键删除。前者删除的是光标前面的字符，后者删除的是光标后面的字符。

5. 输入符号

文档中除了包含普通文字外，经常还需要输入一些符号。输入各种符号的方法如下。

（1）输入常用的标点符号。在中文标点符号状态下，直接按键盘的标点符号，如输入英文句号“.”，会显示为小圆圈“。”；输入“\”，会显示为顿号“、”；输入小于、大于符号“<”和“>”，会显示为书名号“《”和“》”；等等。可以按快捷键 Ctrl+. 实现中英文标点符号的切换。

（2）输入特殊的标点符号、数学符号、单位符号、希腊字母等。可以利用输入法状态栏的软键盘。方法是：右击“输入方式（内含软键盘）”按钮，在快捷菜单中选择字符类别，再选中需要的符号。

（3）输入特殊的图形符号，如 ✂、🕮 等。可以在“插入”选项卡中单击“符号”组中的“符号”下拉按钮，选择其中的“其他符号”命令，在打开的“符号”对话框中进行操作。

6. 插入日期和时间

如果需要快速地在文档中加入各种标准的日期和时间，可以在“插入”选项卡中单击“文

本”组中的“日期和时间”按钮，打开“日期和时间”对话框，选择需要的日期和时间格式即可。如果希望每次打开文档时，时间自动更新为打开文档的时间，还需要在对话框中选中“自动更新”复选框。

7. 插入文件

有时需要将另一个文件的全部内容插入当前文档的光标处，此时可以单击“插入”选项卡的“文本”组中的“对象”下拉按钮，在下拉菜单中选择“文件中的文字”命令，打开“插入文件”对话框，在其中选择需要的文件插入。

8. 插入网络文字素材

有时在文档中需要引用从 Internet 上找到的信息，这时，可以将网络文字素材复制到文档中。首先在浏览器窗口中选择所需文字，右击，在快捷菜单中选择“复制”命令，将所选文字放入剪贴板；然后打开 Word 文档，定位光标，单击“开始”选项卡的“剪贴板”组中的“粘贴”下拉按钮，在下拉菜单中选择“选择性粘贴”命令，在打开的“选择性粘贴”对话框中选择“无格式文本”，如图 3-10 所示，将不带任何格式的文字插入文档中。

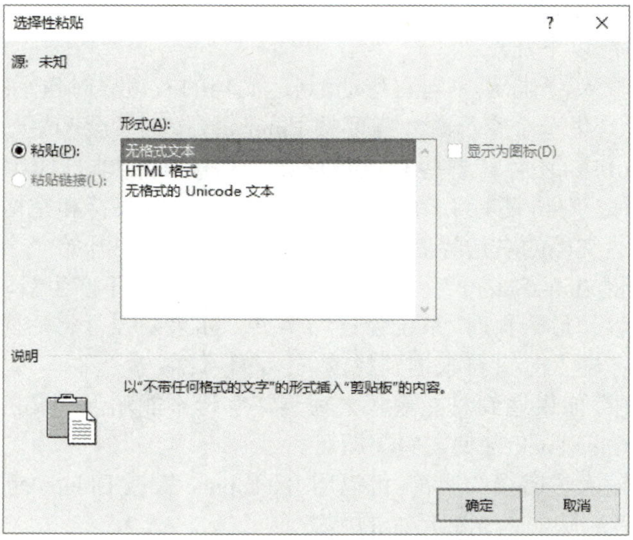

图 3-10 “选择性粘贴”对话框

注意：不要直接单击“粘贴”按钮，否则会把网页文字中的许多排版格式一同带到文档中（如表格边框），这些格式信息将给文档后续的排版操作带来困难，增加了许多工作量。

【例 3-1】 创建一个新文档，写一封信，内容如下。（要求其中的日期有自动更新功能）

> 滴滴：你好！
>
> 听说你最近对历史很着迷，特寄给你两本我国古代著名的史书『春秋·左传』和『史记』，希望你能喜欢！
>
> 有空常联系。☎：88888888；✉：diandian@163.com。
>
> 纸短情长，再祈珍重！
>
> 点点
>
> 2020 年 3 月 31 日星期二晚 ☺

操作步骤如下。

单击快速访问工具栏右侧的下拉按钮，在展开的“自定义快速访问工具栏”下拉菜单中，选中要添加的“新建”命令，即可在快速访问工具栏中添加“新建”按钮。单击该按钮，新建一个空白文档，输入文档内容。其中，日期和一些特殊符号使用下面的方法输入。

● 日期：选择“插入”选项卡，单击“文本”组中的“日期和时间”按钮，打开“日期和时间”对话框，确保“语言（国家 / 地区）”下拉列表框中是“中文（中国）”，在“可用格式”列表框中选择需要的格式，并选中“自动更新”复选框，如图 3-11 所示。当计算机系统的日期发生变化时，该文档的日期也会进行相应的更改。

●『、』、· 符号：右击输入法状态栏上的“输入方式（内含软键盘）”按钮，在弹出的快捷菜单（见图 3-12）中选择“标点符号”命令，找到相应的符号单击即完成输入，最后单击“输入方式（内含软键盘）”按钮使之关闭。

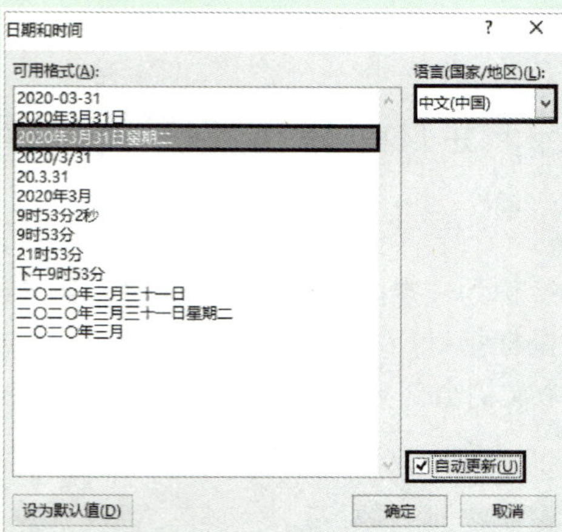

图 3-11　“日期和时间”对话框

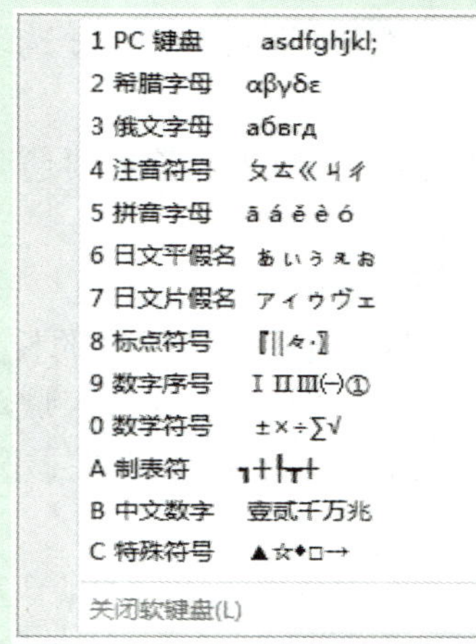

图 3-12　“软键盘”的快捷菜单

● ☎、✉、⌚：单击“插入”选项卡的“符号”组中的“符号”下拉按钮，选择“其他符号”命令，弹出“符号”对话框，在“符号”选项卡的“字体”下拉列表中选择“Wingdings”（倒数第 3 个），如图 3-13 所示，然后从相应符号集中选定需要的字符，单击“插入”按钮或直接双击符号完成输入。

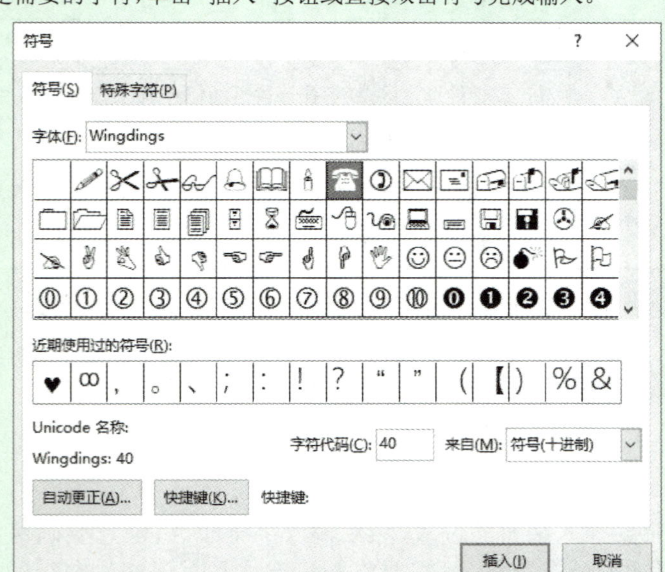

图 3-13　“符号”对话框

3.2.3 编辑文档

对于输入的内容经常要进行插入、删除、移动、复制、替换、拼写和语法检查等编辑工作，这些操作都可以通过“开始”选项卡的“剪贴板”组和“编辑”组的相应按钮来实现。文档编辑遵守的原则是“先选定，后执行”。被选定的文本一般以高亮显示，容易与未被选定的文本区分开。

1. 选定文本

选定文本有两种方法，即基本的选定方法和利用选定区的方法。

1）基本的选定方法

- 鼠标选定：将光标移到要选取的段落或文本的开头，按住鼠标左键拖动需要选定的内容后松开鼠标。
- 键盘选定：将光标移到要选取的段落或文本的开头，同时按住 Shift 键和光标移动键来选定内容。

2）利用选定区

在文本区的左边有一垂直的长条形空白区域，称为选定区。当鼠标指针移动到选定区时，鼠标指针变为右向箭头，在该区域单击，可选中鼠标指针所指的一整行文字；在该区域双击，可选中鼠标指针所在的段落；在该区域三击，整个文档全部被选中。另外，在选定区中拖动鼠标，可选中连续的若干行。

选定文本的常用技巧如表 3-1 所示。

表 3-1 选定文本的常用技巧

选取范围	鼠标操作
字和词	双击要选定的字和词
句子	按住 Ctrl 键，单击该句子
行	单击该行的选定区
段落	双击该行的选定区，或者在该段落的任意地方三击
垂直的一块文本	按住 Alt 键，同时拖动鼠标
一大块文字	单击所选内容的开始处，然后按住 Shift 键，单击所选内容的结束处
全部内容	三击选定区

Word 2016 还提供了可以同时选定多块区域的功能，该功能通过按住 Ctrl 键再加选定操作来实现。

若要取消选定，在文本窗口的任意处单击或按光标移动键即可。

2. 编辑文档

1）插入

将光标移动到想要插入字符的位置，然后输入字符即可（注意要确保此时的输入状态是插入状态）。如果要插入一个空行，只需要将光标定位在需要产生空行的行首位置，按 Enter 键即可。

2）删除

对于单个字符，用 Backspace 键或 Delete 键删除；对于大量文字，可以先选定要删除的内容，然后采用下面任意一种方法删除。

- 按 Backspace 键或 Delete 键。
- 右击，在快捷菜单中选择“剪切”命令，或单击“开始”选项卡的“剪贴板”组中的“剪切”按钮（快捷键 Ctrl+X）。

删除段落标记可以实现合并段落的功能。要将两个段落合并，可以将光标定位在第一段的段落标记前，然后按 Delete 键，这样两个段落就合并成了一个段落。

【例 3-2】 对 [例3-1] 中的一封信文档进行如下编辑处理。

①在信的最前面插入一行标题“一封信”。

②在“滴滴：你好！”后面插入一段内容。

③将“纸短情长，再祈珍重！”与前一段落合并为一段。最终效果如下。

> 一封信
>
> 滴滴：你好！
>
> 我近来在学习《论语》中为人处世的道理，其中“三人行，必有我师焉”，让我学会了选择朋友；“不耻下问”让我学会了如何攻克更多难题；“君子成人之美，不成人之恶”让我学会了怎样做一个君子……
>
> 听说你最近对历史很着迷，特寄给你两本我国古代著名的史书『春秋·左传』和『史记』，希望你能喜欢！
>
> 有空常联系。☎：88888888；✉：diandian@163.com。纸短情长，再祈珍重！
>
> 点点
>
> 2020 年 3 月 31 日星期二晚 ◴

操作步骤如下。

①将光标置于“滴滴：你好！”段首，按 Enter 键，产生一个空行，在空行中输入“一封信”。

②将光标置于“滴滴：你好！”段尾，按 Enter 键，产生一个空行，然后输入需要的内容。

③将光标置于“有空常联系。☎：88888888；✉：diandian@163.com。”这一段末尾的段落标记前，按 Delete 键。

3. 移动或复制

在编辑文档时，可能需要把一段文字移动到另外一个位置。这时可以根据移动距离的远近选择不同的操作方法。

1）短距离移动

短距离移动时，可以采用鼠标拖动的简捷方法。选定文本，移动鼠标到选定内容上，当鼠标指针变成左向箭头形状时，按住鼠标左键拖动。此时，箭头右下方出现一个虚线小方框，随着箭头的移动又会出现一条竖虚线，此虚线表明移动的位置，当虚线移到指定位置时，松开鼠标左键，完成文本的移动。

2）长距离移动（如从一页到另一页，或在不同文档间移动）

长距离移动时，可以利用剪贴板进行操作。选定文本块，右击，在快捷菜单中选择“剪切”命令，或单击“开始”选项卡的“剪贴板”组中的“剪切”按钮，然后将光标定位至要插入文本的位置，右击，在快捷菜单中选择“粘贴选项”命令，或单击“开始”选项卡的“剪贴板”组中的“粘贴”按钮（快捷键 Ctrl+V）。执行粘贴操作时，根据所选的内容 Word 2016 提供了 3 种粘贴方式：保留源格式（默认方式）、合并格式及只保留文本，用户可以根据需要自行选择。

剪贴板是 Windows 操作系统专门在内存中开辟的一块存储区域，作为移动或复制的中转站。剪贴板的功能强大，不仅可以保存文本信息，也可以保存图形、图像和表格等信息。Word

2016 的剪贴板可以存放多次移动（剪切）或复制的内容。单击“开始”选项卡的“剪贴板”组中的对话框启动器，打开“剪贴板”任务窗格，可显示剪贴板的内容。只要不破坏剪贴板上的内容，连续执行粘贴操作可以实现一段文本的多处移动和复制。

移动文本和复制文本的区别在于：移动文本，选定的文本在原处消失，而复制文本，选定的文本仍在原处。在使用鼠标拖动的方法复制文本时，要同时按下 Ctrl 键；在利用剪贴板进行操作时，应单击“复制”按钮（快捷键 Ctrl+C）。

注意：应灵活使用文档之间的复制功能，Word 的复制功能不仅仅局限于一个 Word 文档或两个 Word 文档之间，用户还可以从其他程序，如 IE 浏览器、其他文本、某些图形软件中直接复制文本或图形到 Word 文档中。

4. 查找和替换

如果想在一篇长文档中查找某段文字，或者想用新输入的一段文字代替文档中已有的且出现在多处的特定文字，可以使用 Word 2016 提供的查找和替换功能。

查找和替换

查找和替换功能既可以将文本的内容与格式完全分开，单独对文本或格式进行查找或替换处理，也可以把文本和格式看成一个整体，统一进行处理。除此之外，该功能还可作用于特殊字符和通配符。

从网上获取文字素材时，由于网页制作软件排版功能的局限性，文档中经常会出现一些非打印字符，此时，可利用查找和替换功能进行处理。例如，当文档中空格比较多的时候，可以在“查找内容”组合框中输入空格符号，在“替换为”组合框中不进行任何字符的输入，单击“全部替换”按钮即可将多余的空格删除。再如，当要把文档中不恰当的手动换行符替换为真正的段落标记符的时候，可以在“查找内容”组合框中通过“特殊格式”列表选择“手动换行符”(^l)，在“替换为”组合框中选择特殊格式“段落标记”(^p)，如图 3-14 所示，再单击“全部替换”按钮来达到目的。

图 3-14　将手动换行符替换为段落标记

利用替换功能还可以简化输入，如在一篇文章中，如果多次出现“Microsoft Office Word 2016”字符串，在输入时可先用一个不常用的字符（如 # ）表示该字符串，然后利用替换功能以字符串代替字符。

【例 3-3】 把 [例3-2]“一封信”中所有的“你”替换为带着重号的蓝色字的“您”。

操作步骤如下。

①单击“开始”选项卡的“编辑”组中的“替换”按钮，打开“查找和替换”对话框。在“查找内容”组合框中输入待查找文字“你”。

②在“替换为”组合框中输入目标文字“您”，单击“更多”按钮（此时按钮标题变为“更少”），然后单击“格式”按钮，如图 3-15 所示，选择“字体”，在打开的“替换字体”对话框中设置字体颜色为“蓝色”，着重号为“.”。

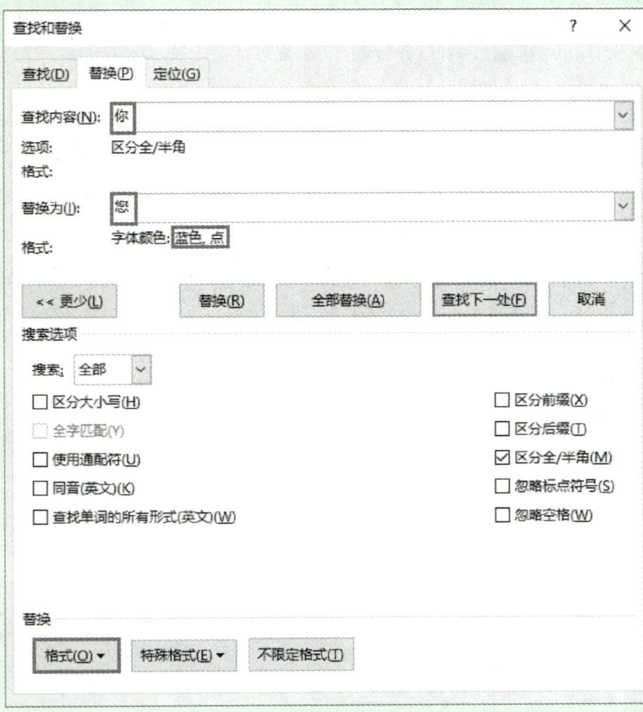

图 3-15 “你”替换为蓝色、带着重号的“您”

③单击“确定”按钮，返回“查找和替换”对话框，单击“全部替换”按钮，则文档中所有满足条件的文字均被替换成目标文字。

若单击“替换”按钮，只是将按默认方向查找到的第一处文字替换成目标文字。

注意：在单击“格式”按钮进行设置前，光标应定位在“替换为”组合框中，如果不小心对“查找内容”组合框中的文字进行了格式设置，可以单击“不限定格式”按钮来取消该格式，然后重新操作。

5. 检查拼写和语法

用户输入的文本，难免会出现拼写和语法上的错误。如果自己检查，会花费大量时间。Word 2016 提供了自动拼写和语法检查功能，这是由其拼写检查器和语法检查器来实现的。

单击“审阅”选项卡的“校对”组中的“拼写和语法”按钮，拼写检查器就会使用拼写词典检查文章中的每一个词。如果该词在拼写词典中，拼写检查器就认为它是正确的，否则就会

加红色波浪线来报告错词信息，并根据拼写词典中能够找到的词给出修改建议。如果 Word 2016 指出的错误不是拼写或语法错误时（如人名、公司或专业名称的缩写等），可以单击“忽略”或“全部忽略”按钮忽略错误提示，继续文档其余内容的检查工作。也可以把它们添加到拼写词典中，避免以后再出现同样的问题。语法检查器则会根据当前语言的语法结构，指出文章中潜在的语法错误，并给出解决方案以供参考，帮助用户校正句子的结构或词语的使用。

目前，Word 2016 对英文的拼写和语法检查的正确率较高，对中文校对的作用不大。

3.2.4 保存和保护文档

用户输入和编辑的文档是存放在内存中并显示在屏幕上的，如果不执行存盘操作的话，一旦死机或断电，文档就可能因为得不到保存而丢失。只有外存（如磁盘）上的文件才可以长期保存，所以当完成文档的编辑工作后，应及时将文档保存到外存中。

1. 保存文档

保存文档的常用方法有两种。

- 单击快速访问工具栏中的“保存”按钮。这是使用频率最高的一种方法。
- 单击“文件”按钮，在菜单中选择“保存”或“另存为”命令。

“保存”和“另存为”命令的区别在于：“保存”命令是以新替旧，用新编辑的文档取代原文档，原文档不再保留；而“另存为”命令相当于文件复制，它建立了当前文件的一个副本，原文档依然存在。

新文档第一次执行保存命令时，会出现“另存为”对话框，如图 3-16 所示。此时，需要指定文件的三要素：保存位置、文件名、文件类型。Word 2016 默认的文件类型是“Word 文档（*.docx）”，也可以选择保存为纯文本、PDF、网页或其他文档。

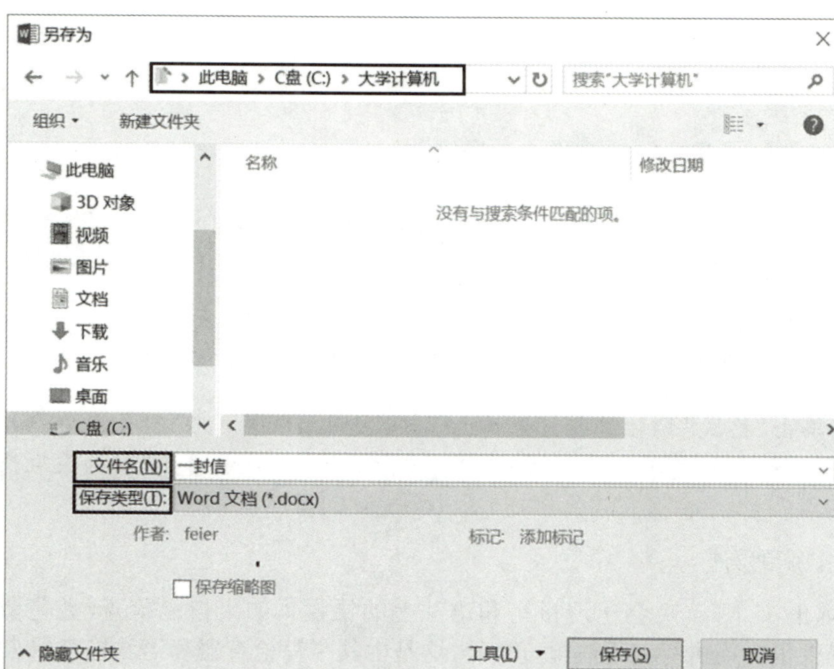

图 3-16 “另存为”对话框

注意：如果希望保存的文档能被低版本的 Word 打开，“保存类型”应选择“Word 97-2003 文档”；如果希望保存为 PDF 文档，则保存类型应选择“PDF”。

保存文档时，如果文件名与已有文件重名，系统会弹出对话框，提示用户改变文件名。保存文档后，可以继续编辑文档，直到关闭文档。以后再次执行“保存”命令时将直接保存文档，不会再出现“另存为”对话框。对于已经保存过的文档，单击“文件”按钮，在菜单中选择“另存为”命令，将会打开“另存为”对话框，供用户将文档保存在其他位置，或者另取一个文件名，或者保存为其他文档类型。

为了使文档能够及时保存，避免因突然断电等意外造成文档丢失，Word 2016 设置了自动保存功能。在默认情况下，Word 2016 每 10 min 自动保存一次，如果用户所编辑的文档十分重要，可缩短文档的保存时间，操作方法是：单击“文件”按钮，在菜单中选择“选项”命令，打开“Word 选项”对话框，再在对话框左侧选择“保存”选项卡，单击“保存自动恢复信息时间间隔”文本框右侧的微调按钮，设置需要的数值，如图 3-17 所示。需要注意的是，该功能通常在输入文档内容之前设置，而且只对 Word 文档有效。

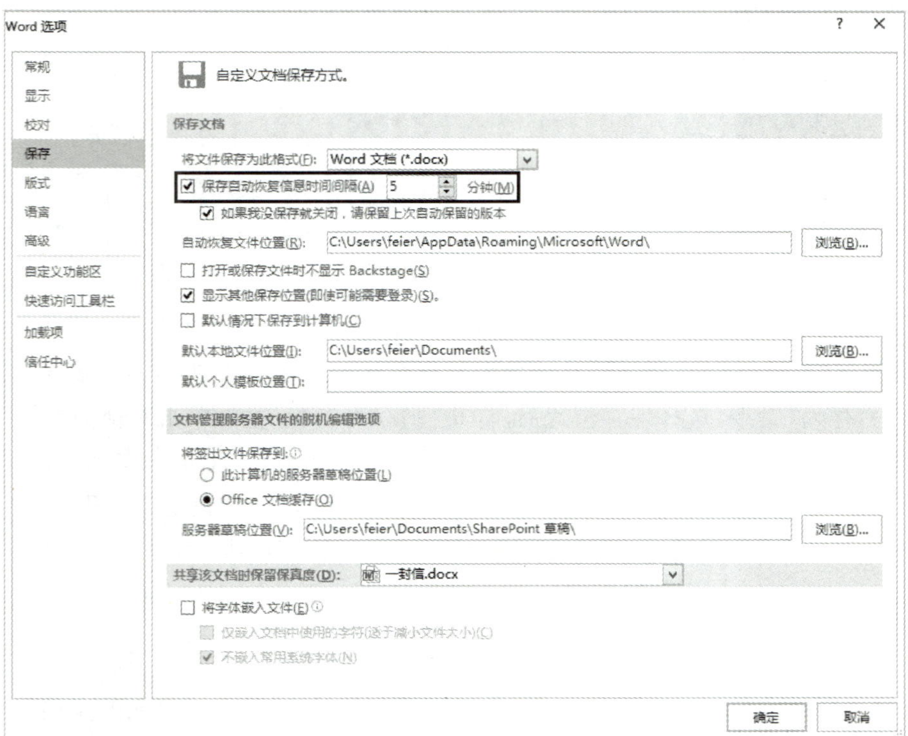

图 3-17　设置自动保存文档的时间

2. 保护文档

当用户所编辑的文档属于机密文件时，为了防止其他用户随便查看，可使用密码将其保护起来。这样，只有知道密码的用户才可以打开文档进行查看或编辑。操作方法如下。

单击“文件”按钮，在菜单中默认显示“信息”界面，单击该界面中的“保护文档”下拉按钮，在展开的下拉菜单中选择“用密码进行加密”命令，如图 3-18 所示。在弹出的“加密文档”与“确认密码”对话框中分别输入所设置的密码，单击“确定”按钮即可。如果要取消文档的密码保护，操作与设置密码一样，不同的是，在弹出“加密文档”对话框后，将“密码”文本框中设

置的密码删除。

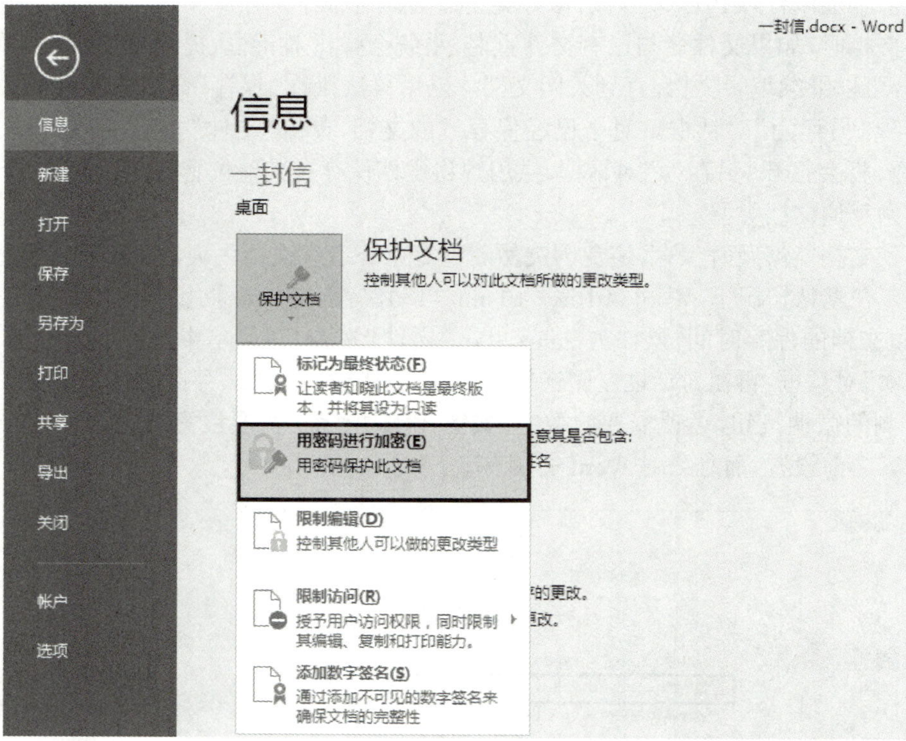

图 3-18　保护文档

需要注意的是，上述操作方法只能设置文件的打开密码。如果既需要设置文件的打开密码，又需要设置文件的修改密码（防止对此文件误编辑），操作方法是：单击“文件”按钮，在菜单中选择“另存为”命令，选择保存位置后，打开“另存为”对话框。单击对话框中的“工具”下拉按钮，在下拉菜单中选择“常规选项”命令，打开“常规选项”对话框。在“打开文件时的密码”文本框和“修改文件时的密码”文本框中分别输入密码，单击“确定”按钮。在打开的“确认密码”对话框中再次分别输入密码并确定，最后单击“保存”按钮。

3.2.5　打开文档

在进行文字处理时，往往难以一次完成全部工作，而是需要对已输入的文档进行补充或修改，这就要将存储在磁盘上的文档调入 Word 工作窗口，也就是打开文档。

打开文档有两种常用方法。

- 在快速访问工具栏中添加“打开”按钮，并单击该按钮。
- 单击“文件”按钮，在菜单中选择“打开”命令。

不论采用哪一种方法，都将弹出“打开”对话框，在该对话框中选择文档所在的文件夹，再双击需要打开的文件名即可。

在 Word 2016 中，如果是最近使用过的文档，可以单击“文件”按钮，在菜单中选择“打开”命令，在“最近”选项卡中查看并打开文档。

Word 2016 允许同时打开多个文档，以实现多文档之间的数据交换。

3.3 文档排版

文档编辑好后，就可以按要求对文本外观进行修饰，使其变得美观易读，丰富多彩。这就是文档排版。按照操作对象从小到大的顺序，文档排版包括字符排版、段落排版和页面排版。文档排版一般在页面视图下进行（可以“所见即所得”），与文档编辑一样，同样需要遵守“先选定，后执行”的原则。

3.3.1　字符排版

字符是指文档中输入的汉字、字母、数字、标点符号和各种特殊符号。字符排版有两种：字符格式化和中文版式。字符格式化包括字符的字体、字号、字形（加粗和倾斜）、字符颜色、下划线、着重号、删除线、上下标、文本效果、字符缩放、字符间距、字符和基准线的上下位置等，如图 3-19 所示。对于中文字符，还有中文版式。

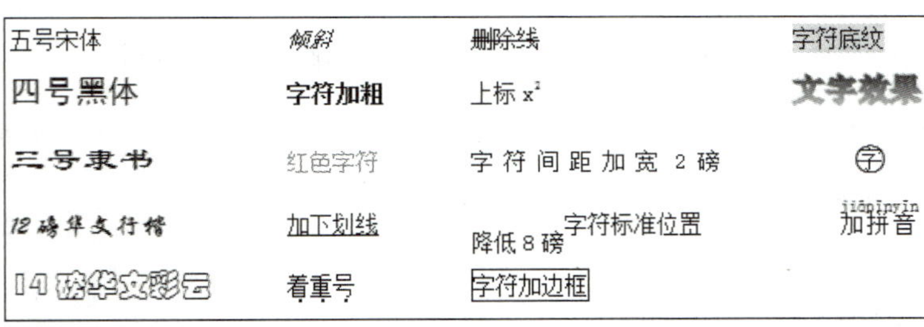

图 3-19　字符格式化效果

1. 字符格式化

对字符进行格式化需要先选定文本，否则只对光标处新输入的字符有效。

字符格式化设置主要包括以下几个方面。

1）字体

字体指文字在屏幕或纸张上呈现的书写形式。字体包括中文字体（如宋体、楷体、黑体等）和英文字体（如 Times New Roman 和 Arial 等），英文字体只对英文字符起作用，而中文字体对汉字和英文字符都起作用。字体数量的多少取决于计算机中安装的字体文件的数量。

2）字号

字号指文字的大小，是以字符在一行中垂直方向上所占用的点（磅值，pt）来表示的。字号以磅为单位，1 pt 约为 1/72 in 或 0.353 mm。字号有汉字数码表示和阿拉伯数字表示两种。其中，汉字数码越小，字号越大，阿拉伯数字越小，字号越小，用阿拉伯数字表示的字号要多于用汉字数码表示的字号。选择字号时，可以选择这两种字号表示方式的任何一种，但如果需要使用大于“初号”的大字号时，只能使用阿拉伯数字的方式进行设置，方法是根据需要直接在“字号”组合框中输入表示字号大小的阿拉伯数字。默认状态下，字体为宋体，字号为五号。

3）字形

字形指常规、倾斜、加粗、加粗倾斜等形式。

4）字符颜色

字符颜色指字符的颜色。

5）字符缩放

字符缩放指对字符的横向尺寸进行缩放，以改变字符横向和纵向的比例。

6）字符间距

字符间距指两个字符的间隔距离，标准的字符间距为 0。当规定了一行的字符数后，可通过加宽或紧缩字符间距进行调整，保证一行能够容纳规定的字符数。

7）字符位置

字符位置指字符在垂直方向上的位置，包括字符上升和下降。

8）特殊效果

特殊效果指根据需要进行多种设置，包括删除线、上下标、文本效果等。其中，文本效果可以为文档中的普通文本应用多彩的艺术字效果，使文本更加多样、美观。设置时，可以直接使用 Word 2016 中预设的外观效果，也可以从轮廓、阴影、映像、发光四方面进行自定义设置。

字符格式化一般通过“开始”选项卡的“字体”组中的相应按钮（见图 3-20）及“字体”对话框实现。单击“字体”组中的对话框启动器，打开“字体”对话框，其中有“字体”和“高级”两个选项卡。

- “字体”选项卡：用于设置字体、字号、字形、字体颜色、下划线、着重号和静态效果。
- “高级”选项卡：用于设置字符的缩放比例、字符间距、字符位置等。

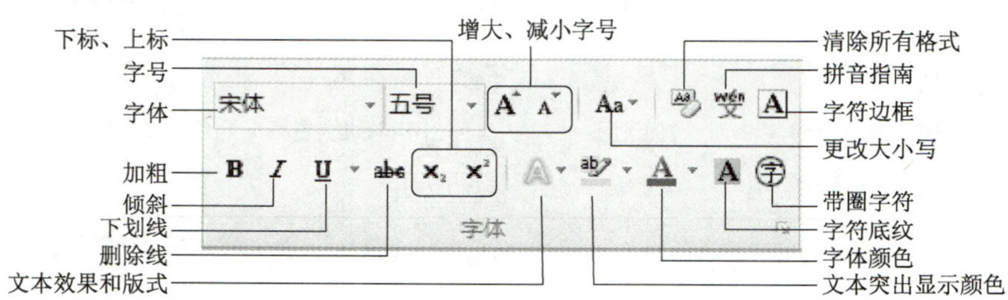

图 3-20　“字体”组中各按钮的功能

注意：选中文本后，右上角会出现“字体”浮动工具栏，字符格式化也可以通过单击其中的相应按钮快速完成。

【例 3-4】 打开 [例3-3] 中的“一封信”文档，进行字符排版。

①将标题“一封信”设为华文琥珀、三号、倾斜；字符缩放 150%，加宽 2 pt。

②使用喜欢的文本效果预设样式设置标题“一封信”，并添加阴影和发光效果。

③给正文第 2 段加波浪线。

字符排版效果如图 3-21 所示。

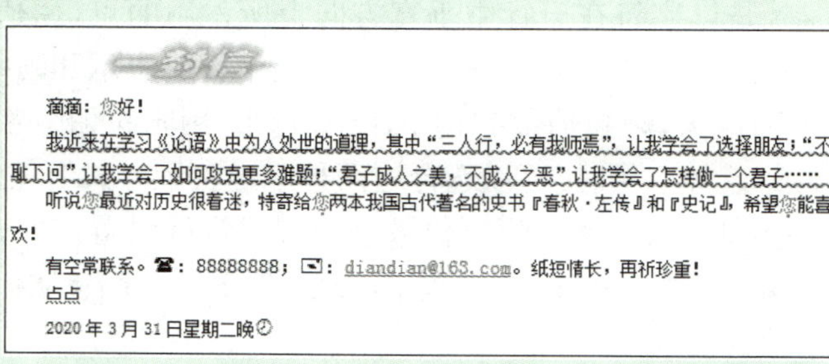

一封信

滴滴：您好！

我近来在学习《论语》中为人处世的道理，其中“三人行，必有我师焉”，让我学会了选择朋友；“不耻下问”，让我学会了如何攻克更多难题；“君子成人之美，不成人之恶”，让我学会了怎样做一个君子……

听说您最近对历史很着迷，特寄给您两本我国古代著名的史书『春秋·左传』和『史记』，希望您能喜欢！

有空常联系。☎：88888888；✉：diandian@163.com。纸短情长，再祈珍重！

点点

2020 年 3 月 31 日星期二晚

图 3-21　“一封信”字符排版效果

操作步骤如下。

①打开文档，选中标题“一封信”，单击“开始”选项卡的“字体”组中的“字体”下拉按钮，在下拉列表中选择“华文琥珀”，然后单击该组中的“字号”下拉按钮，在下拉列表中选择“三号”，再单击该组中的“倾斜”按钮 *I* 。设置字体、字号、字形后，单击该组中的对话框启动器，打开“字体”对话框，在“高级”选项卡的“缩放”下拉列表中选择“150%”，在“间距”下拉列表中选择“加宽”，在右边的“磅值”微调框中选择或输入“2 磅”，如图 3-22 所示，单击“确定”按钮。

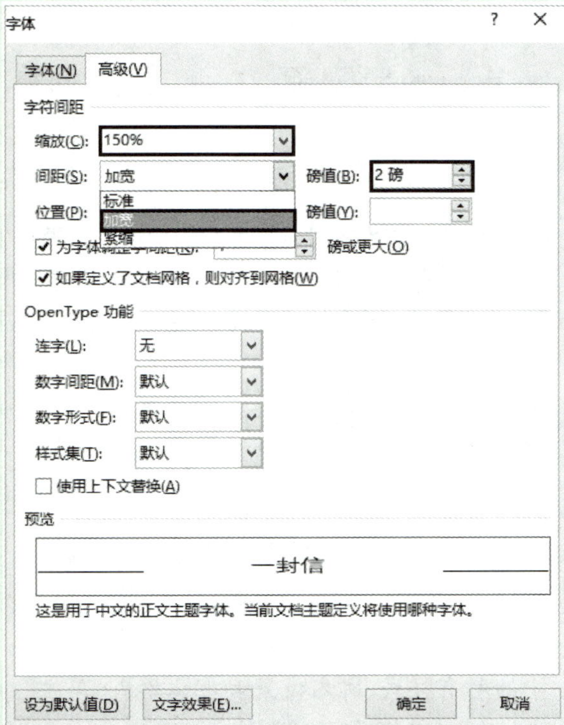

图 3-22　“字体”对话框的“高级”选项卡

②选中标题“一封信”，单击“开始”选项卡的“字体”组中的“文本效果和版式”下拉按钮，在弹出的文本效果库中选择喜欢的样式，如“填充 - 白色，轮廓 - 着色 2，清晰阴影 - 着色 2”，如图 3-23 所示；再次单击“文本效果和版式”下拉按钮，指向“阴影”命令，在展开的阴影效果库中选择一种效果，如“透视”区的“右上对角透视”，如图 3-24 所示；再次单击“文本效果和版式”下拉按钮，指向“发光”命令，在展开的发光效果库中选择一种效果，如“橙色，11 pt 发光，个性色 2”，如图 3-25 所示。

图 3-23　选择文本预设样式

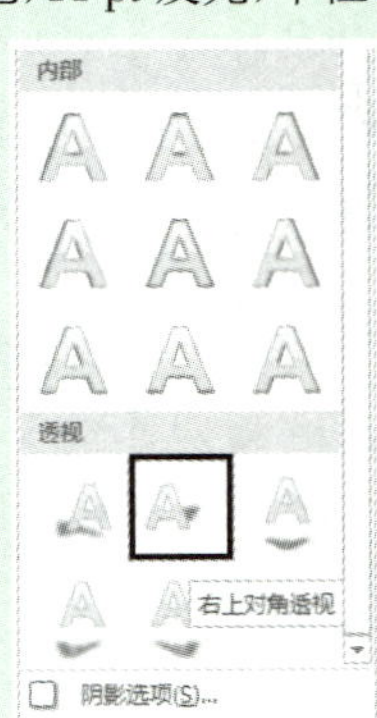

图 3-24　选择文本阴影效果

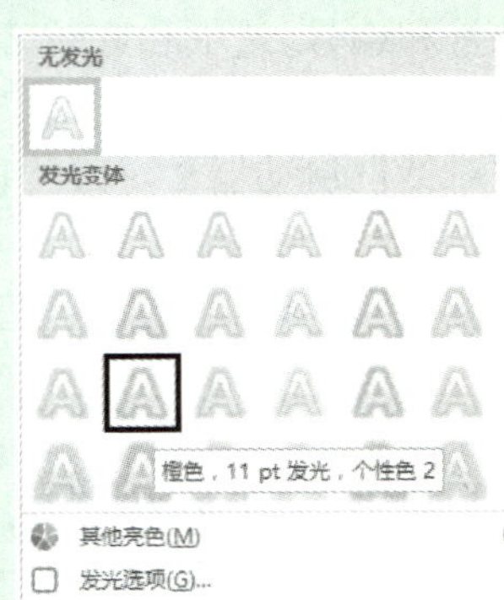

图 3-25　选择文本发光效果

③选中正文第2段“我近来……”（区分正文第2段可以通过段落标记来选择，标题段落除外），单击“开始”选项卡的“字体”组中的“下划线”下拉按钮 U ▾，在展开的下划线库中选择波浪线“～～～～～～”。

2. 中文版式

对于中文字符，Word 2016 提供了具有中文特色的特殊版式，如简体和繁体的转换、加拼音、加圈、纵横混排、合并字符、双行合一等，其效果如图 3-26 所示。

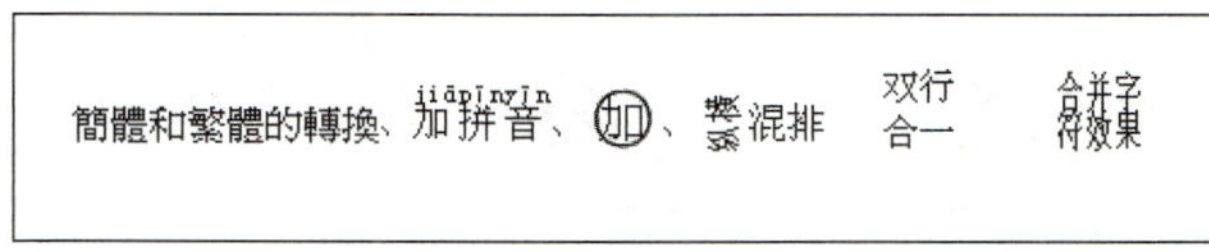

图 3-26　中文版式效果

其中简体和繁体的转换可以单击“审阅”选项卡的“中文简繁转换”组中的相应按钮实现，加拼音、加圈通过单击“开始”选项卡的“字体”组中的相应按钮和实现，其他功能则通过单击“开始”选项卡的“段落”组中的“中文版式”下拉按钮，在打开的下拉菜单中选择相应的命令来完成。

【例 3-5】 将[例3-4]“一封信”中的“信”字加菱形圈号，变成。

操作步骤如下。

①选中“信”字。

②单击“开始”选项卡的“字体”组中的“带圈字符”按钮，打开“带圈字符”对话框，选择样式为“增大圈号”、圈号为“◇”，如图 3-27 所示，单击“确定”按钮。

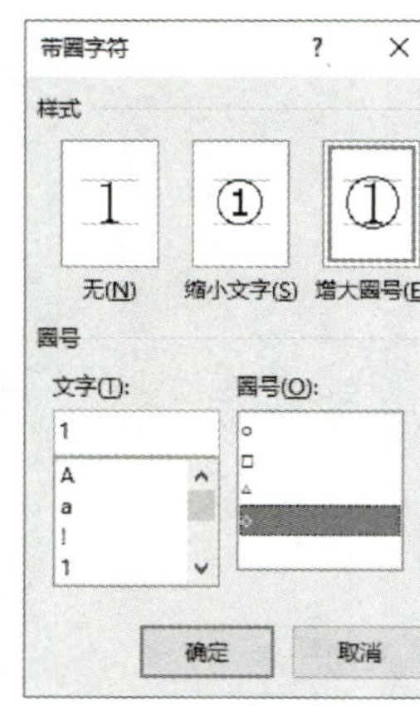

图 3-27　“带圈字符”对话框

注意：若要清除文档中的所有样式、文本效果和字体格式，单击“开始”选项卡的“字体”组中的“清除所有格式”按钮即可。

3.3.2　段落排版

完成字符排版后，应该对段落进行排版。段落由一些字符和其他对象组成，最后是段落标记（↵，按 Enter 键产生）。段落标记不仅标识段落结束，而且存储了这个段落的排版格式。段落排版是指整个段落的外观，包括对齐方式、段落缩进、段落间距、行距等，同时还可以添加项目符号和编号、边框和底纹等。

段落排版一般通过“开始”选项卡的“段落”组中的相应按钮（见图 3-28），或单击“段落”组中的对话框启动器，打开“段落”对话框（见图 3-29）来完成。

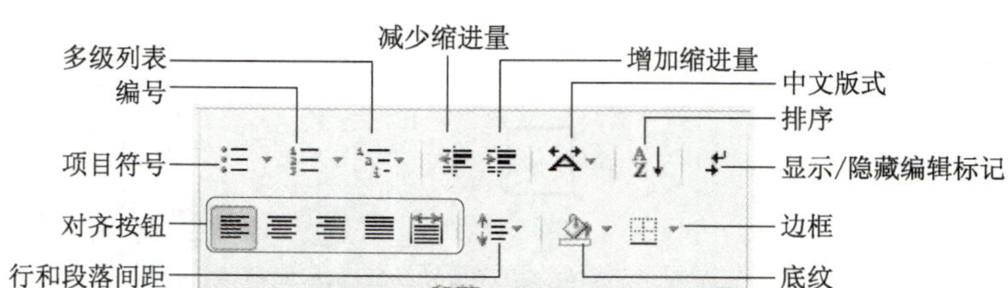

图 3-28　“段落”组中各按钮的功能

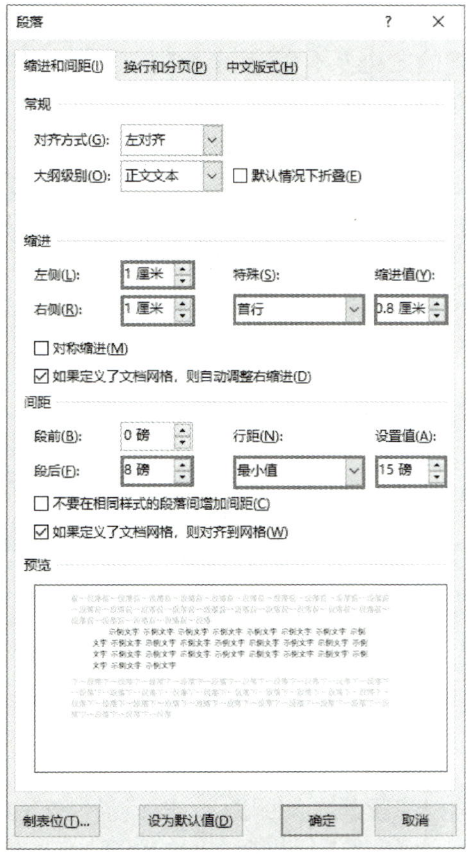

图 3-29 “段落”对话框

段落排版主要是从以下几个方面进行设置的。

1. 对齐方式

在文档中对齐文本可以使文本清晰易读。对齐方式一般有 5 种：左对齐、居中、右对齐、两端对齐和分散对齐。其中，两端对齐是以词为单位，自动调整词与词间空格的宽度，使正文沿页面的左、右边界对齐，这种方式可以防止英文文本中一个单词跨两行的情况，但对于中文文本，其效果等同于左对齐；分散对齐是使字符均匀地分布在一行上。段落的各种对齐效果如图 3-30 所示。

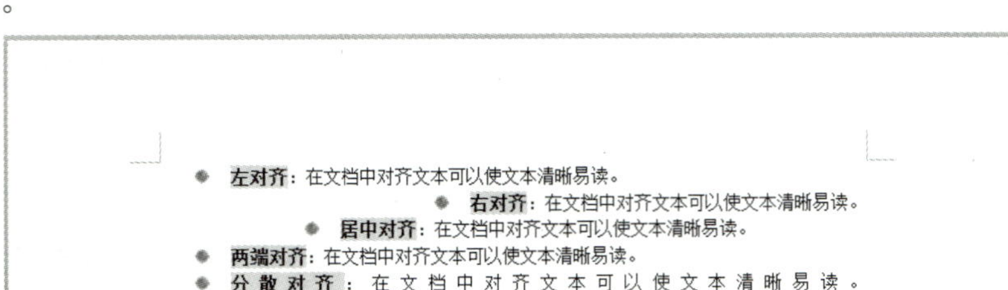

图 3-30 段落的各种对齐效果

2. 段落缩进

段落缩进是指段落各行相对于页面边界的距离。段落一般都规定首行缩进两个字符。为了强调某些段落，可以适当地进行缩进。Word 2016 提供了 4 种段落缩进方式。

- 首行缩进：段落第一行的左边界向右缩进一段距离，其余行的左边界不变。
- 悬挂缩进：段落第一行的左边界不变，其余行的左边界向右缩进一段距离。
- 左缩进：整个段落的左边界向右缩进一段距离。
- 右缩进：整个段落的右边界向左缩进一段距离。

可以使用标尺来快速缩进段落，具体方法是：将插入点放在要缩进的段落中，然后将标尺上的缩进符号拖动到合适的位置，被选定的段落随缩进标尺的变化而重新排版。要显示标尺，需要在“视图”选项卡的“显示”组中选中“标尺”复选框。

注意：最好不要用 Tab 键或空格键来设置段落的缩进，这样做可能会使文章对不齐。

段落的缩进效果如图 3-31 所示。

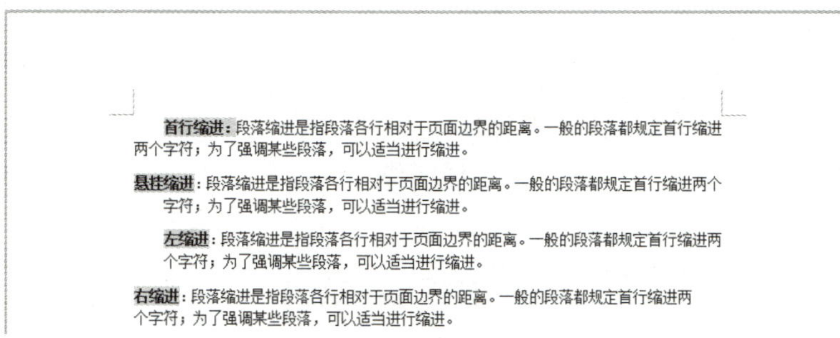

首行缩进：段落缩进是指段落各行相对于页面边界的距离。一般的段落都规定首行缩进两个字符；为了强调某些段落，可以适当进行缩进。

悬挂缩进：段落缩进是指段落各行相对于页面边界的距离。一般的段落都规定首行缩进两个字符；为了强调某些段落，可以适当进行缩进。

左缩进：段落缩进是指段落各行相对于页面边界的距离。一般的段落都规定首行缩进两个字符；为了强调某些段落，可以适当进行缩进。

右缩进：段落缩进是指段落各行相对于页面边界的距离。一般的段落都规定首行缩进两个字符；为了强调某些段落，可以适当进行缩进。

图 3-31　段落的缩进效果

3. 段落间距与行间距

段落间距指当前段落与相邻段落之间的距离，即段前距离和段后距离，加大段落的间距可使文档显示得更清晰。行距指段落中行与行之间的距离，有单倍行距、1.5 倍行距等，如果选择其中的“最小值”“固定值”和“多倍行距”选项时，可以在“设置值”微调框中选择或输入磅数，固定值的行距必须大于 0.7 磅，多倍行距的最小倍数必须大于 0.06。用得最多的是“最小值”选项，当文本高度超出该值时，Word 会自动调整高度以容纳较大字体；当行距选择“固定值”选项时，如果文本高度大于设置的固定值，则该行的文本不能完全显示出来。

设置段落缩进和间距时，单位有“磅”“厘米”“字符”“英寸”等，可以通过单击“文件”按钮，在菜单中选择“选项”命令，打开“Word 选项”对话框，然后单击“高级”选项卡，在“显示”栏中进行度量单位的设置。一般情况下，如果度量单位选择“厘米”，而“以字符宽度为度量单位”复选框也被选中，则默认的缩进单位为“字符”，对应的段落间距和行距单位为“行”；如果取消选中“以字符宽度为度量单位”复选框，则缩进单位为“厘米”，对应的段落间距和行距单位为“磅”。

【例 3-6】 将 [例3-5]“一封信”中的正文第 2 段设置为左、右各缩进 1 厘米，首行缩进 0.8 厘米，行距为最小值 15 磅，段后间距为 8 磅。段落排版效果如图 3-32 所示。

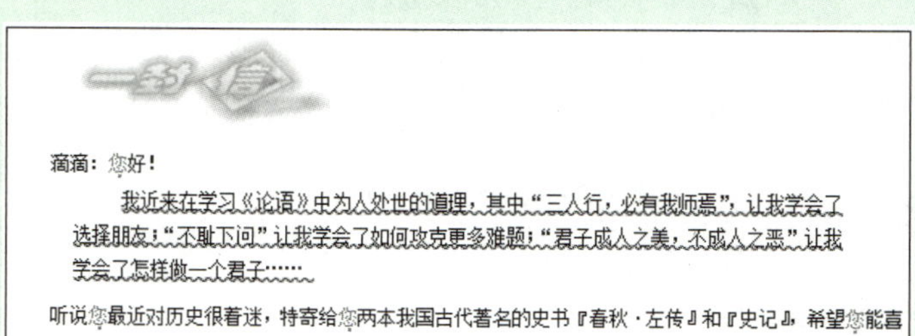

一封信

商商：您好！

我近来在学习《论语》中为人处世的道理，其中“三人行，必有我师焉”，让我学会了选择朋友；“不耻下问”，让我学会了如何攻克更多难题；“君子成人之美，不成人之恶”，让我学会了怎样做一个君子……

听说您最近对历史很着迷，特寄给您两本我国古代著名的史书『春秋 · 左传』和『史记』，希望您能喜欢！

图 3-32　“一封信”段落排版效果

操作步骤如下。

①单击“文件”按钮，在菜单中选择“选项”命令，打开“Word 选项”对话框，单击“高级”选项卡，在“显示”栏中确保度量单位是“厘米”，注意不要选中下面的“以字符宽度为度量单位”复选框，如图 3-33 所示。

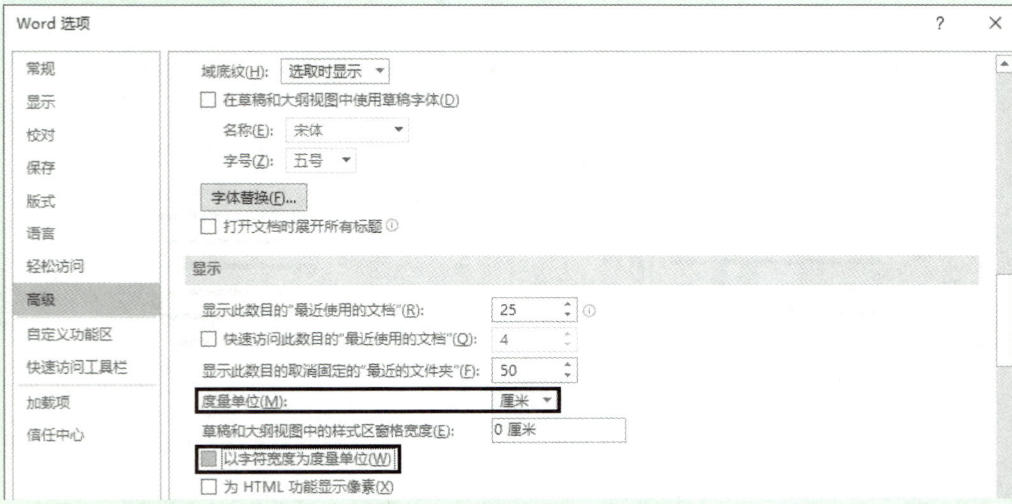

图 3-33　设置段落缩进和间距的度量单位

②选中正文第 2 段（注意要将段首的空格删除，否则特殊格式的度量值会是字符，而不是厘米），单击“开始”选项卡的“段落”组中的对话框启动器，打开“段落”对话框，进行相应设置（见图 3-29），然后单击“确定”按钮。

4. 项目符号和编号

在文档处理中，为了准确、清楚地表达某些内容之间的并列关系或顺序关系，经常要用到项目符号和编号。项目符号可以是字符，也可以是图片；编号是连续的数字和字母。Word 具有自动编号功能，当增加或删除段落时，系统会自动调整相关的编号顺序。

创建项目符号和编号的方法是：选择需要添加项目符号或编号的若干段落，然后单击“开始”选项卡的“段落”组中的“项目符号”按钮、“编号”按钮和“多级列表”按钮。

1）“项目符号”按钮

“项目符号”按钮用于对选中的段落加上合适的项目符号。单击该按钮右边的下拉按钮，弹出项目符号库，可以选择预设的符号，也可以自定义新项目符号。选择其中的“定义新项目符号”命令，打开“定义新项目符号”对话框，如图 3-34 所示，单击“符号”和“图片”按钮可以选择符号的样式。如果是字符，还可以通过单击“字体”按钮进行格式化设置，如改变符号的大小和颜色、加下划线等。

2）“编号”按钮

“编号”按钮用于对选中的段落加上需要的编号。单击该按钮右边的下拉按钮，弹出编号库，可以选择需要的编号样式，或选择“定义新编号格式”命令，打开“定义新编号格式”对话框，如图 3-35 所示，在该对话框中，可以设置编号的字体、样式、格式、对齐方式等。

图 3-34 “定义新项目符号”对话框

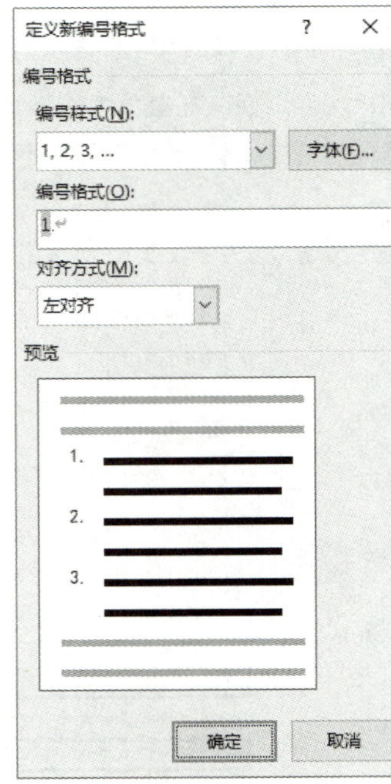

图 3-35 “定义新编号格式”对话框

3)“多级列表”按钮

“多级列表”按钮用于创建多级列表，多级列表可以清晰地表明各层次的关系。创建多级列表时，需要先确定多级格式，然后输入内容，再通过“段落”组中的“减少缩进量”按钮和“增加缩进量”按钮确定层次关系。图 3-36 显示了编号、项目符号和多级列表的设置效果。

编号	项目符号	多级列表
A. 字符排版	字符排版	1 字符排版
B. 段落排版	段落排版	1.1 段落排版
C. 页面排版	页面排版	1.1.1 页面排版

图 3-36 编号、项目符号和多级列表的设置效果

要取消项目符号、编号和多级列表，只需要再次单击该按钮，在相应的项目符号库、编号库、多级列表库中单击“无”按钮即可。

5. 边框和底纹

给段落加上边框和底纹，可以起到强调和美观的作用。

简单地添加边框和底纹，可以分别单击“开始”选项卡的“段落”组中的“边框”和“底纹”按钮，较复杂的效果则通过“边框和底纹”对话框来完成。

选定段落，单击“开始”选项卡的“段落”组中的“边框”下拉按钮，在下拉菜单中选择“边框和底纹”命令，打开“边框和底纹”对话框，如图 3-37 所示，其中有“边框”“页面边框”“底纹”3 个选项卡。

1)“边框”选项卡

“边框”选项卡用于对选定的段落或文字加边框。可以选择边框的类型、样式、颜色和线条宽度等。如果需要对某些边设置边框线，如只对段落的上、下边框设置边框线，可以单击预览栏中的左、右边框按钮，将左、右边框线去掉。

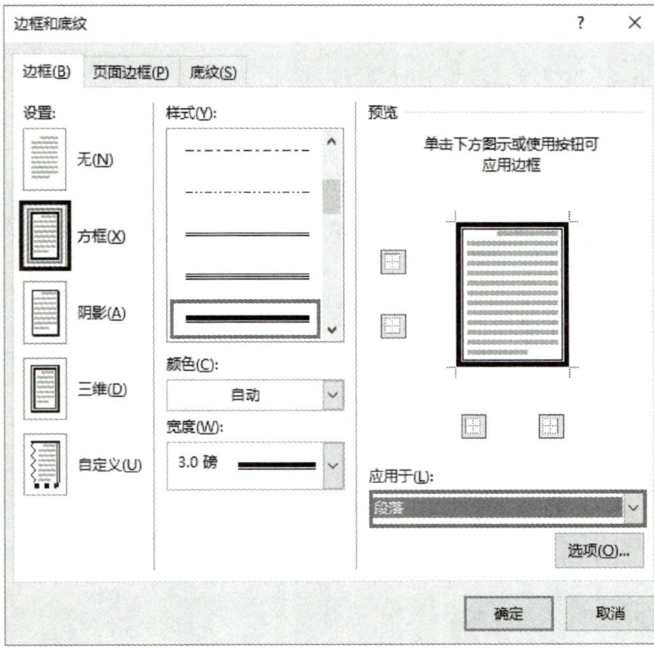

图 3-37　“边框和底纹”对话框

2)“页面边框”选项卡

“页面边框”选项卡用于对页面或整个文档加边框。该选项卡的设置与“边框”选项卡类似,但增加了“艺术型”下拉列表框。

3)“底纹”选项卡

“底纹”选项卡用于对选定的段落或文字加底纹。其中,“填充”下拉列表用于设置底纹的背景色;“样式”下拉列表用于设置底纹的图案样式(如浅色上斜线);“颜色”下拉列表用于设置底纹图案中点或线的颜色。

注意:设置段落的边框和底纹时,要在“应用于”下拉列表中选择“段落”;设置文字的边框和底纹时,要在“应用于”下拉列表中选择“文字”。

【例 3-7】 给 [例3-6]“一封信”中的正文第 4 段的段落添加外粗内细的边框,给第 5 段文字添加“灰色 -25%”底纹,给整个页面添加“气球”页面边框。添加边框和底纹的效果如图 3-38 所示。

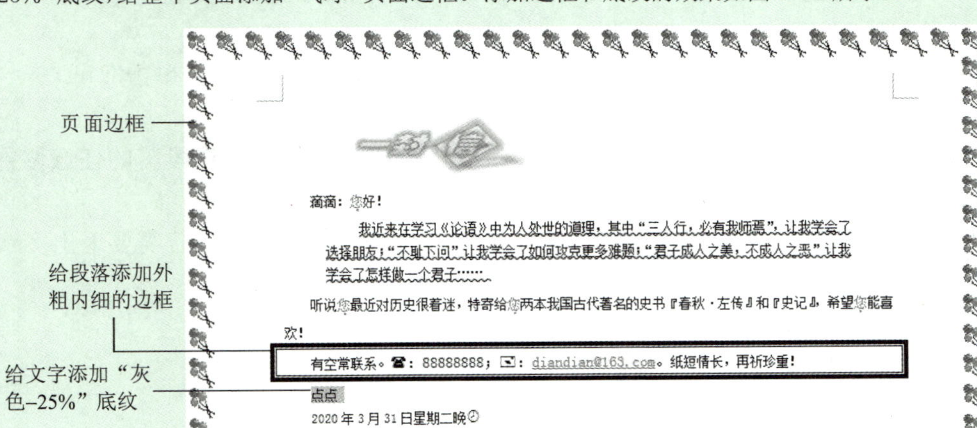

图 3-38　添加边框和底纹的效果

操作步骤如下。

①选中正文第 4 段，单击“开始”选项卡的“段落”组中的“边框”下拉按钮，在下拉菜单中选择“边框和底纹”命令，打开“边框和底纹”对话框，在“边框”选项卡的“样式”列表框中选择外粗内细的线型，在“应用于”下拉列表中选择“段落”（见图 3-37），然后单击“确定”按钮。

②选中正文第 5 段，如前所述打开“边框和底纹”对话框，在“底纹”选项卡的“样式”下拉列表中选择“灰色 25%”，在“应用于”下拉列表中选择“文字”，如图 3-39 所示，然后单击“确定”按钮。

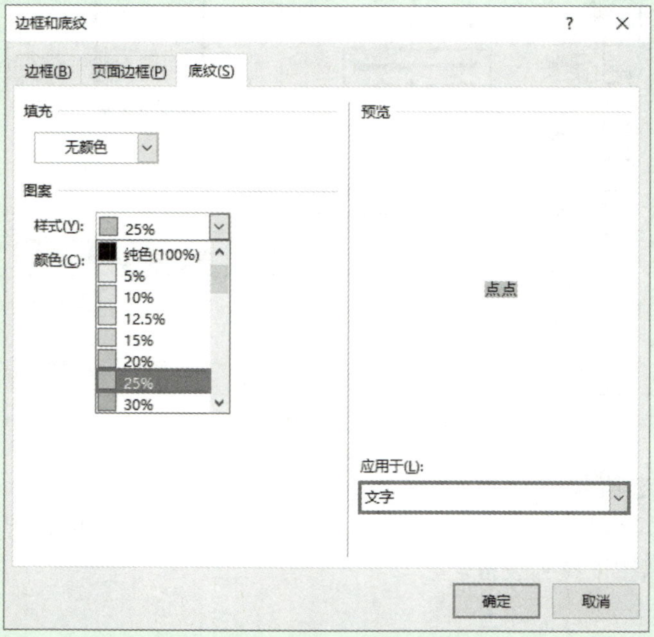

图 3-39 设置“灰色 -25%”底纹

③将光标置于文档中的任意位置，如前所述打开“边框和底纹”对话框，在“页面边框”选项卡的“艺术型”下拉列表中选择“气球”边框类型，然后单击“确定”按钮。

6. 格式刷

有时候需要对多个段落使用同一格式，利用“开始”选项卡的“剪贴板”组中的“格式刷”按钮，可以快速地复制格式。该按钮也可用来实现字符格式的快速复制。格式刷的使用方法如下。

- 选定要复制格式的文本或段落（如果是段落，在该段落的任意位置单击即可）。
- 单击“开始”选项卡的“剪贴板”组中的“格式刷”按钮。
- 用鼠标拖动经过要应用此格式的文本或段落（如果是段落，在该段落的任意位置单击即可）。

如果同一格式要多次复制，在第 2 步操作时，双击“格式刷”按钮。若需要退出多次复制操作，可再次单击“格式刷”按钮或按 Esc 键。

3.3.3 页面排版

页面排版反映了文档的整体外观和输出效果，页面排版主要包括页面设置、页眉和页脚、脚注和尾注、特殊格式设置（分栏、首字下沉、文档竖排、页面背景）等。

1. 页面设置

页面设置通常包括设置页边距、纸张大小、页眉和页脚的位置、每页容纳的行数和每行容纳的字数等。这些设置可以通过“布局”选项卡的“页面设置”组中的相应按钮或通过“页面设置”对话框来实现。

单击“布局”选项卡的“页面设置”组中的对话框启动器，打开“页面设置”对话框，如图 3-40 所示，该对话框有 4 个选项卡。

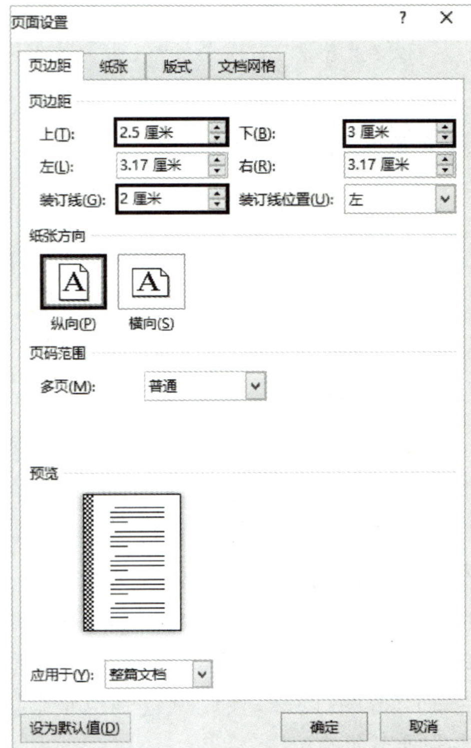

图 3-40　“页面设置”对话框

1)“页边距”选项卡

“页边距”选项卡用于设置文档内容与纸张四边的距离，从而确定文档版心的大小。通常正文显示在页边距以内，包括脚注和尾注，而页眉和页脚显示在页边距上。页边距包括“上边距”“下边距”“左边距”和“右边距”。通过“页面设置”对话框设置页边距的同时，还可以设置装订线位置或选择纸张方向等。其中，还可以通过“页面设置”组中的“页边距”下拉按钮快速设置页边距，它提供了“普通”“窄”“适中”“宽”和“镜像”5 种预设方式。纸张方向也可以通过该组中的“纸张方向”下拉按钮快速设置。

2)“纸张”选项卡

“纸张”选项卡用于选择纸张的大小。一般默认为 A4 纸。如果当前使用的纸张为特殊规格，可以选择“自定义大小”选项，并通过“高度”和“宽度”微调框定义纸张的大小。纸张大小也可以通过“页面设置”组中的“纸张大小”下拉按钮快速设置。

3)“版式”选项卡

“版式”选项卡用于设置节的起始位置、页眉和页脚的特殊选项(如奇偶页不同、首页不同、距页边界的距离)、页面内容的垂直对齐方式等。

4)“文档网格”选项卡

“文档网格”选项卡用于设置每页容纳的行数和每行容纳的字数，文字打印方向，以及行、列网格线是否要打印等。

通常，页面设置作用于整个文档，如果对部分文档进行页面设置，应在“应用于”下拉列表中选择范围。

【例 3-8】 对 [例3-7] 中的“一封信”进行页面设置：上边距为 2.5 厘米，下边距为 3 厘米，页面左边预留 2 厘米的装订线，纸张方向为纵向，纸张大小为 16 开，设置页眉和页脚奇偶页不同，文档中每页 35 行，每行 30 个字。

操作步骤如下。

①打开文档，单击“布局”选项卡的“页面设置”组中的对话框启动器，打开“页面设置”对话框。在“页边距”选项卡中调整上、下页边距的微调按钮，调整数字为上“2.5 厘米”，下“3 厘米”(或直接输入相应数字)；调整装订线旁的微调按钮，调整数字为“2 厘米”，选择装订线位置为“左”；单击选中“纸张方向”栏中的“纵向”。具体设置如图 3-40 所示。

②在“纸张”选项卡的“纸张大小”下拉列表中选择“16开”。

③在“版式”选项卡的“页眉和页脚”栏中选中“奇偶页不同”复选框。

④在“文档网格”选项卡的“网格”栏中选中“指定行和字符网格”单选按钮，在“每行”微调框中调整数字为“30”，在“每页”微调框中调整数字为“35”，如图3-41所示。

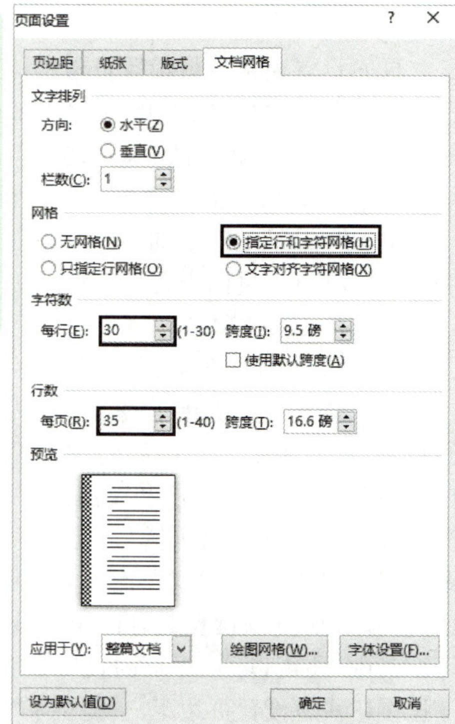

图3-41　设置每页的行数和每行的字数

2. 页眉和页脚

在文档排版打印时，有时需要在每页的顶部和底部加入一些说明性信息，称为页眉和页脚。这些信息可以是文字、图形、图片等，还可以是用来生成各种文本的域代码（如日期、页码等）。域代码与普通文本不同，它在显示和打印时会被当前的最新内容代替。例如，日期域代码是根据显示或打印时系统的时钟生成当前的日期；同样，页码域代码也是根据文档的实际页数生成当前的页码。

Word 2016中内置了20余种页眉和页脚样式，可以直接应用于文档中。这是通过单击“插入”选项卡的“页眉和页脚”组中的相应按钮来完成的。选择样式并输入内容后，可以双击正文返回文档。

插入页眉的时候，选好样式，进入页眉编辑区，此时正文呈浅灰色，表示不可编辑。页眉内容输入完毕后，双击正文部分完成操作。页脚和页码的操作方法与此类似。

页眉和页脚

编辑时，双击页眉、页脚或页码，窗口中会出现“页眉和页脚工具”→“设计”选项卡，如图3-42所示。

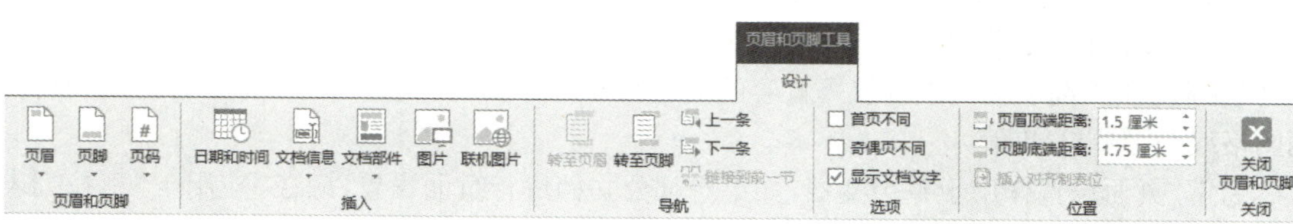

图3-42　“页眉和页脚工具”→“设计”选项卡

可以根据需要插入图片、日期或时间、域（单击“插入”选项卡的“文本”组中的“文档部件”下拉按钮，在打开的下拉菜单中选择“域”命令）等内容。如果要关闭页眉和页脚的编辑状态回到正文，直接单击“关闭”组中的“关闭页眉和页脚”按钮即可。如果要删除页眉和页脚，先双击页眉或页脚，选定要删除的内容，按Delete键，或者单击“插入”选项卡的“页眉和页脚”组中的“页眉”或“页脚”下拉按钮，在打开的下拉菜单中选择相应的“删除页眉”或“删除页脚”命令。

在文档中可以自始至终使用同一个页眉和页脚，也可以在文档的不同部分使用不同的页眉和页脚。例如，首页不同、奇偶页不同，这需要在“页眉和页脚工具”→“设计”选项卡的“选项”组

中选中相应的复选框。如果文档被分为多个节，也可以设置节与节之间的页眉和页脚互不相同。

3. 脚注和尾注

脚注和尾注用于给文档中的文本加注释。脚注对文档某处内容进行注释说明，通常位于页面底端；尾注用于说明引用文献的来源，一般位于文档末尾。在同一个文档中，可以同时包括脚注和尾注，但一般在页面视图下可见。

脚注和尾注由两部分组成：注释引用标记和与其对应的注释文本。对于注释引用标记，Word 可以自动为其编号，还可以创建自定义标记。添加、删除或移动了自动编号的注释时，Word 将对注释引用标记重新编号。注释可以使用任意长度的文本，可以像处理其他文本一样设置文本格式，还可以自定义注释分隔符，即用来分隔文档正文和注释文本的线条。

要设置脚注和尾注，可以通过单击“引用”选项卡的“脚注”组中的相应按钮，或单击“脚注”组中的对话框启动器，在打开的“脚注和尾注”对话框中进行设置，如图 3-43 所示。

要删除脚注和尾注，只要定位在脚注和尾注引用标记前，按 Delete 键，则注释引用标记和注释文本同时被删除。

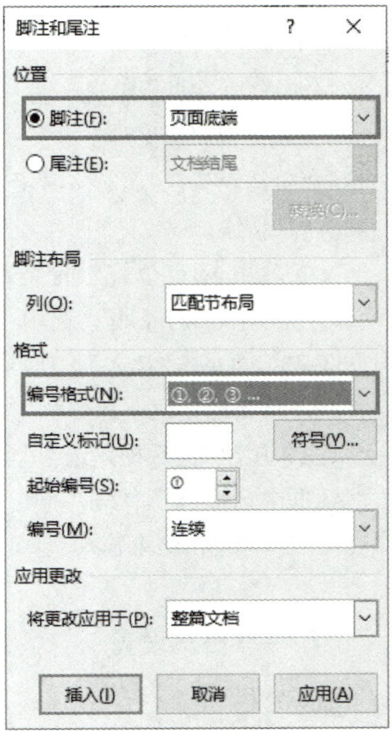

图 3-43　“脚注和尾注”对话框

【例 3-9】 打开 [例3-8] 中的“一封信”文档，设置页眉，内容为“一封信”，选择喜欢的样式插入页码，并为“《论语》”添加脚注，脚注引用标记是①，脚注注释文本是“儒家经典著作”。为文档添加尾注，尾注引用标记是“♥”，尾注注释文本是“书信摘选”。添加页眉和页脚、脚注和尾注后的效果如图 3-44 所示。

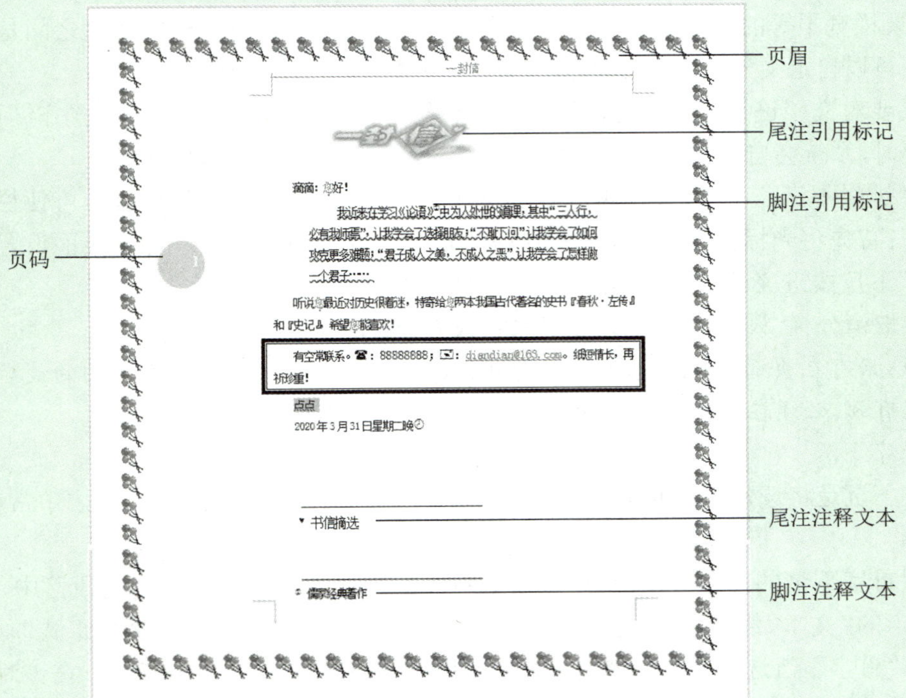

图 3-44　添加页眉和页码、脚注和尾注后的效果

操作步骤如下。

①打开文档，单击“插入”选项卡的“页眉和页脚”组中的“页眉”下拉按钮，在展开的页眉库中选择“空白”样式，在页眉编辑区输入文字“一封信”。

②在“页眉和页脚工具”→“设计”选项卡的“页眉和页脚”组中单击“页码”下拉按钮，在下拉菜单中指向“页边距”，在“带有多种形状”区中选择“圆（左侧）”，最后双击正文或单击“关闭”组中的“关闭页眉和页脚”按钮。

③将光标定位在“《论语》”后面，单击“引用”选项卡的“脚注”组中的对话框启动器 ↘，打开“脚注和尾注”对话框。选中“脚注”单选按钮，在“编号格式”下拉列表中选择“①，②，③……”（见图 3-43），再单击“插入”按钮，进入脚注区，输入脚注注释文本“儒家经典著作”。

④将光标定位在标题“一封信”的最后，单击“引用”选项卡的“脚注”组中的对话框启动器 ↘，打开“脚注和尾注”对话框。选中“尾注”单选按钮，单击“自定义标记”旁边的“符号”按钮，在出现的“符号”对话框中选择“♥”，单击“确定”按钮，再单击“插入”按钮，进入尾注区，输入尾注注释文本“书信摘选”，在尾注区外单击结束输入。

4. 特殊格式设置

1）分栏

分栏是指将一页纸的版面分为几栏，使得页面更生动和更具可读性，这种排版方式在报纸、杂志中经常用到。

分栏排版是通过单击“布局”选项卡的“页面设置”组中的“分栏”下拉按钮来操作的。如果分栏较复杂，需要在打开的下拉菜单中选择“更多分栏”命令，打开“分栏”对话框进行设置，如图 3-45 所示。该对话框的“预设”栏用于设置分栏方式，可以等宽地将版面分成两栏、三栏；如果栏宽不等的话，则只能分成两栏。此外，用户可以选择分栏时各栏之间是否带“分隔线”，还可以自定义分栏形式，按需要设置“栏数”“宽度”和“间距”。

如果要对文档进行多种分栏，只要分别选择需要分栏的段落，执行分栏操作即可。多种分栏并存时，系统会自动在栏与栏之间增加双虚线的分节符（草稿视图下可见）。

分栏排版不满一页时，会出现分栏长度不一致的情况，采用等长栏排版可使栏长一致，操作如下：首先将光标移到分栏文本的结尾处，然后单击“布局”选项卡的“页面设置”组中的“分隔符”下拉按钮，在打开的下拉菜单中选择“分节符”区中的“连续”命令。

若要取消分栏，只要选择已分栏的段落，改为一栏即可。

注意：只有在页面视图状态下才能看到分栏效果。当分栏的段落是文档的最后一段时，为使分栏有效，必须在分栏前，在文档最后添加一个空段落（按 Enter 键产生）。

2）首字下沉

首字下沉是将选定段落的第一个字放大数倍，以引导阅读，这是报纸、杂志中常用的排版方式。

设置首字下沉的方法如下：选中段落或将光标定位于需要首字下沉的段落中，单击“插入”选项卡的“文本”组中的“首字下沉”下拉按钮，在下拉菜单中选择需要的形式即可。若选择其中的“首字下沉选项”命令，将打开“首字下沉”对话框，如图 3-46 所示。在该对话框中，不仅可以选择“下沉”或“悬挂”位置，还可以设置字体、下沉行数及与正文的距离。

若要取消首字下沉，只要选定已首字下沉的段落，单击“插入”选项卡的“文本”组中的

“首字下沉”下拉按钮，在下拉菜单中选择“无”即可。

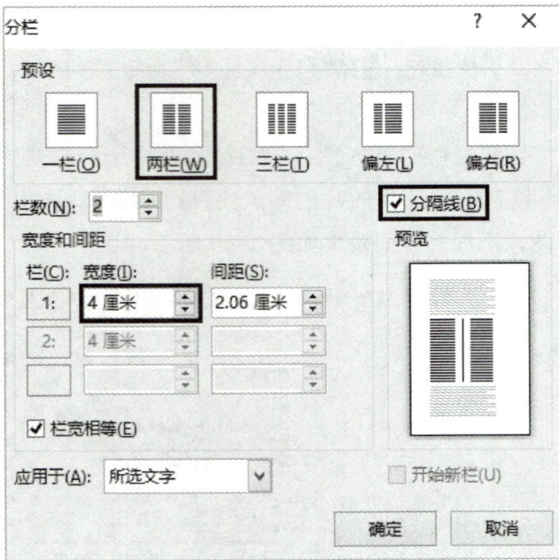

图 3-45　“分栏”对话框

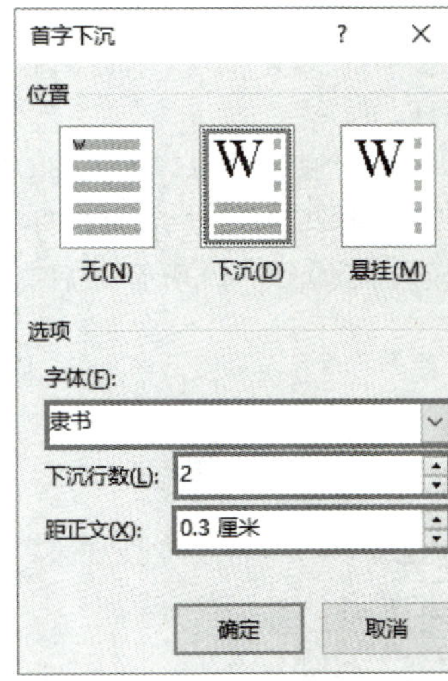

图 3-46　“首字下沉”对话框

【例 3-10】 将[例3-9]中的“一封信”正文第 3 段分为等宽 2 栏，栏宽为 4 厘米，栏间加分隔线；并设置首字下沉，字体为隶书，下沉行数为 2，距正文 0.3 厘米。分栏和首字下沉效果如图 3-47 所示。

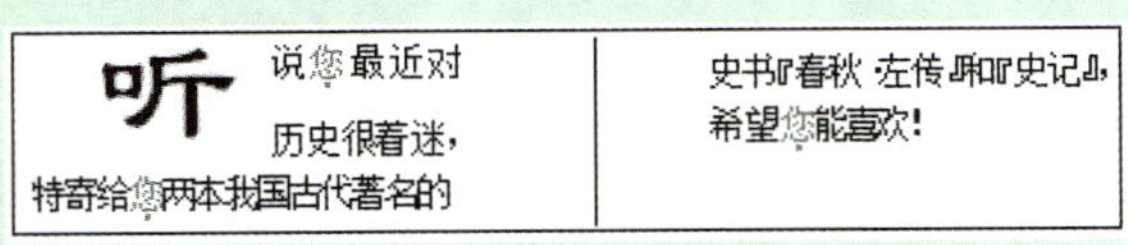

图 3-47　分栏和首字下沉效果

操作步骤如下。

①选定正文第 3 段，单击“布局”选项卡的“页面设置”组中的“分栏”下拉按钮，在下拉菜单中选择“更多分栏”命令，打开“分栏”对话框。在“预设”栏中选择“两栏”，宽度设为“4 厘米”，选中“分隔线”复选框，如图 3-45 所示，然后单击“确定”按钮。

②单击“插入”选项卡的“文本”组中的“首字下沉”下拉按钮，在下拉菜单中选择“首字下沉选项”命令，在打开的“首字下沉”对话框中进行相应设置，如图 3-46 所示，然后单击“确定”按钮。

3）文档竖排

通常情况下，文档都是从左至右横排的，但是有时需要特殊效果，如古文、古诗的排版需要竖排。这时，可以单击“布局”选项卡的“页面设置”组中的“文字方向”下拉按钮，在下拉菜单中根据需要选择其中的一种竖排样式。文档竖排效果如图 3-48 所示。

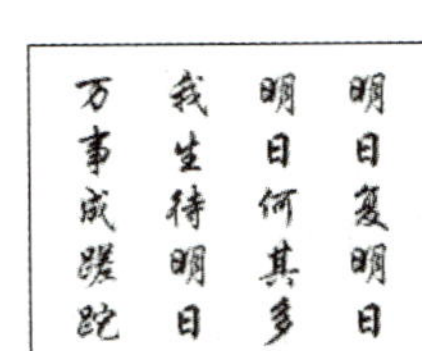

图 3-48　文档竖排效果

注意：如果把一篇文档中的部分文字进行竖排，竖排文字会单独占一页进行显示。如果想在一页上既出现横排文字，又出现竖排文字，则需要利用后面介绍的竖排文本框来解决问题。

4）页面背景

可以通过为文档添加文字或图片水印、设置文档的颜色或图案填充效果、为页面添加边框来使页面更加美观。这些操作可通过“设计”选项卡的“页面背景”组中的相应按钮来实现。

【例 3-11】 为[例3-10]中的“一封信”添加喜欢的图片水印效果。

操作步骤如下。

①单击“设计”选项卡的“页面背景”组中的“水印”下拉按钮，选择“自定义水印”命令，打开“水印”对话框。

②选中“图片水印”单选按钮，再单击“选择图片”按钮，打开“插入图片”对话框，从中选择需要的图片，返回“水印”对话框后，根据图片大小在“缩放”下拉列表中选择图片的缩放比例，然后取消选中“冲蚀”复选框，如图 3-49 所示，最后单击“确定”按钮。图片添加水印的效果如图 3-50 所示。

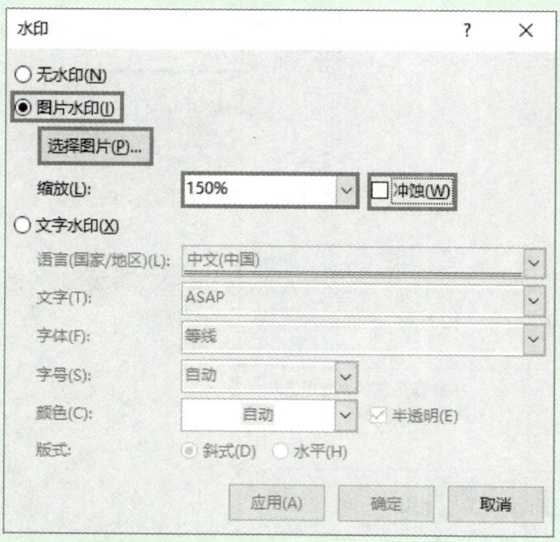

图 3-49 “水印”对话框设置

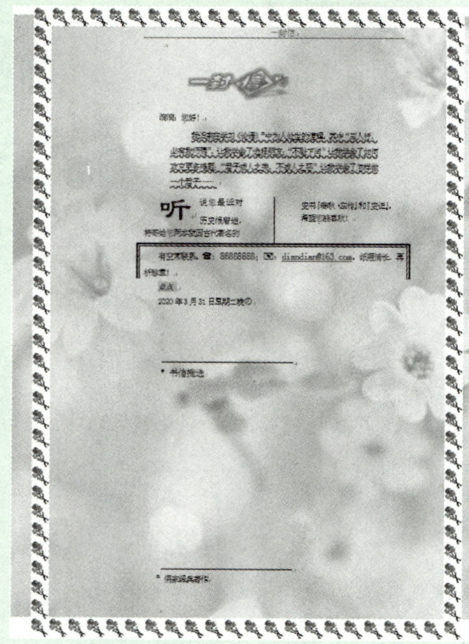

图 3-50 图片添加水印的效果

注意：为了美化文档外观，Word 2016 可以使用主题便捷地将文档设置成最佳效果，这通过“设计”选项卡的“文档格式”组中的“主题”按钮来实现；还可以设置文档封面，这通过“插入”选项卡的“页面”组中的“封面”按钮来实现。

3.4 制作表格

表格具有分类清晰、简明直观的优点。文档中经常需要使用表格来组织有规律的文字和数字，有时还需要利用表格将文字段落并行排列（如履历表）。Word 2016 提供的表格处理功能可以方便地处理各种表格，特别适合制作简单表格，如课程表、作息时间安排表、成绩表等。如果要制作较大型、复杂的表格（如年度销售报表），或是要对表格中的数据进行大量、复杂的计算和分析的时候，Excel 2016 是更好的选择。

Word 中的表格有 3 种类型：规则表格、不规则表格、文本转换成的表格，如图 3-51 所示。表格由若干行和若干列组成，行与列的交叉处称为单元格。单元格内可以输入字符、图形，或

插入另一个表格。

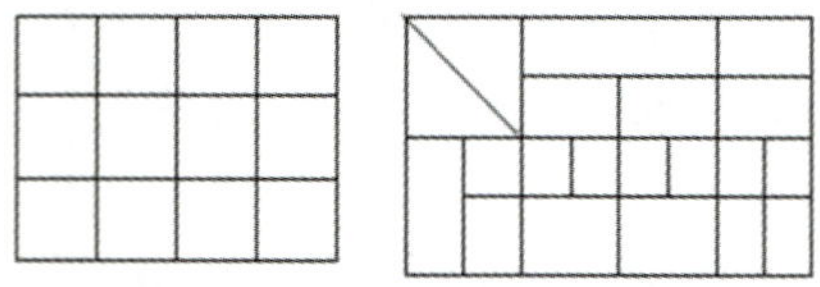

(a)规则表格　(b)不规则表格

乐器名称	数量	单价（元）
电子琴	100	1800
钢琴	5	11000
小提琴	20	900

(c)文字转换的表格

图 3-51　表格的 3 种类型

对表格的操作可以通过“插入”选项卡的“表格”组中的“表格”下拉按钮来完成。

3.4.1　创建表格

1. 建立规则表格

建立规则表格有两种方法。

- 单击“插入”选项卡的“表格”组中的“表格”下拉按钮，在下拉菜单的虚拟表格中移动鼠标指针，经过需要插入的表格行与列，确定后单击，如图 3-52 所示，即可创建一个规则表格。
- 单击“插入”选项卡的“表格”组中的“表格”下拉按钮，在下拉菜单中选择“插入表格”命令，出现如图 3-53 所示的对话框，选择或直接输入所需的行数和列数，单击“确定”按钮。

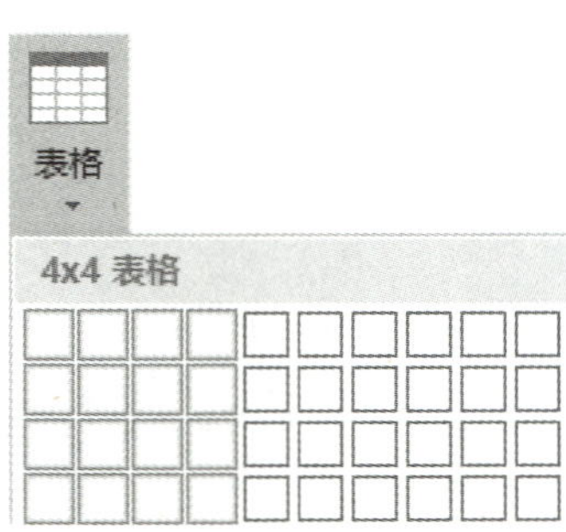

图 3-52　“插入表格”按钮

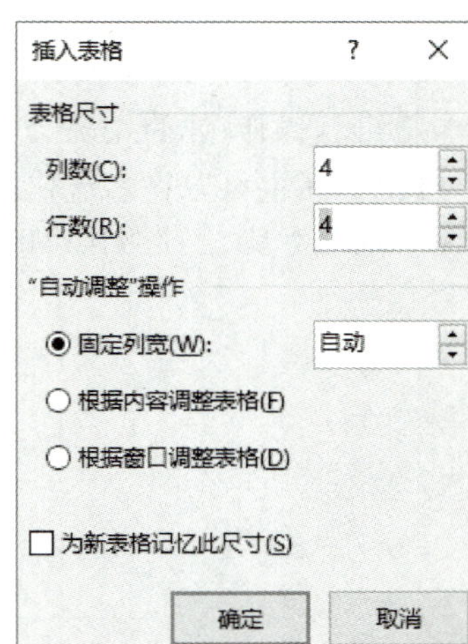

图 3-53　“插入表格”对话框

2. 建立不规则表格

单击“插入”选项卡的“表格”组中的“表格”下拉按钮，在下拉菜单中选择“绘制表格”命令。此时，光标呈铅笔状，可直接绘制表格外框、行列线和斜线（在线段的起点单击并拖动至终点释放），表格绘制完成后，单击“表格工具”→“布局”选项卡的“绘制表格”按钮，取消选定状态。在绘制过程中，可以根据需要选择表格线的线型、宽度和颜色等。对多余的线段可以利用“橡皮擦”按钮，用鼠标沿表格线拖动或单击即可。

3. 将文本转换成表格

按规律分隔的文本可以转换成表格，文本分隔符可以是空格、制表符、逗号或其他符号。要将文本转换成表格，需先选定文本，再单击“插入”选项卡的“表格”组中的“表格”下拉按钮，在下拉菜单中选择“文本转换成表格”命令即可。

注意： 文本分隔符不能是中文或全角状态的符号，否则转换不成功。

创建表格时，有时需要绘制斜线表头，即将表格中第1行第1个单元格用斜线分成几部分，每一部分对应表格中行和列的内容。对于表格中的斜线表头，可以单击“插入”选项卡的“插图”组中的“形状”下拉按钮，通过选择形状库中“线条”区的直线和“基本形状”区的“文本框”共同完成。

3.4.2 输入表格内容

表格建好后，可以在表格的任一单元格中定位光标并输入文字，也可以插入图片、图形、图表等内容。

在单元格输入和编辑文字的操作与文档的其他文本段落一样，单元格的边界作为文档的边界，当输入的内容到达单元格的右边界时，文本自动换行，行高也将自动调整。

输入时，按 Tab 键使光标往下一个单元格移动，按 Shift+Tab 快捷键使光标往前一个单元格移动，也可以将鼠标指针直接指向所需的单元格后单击。

要设置单元格中文字的对齐方式，可选中文字，在“表格工具”→“布局”选项卡的“对齐方式”组中选择需要的对齐方式，如图3-54所示。也可以分别设置文字在单元格中的水平对齐方式和垂直对齐方式。其中，水平对齐方式可以利用“开始”选项卡的“段落”组中的对齐按钮  进行操作；垂直对齐方式则需要在“表格工具”→“布局”选项卡的“表”组中，单击“属性”按钮 （也可以在右键快捷菜单中单击“表格属性”命令），打开“表格属性”对话框，在“单元格”选项卡中进行操作，如图3-55所示。其他设置，如字体、缩进等，与前面介绍的文档排版操作相同。

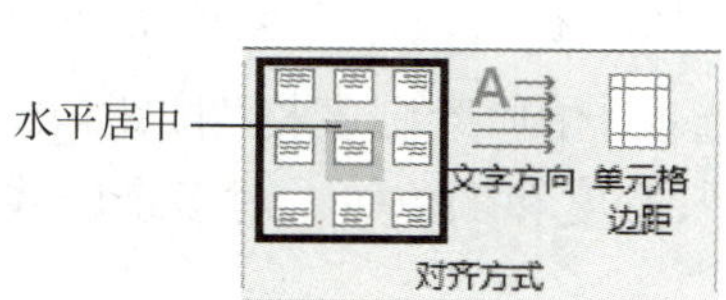

图3-54 设置单元格中文字的对齐方式

图3-55 “表格属性”对话框

【例 3-12】 创建一个带斜线表头的表格，如图 3-56 所示。表格中文字对齐方式为水平居中对齐（水平和垂直方向上都是居中对齐方式）。

操作步骤如下。

①新建一个文档，单击“插入”选项卡的“表格”组中的“表格”下拉按钮，在下拉菜单的虚拟表格中移动鼠标指针，经过 4 行 4 列表格时，单击鼠标左键。在表格中任意一个单元格中单击，将鼠标指针移至表格右下角的符号“□”，当鼠标指针变成箭头 ⤡ 时，适当调整表格大小。

②单击第一个单元格，单击“插入”选项卡的“插图”组中的“形状”下拉按钮，在“线条”区单击直线按钮 ╲，在第一个单元格左上角顶点处单击并按住鼠标左键拖动至右下角顶点，绘制出斜线；然后单击“插入”选项卡的“插图”组中的“形状”下拉按钮，在“基本形状”区中单击“文本框”按钮，在单元格的适当位置绘制一个文本框，输入“科”字。选中文本框，右击，在快捷菜单中选择“设置形状格式”命令，打开“设置形状格式”任务窗格，在“填充”和“线条”选项卡中分别选中“无填充”和“无线条”单选按钮，如图 3-57 所示。用同样的方法制作出斜线表头中的“目”“姓”“名”等字。

科目 / 姓名	数学	英语	计算机
张三	89	71	92
李四	97	87	88
王五	84	73	95

图 3-56　带斜线表头的表格

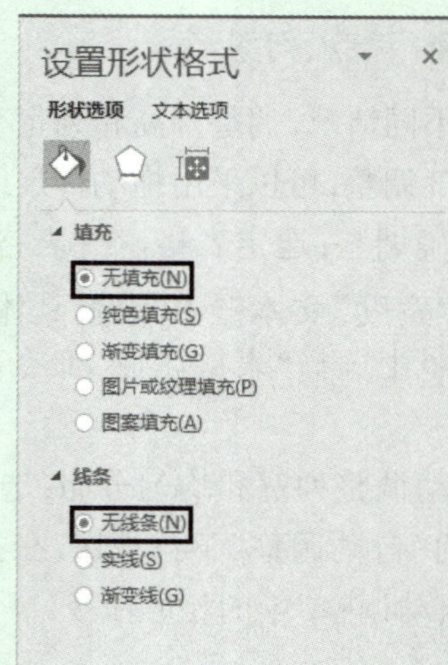

图 3-57　绘制斜线表头时文本框的处理

③在表格其他单元格中输入相应内容，然后选定整个表格中的文字，在“表格工具”→“布局”选项卡的“对齐方式”组中，单击“水平居中”按钮（见图 3-54）。

3.4.3　编辑表格

表格的编辑操作同样遵守“先选定，后执行”的原则，选定表格的操作如表 3-2 所示。

表 3-2　选定表格的操作

选取范围	鼠标操作
一个单元格	将鼠标指针指向单元格内左下角处，指针形状呈向右上方黑色实心箭头时单击
一行	将鼠标指针指向该行左端边沿处（选定区）单击
一列	将鼠标指针指向该列顶端边沿处，指针形状呈向下黑色实心箭头时单击
整个表格	单击表格左上角的符号⊞

表格的编辑操作包括缩放表格，调整行高和列宽，增加或删除行、列和单元格，表格计算和排序，拆分和合并表格、单元格，表格复制和删除，表格跨页操作等。这些操作主要通过“表格工具”→“布局”选项卡的相应按钮（见图3-58）或快捷菜单中的相应命令来完成。

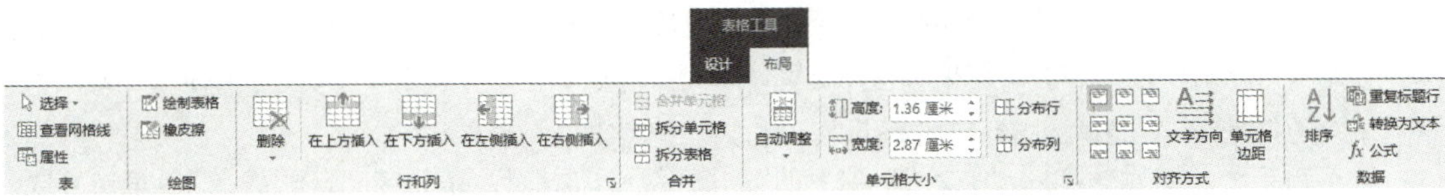

图3-58 “表格工具”→“布局”选项卡的相应按钮

1. 缩放表格

当鼠标指针位于表格中时，在表格的右下角会出现符号“□”，称为句柄。将鼠标指针移动到句柄上，当鼠标指针变成双向箭头“↘”时，拖动鼠标可以缩放表格。

2. 调整行高和列宽

根据不同情况，调整行高和列宽有3种方法。

- 局部调整：可以采用拖动标尺或表格线的方法。
- 精确调整：选定表格，在“表格工具”→“布局”选项卡的“单元格大小”组中的“高度”文本框和“宽度”文本框中，设置具体的行高和列宽。或单击“表”组中的“属性”按钮，或在快捷菜单中选择“表格属性”命令，打开“表格属性”对话框，在“行”和“列”选项卡中进行相应设置。
- 自动调整列宽和均匀分布：选定表格，单击“表格工具”→“布局”选项卡的“单元格大小”组中的“自动调整”下拉按钮，在打开的下拉菜单中选择相应的调整方式。或在快捷菜单中选择“自动调整”中的相应命令。

3. 增加或删除行、列和单元格

要增加或删除行、列和单元格，可以利用“表格工具”→“布局”选项卡的“行和列”组中的相应按钮，或快捷菜单中的相应命令完成。如果选定的是多行或多列，增加或删除的也是多行或多列。

【例3-13】 将[例3-12]中的表格设置行高为2厘米，列宽为3厘米；在表格的底部添加“平均分”行，在表格的最右边添加“总分”列。

操作步骤如下。

①选定整个表格。

②单击“表格工具”→“布局”选项卡的“单元格大小”组中的“高度”文本框，调整至“2厘米”或者直接输入“2厘米”。同样，在“宽度”文本框中设置“3厘米”。并适当调整一下斜线表头的大小和位置。

③选中最后一行，单击“表格工具”→“布局”选项卡的“行和列”组中的“在下方插入”按钮，或者将光标置于最后一个单元格并按Tab键，或者将光标置于最后一行段落标记前按Enter键，然后在新插入行的第一个单元格中输入“平均分”。

④选中最后一列，单击“表格工具”→“布局”选项卡的“行和列”组中的“在右侧插入”按钮，然后在新插入列的第一个单元格中输入“总分”。设置新增加的行和列中的文字对齐方式为“水平居中”。

4. 表格计算

在 Word 表格中可以完成一些简单的计算，如求和、求平均值、统计等。这些操作可以通过 Word 提供的函数快速实现。这些函数包括求和（SUM）、平均值（AVERAGE）、最大值（MAX）、最小值（MIN）、条件统计（IF）等。但是，与 Excel 电子表格相比，Word 表格计算的自动化能力差，当不同单元格进行同种功能的统计时，必须重复编辑公式或调用函数，效率低。此外，Word 表格计算的最大问题是，当单元格的内容发生变化时，结果不能自动重新计算，必须选定结果，然后按 F9 功能键，方可更新。

表格计算

在 Word 2016 中，单击“表格工具”→“布局”选项卡的“数据”组中的“公式”按钮 fx 可以使用函数或直接输入计算公式。在计算过程中，经常要用到表格的单元格地址。单元格地址用字母后面跟数字的方式来表示，其中字母表示单元格所在列标，每一列标依次用字母 A，B，C，…表示，数字表示行号，每一行号依次用数字 1，2，3，…表示，如 B3 表示第 2 列第 3 行的单元格。作为函数自变量的单元格表示方法如表 3-3 所示。

表 3-3　单元格表示方法

函数自变量	含　义
LEFT	左边所有单元格
ABOVE	上边所有单元格
单元格 1:单元格 2	从单元格 1 到单元格 2 矩形区域内的所有单元格。例如，A1:B2 表示 A1，B1，A2，B2 共 4 个单元格中的数据参与计算
单元格 1，单元格 2，…	计算所有列出来的单元格 1，单元格 2，…中的数据

注意：其中的“:”和“,”必须是英文的标点符号，否则会导致计算错误。

5. 表格排序

除表格计算外，Word 还可以根据数值、笔画、拼音、日期等方式对表格数据按升序或降序排列。表格排序的关键字最多有 3 个：主要关键字、次要关键字和第三关键字。如果按主要关键字排序时遇到相同的数据，则可以根据次要关键字排序；如果次要关键字出现相同的数据，则可以根据第三关键字继续排序。

【例 3-14】 在 [例3-13] 中的表格中计算每位学生的总分及每门课程的平均分（要求平均分保留两位小数），并对表格进行排序（不包括“平均分”行），首先按总分降序排序，如果总分相同，再按计算机成绩降序排序。表格计算和排序结果如图 3-59 所示。

科目／姓名	数学	英语	计算机	总分
李四	97	87	88	272
王五	84	73	95	252
张三	89	71	92	252
平均分	90.00	77.00	91.67	258.67

图 3-59　表格计算和排序结果

操作步骤如下。

①计算总分。计算总分即求和，选择的函数是 SUM。单击用于存放第 1 位学生总分的单元格，然后单击“表格工具”→“布局”选项卡的“数据”组中的“公式”按钮，出现“公式”对话框，如图 3-60 所示，此时，Word 自动给出的公式是正确的，可以直接单击“确定”按钮。继续单击用于存放第 2 位学生总分的单元格，重复相同的步骤，但这次 Word 自动提供的公式“=SUM(ABOVE)”是错误的，需要对括号中的内容进行更改。最简单的方法是用“LEFT”替换“ABOVE”，也可以输入“B3,C3,D3”或“B3:D3”（注意其中的

标点符号必须是英文的），还可以不使用 SUM 函数，直接在“公式”文本框中输入“＝B3+C3+D3”（其中的字母大小写均可）。用同样的方法计算出第 3 位学生的总分。

②计算平均分。计算平均分与计算总分类似，区别在于选择的函数是“AVERAGE”。单击存放数学平均分的单元格，单击“表格工具”→“布局”选项卡的“数据”组中的“公式”按钮，打开“公式”对话框。在“公式”文本框中保留“＝”号，删除其他内容，然后单击“编号格式”下拉列表，在其中选择“0.00”（小数点后有几个 0 就是保留几位小数），再单击“粘贴函数”下拉列表，在其中选择“AVERAGE”，然后在“公式”文本框的括号内单击，输入“ABOVE”，如图 3-61 所示。也可以在括号内输入“B2,B3,B4”或“B2:B4”，或者在“公式”文本框中输入“＝(B2+B3+B4)/3”，最后单击“确定”按钮，第 1 个保留两位小数的平均分就算好了。用同样的方法计算出英语和计算机成绩的平均分。

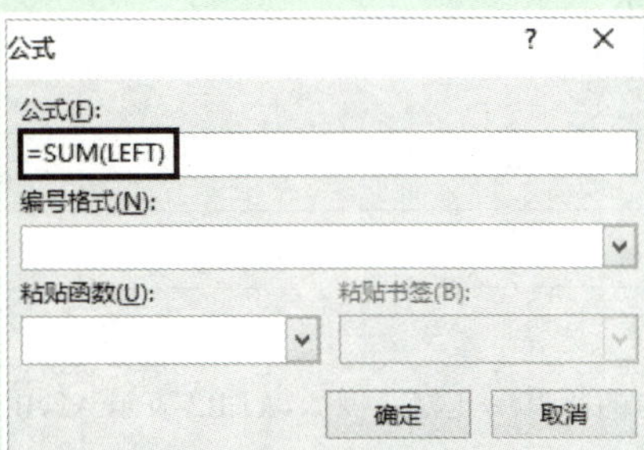

图 3-60 计算总分

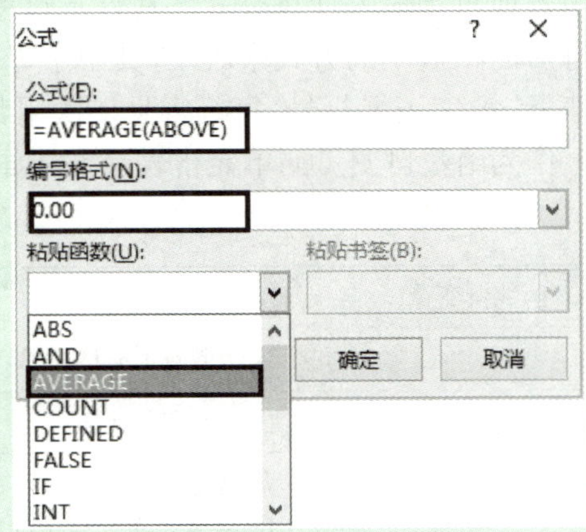

图 3-61 计算平均分

③表格排序。选定表格的前 4 行，单击“表格工具”→“布局”选项卡的“数据”组中的“排序”按钮，在打开的“排序”对话框中设置主要关键字和次要关键字及相应的排序方式，如图 3-62 所示，单击“确定”按钮。

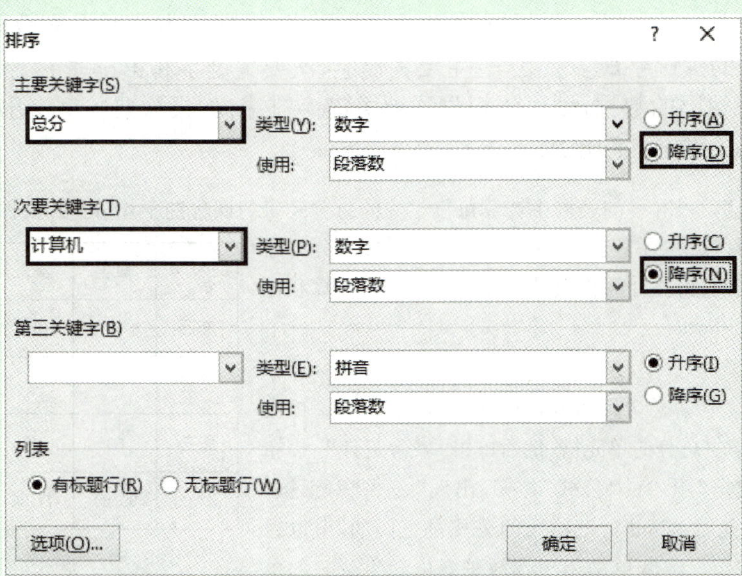

图 3-62 “排序”对话框

6. 拆分和合并表格、单元格

拆分表格是指将一个表格分为两个表格的情况。首先将光标移到表格将要拆分的位置，即第 2 个表格的第 1 行，然后单击“表格工具”→“布局”选项卡的“合并”组中的“拆分表格”按钮，此时在两个表格中产生一个空行。删除这个空行，两个表格又合并成一个表格。

拆分单元格是指将一个单元格分为多个单元格，合并单元格则恰恰相反。要拆分和合并单元格，可以利用“表格工具”→“布局”选项卡的“合并”组中的“拆分单元格”按钮和“合并单元格”按钮进行。

7. 表格复制和删除

表格复制和删除主要通过快捷菜单中的“复制”和“删除表格”命令来完成。

注意：选定表格，按 Delete 或 Del 键，只能删除表格中的数据，不能删除表格。

8. 表格跨页操作

当表格很长或表格正好处于两页的分界处，表格会被分割成两部分，即出现跨页的情况。Word 提供了两种处理跨页表格的方法：一种是跨页分断表格，使下页的表格仍然保留上页的表格中的标题（适于较大表格）；另一种是禁止表格分页（适于较小表格），让表格处于同一页上。

表格跨页操作可以单击“表格工具”→“布局”选项卡的“表”组中的“属性”按钮，打开“表格属性”对话框，在“行”选项卡中选中“允许跨页断行”复选框。跨页分断表格还可以通过单击“表格工具”→“布局”选项卡的“数据”组中的“重复标题行”按钮来实现。

3.4.4 格式化表格

1. 自动套用表格格式

Word 2016 为用户提供了百余种表格样式，这些样式包括表格边框、底纹、字体、颜色的设置等，可以快速格式化表格。这些通过“表格工具”→“设计”选项卡的“表格样式”组中的相应按钮来实现。

2. 边框与底纹

自定义表格外观，最常见的是为表格添加边框和底纹。使用边框和底纹可以使每个单元格或每行、每列呈现出不同的风格，使表格更加清晰、明了。这些通过单击“表格工具”→“设计”选项卡的“边框”组中的“边框”下拉按钮，在下拉菜单中选择“边框和底纹”命令，打开“边框和底纹”对话框进行操作，其设置方法与段落的边框和底纹的设置类似，只是在“应用于”下拉列表中选择“表格”。

【例 3-15】 为[例3-14]中的表格设置边框和底纹：表格外框为 1.5 磅单实线，内框为 1 磅单实线；“平均分”行的文字设置红色底纹。效果如图 3-63 所示。

操作步骤如下。

①选定表格，单击“表格工具”→“设计”选项卡的“边框”组中的“边框”下拉按钮，在下拉菜单中选择“边框和底纹”命令，打开“边框和底纹”对话框。在“边框”选项卡的“样式”列表框中选择单实线，在“宽度”下拉列表中选择“1.5 磅”，在预览栏中单击示意图的 4 条外边框；再在“宽度”下拉列表中选择“1.0 磅”，在预览区中单击示意图的中心点，生成十字形的两条内边框，如图 3-64 所示，单击“确定”按钮。设置边框时除单击示意图外，也可以使用其周边的按钮。

科目 姓名	数学	英语	计算机	总分
李四	97	87	88	272
王五	84	73	95	252
张三	89	71	92	252
平均分	90.00	77.00	91.67	258.67

图 3-63　表格加边框和底纹的效果

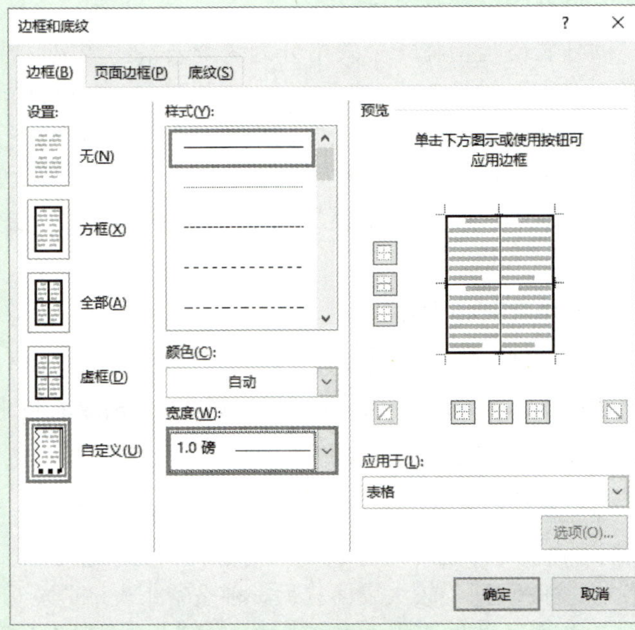

图 3-64　设置表格边框

②选定“平均分”行,单击“表格工具”→“设计”选项卡的“边框”组中的“边框”下拉按钮,在下拉菜单中选择“边框和底纹”命令,打开“边框和底纹”对话框,在“底纹”选项卡的“填充”栏的下拉列表中选择红色,在“应用于”下拉列表中选择“文字”,然后单击“确定”按钮。

3.5 插入对象

目前 Word 2016 不仅仅局限于对文字的处理,还能插入各种各样的媒体对象,使文章的可读性、艺术性和感染力大大增强。在 Word 2016 中,可以插入的对象包括各种类型的图片、图形对象(如形状、SmartArt 图形、文本框、艺术字等)、公式和图表等,如图 3-65 所示。要在文档中插入这些对象,通常单击“插入”选项卡的“插图”组中的相应按钮,“文本”组中的“文本框”下拉按钮、“艺术字”下拉按钮,以及“符号”组中的“公式”下拉按钮 π。

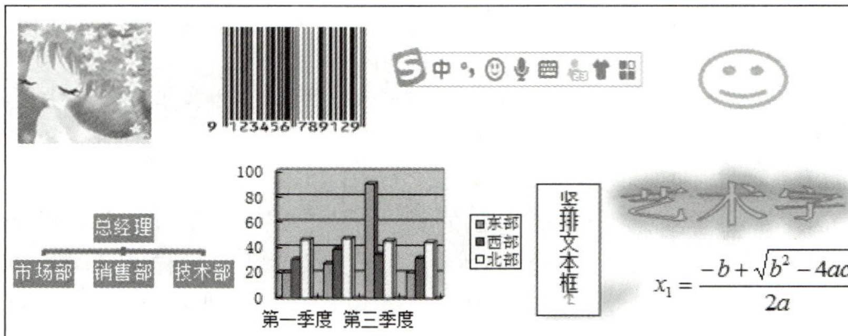

图 3-65　Word 中插入的对象

如果要对插入的对象进行编辑和格式化操作，可以利用各自的快捷菜单及对应的选项卡进行操作。图片对应的是“图片工具”选项卡，图形对象对应的分别是“绘图工具”“SmartArt工具”“公式工具”和“图表工具”等选项卡。选定对象，这些工具选项卡就会出现。

3.5.1　插入图片

通常情况下，文档中插入的图片主要来自 4 个方面。

- 从图片剪辑库中插入剪贴画或图片。
- 通过扫描仪获取出版物上的图像或一些个人照片。
- 使用数码相机拍摄的照片。
- 从网络上下载图片。上网搜索到所需图片后，右击图片，在打开的快捷菜单中选择“图片另存为”命令，将图片保存到计算机上。

图片文件具体分为 3 类。

- 剪贴画，文件扩展名为“wmf”（Windows 图元文件）或“emf”（增强型图元文件）。
- 其他图形文件，例如“bmp”（Windows 位图）、“jpg”（静止图像压缩标准格式）、“gif”（图形交换格式）、“png”（可移植网络图形）和“tiff”（标志图像文件格式）等。
- 截取整个程序窗口或截取窗口中的部分内容。

要在文档中插入图片，可以通过“插入”选项卡的“插图”组中的相应按钮进行操作。

【例 3-16】 新建一个空白文档，插入一张图片、一个程序窗口图像（截取整个程序窗口）及搜狗拼音输入法状态栏图标（截取窗口中的部分内容）。

操作步骤如下。

（1）插入图片文件。

①将光标移到文档中需要放置图片的位置。

②单击“插入”选项卡的“插图”组中的“图片”按钮，打开“插入图片”对话框，选择图片所在的位置和图片名称，单击“插入”按钮，将图片文件插入文档中。也可以单击“插入”选项卡的“插图”组中的“联机图片”按钮，从各种联机来源（网络和 OneDrive）中查找和插入图片，如图 3-66 所示。

图 3-66　插入联机图片

（2）插入一个程序窗口图像（截取整个程序窗口）。

①打开一个程序窗口，如画图程序，然后将光标移到文档中需要放置图片的位置。

②单击“插入”选项卡的“插图”组中的“屏幕截图”下拉按钮，在弹出的下拉菜单中可以看到当前打开的程序窗口，单击需要截取画面的程序窗口即可。也可以打开程序窗口后，按 Alt+PrintScreen 快捷键将其复制到剪贴板，然后粘贴至文档。

注意：如果是截取整个桌面图像，可以先右击任务栏空白处，在快捷菜单中选择“显示桌面”命令，然后打开文档，定位光标，单击“插入”选项卡的“插图”组中的“屏幕截图”下拉按钮，在下拉菜单中选择“屏幕剪辑”命令，然后截取整个屏幕。显示桌面后，也可以按 PrintScreen 键将其复制到剪贴板，然后粘贴至文档。

（3）插入图标。

①显示搜狗拼音输入法状态栏，移到屏幕上的空白区域（方便截取）。

②单击“插入”选项卡的“插图”组中的“屏幕截图”下拉按钮，在弹出的下拉菜单中选择“屏幕剪辑”命令，然后迅速将鼠标指针移动到任务栏处，单击截取画面的程序图标（此处是 Word 程序窗口），激活该程序。等待几秒，当画面处于半透明状态时，在要截图的位置处（搜狗拼音输入法状态栏）拖动鼠标，选中要截取的范围，然后释放鼠标完成截图操作。

插入文档中的图片，除复制、移动和删除等常规操作外，还可以进行调整图片的大小、裁剪图片（按比例或形状裁剪）等操作；可以设置图片排列方式（文字对图片的环绕），如嵌入型（将图片当作文字对象处理）及其他非嵌入型，其他非嵌入型包括四周型、紧密型等（将图片当作区别于文字的外部对象处理）；可以调整图片的颜色（亮度、对比度、颜色设置等）；可以删除图片背景，使文字内容和图片互相映衬；可以设置图片的艺术效果，包括标记、铅笔灰度、铅笔素描、线条图、粉笔素描、画图刷、发光散射、虚化、浅色屏幕、水彩海绵、胶片颗粒等 22 种效果；可以设置图片样式（样式是多种格式的总和，包括为图片添加边框、效果的相关内容等）。如果是多张图片，可以进行组合和取消组合的操作，多张图片叠放在一起时，还可以通过调整叠放次序得到最佳效果（注意此时图片的文字环绕方式不能是嵌入型）。

上述操作主要通过“图片工具”→“格式”选项卡和快捷菜单中的相应命令来实现。“图片工具”→“格式”选项卡如图 3-67 所示。

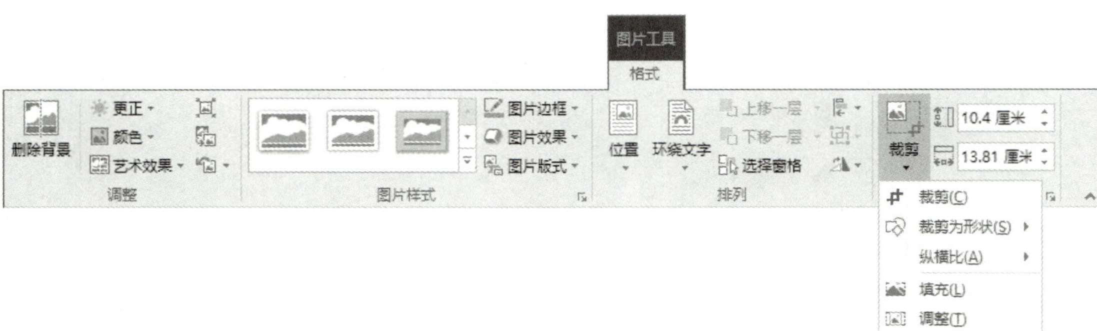

图 3-67 “图片工具”→“格式”选项卡

图片刚插入文档时往往很大，需要调整图片的尺寸大小，最常用的方法是：单击图片，此时图片四周出现 8 个方向的控制句柄，拖动控制句柄可以进行图片缩放。如果需要精确地改变图片尺寸，可以右击图片，在快捷菜单中选择“大小和位置”命令，打开“布局”对话框，在

“大小”选项卡中设置图片大小，如图 3-68 所示。也可以在“图片工具”→“格式”选项卡的“大小”组中进行设置。

图 3-68　在“布局”对话框的“大小”选项卡中设置图片大小

图片还可以根据用户需要进行裁剪，而且可以裁剪为多种形状。裁剪的方法是：单击图片，在“图片工具”→“格式”选项卡的“大小”组中单击“裁剪”下拉按钮，在弹出的下拉菜单中选择“裁剪”命令（见图 3-67），然后用鼠标拖动图片周围的黑色裁剪控制句柄，将图片调整到合适大小后，在空白处单击完成操作。如果要把图片裁剪为形状，则需要在弹出的下拉菜单中选择“裁剪为形状”命令（见图 3-67）。

在文档中插入图片后，常常会把周围的正文挤开，形成文字对图片的环绕。文字对图片的环绕方式主要分为两类：一类是将图片视为文字对象，与文档中的文字一样占有实际位置，图片在文档中与上下左右文本的位置始终保持不变，如嵌入型，这是系统默认的文字环绕方式；另一类是将图片视为区别于文字的外部对象处理，如四周型、紧密型、衬于文字下方、浮于文字上方、“上下型”和“穿越型”（前 4 种更为常用）。其中，四周型是指文字沿图片四周呈矩形环绕；紧密型的文字环绕形状随图片形状不同而不同（如图片是圆形，则环绕形状是圆形）；衬于文字下方是指图片位于文字下方；浮于文字上方是指图片位于文字上方。这 4 种常用的文字环绕效果如图 3-69 所示。

设置文字环绕方式最快捷的方法是：选中图片，单击旁边出现的“布局选项”按钮，选择合适的环绕方式，如图 3-70 所示。

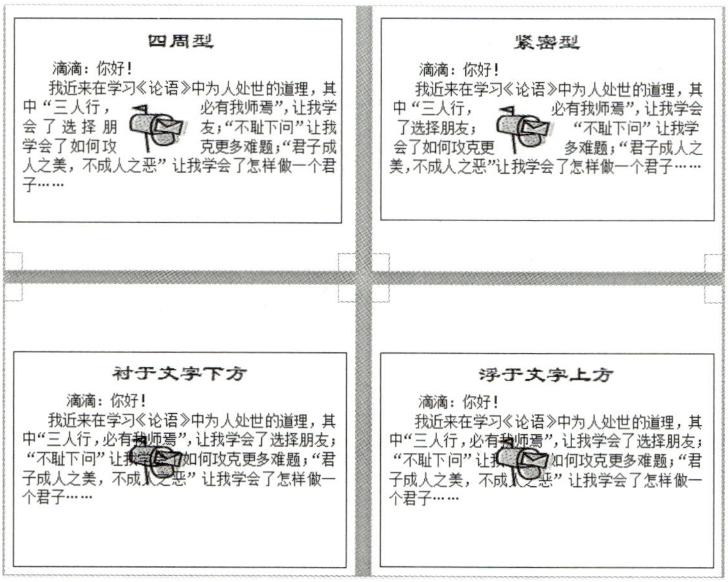

图 3-69 4 种常用的文字环绕效果

图 3-70 “布局选项”按钮

此外还有两种方法：一是单击图片，在“图片工具”→“格式”选项卡的“排列”组中，单击“环绕文字”下拉按钮，在下拉菜单中选择需要的环绕方式；二是右击图片，在快捷菜单中选择“环绕文字”命令，在打开的级联菜单中选择所需的环绕方式。

图文混排

如果在文档中插入图片时发生图片显示不全，此时，只要将文字环绕方式由“嵌入型”改为其他任何一种方式即可。

在非嵌入型文字环绕方式中，衬于文字下方比浮于文字上方更为常用，但图片衬于文字下方后会使字迹不清晰，可以利用图形着色效果使图形颜色淡化，方法是：单击“图片工具”→“格式”选项卡的“调整”组中的“颜色”下拉按钮，在下拉菜单的“重新着色”区中选择“冲蚀”命令，如图 3-71 所示。冲蚀效果如图 3-72 所示。

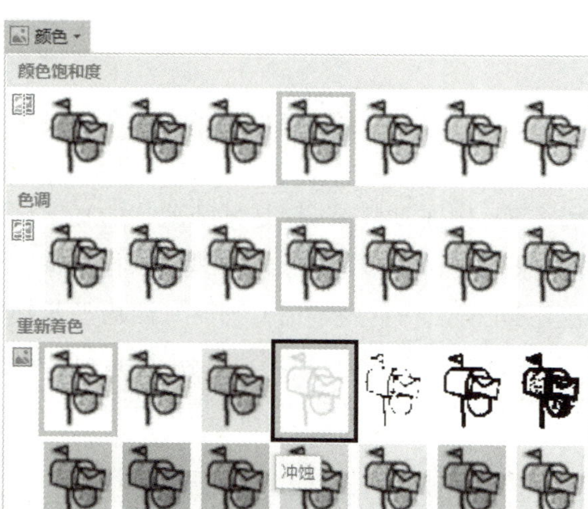

图 3-71 “颜色”下拉菜单中的“冲蚀”命令

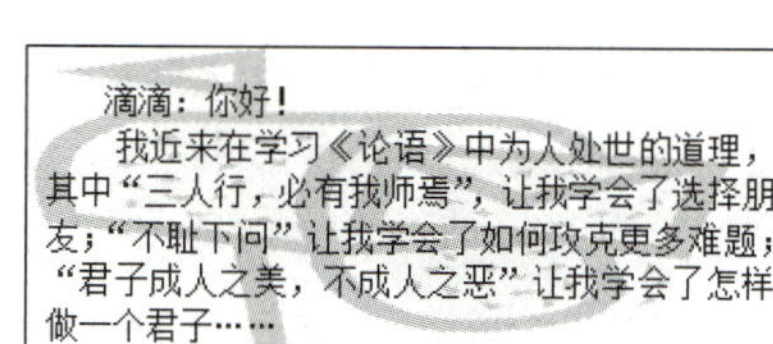

图 3-72 “冲蚀”效果

3.5.2　插入图形对象

图形对象包括形状、SmartArt 图形、艺术字等。

1. 形状

Word 2016 中的形状包括线条、矩形、基本形状、箭头总汇、公式形状、流程图、星与旗帜和标注 8 种类型，每种类型又包含若干图形样式。插入的形状中还可以添加文字，以及设置阴影、发光、三维旋转等各种特殊效果。

插入形状是通过单击“插入”选项卡的“插图”组中的“形状”下拉按钮来完成的，在形状库中单击需要的图标，然后在文本区拖动鼠标，从而形成所需要的形状。编辑和格式化形状时，先选中形状，然后在“绘图工具”→“格式”选项卡（见图 3-73）或快捷菜单中操作。

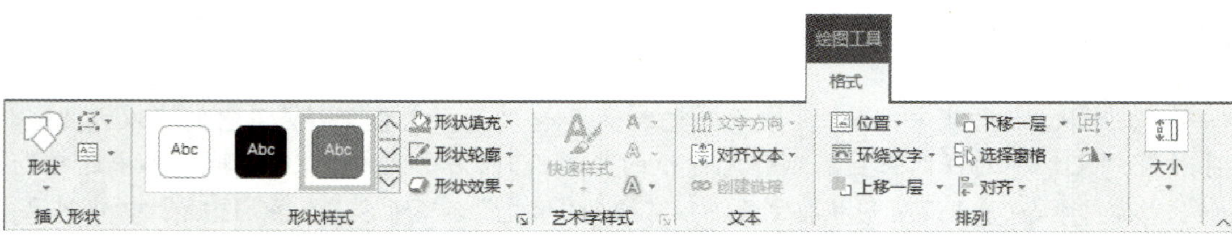

图 3-73　“绘图工具”→“格式”选项卡

形状最常用的编辑和格式化操作包括缩放和旋转、添加文字、组合与取消组合、调整叠放次序、设置形状格式等。

1）缩放和旋转

单击图形，在图形四周会出现 8 个方向的控制句柄和一个旋转句柄，拖动控制句柄可以进行图形缩放，拖动旋转句柄可以进行图形旋转。

2）添加文字

在需要添加文字的图形上右击，从快捷菜单中选择“添加文字”命令。这时光标就出现在选定的图形中，输入需要添加的文字内容即可。这些输入的文字会变成图形的一部分，当移动图形时，图形中的文字也跟随移动。

3）组合与取消组合

如果要使画出的多个图形构成一个整体，以便同时编辑和移动，可以先按住 Shift 键再分别单击图形的方法来选定所有图形，然后移动鼠标，当鼠标指针呈十字形箭头状时右击，选择快捷菜单中的“组合”→“组合”命令。若要取消组合，右击图形，在快捷菜单中选择“组合”→“取消组合”命令即可。

4）调整叠放次序

当在文档中绘制多个重叠的图形时，每个重叠的图形有叠放次序，这个次序与绘制顺序相同，最先绘制的在最下面。可以利用快捷菜单中的“叠放次序”命令调整图形的叠放次序。

5）设置形状格式

右击形状，在快捷菜单中选择“设置形状格式”命令，打开“设置形状格式”任务窗格，在其中完成操作。

【例 3-17】 绘制一个如图 3-74 所示的流程图，要求将流程图的各个部分组合为一个整体。

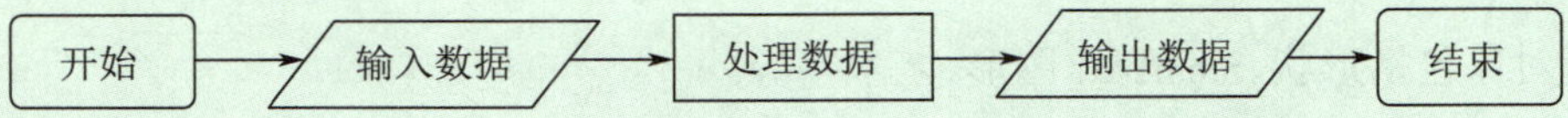

图 3-74 绘制流程图

操作步骤如下。

①新建一个空白文档，单击“插入”选项卡的“插图”组中的“形状”下拉按钮，在形状库的“流程图”区中选择相应图形。第一个是圆角矩形，在文档中合适位置绘图，并适当调整大小。右击图形，在快捷菜单中选择“添加文字”命令，在图形中输入文字“开始”。

②在形状库的“线条”区中单击单向箭头按钮↘，画出向右的箭头。

③重复第 1 步和第 2 步，继续插入其他形状，直至完成绘图。

④按住 Shift 键，依次单击所有图形，全部选中后，在图形中间右击，在弹出的快捷菜单中选择“组合”→“组合”命令，将多个图形组合在一起。

注意：形状库的“基本形状”区中包括文本框和竖排文本框，使用它们可以方便地将文字放置到文档中的任意位置。制作无边框的文本框时，右击文本框，在快捷菜单中选择“设置形状格式”命令，在“设置形状格式”任务窗格的“填充”选项卡和“线条”选项卡中分别选中“无填充”和“无线条”单选按钮即可。在文本框中输入文字时，若文本框中的部分文字不可见，可以通过调整文本框的大小来解决。

2. SmartArt 图形

SmartArt 图形是 Word 中预设的形状、文字及样式的集合，包括列表、流程、循环、层次结构、关系、矩阵、棱锥图和图片 8 种类型，每种类型下有多个图形样式，用户可以根据文档的内容选择需要的样式，然后对图形的内容和效果进行编辑。

▶插入 SmartArt 图形

【例 3-18】 组织结构图是由一系列图框和连线来表示组织机构和层次关系的图形。绘制一个组织结构图，如图 3-75 所示。

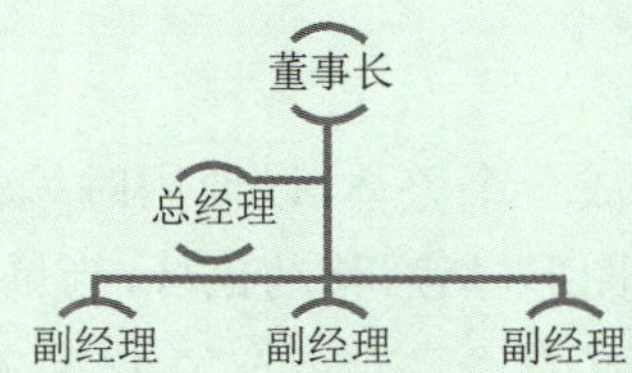

图 3-75 绘制组织结构图

操作步骤如下。

①新建一个空白文档，单击“插入”选项卡的“插图”组中的“SmartArt”按钮，打开“选择 SmartArt 图形”对话框。在“层次结构”选项卡中选择“半圆组织结构图”，如图 3-76 所示，单击“确定”按钮。

②单击各个文本框，从上至下依次输入“董事长”“总经理”，以及 3 个“副经理”。

③单击文档中任意位置，组织结构图绘制完成。插入 SmartArt 图形后，可以利用“SmartArt 工具”选项卡完成 SmartArt 设计和格式的编辑操作。

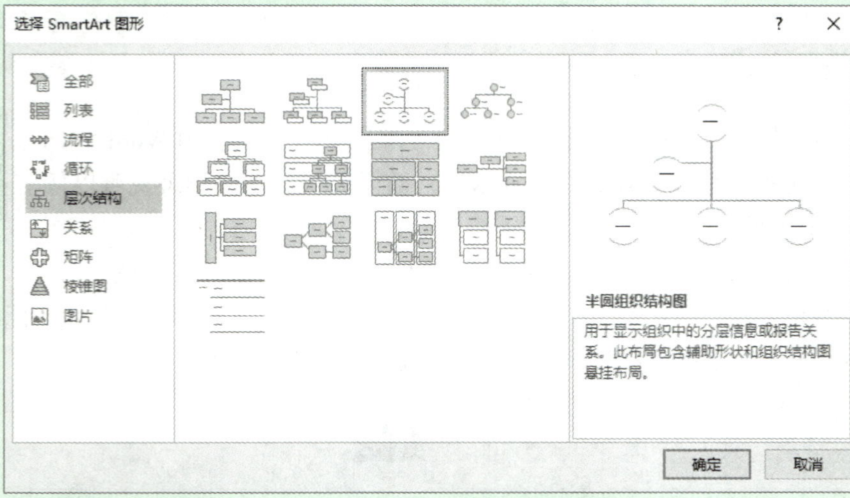

图 3-76　“选择 SmartArt 图形”对话框

3. 插入艺术字

艺术字是以普通文字为基础，通过添加阴影、改变文字的大小和颜色、把文字变成多种预定义的形状等来突出和美化文字。艺术字的使用会使文档产生艺术美的效果，常用艺术字来创建旗帜鲜明的标志或标题。

要在文档中插入艺术字，可以单击“插入”选项卡的“文本”组中的“艺术字”下拉按钮 来实现。生成艺术字后，会出现“绘图工具”选项卡，在其中的“艺术字样式”组中可以进行编辑操作，如改变艺术字样式、增加艺术字效果等。

如果要删除艺术字，只要选中艺术字，按 Delete 键即可。

【例 3-19】 制作如图 3-77 所示的艺术字效果。

图 3-77　艺术字效果

操作步骤如下。

①单击“插入”选项卡的“文本”组中的“艺术字”下拉按钮，在展开的艺术字样式库中选择“填充 - 橙色，着色 2，轮廓 - 着色 2”，输入文字“三人行，必有我师焉”。

②选中文字，单击“绘图工具”→“格式”选项卡的“艺术字样式”组中的“文字效果”下拉按钮，在下拉菜单中指向“发光”，在“发光变体”区中单击“蓝色，18 pt 发光，个性色 5”。继续在“艺术字样式”组中单击“文字效果”下拉按钮，在下拉菜单中指向“转换”，在“弯曲”区中单击“波形 2”。

注意：在文档中插入图形对象时，可以将各种图形、图片、文本框、艺术字放置在绘图画布中；可以对绘图画布进行移动、调整大小等格式设置；还可以将多个形状的各个部分组合起来。使用绘图画布是在“插入”选项卡的“插图”组中的“形状”下拉菜单中选择“新建绘图画

布”命令来实现的。

3.5.3 创建公式

在编写论文或一些学术著作时，经常需要处理数学公式。利用 Word 2016 的公式编辑器，可以方便地制作具有专业水准的数学公式。对数学公式可以像图形一样进行编辑操作。

创建公式

要创建数学公式，单击“插入”选项卡的“符号”组中的“公式”下拉按钮，在下拉菜单中选择预定义的公式，也可以通过“插入新公式”命令来自定义公式。此时，公式输入框和“公式工具”选项卡（见图 3-78）出现，可以完成公式的输入。

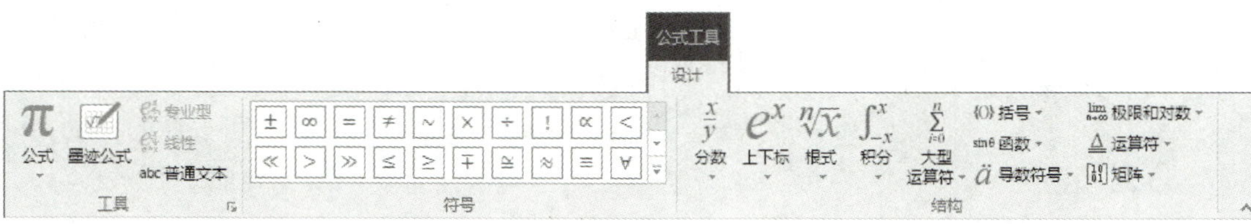

图 3-78 “公式工具”→“设计”选项卡

注意：在输入公式时，光标的位置很重要，它决定了当前输入内容在公式中所处的位置，在所需的位置处单击可以改变光标位置。

【例 3-20】 输入如下公式。

$$s=\sqrt{\sum_{i=1}^{n}x_i^2-n\overline{x^2}+1}$$

操作步骤如下。

①单击“插入”选项卡的“符号”组中的“公式”下拉按钮，在下拉菜单中选择“插入新公式”命令。

②在公式输入框中输入“s=”；单击“公式工具”→“设计”选项卡的“结构”组中的“根式”下拉按钮，在“根式”区中选择 $\sqrt{\square}$；单击根号中的虚线框，再单击“结构”组中的“大型运算符”下拉按钮，在“求和”区中选择 $\sum_{\square}^{\square}\square$，然后单击每个虚线框，依次输入相应内容“n”“i=1”“x”；接着选中“x”，单击“结构”组中的“上下标”下拉按钮，在“下标和上标”区中选择 $\square_{\square}^{\square}$，然后单击上标、下标虚线框，分别输入“2”和“i”；在 x_i^2 后单击（注意此时的光标位置），输入“−”（仍然位于根式中）；继续输入“n”，单击“上下标”下拉按钮，在“常用的下标和上标”区选择其中的 x^2 输入，然后选中 x^2，再单击“标注符号”下拉按钮，在“顶线和底线”区中选择 $\overline{\square}$；在 $\overline{x^2}$ 后单击（注意此时的光标位置），输入“＋”和“1”。

③在公式输入框外单击，结束公式的输入。

3.6 高效排版

为了提高排版效率，Word 2016 提供了一些高效排版功能，包括样式和自动生成目录等。

3.6.1　样式的创建及使用

样式是一组命名的字符和段落排版格式的组合。例如，一篇文档有各级标题、正文、页眉和页脚等，它们分别有各自的字符格式和段落格式，并以其样式名存储以便使用。

样式的创建及使用

使用样式有两个优点。

（1）可以轻松、快捷地编排具有统一格式的段落，使文档格式严格地保持一致，而且，样式便于修改，如果文档中多个段落使用了同一样式，只要修改样式，就可以修改文档中带有此样式的所有段落。

（2）样式有助于在长文档中构造大纲和创建目录。

Word 2016 不仅预定义了很多标准样式，还允许用户根据自己的需要修改标准样式或自己新建样式。

1. 使用已有样式

选定需要使用样式的段落，在“开始”选项卡的“样式”组中的“样式库”（见图 3-79）中选择已有的样式，或单击“样式”组中的对话框启动器，打开“样式”任务窗格，在列表框中选择相应的样式，如图 3-80 所示。

图 3-79　样式库

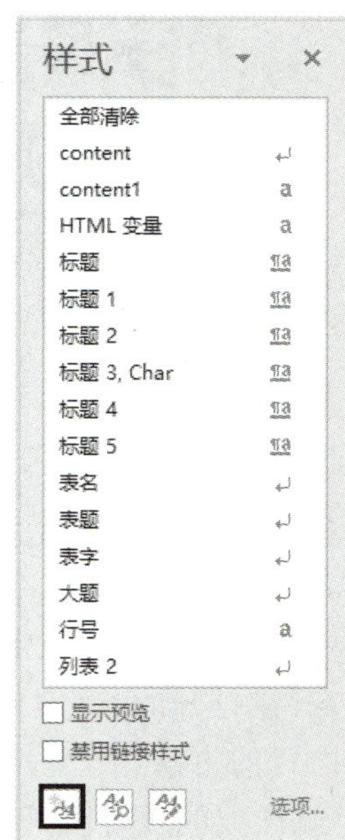

图 3-80　“样式”任务窗格

2. 新建样式

当 Word 提供的样式不能满足用户需要时，可以自己创建新样式。

单击“样式”任务窗格左下角的“新建样式”按钮，打开“根据格式设置创建新样式”对话框。在该对话框中输入样式名称，选择样式类型、样式基准，设置该样式的格式，再选中“添加到样式库”复选框，如图 3-81 所示。在“根据格式设置创建新样式”对话框中设置样式的格式时，可以通过“格式”栏中的相应按钮快速、简单地设置，也可以单击“格式”下拉按钮，在弹出

的下拉菜单中选择相应的命令详细设置。

建立新样式后,就可以像已有样式一样直接使用了。

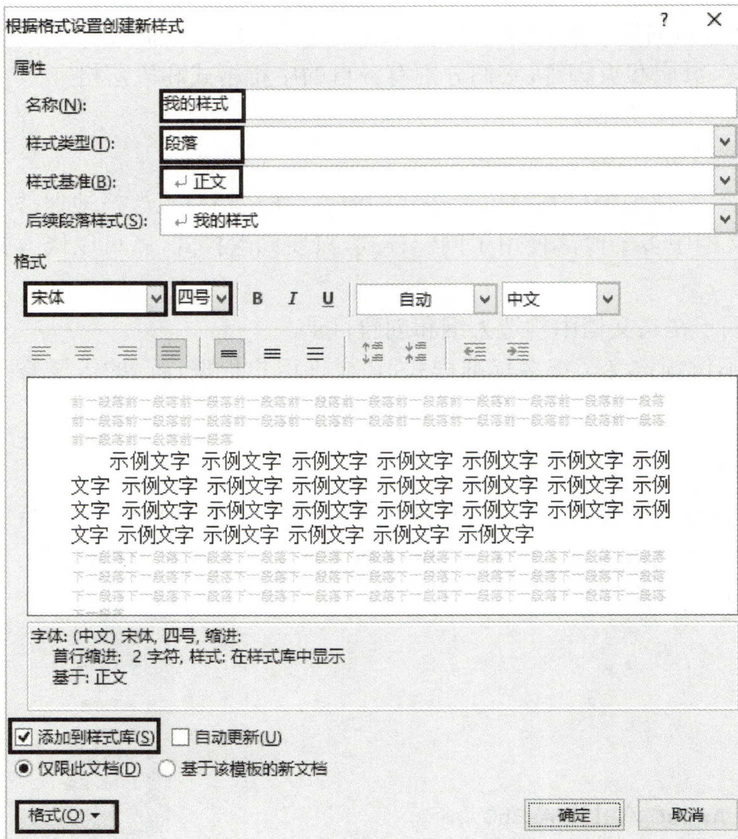

图 3-81 "根据格式设置创建新样式"对话框

3. 修改和删除样式

如果对已有的段落样式和格式不满意,可以进行更改和删除。更改样式后,所有应用了该样式的文本都会随之改变。

修改样式的方法是:在"样式"任务窗格中,右击需要修改的样式名,在快捷菜单中选择"修改"命令,在打开的"修改样式"对话框中设置所需的格式即可。

删除样式的方法与上面类似,不同的是应该在快捷菜单中选择相应的删除样式的命令,此时,带有此样式的所有段落自动应用"正文"样式。

3.6.2 自动生成目录

编写完书籍或长文档后,需要为其制作目录,以便其他人阅读和大概了解文档的层次结构及主要内容。除了手工输入目录外,Word 2016 提供了自动生成目录的功能。

1. 创建目录

要自动生成目录,前提是将文档中的各级标题用样式库中的标题样式统一地格式化。一般情况下,目录分为 3 级,可以使用相应的 3 级标题样式"标题 1""标题 2""标题 3",也可以

使用其他几级标题样式或者自己创建的标题样式来格式化，然后单击“引用”选项卡的“目录”组中的“目录”下拉按钮，在下拉菜单中选择“自动目录 1”或“自动目录 2”。如果没有需要的目录格式，可以在下拉菜单中选择“自定义目录”命令，打开“目录”对话框进行自定义操作，如图 3-82 所示。

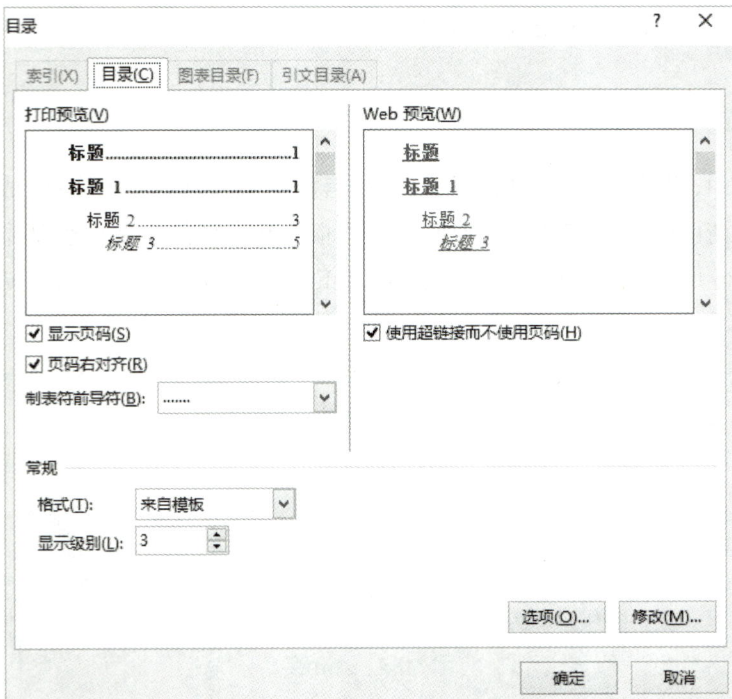

图 3-82　“目录”对话框

注意：Word 2016 默认的目录显示级别为 3 级，如果需要改变设置，在“显示级别”微调框中利用数字微调按钮调整或直接输入相应级别的数字即可。

【例 3-21】 有下列标题文字，如图 3-83 所示，请为它们设置相应的标题样式并自动生成 3 级目录，效果如图 3-84 所示。

第 5 章　电子文档处理技术
5.1　文字处理软件 Word
5.1.1 Word 2016 的工作环境
5.1.2 创建文档的基本操作

图 3-83　自动生成目录时使用的标题文字

目录

第 5 章　电子文档处理技术........1
5.1　文字处理软件 Word........1
5.1.1 Word 2016 的工作环境........1
5.1.2 创建文档的基本操作........1

图 3-84　自动生成目录的效果

操作步骤如下。

①为各级标题设置标题样式。选定标题文字“第 5 章 电子文档处理技术”，在“开始”选项卡的“样式”组中的样式库中选择“标题 1”。用同样的方法，依次设置“5.1 文字处理软件 Word”为“标题 2”，剩下的设置为“标题 3”。

②将光标定位到插入目录的位置，单击“引用”选项卡的“目录”组中的“目录”下拉按钮，在目录库中选择“自动目录 1”。

2. 更新目录

如果文字内容在编制目录后发生了变化，Word 2016 可以很方便地对目录进行更新。方法是：在目录中单击，目录区左上角会出现“更新目录”按钮，单击该按钮，打开“更新目录”对话框，再选中“更新整个目录”单选按钮，单击“确定”按钮即可。也可以单击“引用”选项卡的“目录”组中的“更新目录”按钮进行操作。

3.6.3 邮件合并

在实际工作中，经常要处理大量日常报表和信件，如打印信封、工资条、成绩单、录取通知书，发送信函、邀请函给客户和合作伙伴等。这些报表和信件的主要内容基本相同，只是数据有变化，如图 3-85 所示的邀请函。为了减少重复工作，提高效率，可以使用 Word 2016 提供的邮件合并功能。

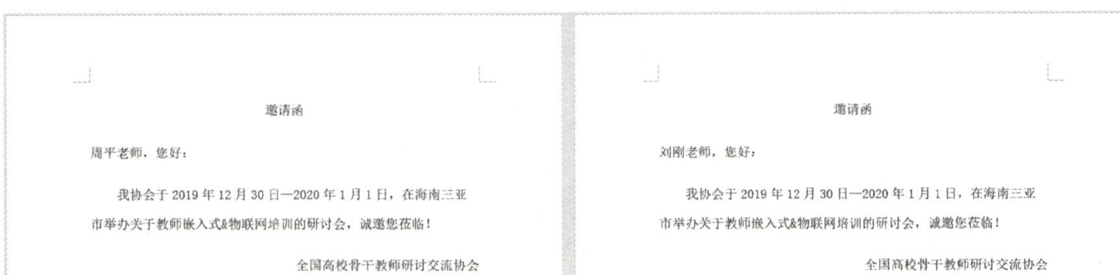

图 3-85 邀请函

邮件合并就是将两个相关文件的内容合并到一起，用于解决批量分发文件或邮寄内容相似信件时的大量重复性问题。邮件合并是在两个电子文档之间进行的，一个文档是“主文档”，包括报表或信件共有的文字和图形内容；一个文档是“数据源”，包括需要变化的信息，多为通讯录，以表格形式存储，一行（又叫一条记录）为一个完整的信息，一列对应一个信息类别，即数据域（如姓名、地址等），第一行为域名记录。在“数据源”文档中只允许包含一个表格，表格的第一行必须用于存放标题，可以在合并文档时仅使用表格的部分数据域，但不允许包含表格之外的其他任何文字和对象。

邮件合并主要包含以下几个步骤。

（1）创建主文档，输入内容不变的共有文本。

（2）创建或打开数据源，存放可变的数据。数据源是邮件合并时需使用的各类数据记录的总称，可以是多种格式的文件，如 Word、Excel、Access、Microsoft Outlook 联系人列表，以及 HTML 文件等。

（3）在主文档中需要的位置插入合并域的名字。

（4）执行邮件合并操作，将数据源中的可变数据和主文档的共有文本合并，生成一个合并文档。

准备好主文档和数据源后可以开始邮件合并，Word 2016 提供了“邮件合并向导”功能，它能帮助用户一步步地了解整个邮件合并的使用过程，并高效、顺利地完成邮件合并任务。

【例 3-22】 使用邮件合并技术制作邀请函（见图 3-85）。

操作步骤如下。

①创建“邀请函”主文档，如图 3-86 所示。

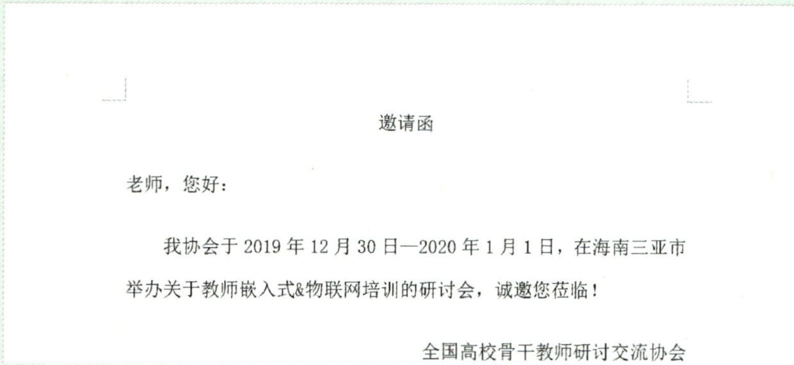
邀请函

老师，您好：

我协会于 2019 年 12 月 30 日—2020 年 1 月 1 日，在海南三亚市举办关于教师嵌入式&物联网培训的研讨会，诚邀您莅临！

全国高校骨干教师研讨交流协会

图 3-86 “邀请函”主文档

②创建数据源文件（表中为模拟数据），如图 3-87 所示。

省份	学校	姓名	性别	电子邮箱	通信地址	邮编
广东	广东药学院	滕燕	女	tenyan@gdpu.edu.cn	广东大学城广东药学信息工程系	510006
江苏	南京师范大学	张波	男	zhangbo@njnu.edu.cn	江苏省南京市南京师范大学计算机学院	210097
福建	莆田学院	周平	男	zhouping3@sina.com	福建省莆田学院电子信息工程系	351100
北京	北京服装学院	刘刚	男	liugang@163.com	北京朝阳区樱花东路	100029
山西	运城学院	王丽	女	wangli@126.com	山西省运城市河东东街 333 号	044000

图 3-87 数据源文件（邀请人信息）

③打开“邀请函”主文档，单击“邮件”选项卡的“开始邮件合并”组中的“开始邮件合并”下拉按钮，在下拉菜单中选择“邮件合并分步向导”命令，打开“邮件合并”任务窗格，如图 3-88 所示。

④在第 1 步（总共 6 步）“选择文档类型”栏中，选择一个希望创建的输出文档类型，本例选中“信函”单选按钮，单击“下一步：开始文档”命令。

⑤在第 2 步“选择开始文档”栏中，选择邮件合并的主文档，本例选中“使用当前文档”单选按钮，单击“下一步：选取收件人”命令。

⑥在第 3 步“选择收件人”栏中，选中“使用现有列表”单选按钮，再单击“浏览”命令，打开“选取数据源”对话框，选择作为数据源的 Word 文件，单击“打开”按钮，打开“邮件合并收件人”对话框，在该对话框中可以对需要合并的收件人信息进行修改。这里只需单击“确定”按钮。然后单击“下一步：撰写信函”命令。

⑦在第 4 步中，如果需要将收件人信息添加到信函中，先将鼠标指针定义在文档中的合适位置（本例是“老师”前），然后单击“地址块”“问候语”等

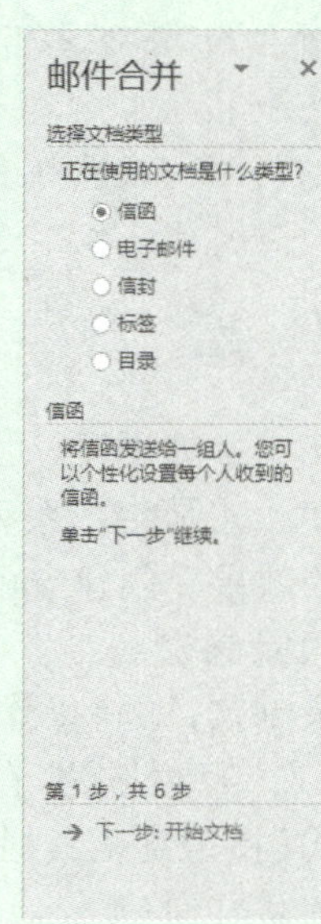

图 3-88 “邮件合并”任务窗格

命令（本例是单击“其他项目”命令），打开“插入合并域”对话框。在“域”列表框中，选择要添加到邀请函中邀请人姓名所在位置的域，即“姓名”域，如图 3-89 所示，单击“插入”按钮。插入需要的域后，单击“关闭”按钮，文档中相应位置就会出现已插入的域标记。单击“下一步：预览信函”命令。需要注意的是，一些邀请函中会将被邀请人的称谓与性别建立关联（如滕燕女士、张波先生等），这时需要指定规则，添加邮件合并的决策功能。操作方法是，单击“邮件”选项卡的“编写和插入域”组中的“规则”下拉按钮，在下拉菜单中选择“如果…那么…否则…”命令，打开“插入 Word 域：IF”对话框，在“域名”下拉列表中选择“性别”，在“比较条件”下拉列表中选择“等于”，在“比较对象”文本框中输入“男”，在“则插入此文字”文本框中输入“先生”，在“否则插入此文字”文本框中输入“女士”，如图 3-90 所示，最后单击“确定”按钮。

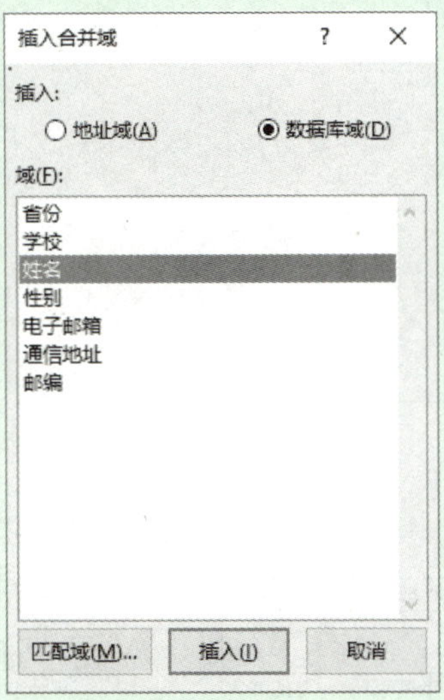

图 3-89 “插入合并域”对话框

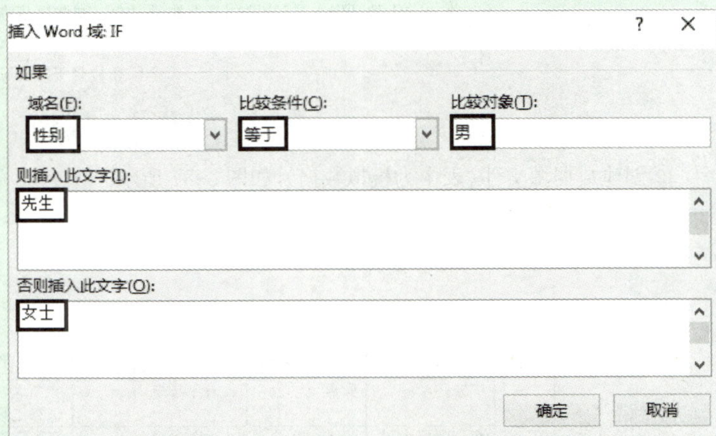

图 3-90 定义插入域规则

⑧在第 5 步“预览信函”栏中，单击“<<”或“>>”按钮，查看对应不同邀请人姓名的信函。单击“下一步：完成合并”命令。

⑨在第 6 步“合并”栏中，用户可以根据实际需要选择“打印”或“编辑单个信函”命令，本例选择“编辑单个信函”命令，打开“合并到新文档”对话框，在“合并记录”栏中，选中“全部”单选按钮，然后单击“确定”按钮。这样，Word 2016 会将表格中的收件人信息自动添加到“邀请函”主文档中，并合并生成一个新文档，在该文档中，每一页中的邀请人信息均由数据源自动创建生成。

3.6.4 宏

在文字处理时，可能经常需要重复某些操作，这时，使用宏来自动执行这些操作会提高工作效率。宏是将一系列的操作命令和指令组合在一起形成一个总的命令，用来达到任务自动执行的效果。创建宏可以通过“视图”选项卡的“宏”组中的按钮实现。

1）录制宏

录制宏，即将操作过程像用摄像机摄影一样录制下来。在“视图”选项卡中单击“宏”组中的“宏”下拉按钮，在下拉菜单中选择“录制宏”命令，打开“录制宏”对话框，指定宏名和运行方式（指定到工具栏、键盘），然后记录包含在宏内的操作。

2）停止录制

停止录制指关闭宏录制。

3）查看宏

对宏可以进行运行、编辑、创建、删除、管理等操作。

3.7 修订文档

如果一篇文档需要多人协作、共同处理，审阅、跟踪文档的修订状况就变得非常重要。需要及时了解其他人更改了文档的哪些内容，以及为何要进行这些更改。

Word 2016 提供了多种方式协助用户完成文档审阅的相关操作，帮助用户快速对比、查看、合并同一文档的多个修订版本。

1. 在修订状态下修改文档

当用户在修订状态下修改文档时，Word 2016 将跟踪文档中所有内容的变化情况，同时会把用户在当前文档中修改、删除、插入的每一项内容标记下来。

在 Word 2016 中，开启文档的修订状态是通过单击“审阅”选项卡的“修订”组中的“修订”按钮来实现的。用户在修订状态下直接插入的文档内容将通过颜色和下划线标记下来，删除的内容也会在右侧的页边空白处显示出来，以便其他人查看。如果多个用户对同一文档进行修订，文档将通过不同的颜色区分不同用户的修订内容。

用户还可以根据需要对修订内容的样式进行自定义设置，这可以通过单击“审阅”选项卡的“修订”组中的对话框启动器，打开“修订选项”对话框来实现。

2. 添加批注

在多人审阅文档时，如果需要对文档内容的变更情况进行解释说明，或者向文档的作者询问问题，可以在文档中插入“批注”信息。“批注”与“修订”的不同之处在于，“批注”并不在原文的基础上进行修改，而是在文档页面的空白处添加相关的注释信息，并用有颜色的方框括起来。批注内容除了文本外，还可以是音频、视频信息。

在 Word 2016 中，添加批注信息是通过单击“审阅”选项卡的“批注”组中的“新建批注”按钮，然后直接输入批注内容来完成的。若要删除批注信息，可以在批注上右击，选择快捷菜单中的“删除批注”命令。

3. 审阅修订和批注

文档内容修订完成后，需要对文档的修订和批注状况进行最终审阅，并确定最终的文档版本。

在 Word 2016 中，接受或拒绝文档内容的每一项更改是通过单击“审阅”选项卡的“更改”组中的“上一条”（或“下一条”）按钮，定位到文档中的上一条（或下一条）修订或批注，再单击“更改”组中的“拒绝”或“接受”按钮来拒绝或接受的。对于批注信息，还可以单击“批注”组中的“删除”按钮将其删除。

4. 快速比较文档

文档经过最终审阅后，可以通过对比方式查看修订前后两个文档版本的变化情况。在 Word 2016 中，提供了“精确比较”功能。要显示两个文档的差异，操作步骤是，单击“审阅”选项卡的“比较”组中的“比较”下拉按钮，在下拉菜单中选择“比较”命令，打开“比较文档”对话框，在其中通过浏览找到原文档和修订的文档，如图 3-91 所示。单击“确定”按钮后，两个

文档之间的不同之处将突出显示在“比较结果”文档的中间，以供用户查看。在文档比较视图左侧的“审阅”窗格中，自动统计了原文档与修订文档之间的具体差异情况。

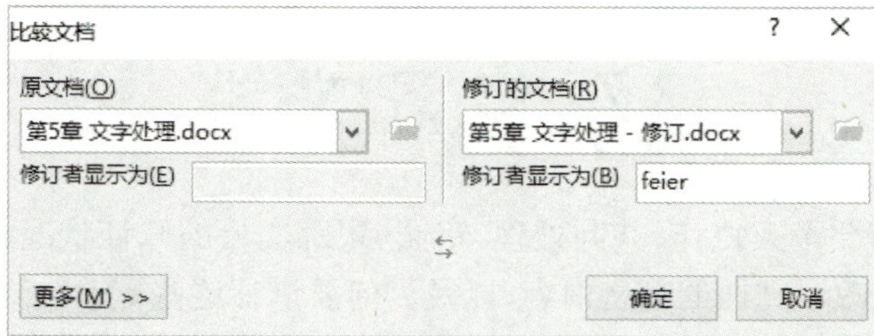

图 3-91 “比较文档”对话框

5. 标记文档的最终状态

如果文档已经确定修改完成，可以为文档标记最终状态来标记文档的最终版本。该操作将文档设置为只读，并禁用相关的内容编辑命令。

在 Word 2016 中，要标记文档的最终状态，则单击“文件”按钮，在“信息”选项卡中单击“保护文档”下拉按钮，在下拉菜单中选择“标记为最终状态”命令。

3.8 打印文档

如果想把计算机中编辑排版好的文档变成书面文档，为计算机连接并添加打印机就可以将其打印输出。在输出前，可以对文档进行预览和相应的设置，如设置页面布局、打印份数、纸张大小、打印方向等。这些操作可以通过单击“文件”按钮，在菜单中选择“打印”命令来实现。“打印”界面如图 3-92 所示。

图 3-92 “打印”界面

【例 3-23】 经常需要打印文档的当前页面，请把该功能录制成一个宏，并将其添加到快速访问工具栏，提高工作效率。

操作步骤如下。

①单击“视图”选项卡的“宏”组中的“宏”下拉按钮，在下拉菜单中选择“录制宏”命令，打开“录制宏”对话框。

②在“宏名”文本框中输入“打印当前页”，在“将宏保存在”下拉列表中，确认选择的是“所有文档(Normal.dotm)”，在“说明”文本框中，可以输入对宏的说明，如图 3-93 所示。然后在“将宏指定到”栏中单击“按钮”图标，打开“Word 选项”对话框，如图 3-94 所示。在左侧的宏列表框中，选择“Normal.NewMacros. 打印当前页”，单击“添加”按钮，然后单击下面的“修改”按钮，在打开的“修改按钮”对话框的“符号”列表框中，选择一个易记的图标，如打印机形状的图标，在“显示名称”文本框中，将“打印当前页”前的内容“Normal.NewMacros.”删除，然后连续单击“确定”按钮。此时鼠标指针变为录制器形状。

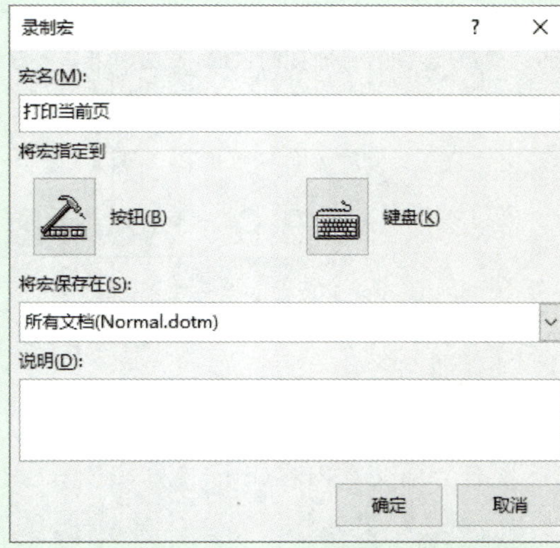

图 3-93 “录制宏”对话框

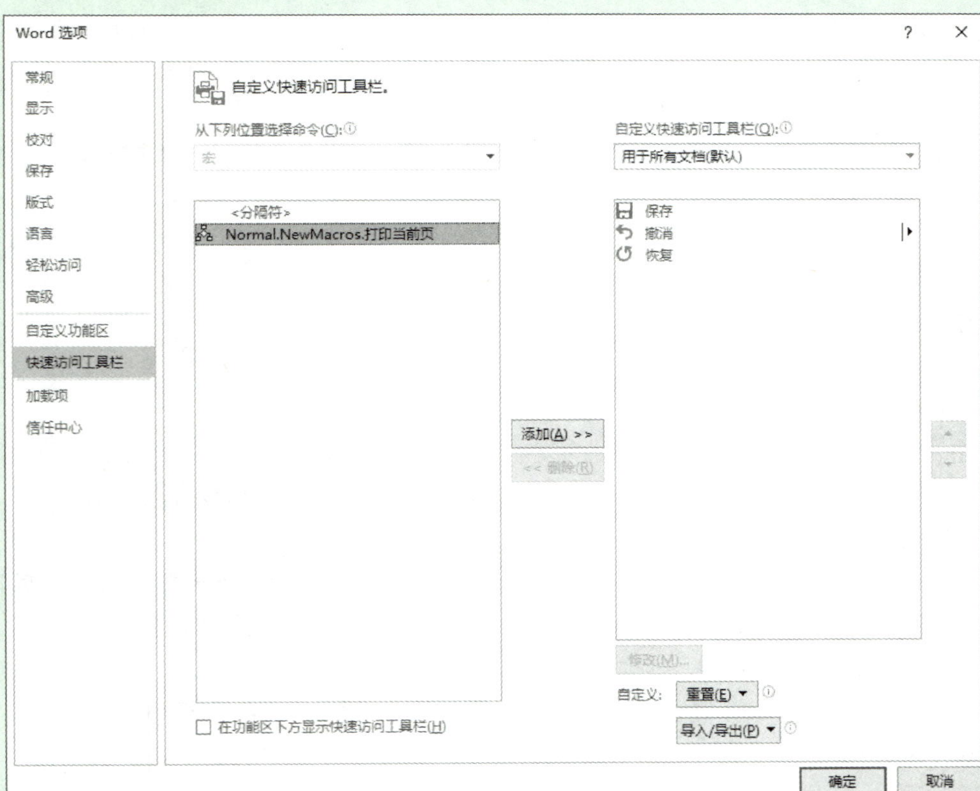

图 3-94 “Word 选项”对话框

③单击“文件”按钮，在菜单中选择“打印”命令，在“设置”栏中单击“打印所有页”下拉按钮，在下拉菜单中选择“打印当前页”，然后单击“打印”按钮。

④单击“视图”选项卡的“宏”组中的“宏”下拉按钮，在下拉菜单中选择“停止录制”命令，结束录制。

这时在快速访问工具栏中出现一个名为“打印当前页”的按钮，只要单击该按钮，即可打印当前文档的当前页，即插入点所在的页面，使用起来非常方便。

3.9 Word 2016 高级应用实例

3.9.1 实例一：论文排版

现有一篇文章内容如下。

第一章　绪论

1.1　系统开发背景

人力资源管理是一门新兴的集管理科学、信息科学、系统科学及计算机科学为一体的综合性学科，在诸多的企业竞争要素中，人力资源已逐渐成为企业最主要的资源，现代企业的竞争也越来越直接地反映为人才战略的竞争。在此背景下，现代企业为适应快速变化的市场，需要更加灵活、快速反应的，具有决策功能的人力资源管理平台和解决方案。

1.2　研究目标和意义

开发使用人力资源管理系统可以使得人力资源管理信息化，可以给企业带来以下好处：

1）可以提高人力资源管理的效率；

2）可以优化整个人力资源业务流程；

3）可以为员工创造一个更加公平、合理的工作环境。

第二章　系统设计相关原理

2.1　技术准备

1. Hibernate

Hibernate 是一个开放源代码的对象关系映射框架，它对 JDBC 进行了非常轻量级的对象封装，使得 Java 程序员可以随心所欲地使用对象编程思维来操纵数据库。

2. Struts

Struts 最早是作为 Apache Jakarta 项目的组成部分，项目的创立者希望通过对该项目的研究，改进和提高 Java Server Pages、Servlet、标签库以及面向对象的技术水准。

2.2　JSP

JSP（Java Server Pages）是由 Sun 公司倡导创建的一种新动态网页技术标准。

2.3　SQL Server

SQL Server 是目前最流行的关系数据库管理系统之一。

第三章　系统分析

3.1　需求分析

包括任务概述、总体目标、遵循原则、运行环境、功能需求等。

3.2　可行性分析

从经济可行性、技术可行性两个方面进行分析。

第四章　系统总体设计

4.1　系统功能结构设计

人力资源管理系统由人事管理、招聘管理、培训管理、薪金管理、奖惩管理 5 部分组成。

4.2　数据库规划与设计

本系统采用 SQL Server 2008 数据库，系统数据库名为人力资源管理表，包括培训信息表、奖惩表、应聘信息表、薪金表和用户表 5 个数据表。其中，奖惩表（institution）结构如下表所示。

奖惩表结构

字段名	数据类型	长度	是否主键	描述
Id	int	4	是	数据库流水号
Name	varchar	2000	否	奖惩名称
Reason	varchar	50	否	奖惩原因
Explain	varchar	50	否	描述
Createtime	datetime	8	否	创建时间

第五章　系统详细设计与实现

5.1　用户登录模块

用户登录模块是用户进入主页面的入口。流程图如下图所示。

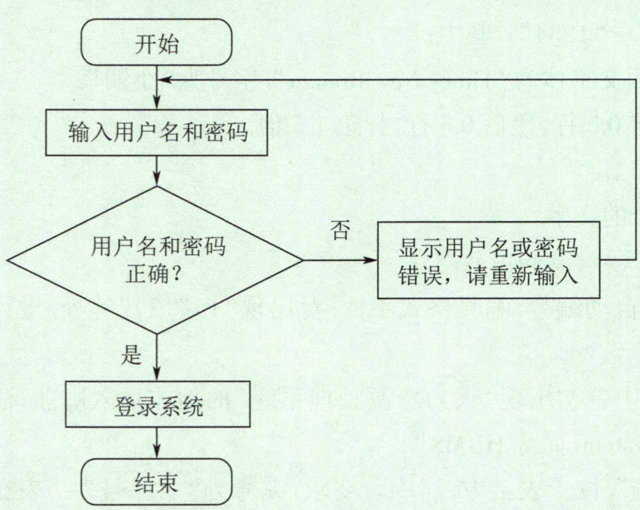

用户登录模块流程图

5.2　人员管理模块

人员管理模块主要包括浏览、添加、修改和删除人员信息。

5.3　招聘管理模块

主要包括应聘人员信息的详细查看、删除以及信息入库。

5.4　培训管理模块

主要包括浏览培训计划、信息删除和填写培训总结。

5.5 奖惩管理模块

主要包括浏览奖惩详细信息、修改和删除奖惩信息。

5.6 薪金管理模块

主要包括薪金信息的登记、修改、删除和查询。

为统计分析薪金，可以采用标准偏差函数，它反映了数值相对于平均值的离散程度。

第六章 总结与展望

6.1 总结

本系统以 JSP 为开发工具，依托于 SQL Server 2008 数据库实现。功能齐全，能基本满足企业对人力资源规划的需要，且操作简单，界面友好。

6.2 展望

当然，本系统也存在一定的不足之处，比如在薪金管理中，安全措施考虑的不是很周到，存在一定的风险，有待进一步完善。

1. 操作要求

对这篇论文需要进行以下处理。

1）正文排版

对正文进行排版，其中：

①章名使用样式“标题 1”，居中显示；编号格式为第 *X* 章，其中 *X* 为自动排序。

②小节名使用样式“标题 2”，左对齐；编号格式为多级符号，“*X.Y*”。*X* 为章数字序号，*Y* 为节数字序号，如 1.1。

③新建样式，样式名为“样式”+“1234”。其中：

- 字体：中文字体为“楷体”，西文字体为“Times New Roman”，字号为“小四”。
- 段落：首行缩进 2 字符，段前 0.5 行，段后 0.5 行，行距 1.5 倍。
- 其余格式：默认设置。

并将样式应用到正文中无编号的文字。

注意：不包括章名、小节名、表文字、表和图的题注。

④对出现“1.”“2.”等处，进行自动编号，编号格式不变；对出现“1）”“2）”等处，进行自动编号，编号格式不变。

⑤为正文文字（不包括标题）中首次出现“人力资源管理系统”的地方插入脚注，添加文字“Human Resource Management System，简称 HRMS”。

⑥对正文中的表添加题注“表”，位于表上方，居中。要求：编号为“章序号”-“表在章中的序号”（如第 1 章中第 1 张表的题注编号为 1-1）；表的说明使用表上一行的文字，格式同表标号；表居中。

⑦对正文中出现“如下表所示”的“下表”，使用交叉引用，改为“如表 *X-Y* 所示”，其中“*X-Y*”为表题注的编号。

⑧对正文中的图添加题注“图”，位于图下方，居中。要求：编号为“章序号”-“图在章中的序号”（如第 1 章中第 2 幅图的题注编号为 1-2）；图的说明使用图下一行的文字，格式同图

标号；图居中。

⑨对正文中出现“如下图所示”的“下图”，使用交叉引用，改为“如图 $X-Y$ 所示”，其中“$X-Y$”为图题注的编号。

2）分节处理

对正文做分节处理，每章为单独一节。

3）生成目录

在正文前按序插入节，使用引用中的目录功能，生成如下内容。

（1）第 1 节：目录。

①“目录”使用样式“标题 1”，居中显示。

②“目录”下为目录项。

（2）第 2 节：表目录。

①“表目录”使用样式“标题 1”，居中显示。

②“表目录”下为表目录项。

（3）第 3 节：图目录。

①“图目录”使用样式“标题 1”，居中显示。

②“图目录”下为图目录项。

4）添加页脚

使用域，在页脚中插入页码，居中显示。

①正文前的节，页码采用“i,ii,iii,……”格式，页码连续，居中对齐。

②正文中的节，页码采用“1,2,3,…”格式，页码连续，居中对齐。

③更新目录、表目录和图目录。

5）添加页眉

添加正文的页眉。使用域，按以下要求添加内容，居中显示。

①对于奇数页，页眉中的文字为“章序号”+“章名”。

②对于偶数页，页眉中的文字为“节序号”+“节名”。

2. 操作提示

1）正文排版

对排版要求①、②的操作步骤如下。

（1）设置章名、小节名使用的编号。

①将光标置于第一章标题文字前，单击“开始”选项卡的“段落”组中的“多级列表”下拉按钮，在下拉菜单中选择“定义新的多级列表”命令，打开“定义新多级列表”对话框，单击左下角的“更多”按钮。

②在“定义新多级列表”对话框中进行相应设置。在“单击要修改的级别”列表框中选择级别“1”，在“输入编号的格式”文本框中输入“第 1 章”（“1”编号样式决定，在“1”前输入“第”，在“1”后输入“章”），在“将级别链接到样式”下拉列表中选择“标题 1”，如图 3-95 所示。标题 1 的编号设置完毕。

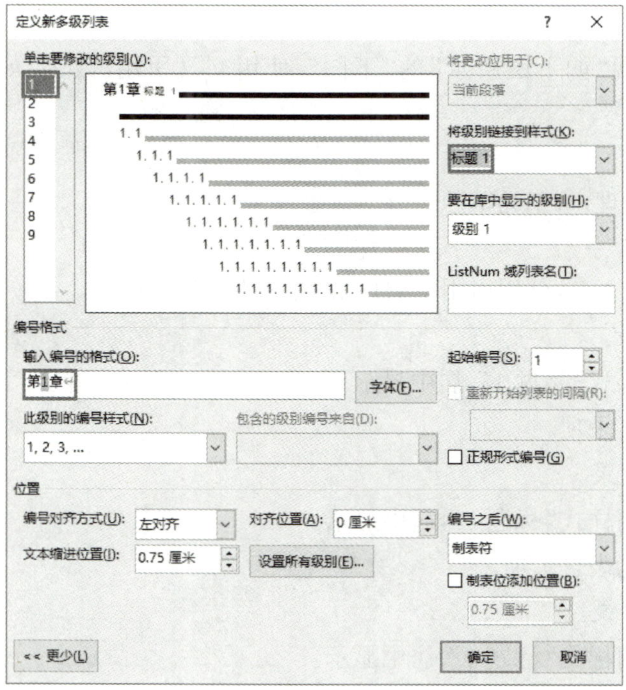

图 3-95　设置章名编号

③继续在“定义新多级列表”对话框中操作。在“单击要修改的级别”列表框中选择级别“2”,在“输入编号的格式”文本框中输入“1.1”,在“将级别链接到样式”下拉列表中选择“标题 2”,在“要在库中显示的级别”下拉列表中选择“级别 2”,如图 3-96 所示,单击“确定”按钮。标题 2 的编号设置完毕。

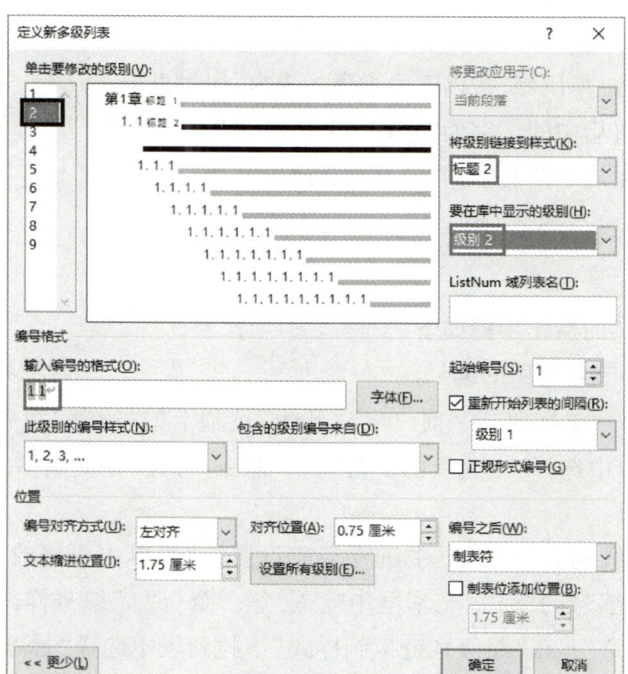

图 3-96　设置小节名编号

（2）设置各章标题格式。

首先选中各章标题（Ctrl+ 单击各章标题），单击“开始”选项卡的“样式”组中的样式库中的“第 1 章标题 1”，再单击“段落”组中的“居中”按钮，各章标题设置完毕。（注意删除各章标题中的原有编号“第二章”“第三章” ……）

（3）设置各小节标题格式。

首先选中各小节标题（Ctrl+ 单击各小节标题），单击“开始”选项卡的“样式”组中的样式库中的“1.1 标题 2”，再单击“段落”组的“编号”下拉按钮，直到设置成所需格式，各小节标题设置完毕。

对排版要求③的操作步骤如下。

（1）新建样式。

①将光标置于第一段正文处，单击“开始”选项卡的“样式”组中的对话框启动器，打开“样式”任务窗格，在左下角单击“新建样式”按钮，打开“根据格式设置创建新样式”对话框。

②在“名称”文本框中输入样式名称“样式 1234”，然后单击“格式”下拉按钮，在弹出的下拉菜单中选择“字体”命令，如图 3-97 所示。在打开的“字体”对话框中设置中文字体为“楷体”，西文字体为“Times New Roman”，字号为“小四”，单击“确定”按钮返回。

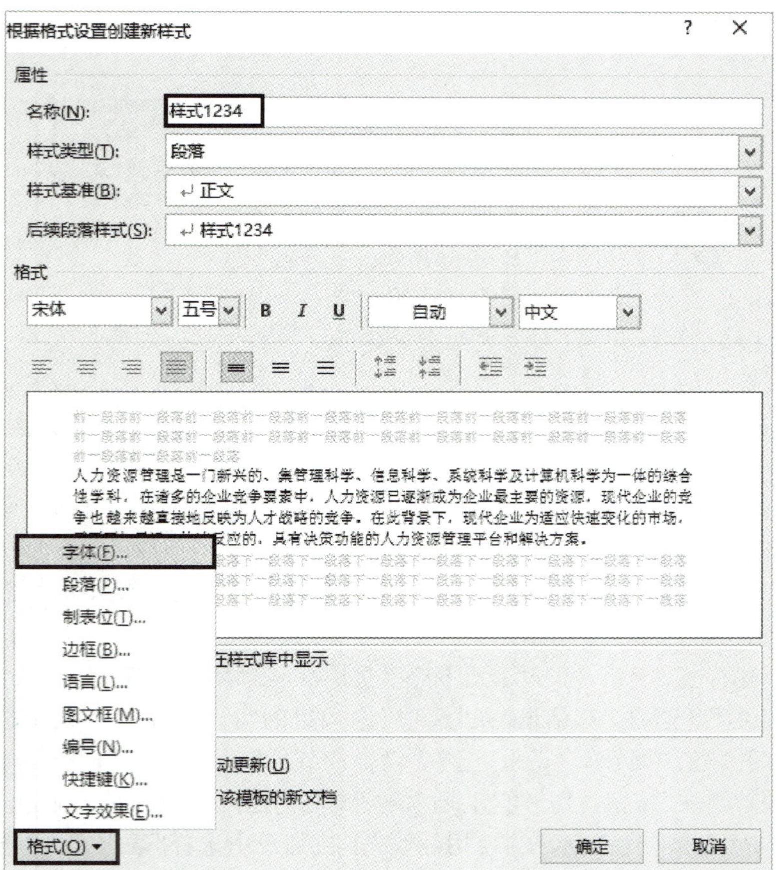

图 3-97 新建样式

③继续单击“格式”下拉按钮，在弹出的下拉菜单中选择“段落”命令，在打开的“段落”对

话框中设置首行缩进 2 字符，段前 0.5 行，段后 0.5 行，行距 1.5 倍，单击“确定”按钮返回。

④其余格式不要改动，在“根据格式设置创建新样式”对话框中选中“自动更新”复选框，单击“确定”按钮结束。可以看到，在“样式”任务窗格及“样式”组的样式库中均增加了一项“样式 1234”。

（2）应用样式。

将光标依次置于各段正文中（不包括章名、小节名、表文字、表和图的题注），然后单击“开始”选项卡的“样式”组中的样式库的“样式 1234”，即可快速设置所有正文样式。

对排版要求④的操作步骤如下。

①对“1.”“2.”等处，进行自动编号格式设置。

逐次选中或将光标置于“1.”“2.”等处（若连续可同时选中），单击“开始”选项卡的“段落”组中的“编号”下拉按钮即可。

②对“1）”“2）”等处，进行自动编号格式设置的方法同上。

对排版要求⑤的操作步骤如下。

（1）查找正文首次出现“人力资源管理系统”的地方。

将光标置于文档开始处，单击“开始”选项卡的“编辑”组中的“查找”按钮，打开“导航”任务窗格，在文本框中输入“人力资源管理系统”后按 Enter 键。查找结果如图 3-98 所示。

（2）插入脚注。

将光标置于找到的第一处“人力资源管理系统”文字后，单击“引用”选项卡的“脚注”组中的“插入脚注”按钮，光标自动跳转到插入脚注文本的当前页面底部，输入注释文字“Human Resource Management System，简称 HRMS”。插入脚注的文字后会自动添加注释引用标记，且本页底部有相应的注释文字。

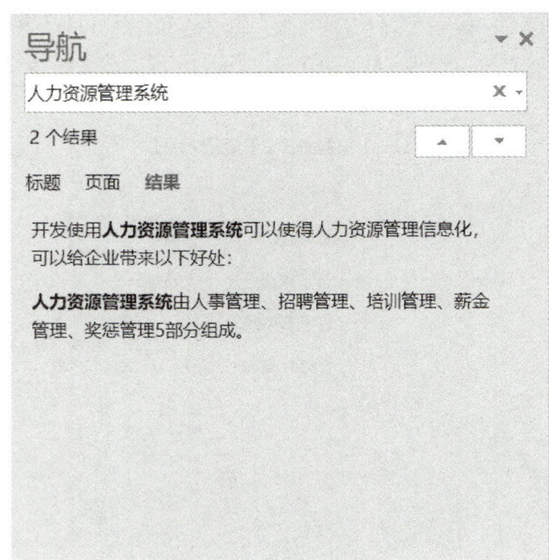

图 3-98 查找结果

对排版要求⑥的操作步骤如下。

题注通常是对文章中表格、图片或图形、公式或方程等对象的下方或上方添加的带编号的注释说明。生成题注编号的前提是必须将标题中的章节符号转变成自动编号。

（1）插入表题注。

①将光标置于表的上方文字前。单击“引用”选项卡的“题注”组中的“插入题注”按钮，打开“题注”对话框，如图 3-99 所示。

②单击“新建标签”按钮，打开“新建标签”对话框，在“使用标签”文本框中输入“表”，单击“确定”按钮，返回“题注”对话框，在“选项”选项组的“标签”下拉列表中选择“表”，单击“编号”按钮，打开“题注编号”对话框，选中“包含章节号”复选框，单击“确定”按钮返回。然后单击“自动插入题注”按钮，打开“自动插入题注”对话框，在“插入时添加题注”列表框中选中“Microsoft Word 表格”复选框，在“使用标签”下拉列表中选择“表”，在“位置”下拉列表中选择“项目上方”，如图 3-100 所示，单击“确定”按钮。如果表格文字前没有插入题注，再次单击“引用”选项卡的“题注”组中的“插入题注”按钮，在“选项”选项组的“标签”下拉列表中选择“表”，确认题注正确后，单击“确定”按钮。

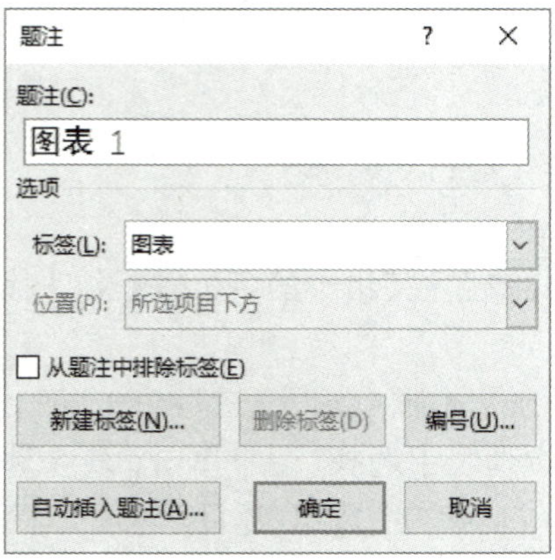

图 3-99　“题注”对话框

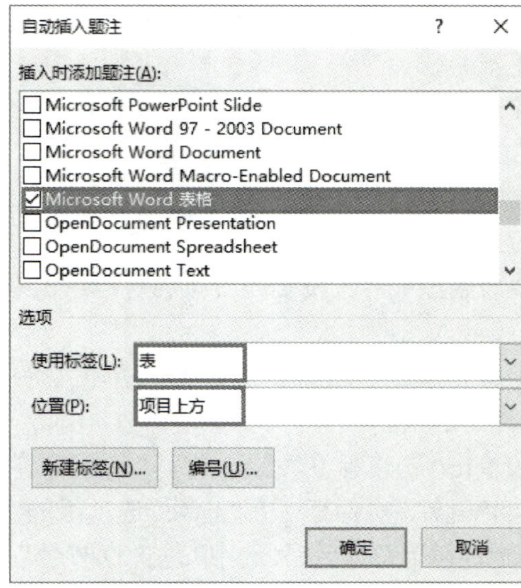

图 3-100　“自动插入题注”对话框

（2）题注和表居中。

分别选中题注和表，单击“开始”选项卡的“段落”组中的“居中”按钮。

注意：为表格设置自动插入题注后，当再次插入或粘贴表格时，都会在表格上方自动生成表格的题注编号，用户只需要输入表格的注释文字即可。当不再需要自动插入题注功能时，只需要再次打开“自动插入题注”对话框，清除不需要进行自动编号的对象的复选框即可。如果用户增删或移动了其中的某个表格，其他图表的标签也会相应地自动改变。如果没有自动改变，可以选中所有文档，然后在快捷菜单中选择“更新域”命令。要注意删除或移动表格时，应删除原标签。

对排版要求⑦的操作步骤如下。

前提：必须对该表用插入题注的方法生成表的题注编号。

准备：查找或移动到文档中第一处“如下表所示”，并选中“下表”两字。

①单击“引用”选项卡的“题注”组中的“交叉引用”按钮，打开“交叉引用”对话框。

②在“交叉引用”对话框的“引用类型”下拉列表中选择“表”，在“引用内容”下拉列表中选择“只有标签和编号”，此时“引用哪一个题注”（即要链接的表题注）为“表 4-1 奖惩表结构”，如图 3-101 所示，单击“插入”按钮。此时，原来文字“如下表所示”自动变成“如表 4-1 所示”，即完成第一处表的交叉引用的插入。

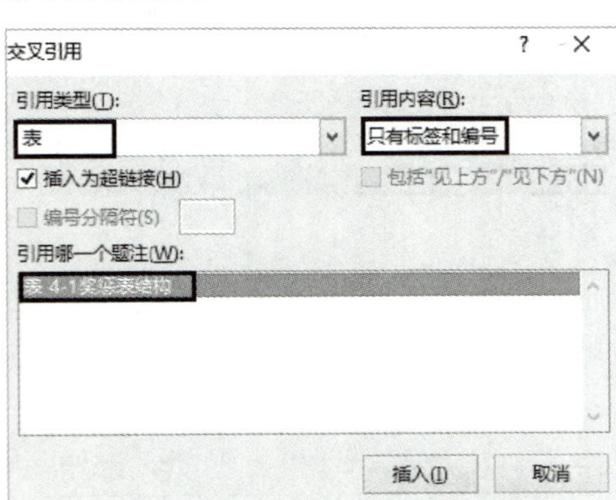

图 3-101　表的交叉引用

③移动光标到下一处“如下表所示”，并选中“下表”两字。重复步骤②的操作，直到全部插入完毕。

注意：当题注的交叉引用发生变化后，不会自动调整，需要用户自己更新域。域的更新方法是右击该“域”，在快捷菜单中选择“更新域”命令，即可更新域中的自动编号。若有多处，可以全选（按快捷键 Ctrl+A）后再更新。更新域也可以按功能键 F9。

对排版要求⑧的操作步骤如下。

生成题注编号的前提是必须将标题中的章节符号转变成自动编号。

（1）插入图题注。

①将光标置于图的下方文字前，单击“引用”选项卡的“题注”组中的“插入题注”按钮，打开“题注”对话框。

②单击“新建标签”按钮，打开“新建标签”对话框，在文本框中输入“图”，单击“确定”按钮，返回“题注”对话框。在“选项”选项组的“标签”下拉列表中选择“图”，单击“编号”按钮，打开“题注编号”对话框，选中“包含章节号”复选框，单击“确定”按钮，返回“题注”对话框，再单击“确定”按钮。如果图文字前没有插入题注，可以再次单击“引用”选项卡的“题注”组中的“插入题注”按钮，在“选项”选项组的“标签”下拉列表中选择“图”，确认题注正确后，单击“确定”按钮。为其他图片插入题注很简单，选中图片后右击，在快捷菜单中选择“插入题注”命令，在打开的“题注”对话框中直接单击“确定”按钮。如果需要在编号后再增加一些说明文字，可以在“题注”对话框的“题注”文本框的题注编号后直接输入说明文字。

（2）题注和图居中。

分别选中题注和图，单击“开始”选项卡的“段落”组中的“居中”按钮。

对排版要求⑨的操作步骤如下。

前提：必须对该图用插入题注的方法生成图的题注编号。

准备：查找或移动到文档中第一处“如下图所示”，并选中“下图”两字。

①单击“引用”选项卡的“题注”组中的“交叉引用”按钮，打开“交叉引用”对话框。

②在“交叉引用”对话框的“引用类型”下拉列表中选择“图”，在“引用内容”下拉列表中选择“只有标签和编号”，此时“引用哪一个题注”（要连接的图题注）为“图 5-1 用户登录模块流程图”，如图 3-102 所示，单击“插入”按钮。此时，原来文字“如下图所示”自动变成“如图 5-1 所示”，即完成第一处图的交叉引用的插入。

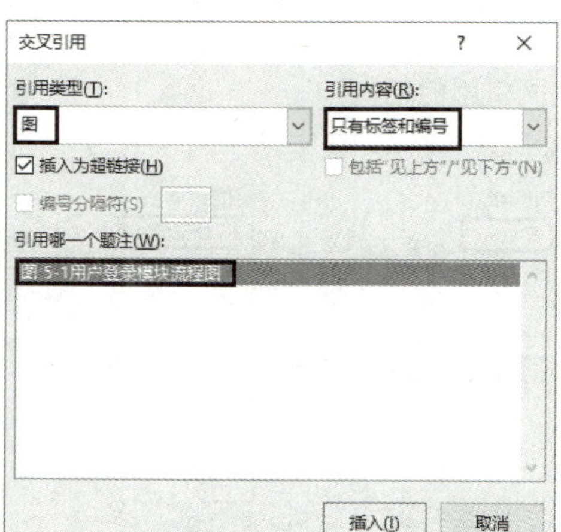

图 3-102　图的交叉引用

③移动光标到下一处“如下图所示”，并选中“下图”两字。重复步骤②的操作，直到全部插入完毕。

2）分节处理

节是文档版面设计的最小有效单位，可以以节为单位设置页边距、纸型和方向、页眉和页脚、页码、脚注和尾注等多种格式。

Word 将新建的整篇文档默认为一节，划分为多节主要是通过“布局”选项卡的“页面设置”组中的“分隔符”下拉按钮来实现的。设置后在草稿视图下可以用删除字符的方法删除分节符。

分节符共有 4 种类型：下一页（新节从下一页开始）、连续（新节从同一页开始）、偶数页（新节从下一个偶数页开始）、奇数页（新节从下一个奇数页开始）。

分节处理的操作步骤如下。

将光标置于文字“第 2 章”后（文字“系统设计相关原理”前），单击“布局”选项卡的“页面设置”组中的“分隔符”下拉按钮，在下拉菜单的“分节符”区中选择“下一页”命令。重复上述操作，直到每章都分节完毕为止。

3）生成目录

（1）在文档最前面插入 3 节。

①单击“视图”选项卡的“视图”组中的“草稿”按钮▤，进入草稿视图模式。

②选中“第 1 章”文字，单击“布局”选项卡的“页面设置”组中的“分隔符”下拉按钮，在下拉菜单的“分节符”区中选择“下一页”命令。重复上述操作，再插入两个“下一页”分节符。

（2）完成案例要求（1）~（3）中①的要求。

①单击第 1 个分节符（下一页），输入文字“目录”，按两次 Enter 键（目的是在目录文字下产生一个空行）。选中“目录”，单击“开始”选项卡的“段落”组中的“编号”按钮，取消目录前的自动编号。目录自动使用标题 1 样式，并居中显示。

②单击第 2 个分节符（下一页），输入文字“表目录”，按两次 Enter 键（目的是在表目录文字下产生一个空行）。选中“表目录”，单击“开始”选项卡的“段落”组中的“编号”按钮，取消表目录前的自动编号。表目录自动使用标题 1 样式，并居中显示。

③单击第 3 个分节符（下一页），输入文字“图目录”，按两次 Enter 键（目的是在图目录文字下产生一个空行）。选中“图目录”，单击“开始”选项卡的“段落”组中的“编号”按钮，取消图目录前的自动编号。图目录自动使用标题 1 样式，并居中显示。

（3）创建文档目录，即完成案例要求（1）中②的要求。

将光标置于“目录”下的空行（即段落标记前，如果段落标记不可见，则单击“开始”选项卡的“段落”组中的“显示 / 隐藏编辑标记”按钮↵，显示段落标记），单击“引用”选项卡的“目录”组中的“目录”下拉按钮，在下拉菜单中选择“自定义目录”命令，打开“目录”对话框，如图 3-103 所示，单击“确定”按钮。其中“显示级别”文本框可以根据实际需要设定，这里不需要改动。

（4）创建表目录，即完成案例要求（2）中②的要求。

将光标置于“表目录”下的空行，单击“引用”选项卡的“题注”组中的“插入表目录”按钮，打开“图表目录”对话框，如图 3-104 所示，单击“确定”按钮。

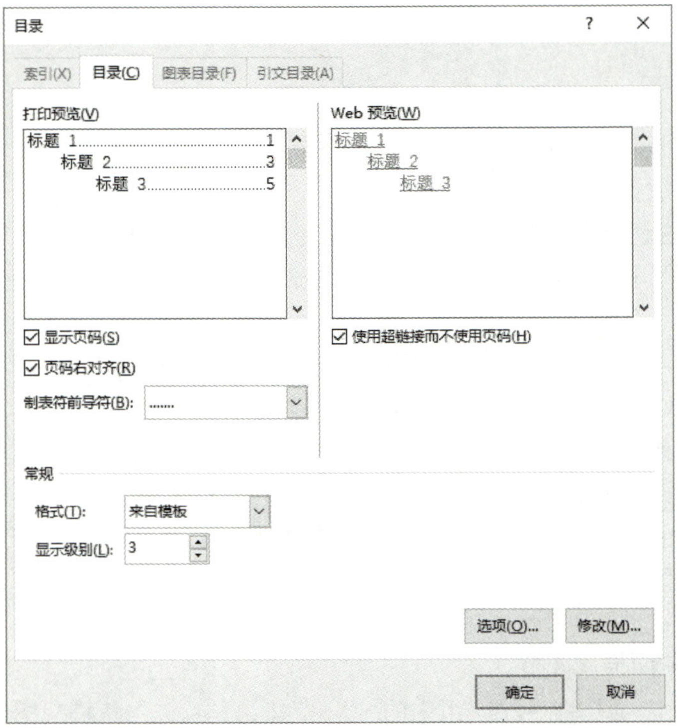

图 3-103　创建文档目录

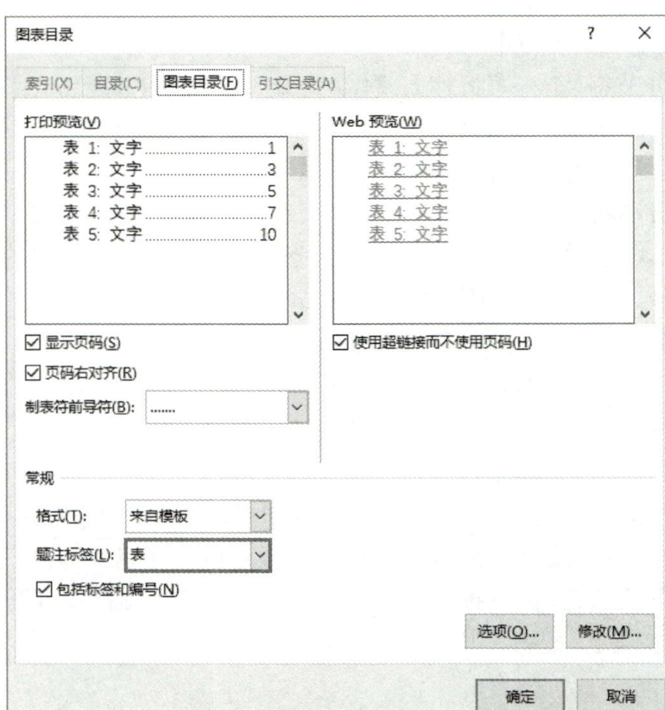

图 3-104　创建表目录

（5）创建图目录，即完成案例要求（3）中②的要求。

将光标置于“图目录”下的空行，单击“引用”选项卡的“题注”组中的“插入表目录”按

钮，打开“图表目录”对话框，在“题注标签”下拉列表中选择“图”，如图 3-105 所示，单击“确定”按钮。

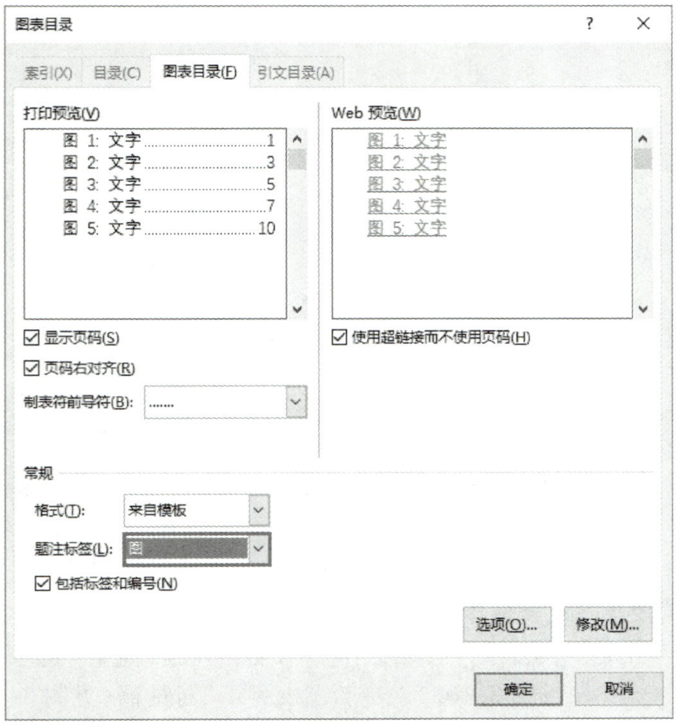

图 3-105　创建图目录

从创建的 3 种目录可以看出，自动生成的目录都带有灰色的域底纹，都是域。当标题和页号发生变化时，与题注和交叉引用一样，目录也可以用更新域的方式更新。在生成的目录区中右击，在快捷菜单中选择“更新域”命令，在打开的“更新目录”对话框中选中“只更新页码”或“更新整个目录”单选按钮，单击“确定”按钮就可以完成目录的更新。

4）添加页脚

（1）对页脚设置要求①的操作步骤如下。

①在页面视图下，将光标置于第 1 节中，单击“插入”选项卡的“页眉和页脚”组中的“页码”下拉按钮，在下拉菜单中指向“页面底端”，在“简单”区中选择“普通数字 2”。接着在“页眉和页脚工具”→“设计”选项卡的“页眉和页脚”组中单击“页码”下拉按钮，在下拉菜单中选择“设置页码格式”命令，打开“页码格式”对话框。在“编号格式”下拉列表中选择“i，ii，iii，…”，在“页码编号”选项组中选中“续前节”单选按钮，如图 3-106 所示，单击“确定”按钮。

②单击选中第 2 节页面底端的页码，在“页眉和页脚工具”→“设计”选项卡的“页眉和页脚”组中单击“页码”下拉按钮，在下拉菜单中选择“设置页码格式”命令，打开“页码格式”对话框。在“编号格式”下拉列表中选择“i，ii，iii，…”，在“页码编号”选项组中选中“续前节”单选按钮，单击“确定”按钮。

③单击选中第 3 节页面底端的页码，重复上述步骤，直到正文前的各节设置完毕为止。

（2）对页脚设置要求②的操作步骤如下。

单击选中第 4 节页面底端的页码（位于第 1 章首页），在“页眉和页脚工具”→“设计”选项卡的“页眉和页脚”组中单击“页码”下拉按钮，在下拉菜单中选择“设置页码格式”命令，打

开“页码格式”对话框，在“编号格式”下拉列表中选择“1，2，3，…”，在“页码编号”选项组中选中“起始页码”单选按钮，如图3-107所示，单击“确定”按钮。最后在“页眉和页脚工具”→“设计”选项卡的“关闭”组中单击“关闭页眉和页脚”按钮。

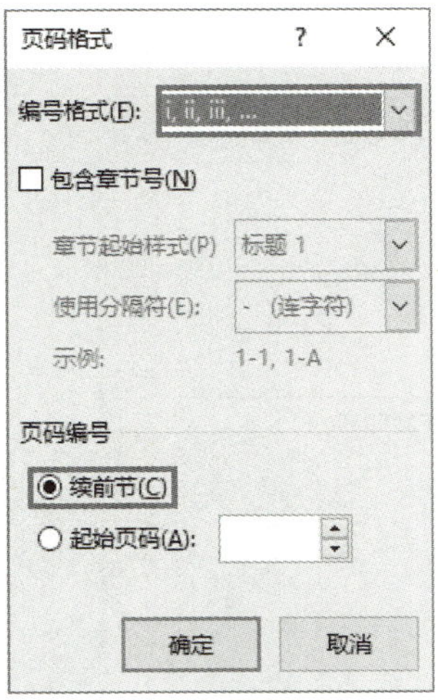

图3-106 设置目录页码格式

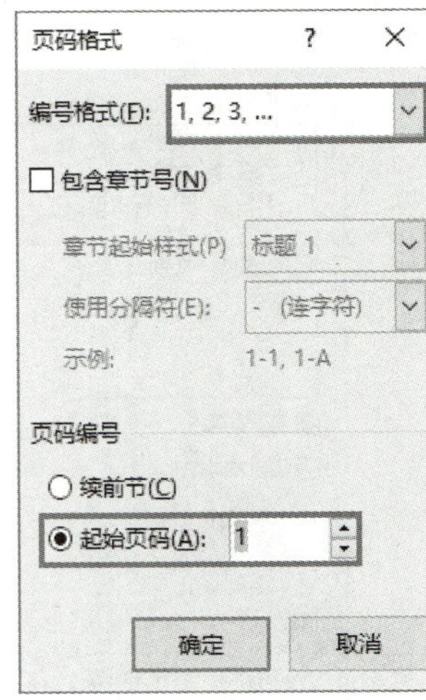

图3-107 设置正文页码格式

（3）对页脚设置要求③的操作步骤如下。

拖动鼠标选中“目录”“表目录”“图目录”各节，右击，在快捷菜单选择“更新域”命令，相继弹出“更新目录”对话框（见图3-108）、“更新图表目录”对话框（见图3-109），直接单击“确定”按钮。

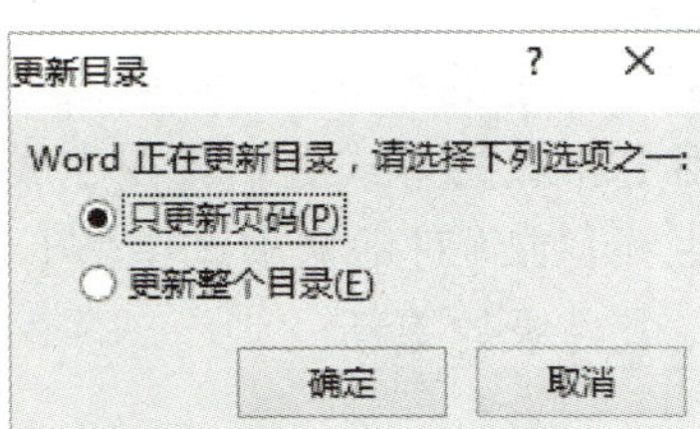

图3-108 “更新目录”对话框

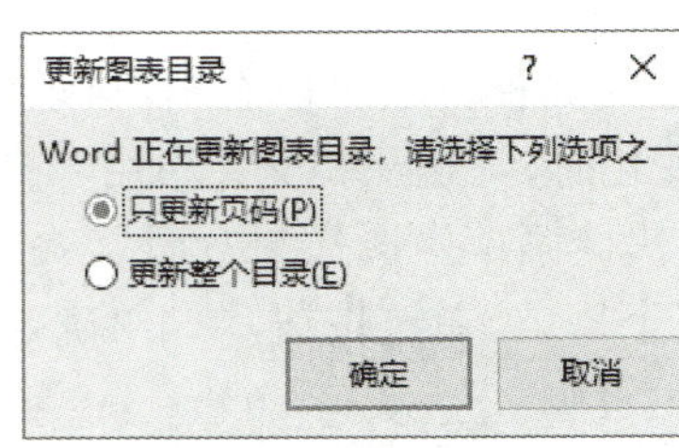

图3-109 “更新图表目录”对话框

5）添加页眉

在前面的应用中多处出现了域，如自动添加的章节编号和名称、题注的引用、页脚中的页码、自动创建的目录等，这些在文档中可能发生变化的数据都是域。

域由3部分组成：域名、域参数和域开关。域名是关键字，域参数是对域的进一步说明，域开关是特殊命令，用来引发特定操作。

常用的域有Page域（插入当前页的页码）、NumPages域（插入文档中的总页数）、Toc域（建立并插入目录）、StyleRef域（插入具有样式的文本）和MergeField域（插入合并域，在邮件合并中使用）等。

使用域时，通常单击“插入”选项卡的“文本”组中的“文档部件”下拉按钮，在下拉菜单中选择“域”命令，打开“域”对话框进行操作。

插入域后，指向“域”右击，可以在快捷菜单中选择相应命令进行编辑域、更新域、删除域等操作。

操作步骤如下。

（1）页面设置。

将光标置于第 1 章所在节中，单击“布局”选项卡的“页面设置”组中的对话框启动器 ，打开“页面设置”对话框，在其中的“版式”选项卡中进行设置。在“节的起始位置”下拉列表中选择“新建页”，在“页眉和页脚”选项组中选中“奇偶页不同”复选框，在“应用于”下拉列表中选择“本节”，如图 3-110 所示，单击“确定”按钮。重复上述步骤，直到每章都设置完毕。

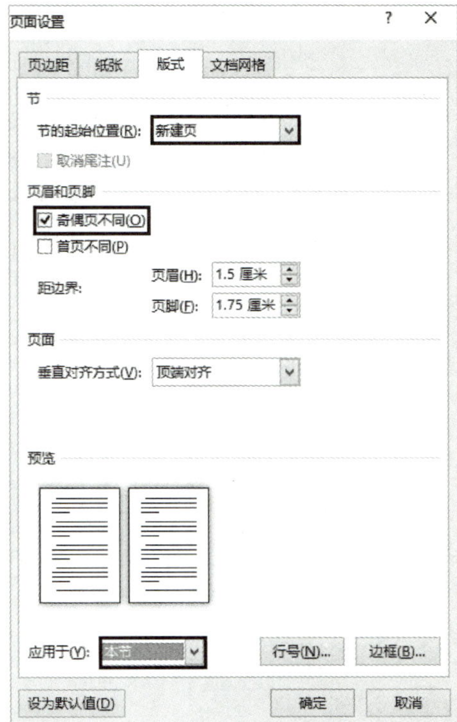

图 3-110　“页面设置”对话框

（2）创建奇数页页眉。

①双击第 1 章所在的页眉区域，光标将自动置于奇数页页眉处，并且自动出现“页眉和页脚工具”选项卡，如图 3-111 所示。单击“导航”组中的“链接到前一条页眉”按钮，使得页眉处“与上一节相同”取消，使本节设置的奇数页页眉不影响前面各节的奇数页页眉的设置。

②将光标置于奇数页页眉处，单击“插入”选项卡的“文本”组中的“文档部件”下拉按钮，在下拉菜单中选择“域”命令，打开“域”对话框。在“类别”下拉列表中选择“链接和引用”，在“域名”列表框中选择“StyleRef”，在“样式名”列表框中选择“标题 1”，在“域选项”选项组中选中“插入段落编号”复选框，如图 3-112 所示，单击“确定”按钮，插入奇数页页眉中的“章序号”。

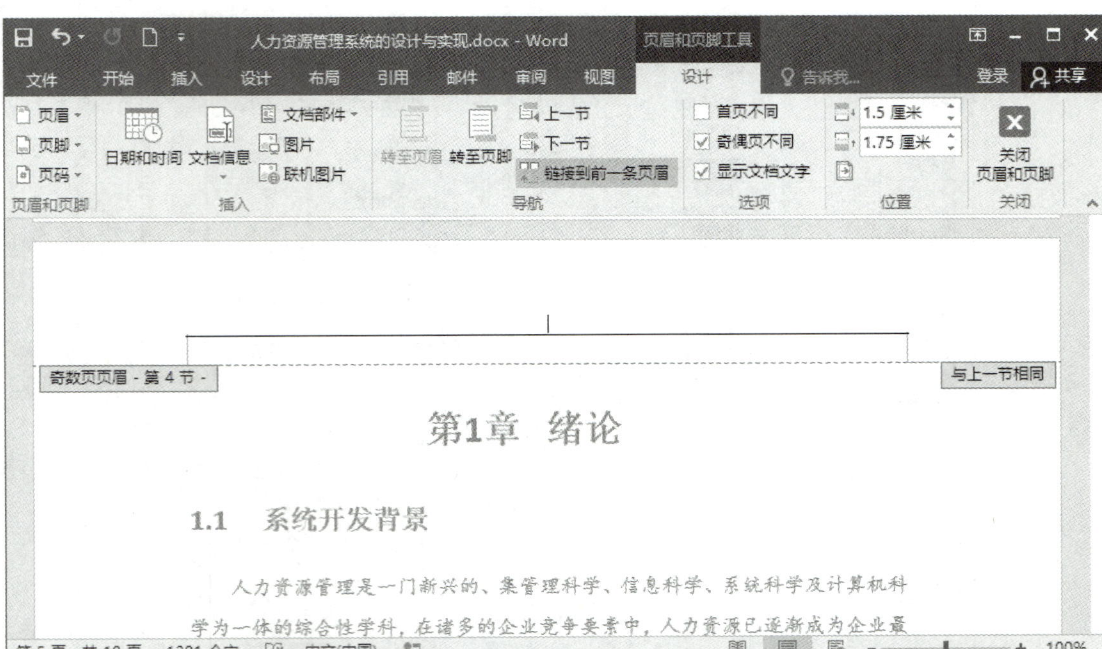

图 3-111　创建奇数页页眉

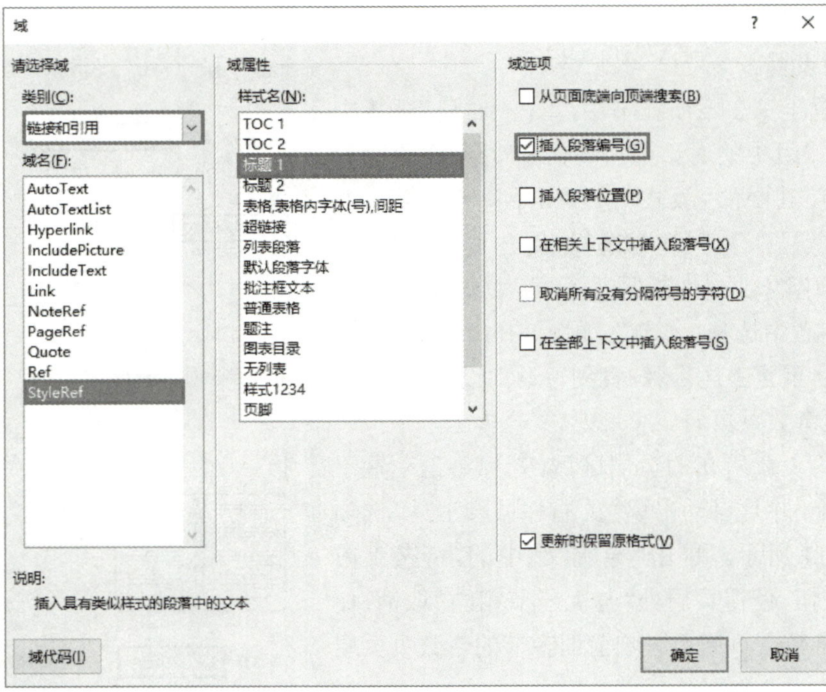

图 3-112　插入奇数页页眉中的“章序号”

③继续单击“插入”选项卡的“文本”组中的“文档部件”下拉按钮，在下拉菜单中选择“域”命令，打开“域”对话框。在“类别”下拉列表中选择“链接和引用”，在“域名”列表框中选择“StyleRef”，在“样式名”列表框中选择“标题 1”，如图 3-113 所示，单击“确定”按钮，插入奇数页页眉中的“章名”。

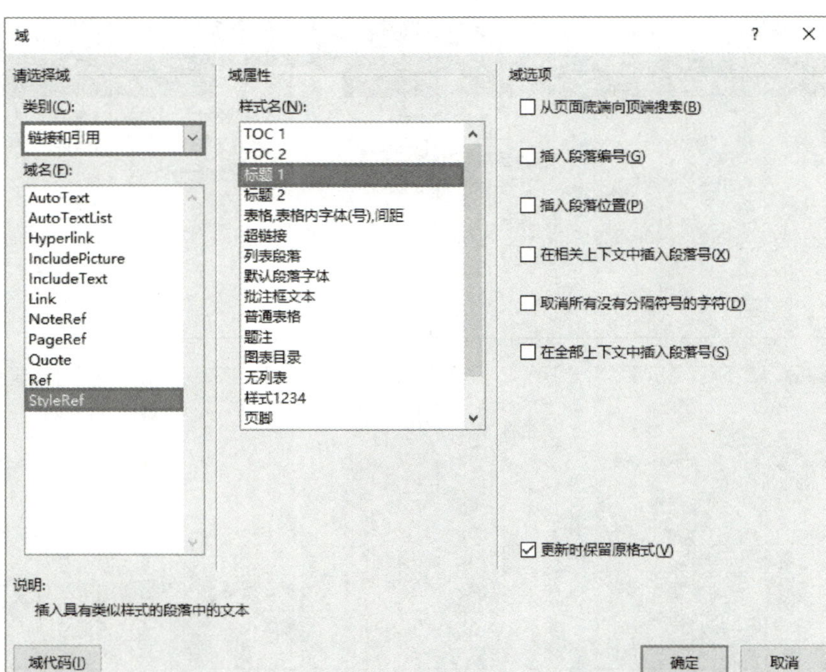

图 3-113　插入奇数页页眉中的“章名”

插入奇数页页眉的结果如图 3-114 所示。

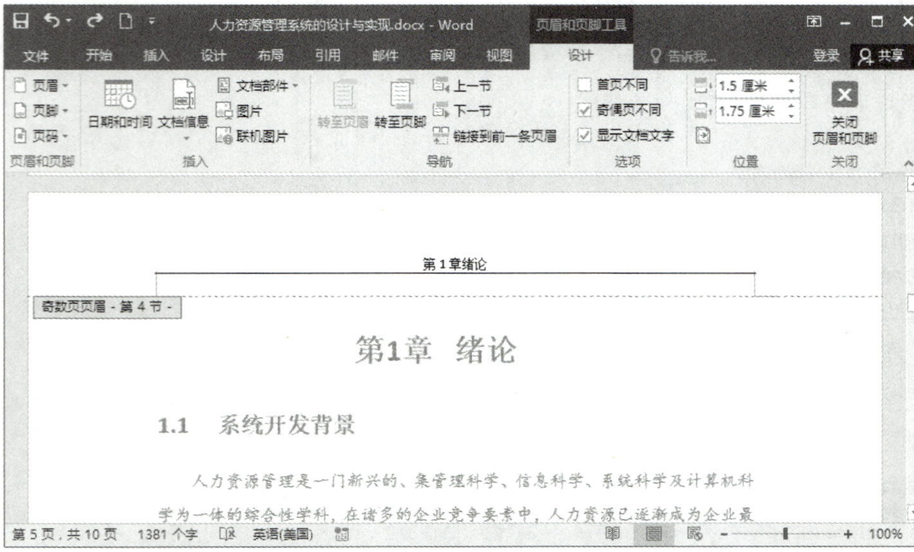

图 3-114　插入奇数页页眉的结果

（3）创建偶数页页眉。

其操作与创建奇数页页眉类似。

①创建奇数页页眉后，单击“页眉和页脚工具”→“设计”选项卡的“导航”组中的“下一条”按钮，光标将自动跳转到偶数页（下一页）页眉处。单击“导航”组的“链接到前一条页眉”按钮，使得页眉处“与上一节相同”取消，使本节设置的偶数页页眉不影响前面各节的偶数页页眉的设置。

②将光标置于偶数页页眉处，单击“插入”选项卡的“文本”组中的“文档部件”下拉按钮，在下拉菜单中选择“域”命令，打开“域”对话框。在“类别”下拉列表中选择“链接和引用”，在“域名”列表框中选择“StyleRef”，在“样式名”列表框中选择“标题 2”，在“域选项”选项组中选中“插入段落编号”复选框，单击“确定”按钮，插入偶数页页眉中的“节序号”。

③继续单击“插入”选项卡的“文本”组中的“文档部件”下拉按钮，在下拉菜单中选择“域”命令，打开“域”对话框。在“类别”下拉列表中选择“链接和引用”，在“域名”列表框中选择“StyleRef”，在“样式名”列表框中选择“标题 2”，单击“确定”按钮，插入偶数页页眉中的“节名”。最后在“页眉和页脚工具”→“设计”选项卡的“关闭”组中单击“关闭页眉和页脚”按钮。

设置完毕后浏览文档，从开始到结尾检查所有设置是否正确。为了快速浏览，可把视图切换到其他方式，单击“视图”选项卡的“显示”组中的“导航窗格”复选框，窗口左边出现“导航”窗格，显示标题，右边显示所有内容，这样能快速地在各个章节中跳转修改。

3.9.2　实例二：制作宣传海报

为了使我校大学生更好地进行职场定位和职业准备，提高就业能力，我校学工处计划于 2019 年 12 月 13 日（星期五）14:30-17:30 在校国际会议中心举办题为“职业生涯”的规划讲座，特别邀请著名职场达人兼东方集团董事长陆达先生担任演讲嘉宾。为了此次活动能够圆满成功，请利用相关素材制作一份精美的宣传海报。素材已有海报原始内容（Word.docx）、海报背景图片（Pic.jpg）、活动日程安排（Plan.docx）和演讲人照片（Luda.jpg）等。其中海报的原

始内容如图 3-115 所示。

海报制作完成后一共两页，参考样式如图 3-116 和图 3-117 所示。

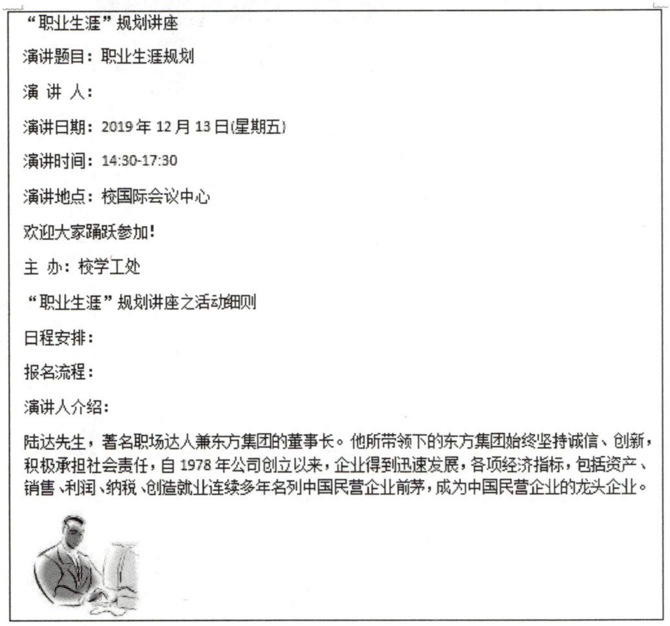

“职业生涯”规划讲座

演讲题目：职业生涯规划

演 讲 人：

演讲日期：2019 年 12 月 13 日(星期五)

演讲时间：14:30-17:30

演讲地点：校国际会议中心

欢迎大家踊跃参加！

主 办：校学工处

“职业生涯”规划讲座之活动细则

日程安排：

报名流程：

演讲人介绍：

陆达先生，著名职场达人兼东方集团的董事长。他所带领下的东方集团始终坚持诚信、创新，积极承担社会责任，自 1978 年公司创立以来，企业得到迅速发展，各项经济指标，包括资产、销售、利润、纳税、创造就业连续多年名列中国民营企业前茅，成为中国民营企业的龙头企业。

图 3-115　海报的原始内容

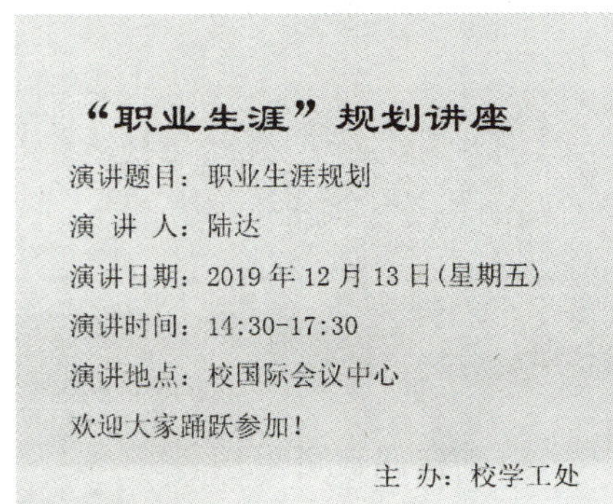

“职业生涯”规划讲座

演讲题目：职业生涯规划

演 讲 人：陆达

演讲日期：2019 年 12 月 13 日(星期五)

演讲时间：14:30-17:30

演讲地点：校国际会议中心

欢迎大家踊跃参加！

主 办：校学工处

图 3-116　海报参考样式第 1 页

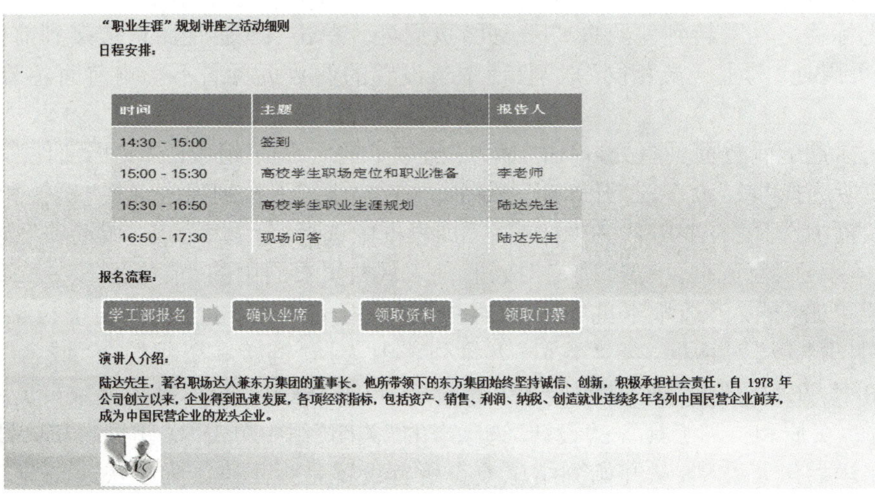

“职业生涯”规划讲座之活动细则

日程安排：

时间	主题	报告人
14:30 - 15:00	签到	
15:00 - 15:30	高校学生职场定位和职业准备	李老师
15:30 - 16:50	高校学生职业生涯规划	陆达先生
16:50 - 17:30	现场问答	陆达先生

报名流程：

学工部报名 → 确认坐席 → 领取资料 → 领取门票

演讲人介绍：

陆达先生，著名职场达人兼东方集团的董事长。他所带领下的东方集团始终坚持诚信、创新，积极承担社会责任，自 1978 年公司创立以来，企业得到迅速发展，各项经济指标，包括资产、销售、利润、纳税、创造就业连续多年名列中国民营企业前茅，成为中国民营企业的龙头企业。

图 3-117　海报参考样式第 2 页

1. 操作要求

具体要求如下。

①调整文档的版面。要求页面高度为 36 厘米，页面宽度为 25 厘米，页边距（上、下）为 5 厘米，页边距（左、右）为 4 厘米。

②将素材文件夹下的图片“Pic.jpg”设置为海报背景。

③根据参考样式，调整海报内容文字的字体、字号以及颜色。

④根据页面布局需要，调整海报内容中“演讲题目”“演讲人”“演讲日期”“演讲时间”“演讲地点”信息的段落间距，“主办”信息的段落对齐方式。

⑤在“演讲人:”位置后面输入报告人“陆达”;在“主办:校学工处”位置后面另起一页,并设置第 2 页的页面纸张大小为 A4,纸张方向设置为“横向”,页边距为“普通”,设置字体加粗。

⑥在第 2 页的“报名流程:”下面,利用 SmartArt 制作本次活动的报名流程(学工部报名、确认坐席、领取资料、领取门票)。

⑦在第 2 页的“日程安排:”段落下面,复制本次活动的日程安排表(请参照素材文件夹下“Plan.docx”文件),要求表格内容引用 Word 文件中的内容,如果 Word 文件中的内容发生变化,Word 文档中的日程安排信息随之发生变化。

⑧更换演讲人照片为“Luda.jpg”照片,将该照片调整到适当位置,且不要遮挡文档中文字的内容。

2. 操作提示

操作步骤如下。

①打开文件“Word.docx”,根据案例要求调整文档的版面。单击“布局”选项卡的“页面设置”组中的对话框启动器,打开“页面设置”对话框,在“纸张”选项卡的“纸张大小”下拉列表中选择“自定义大小”,设置高度为“36 厘米”,宽度为“25 厘米”;在“页边距”选项卡中设置页边距“上”“下”均为“5 厘米”,设置“左”“右”均为“4 厘米”,选择纸张方向为“纵向”,然后单击“确定”按钮。

②单击“设计”选项卡的“页面背景”组中的“页面颜色”下拉按钮,在下拉菜单中选择“填充效果”命令,打开“填充效果”对话框。单击“图片”选项卡,单击其中的“选择图片”按钮,从素材文件夹中选择“Pic.jpg”,然后单击“确定”按钮。

③根据参考样式,选中标题“‘职业生涯’规划讲座”,单击“开始”选项卡的“字体”组中的“字体”下拉按钮,在下拉列表中选择“隶书”,单击“字号”下拉按钮,在下拉列表中选择“初号”,单击“字体颜色”下拉按钮,在下拉列表中选择“黑色,文字 1”。用同样的方式设置正文部分的字体,把出现在第 1 页的正文字体设置为“宋体”“一号”,字体颜色设置为“黑色,文字 1”;出现在第 2 页的正文字体设置为“宋体”“四号”,“加粗”,字体颜色设置为“黑色,文字 1”。

④选中“演讲题目”“演讲人”“演讲日期”“演讲时间”“演讲地点”所在的段落,单击“开始”选项卡的“段落”组中的对话框启动器,打开“段落”对话框,在“缩进和间距”选项卡中进行间距和行距设置,选择行距为“单倍行距”,间距“段前”和“段后”均为“0 行”。选中“主办”所在的段落,单击“开始”选项卡的“段落”组中的“右对齐”按钮。

⑤在“演讲人:”位置后面输入报告人“陆达”。将光标置于“主办:校学工处”后,单击“布局”选项卡的“页面设置”组中的“分隔符”下拉按钮,在下拉菜单中选择“分节符”区中的“下一页”命令即可另起一页。接着选择第 2 页,单击“布局”选项卡的“页面设置”组中的“纸张大小”下拉按钮,在下拉菜单中选择“A4(21 厘米 ×29.7 厘米)”命令,单击“纸张方向”下拉按钮,在下拉菜单中选择“横向”命令,单击“页边距”下拉按钮,在下拉菜单中选择“普通”。选中所有文字,单击“开始”选项卡的“字体”组中的字体加粗按钮**B**。

⑥将光标置于“报名流程:”后,按 Enter 键,另起一行。单击“插入”选项卡的“插图”组中的“SmartArt”按钮,打开“选择 SmartArt 图形”对话框,选择“流程”选项卡的“基本流程”类型,单击“确定”按钮,并适当调整流程图的大小。根据题意,流程图中缺少一个矩形。因此,选中第 3 个矩形,单击“SmartArt 工具”→“设计”选项卡的“创建图形”组中的“添加形状”下拉按钮,在下拉菜单中选择“在后面添加形状”命令,然后输入相应的流程名称。

⑦将光标置于“日程安排:”后,按 Enter 键,另起一行。打开素材“Plan.docx”,选中表格,按快捷键 Ctrl+C 复制。切换到 Word.docx 文件中,单击“开始”选项卡的“粘贴”组中的“选择性粘贴”按钮,打开“选择性粘贴”对话框,选中“粘贴链接”单选按钮,在“形式”列表框中选择

“Microsoft Word 文档对象”，单击“确定”按钮。

⑧选中图片，单击“图片工具”→“格式”选项卡的“调整”组中的“更改图片”命令，打开“插入图片”对话框，选择素材文件夹下的演讲人照片“Luda.jpg”，单击“插入”按钮。

单击快速访问工具栏的“保存”按钮，保存本次的宣传海报设计。

习　题

国产软件
WPS Office

1. 请按照以下要求对 Word 文档进行编辑和排版。

（1）文字要求：输入一篇短小的寓言或散文，不少于 150 个汉字，至少包含 3 个自然段。

（2）将文章正文各段的字体设置为宋体，小四，两端对齐，各段行间距为 1.5 倍行距。第 1 段首字下沉 3 行，距正文 0.5 厘米。

（3）在第 2 段和第 3 段的段前设置项目符号“*”（Times New Roman 字体中的符号）。

（4）在正文中插入一幅图片，设置图片的文字环绕方式为四周型。

（5）页面设置的上、下、左、右边距均为 2 厘米，页眉为 1.5 厘米。

（6）设置页码为页面底端居中（“普通数字 2”样式）。

（7）在文章最后输入公式（单独一段）：

$$z = xy + \sqrt{\ln A + \frac{x^2}{x^2 + y^2}} + \sqrt{x^2 + y^2 - R^2}$$

2. 请按照以下要求完成“个人简历表”表格的制作。

（1）参照图 3-118 所示制作表格，表内文字的对齐方式为水平居中，插入表格标题并居中。字体、字号选择自己喜欢的格式。

个人简历表

姓名		性别		出生日期		照片
民族		文化程度		政治面貌		
婚姻状况		身高		体重		
联系地址				邮政编码		
联系电话				E-mail		

图 3-118　“个人简历表”表格

（2）表格外框线为单实线、3 磅、紫色，内部框线为单实线、1 磅、黑色，底纹为白色，背景 1.15%。

（3）在“照片”处插入剪贴画以替换“照片”文字，环绕方式为嵌入型。

3. 请按照以下要求完成流程图的绘制。

（1）参照图 3-119 所示绘制流程图。

（2）流程图的填充色为白色，线条为实线，颜色为黑色，线型为单线，粗细为 0.75 磅，文字居中；小箭头为实线，颜色为黑色，线型为单线，粗细为 1.5 磅；大箭头为右箭头，填充颜色为红色，线条为实线，颜色为红色，线型为单线，粗细为 1 磅，文字居中。

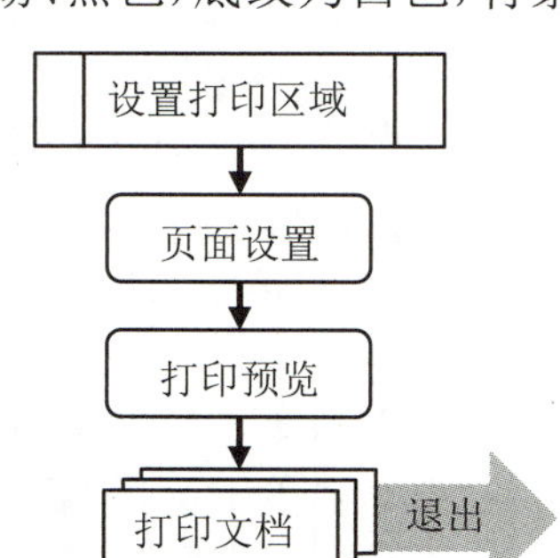

图 3-119　流程图

第4章

电子表格处理软件 Excel 2016

人们在日常生活工作中经常会遇到各种计算问题，如商业上进行销售统计，会计人员对工资、报表进行分析，教师计算学生成绩，科研人员分析实验结果等，这些都可以通过电子表格软件来实现。目前流行的电子表格处理软件有 Microsoft Office 2016 办公集成软件中的 Excel 2016，WPS Office 2016 金山办公组合软件中的金山电子表格 2016 等。

本章将以 Excel 2016 为例，介绍电子表格处理软件的基本功能和使用方法。

4.1 Excel 2016 工作环境

Excel 2016 的启动和退出与 Word 2016 类似。常用的启动方法是选择“开始”→“Excel 2016”命令，进入 Excel 2016 的工作窗口，如图 4-1 所示。

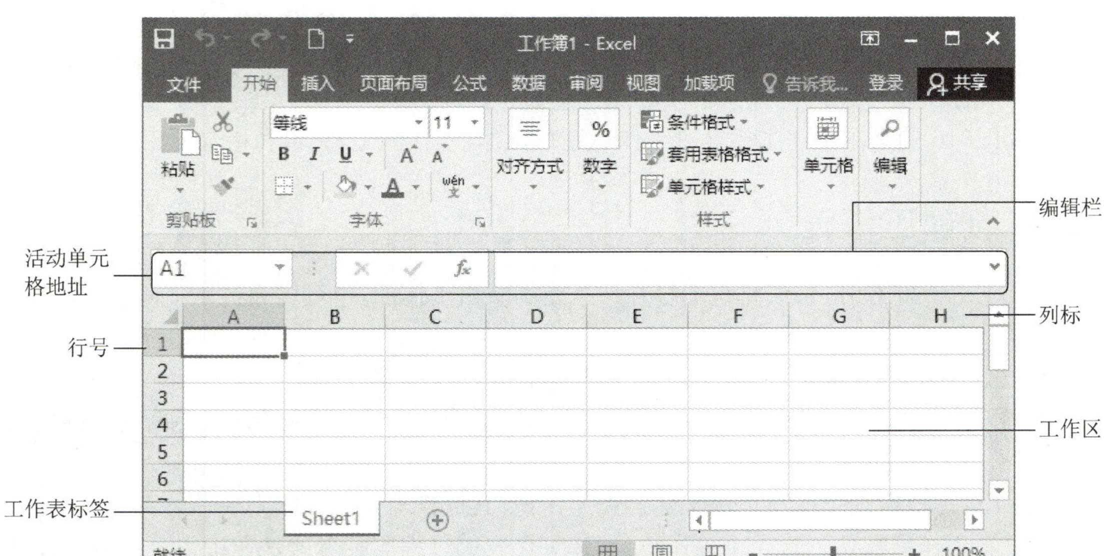

图 4-1　Excel 2016 的工作窗口

Excel 2016 的工作窗口与 Word 2016 的基本相同，不同之处主要有以下几个方面。

1）编辑栏

编辑栏是 Excel 窗口特有的，用来显示和编辑数据、公式。编辑栏由 3 部分组成：左端是名称框，当选择单元格或单元格区域时，相应的地址或区域名称显示在该框中；右端是编辑框，在单元格中编辑数据时，其内容同时出现在编辑框中，如果是较长的数据，由于单元格默认宽度通常显示不下，此时，可以在编辑框中编辑数据；中间是“插入函数”按钮 fx，单击该按钮，可以打开“插入函数”对话框，同时在它的左边会出现“取消”按钮 ✕ 和“输入”按钮 ✓。

2）工作簿

Excel 的工作区显示的是当前打开的工作簿。工作簿是指在 Excel 中用来存储并处理数据的文件，其扩展名为“xlsx”。工作簿由若干个工作表组成，默认为一个工作表，名称为 Sheet1，可以重新命名。可以增加和删除工作表。Excel 可以同时打开若干个工作簿，可以进行平铺、水平并排、垂直并排和层叠排列。

3）工作表

工作表是一个由 1 048 576 行和 16 384 列组成的表格，行号自上而下为 1～1 048 576，列标从左到右为 A，B，C，…，X，Y，Z，AA，AB，AC，…，AZ，BA，BB，BC，…，BZ，…。每个工作表都有一个工作表标签，单击工作表标签可以实现工作表之间的切换。

4）单元格

行和列的交叉部分称为单元格，单元格是存放数据的最小单元。单元格的内容可以是数字、字符、公式、日期、图形或声音文件等。每个单元格都有固定地址，用列标和行号唯一标识，如 D4 是指第 4 列第 4 行交叉位置上的单元格。为了区分不同工作表的单元格，需要在单元格地址前加工作表名称，如 Sheet1!A1 表示 Sheet1 工作表的 A1 单元格。当前正在使用的单元格称为活动单元格，用框线包围，如图 4-1 中的 A1 单元格。

4.2 Excel 2016 的基本操作

Excel 2016 的基本操作主要是对工作表进行操作，包括创建、编辑和格式化工作表。

4.2.1 创建工作表

启动 Excel 2016 时，系统将自动打开一个新的空白工作簿，也可以通过以下两种方法创建新工作簿。

- 在快速访问工具栏中添加“新建”按钮后，单击该按钮。
- 单击“文件”按钮，在菜单中选择“新建”命令，单击“空白工作簿”按钮以创建空白工作簿。

Excel 也可以根据工作簿模板来建立新工作簿，其操作与 Word 类似。

一个新工作簿默认包含一个工作表，创建工作表的过程实际上就是在工作表中输入数据，并使用公式或函数计算数据的过程。

1. 在工作表中输入原始数据

输入数据一般有 4 种方式。

1）直接输入数据

单击某一单元格，可以直接在单元格或编辑框中输入数据，结束时按 Enter 键、Tab 键或单击编辑栏中的“输入”按钮✔。如果要放弃输入，按 Esc 键或单击编辑栏中的“取消”按钮✕即可。输入的数据可以是文本型、数值型、日期和时间型。默认情况下，文本型数据左对齐，数值、日期和时间型数据右对齐。

● 文本型数据的输入：文本是指键盘上可以输入的任何符号。对于数字形式的文本型数据，如编号、学号、电话号码等，应在数字前加英文单引号（'），例如，输入编号 0101，应输入“'0101”，此时 Excel 以 0101 显示，当作字符沿单元格左对齐。

当输入的文本长度超出单元格宽度时，若右边单元格无内容，则扩展到右边列，否则将截断显示。

● 数值型数据的输入：数值除了由数字（0～9）组成的字符串外，还包括+、−、/、E、e、$、%，以及小数点（.）和千分位符号（，）等特殊字符，如“$150,000.5”。对于分数的输入，为了与日期的输入相区别，应先输入“0”和空格，例如，要输入 1/2，应输入“0 1/2”，如果直接输入“1/2”的话，系统会自动将其处理为日期。

Excel 中数值输入与数值显示并不总是相同的，计算时以输入的数值为准。当输入的数值位数太长（超过单元格的列宽或超过 15 位时），Excel 自动以科学记数法表示，如输入 0.000 000 000 005，则显示为“5E−12”；当设置输入的数值带两位小数时，如果输入 3 位小数，末位将进行四舍五入。

输入数值时，有时会发现单元格中出现符号“###”，这是因为单元格的列宽不够，不足以显示全部数据，此时加大单元格列宽即可。

● 日期和时间型数据的输入：Excel 内置了一些日期和时间格式，当输入数据与这些格式相匹配时，Excel 将自动识别它们。Excel 常见的日期时间格式为 mm/dd/yy、dd−mm−yy、hh:mm（AM/PM），其中 AM/PM 与分钟之间应有空格，如“8:30 AM”，否则将被当作文本处理。图 4−2 给出了 3 种类型数据的输入示例。

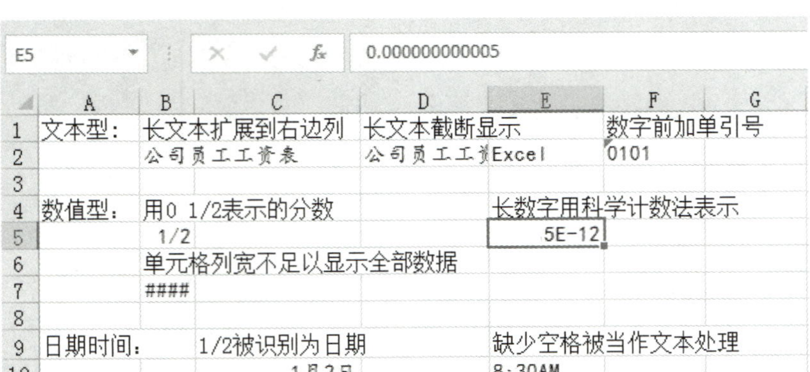

数据的录入与格式设置

图 4−2　3 种类型数据的输入示例

注意：如果需要在不连续的多个单元格中输入同样的数据，可以先选中这些单元格，然后在编辑框中输入数据，按快捷键 Ctrl+Enter 即可实现同时输入。

2）快速输入数据

当要在工作表的某一列输入一些相同的数据时，可以使用 Excel 提供的快速输入方法——“记忆式输入”和“下拉列表输入”。

● 记忆式输入：当输入的字符与同一列中已输入的内容相匹配时，系统将自动填写其他字符。如图 4-3 所示，在 A6 单元格输入的“台”和 A4 单元格的内容相匹配，系统自动显示了后面的字符“式电脑”。这时按 Enter 键，表示接受提供的字符；也可以不采用提供的字符，而继续手工输入。

● 下拉列表输入：用人工方法输入数据，可能会使输入的内容不一致。例如，同一种商品可能输入不同的名字（如空调、空调器或空调机），这会使得统计结果不准确。为了避免这类事情的发生，可以在选取单元格后，右击，在快捷菜单中选择“从下拉列表中选择”命令，或者按 Alt+ ↓ 快捷键，两种方法都会显示一个输入列表，从中选择需要的输入项即可，如图 4-4 所示。

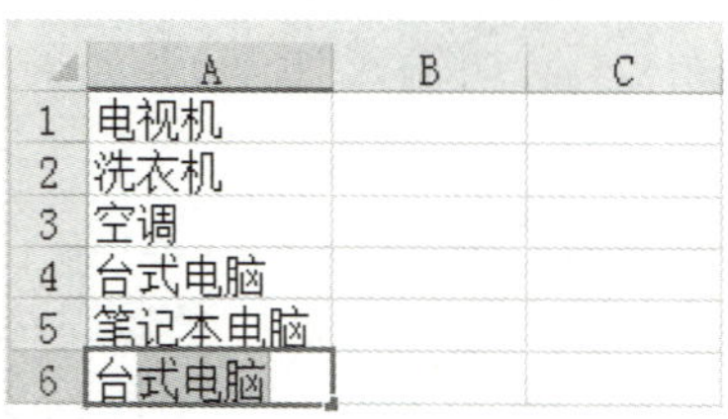

图 4-3 记忆式输入示例

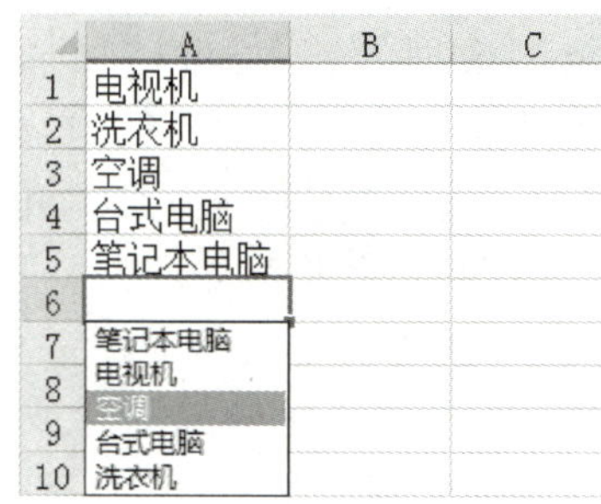

图 4-4 下拉列表输入示例

3）利用自动填充功能输入有规律的数据

有规律的数据是指等差、等比、系统预定义序列和用户自定义序列的数据。当某行或某列为有规律的数据时，可以使用 Excel 提供的自动填充功能。

自动填充功能根据初始值来决定以后的填充项，用鼠标指针指向初始值所在单元格右下角的小黑方块（称为“填充柄”，见图 4-5），此时鼠标指针的形状变为黑十字，向右（行）或向下（列）拖动至要填充的最后一个单元格，即可完成自动填充。

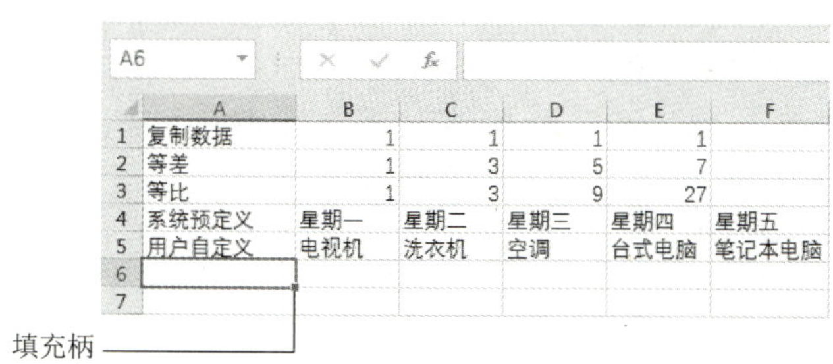

图 4-5 自动填充示例

自动填充分 3 种情况。

● 填充相同数据（复制数据）：单击该数据所在的单元格，沿水平或垂直方向拖动填充柄，便会产生相同数据。

● 填充序列数据：如果是日期型序列，只需要输入一个初始值，然后直接拖动填充柄即可。如果是数值型序列，必须输入前两个单元格的数据，然后选定这两个单元格，拖动填充柄，系统默认为等差关系，在拖动到的单元格内依次填充等差序列数据。如果需要填充等比序列数据，则可以在拖动生成等差序列数据后，选定这些数据，单击“开始”选项卡的“编辑”组中

的“填充”下拉按钮，在下拉菜单中选择“序列”命令，在打开的“序列”对话框的“类型”栏选中“等比序列”单选按钮，并设置合适的步长值（比值，如“3”），如图 4-6 所示。

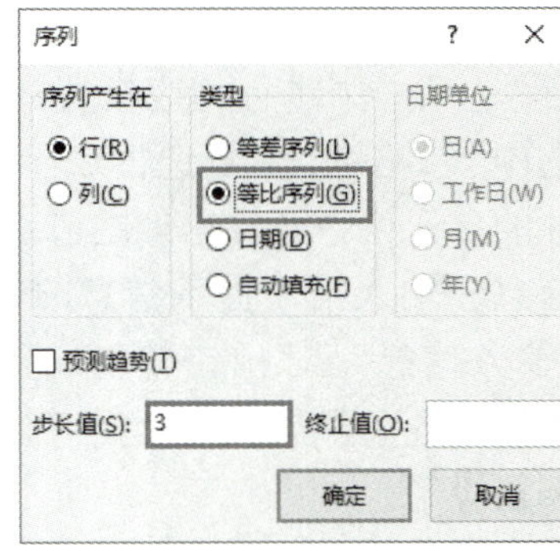

图 4-6　“序列”对话框

● 填充用户自定义序列数据：在实际工作中，经常需要输入单位部门设置、商品名称、课程科目、公司在各大城市的办事处名称等，可以将这些有序数据自定义为序列，从而节省输入数据的工作量，提高效率。

单击“文件”按钮，在菜单中选择“选项”命令，打开“Excel 选项”对话框，单击“高级”选项卡，在右边的“常规”栏中单击“编辑自定义列表”按钮，打开“自定义序列”对话框，在其中添加新序列。添加新序列有两种方法：一是在“输入序列”列表框中直接输入，每输入一项按一次 Enter 键，输入完毕后单击“添加”按钮，如图 4-7 所示；二是从工作表中直接导入，只需在“自定义序列”对话框中单击折叠对话框按钮，然后选中工作表中的这一系列数据，再单击折叠对话框按钮返回，最后单击“导入”按钮即可。

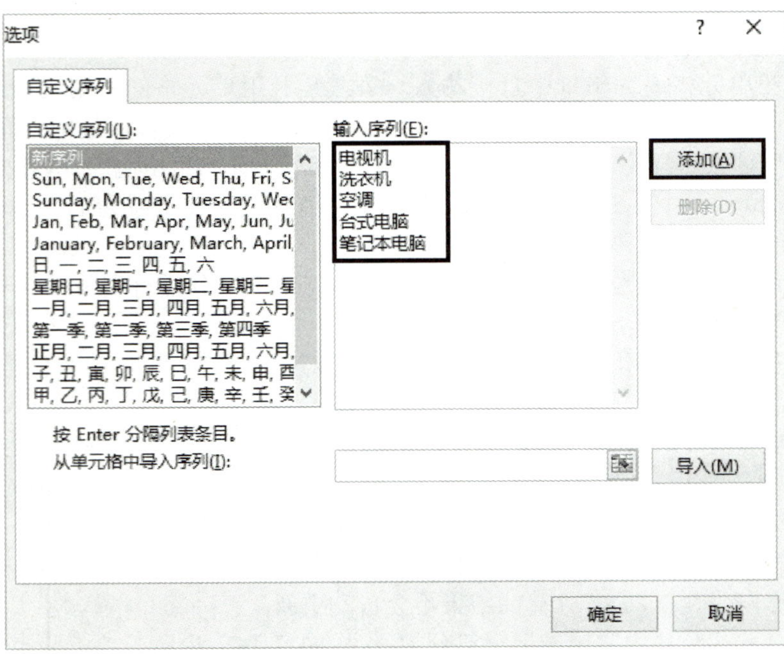

图 4-7　添加用户自定义序列

4）获取外部数据

单击“数据”选项卡的“获取外部数据”组中的相应按钮，可以导入其他数据库（如 Access 和 SQL Server）中的文件，还可以导入文本文件、XML 文件等。

在向工作表输入数据的过程中，用户可能会输入一些不合要求的数据，即无效数据。为避免这种情况，在输入数据前，单击“数据”选项卡的“数据工具”组中的“数据验证”下拉按钮，在下拉菜单中选择“数据验证”命令，设置数据的验证条件。例如，在输入学生成绩时，数据应该为 0～100 的整数，这就有必要设置数据的验证条件。先选定需要进行验证的单元格区域，单击“数据”选项卡的“数据工具”组中的“数据验证”下拉按钮，在下拉菜单中选择“数据

验证”命令，在打开的“数据验证”对话框的“设置”选项卡中进行相应设置，如图 4-8 所示，其中选中“忽略空值”复选框表示在设置数据验证条件的单元格中允许出现空值。如需设置输入提示信息和输入错误提示信息，则分别在该对话框的“输入信息”和“出错警告”选项卡中进行。设置数据验证条件后，Excel 就可以监督数据的输入是否正确了。

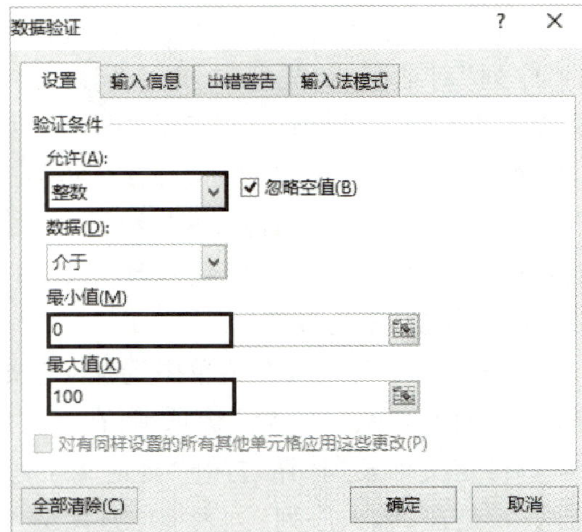

图 4-8　数据验证设置

2. 使用公式和函数计算数据

Excel 的主要功能不在于它能输入、显示和存储数据，更重要的是 Excel 对数据的计算能力。Excel 可以对工作表中某一区域的数据进行求和、求平均值、计数、求最大值、求最小值，以及进行其他更为复杂的运算。在 Excel 中，修改数据后公式的计算结果也会自动更新，这是手工计算无法比拟的。

在 Excel 的工作表中，所有的计算工作都是通过公式和函数来完成的。

1）使用公式计算数据

公式可以在单元格或编辑框中直接输入。公式是利用单元格的引用地址对存放在其中的数值型数据进行分析和计算的等式，如“＝A1+B1+C1”。公式与普通数据之间的区别在于：公式首先是由“＝”来引导的，后面是计算的内容，由常量、单元格引用地址、运算符和函数组成。

● 常量：常量是一个固定的值，从字面上就能知道该值是什么或它的大小是多少。公式中的常量有数值型常量、文本型常量和逻辑型常量。

数值型常量可以是整数、小数、分数、百分数，不能带千位分隔符和货币符号。例如 100、2.8、1/2、15% 等。

文本型常量是英文双引号括起来的若干字符，但其中不能包含英文双引号。例如“平均值”“总金额”等。

逻辑型常量只有 TRUE（真）和 FALSE（假）两个值。

● 单元格引用地址：在输入公式时，之所以不用数字本身而是用单元格的引用地址，如 A1、B1、C1 等，是为了使计算分析的结果始终准确地反映单元格的当前数据。只要改变了数据单元格中的内容，公式单元格中的结果也立刻随之改变。如果在公式中直接书写数据，一旦单元格中的数据发生变化，公式计算的结果不会自动更新。

● 运算符：Excel 公式中常用的运算符分为 4 类，如表 4-1 所示。

表 4-1　常用的运算符

类型	表示形式	优先级
算术运算符	+（加）、-（减）、*（乘）、/（除）、%（百分比）、^（乘方）	从高到低分为 3 个级别：百分比和乘方，乘和除，加和减。优先级相同时，按从左到右的顺序计算
关系运算符	=（等于）、>（大于）、<（小于）、>=（大于或等于）、<=（小于或等于）、<>（不等于）	优先级相同
文本运算符	&（文本的连接）	—
引用运算符	:（区域）、,（联合）、空格（交叉）	从高到低依次为区域、联合、交叉

其中，算术运算符用来对数值进行算术运算，结果还是数值。算术运算符的优先级如表 4-1 所示，例如，运算式“1+2%-3^4/5*6”的计算顺序是“%、^、/、*、+、-”，计算结果是“-9618%”。

关系运算符又称比较运算符，用来比较两个文本、数值、日期、时间的大小，结果是一个逻辑值。各种数据类型的比较规则为：数值型——按照数值的大小进行比较；日期型——昨天 < 今天 < 明天；时间型——过去 < 现在 < 未来；文本型——按照字典顺序比较。

字典顺序比较规则如下。

（1）从左到右比较，第一个不同字符的大小就是两个文本型数据的大小。

（2）如果前面的字符都相同，则没有剩余字符的文本型数据小。

（3）英文字符 < 中文字符。

（4）英文字符按其在 ASCII 编码表中的顺序进行比较，位置靠前的小，空格 < 大写字母 < 小写字母。

（5）在中文字符中，中文字符（如 ★）< 汉字。

（6）汉字的大小按字母排序，即汉字的拼音顺序，如果拼音相同，则比较声调，如果声调相同，则比较笔画。如果一个汉字有多个读音，或一个读音有多个声调，则系统选取最常用的拼音和声调。

例如，AB<AC、A<AB、AB<ab、AB< 中，上述比较结果都为 True。

文本运算符用来将多个文本连接为一个组合文本，如“Microsoft &　Excel”的结果为“Microsoft Excel”。

SUM 函数

引用运算符用来将单元格区域合并运算，如表 4-2 所示。

表 4-2　引用运算符

引用运算符	含义	示例
:（区域运算符）	包括两个引用在内的所有单元格的引用	SUM（A1:C3）
,（联合操作符）	对多个引用合并为一个引用	SUM（A1,C3）
空格（交叉操作符）	产生同时隶属于两个引用的单元格区域的引用	SUM（A1:C4 B2:D3）

4 类运算符的优先级从高到低依次为引用运算符、算术运算符、文本运算符、关系运算符。当多个运算符同时出现在公式中时，Excel 按运算符的优先级进行运算，优先级相同时，自左向右计算。

【例 4-1】 有创建完成未格式化的“公司员工工资表 .xlsx”，使用公式计算每位员工的实发工资。

操作步骤如下。

①打开“公司员工工资表”（表中为模拟数据），选定编号“001”员工的“实发工资”单元格。

②在单元格中输入公式“=E3+F3-G3”（或在编辑框中输入“=E3+F3-G3”），按 Enter 键，Excel 自动计算并将结果显示在单元格中，同时公式内容显示在编辑框中。输入单元格引用地址更简单的方法是，直接用鼠标依次单击数据源单元格，则该单元格的引用地址会自动出现在编辑框中，如图 4-9 所示，此时再按 Enter 键就可以得到计算结果。

③其他员工的实发工资可利用公式的自动填充功能（复制公式）快速完成。方法是：移动鼠标指针到公式所在单元格右下角的填充柄处，当鼠标指针变成黑十字时，按住鼠标左键拖动经过目标区域，到达最后一个单元格时松开鼠标左键，公式自动填充完毕。

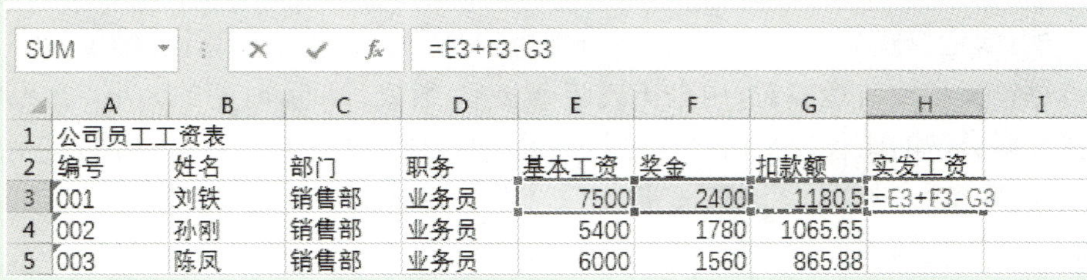

图 4-9 使用公式计算实发工资

注意：当公式输入错误时，可以进行修改，方法是选择需要修改公式的单元格，在编辑框中修改，最后按 Enter 键即可。如果为了方便检查公式的正确性，可以设置在单元格中显示公式，方法是在“公式”选项卡的“公式审核”组中单击“显示公式”按钮。

2）使用函数计算数据

函数是 Excel 自带的一些已经定义好的公式，一般格式为

函数名称（参数 1，参数 2，……）

其中，参数可以是常量、单元格、单元格区域、公式或其他函数。

例如，在求和函数 SUM（A1:A8）中，A1:A8 是参数，指明操作对象是单元格区域 A1:A8 中的数值。

与直接创建公式比较（如公式“=A1+A2+A3+A4+A5+A6+A7+A8”与函数“=SUM（A1:A8）”），使用函数可以减少输入的工作量，减小出错概率。而且，对于一些复杂的运算（如开平方根、求标准偏差等），如果由用户自己设计公式来完成会很困难。Excel 2016 提供了许多功能完备易于使用的函数，涉及财务、逻辑、文本、日期和时间、查找与引用、数学与三角函数、统计、工程、多维数据集、信息等多方面。此外，用户还可以通过 VBA（Visual Basic for Applications）自定义函数。

Excel 最基本的 5 个函数是 SUM（求和）、AVERAGE（平均值）、COUNT（计数，注意只有数值型数据才能被计数）、MAX（最大值）和 MIN（最小值）等。其他常用的数据统计分析函数在 4.4.8 节会有详细阐述。

函数的输入有两种方法。

- 直接输入法：直接在单元格或编辑框内输入函数，适用于比较简单的函数。
- 插入函数法：比直接输入法更常用。可以单击“公式”选项卡的“函数库”组中的“插入函数”按钮或单击编辑栏中的 *fx* 按钮，打开“插入函数”对话框进行操作；也可以单击“公式”选项卡的“函数库”组中对应的分类函数下拉按钮，在下拉菜单中选择需要的函数来完成。例如，对于 5 个基本函数，可以单击“公式”选项卡的“函数库”组中的“自动求和”下拉按钮 Σ，在下拉菜单中选择相应命令，将自动对活动单元格上方或左侧的数据进行这 5 种基本计算。

【例 4-2】 使用插入函数法统计“公司员工工资表”中所有员工的基本工资、奖金、扣款额和实发工资的平均值。

操作步骤如下。

①在“公司员工工资表”中单击用于存放基本工资平均值的 E15 单元格。

②单击编辑栏中的 *fx* 按钮，打开“插入函数”对话框，在“或选择类别”下拉列表中选择“常用函数”，再在“选择函数”列表框中选择“AVERAGE”，如图 4-10 所示。

③单击“确定”按钮，弹出 AVERAGE 函数的“函数参数”对话框，如图 4-11 所示。此时，系统自动提供的数据单元格区域 E3:E14 正确，直接单击“确定”按钮即可。如果不正确，则需要重新选择，方法是：单击“Number1”文本框右侧的折叠对话框按钮，从工作表中重新选定相应的单元格区域，再单击折叠对话框按钮恢复“函数参数”对话框，最后单击“确定”按钮。

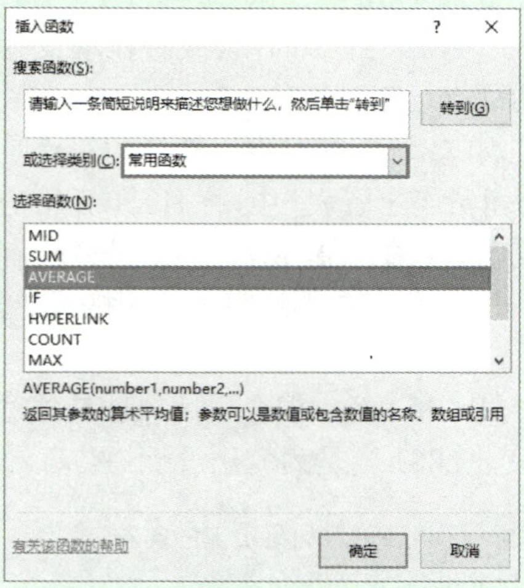

图 4-10　“插入函数”对话框

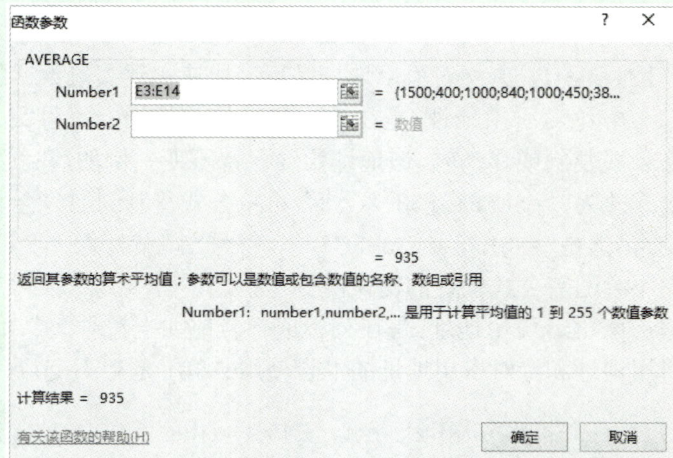

图 4-11　AVERAGE 函数的“函数参数”对话框

④其他如奖金、扣款额、实发工资的平均值的计算，可以利用公式的自动填充功能快速完成。

实际上，可以使用快捷的方法完成计算，方法是：将光标放在存放平均值的单元格中，单击“公式”选项卡的“函数库”组中的“自动求和”下拉按钮，在下拉菜单中选择“平均值”命令，如图 4-12 所示，Excel 将自动出现平均值函数 AVERAGE 及相应的数据区域，如图 4-13 所示。检查系统自动给出的数据区域是否正确，这里是 E3:E14，显然正确，按 Enter 键完成。如果不正确，需重新用鼠标选择（此时鼠标指针应为白色粗十字），也可以直接输入正确的数据区域，然后按 Enter 键。

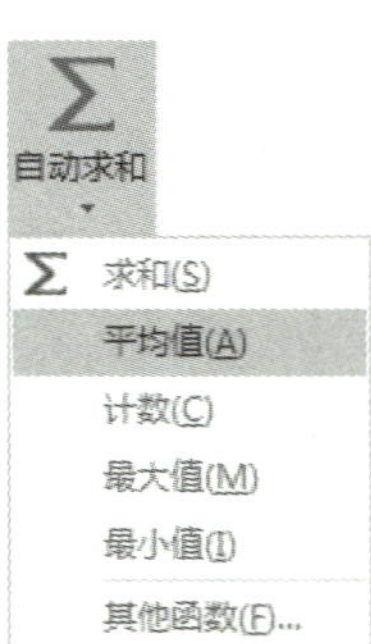

图 4-12　“自动求和”下拉菜单

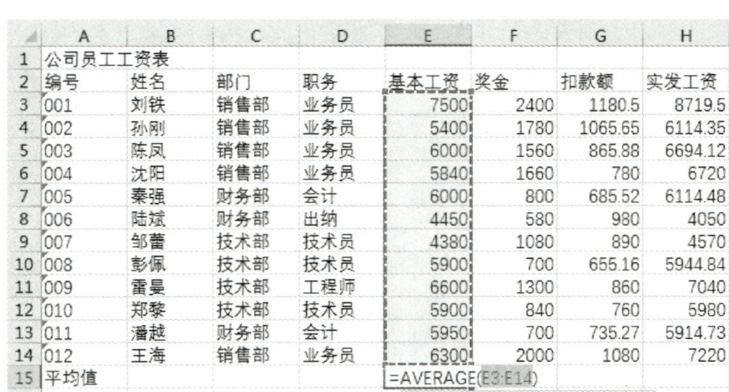

	A	B	C	D	E	F	G	H
1	公司员工工资表							
2	编号	姓名	部门	职务	基本工资	奖金	扣款额	实发工资
3	001	刘铁	销售部	业务员	7500	2400	1180.5	8719.5
4	002	孙刚	销售部	业务员	5400	1780	1065.65	6114.35
5	003	陈凤	销售部	业务员	6000	1560	865.88	6694.12
6	004	沈阳	销售部	业务员	5840	1660	780	6720
7	005	秦强	财务部	会计	6000	800	685.52	6114.48
8	006	陆斌	财务部	出纳	4450	580	980	4050
9	007	邹蕾	技术部	技术员	4380	1080	890	4570
10	008	彭佩	技术部	技术员	5900	700	655.16	5944.84
11	009	雷昊	技术部	工程师	6600	1300	860	7040
12	010	郑黎	技术部	技术员	5900	840	760	5980
13	011	潘越	财务部	会计	5950	700	735.27	5914.73
14	012	王海	销售部	业务员	6300	2000	1080	7220
15	平均值				=AVERAGE(E3:E14)			
16					AVERAGE(number1, [number2], ...)			

图 4-13　自动求平均值操作

3）公式和函数中单元格的引用地址

使用公式和函数计算数据非常简单，只要计算出第一个数据，其他的都可以利用公式的自动填充功能完成。公式的自动填充操作实际上就是复制公式，为什么同一个公式复制到不同单元格会有

公式和函数中单元格的引用地址

不同的结果呢？究其原因是相对引用地址在起作用。

公式和函数中经常包含单元格的引用地址，它有 3 种表示方式。

● 相对引用地址：由列标和行号表示，如 B1，A2:C4 等，是 Excel 默认的引用方式。相对引用地址的特点是在公式复制或移动时，该地址会根据移动的位置自动调节。例如，在“公司员工工资表”中将公式从 H3 复制到 H4，列标没变，行号加 1，所以公式从“=E3+F3-G3”自动变为“=E4+F4-G4”。假如公式从 H3 复制到 I4，列标加 1，行号也加 1，公式将自动变为“=F4+G4-H4”。相对引用地址常用来快速实现大量数据的同类运算。

● 绝对引用地址：是在列标和行号前都加上符号“$”，如 $B$1。绝对引用地址的特点是在公式复制或移动时，该地址始终保持不变。例如，在“公司员工工资表”中，将 H3 单元格的公式改为“＝$E$3+$F$3-$G$3”，再将公式复制到 H4，会发现 H4 的结果与 H3 一样，公式没有变，仍然是“＝$E$3+$F$3-$G$3”。符号“$”就好像一个钉子，钉住了参加运算的单元格，使它们不会随着公式位置的变化而变化。

● 混合引用地址：是在列标或行号前加上符号“$”，如 $B1 和 B$1。混合引用地址是相对引用地址和绝对引用地址的混合使用。$B1 是列不变，行变化；B$1 则是列变化，行不变。

【例 4-3】 绝对引用地址示例。在 [例4-2] 中的工作表的最后添加一列“评价”，如果员工的实发工资低于平均值，则显示“低于平均工资”，否则不显示任何信息，如图 4-14 所示。

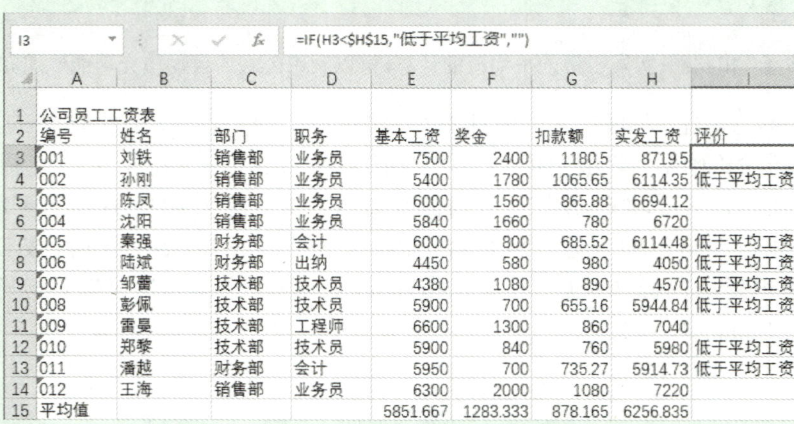
I3 =IF(H3<$H$15,"低于平均工资","")

	A	B	C	D	E	F	G	H	I
1	公司员工工资表								
2	编号	姓名	部门	职务	基本工资	奖金	扣款额	实发工资	评价
3	001	刘铁	销售部	业务员	7500	2400	1180.5	8719.5	
4	002	孙刚	销售部	业务员	5400	1780	1065.65	6114.35	低于平均工资
5	003	陈凤	销售部	业务员	6000	1560	865.88	6694.12	
6	004	沈阳	销售部	业务员	5840	1660	780	6720	
7	005	秦强	财务部	会计	6000	800	685.52	6114.48	低于平均工资
8	006	陆斌	财务部	出纳	4450	580	980	4050	低于平均工资
9	007	邹蕾	技术部	技术员	4380	1080	890	4570	低于平均工资
10	008	彭佩	技术部	技术员	5900	700	655.16	5944.84	低于平均工资
11	009	雷昊	技术部	工程师	6600	1300	860	7040	
12	010	郑黎	技术部	技术员	5900	840	760	5980	低于平均工资
13	011	潘越	财务部	会计	5950	700	735.27	5914.73	低于平均工资
14	012	王海	销售部	业务员	6300	2000	1080	7220	
15	平均值				5851.667	1283.333	878.165	6256.835	

图 4-14 绝对引用地址示例

操作步骤如下。

①单击 I2 单元格，输入文字“评价”。

②单击 I3 单元格，输入“=IF(H3<$H$15,"低于平均工资","")”，按 Enter 键。这是一个条件函数，其含义是如果 H3 单元格的数据小于 H15 单元格的数据（实发工资平均值），就在当前单元格中填写“低于平均工资”，否则不显示任何信息。

③利用公式的自动填充功能完成对其他员工的评价。

4.2.2 编辑工作表

工作表的编辑主要包括工作表中数据的编辑，单元格、行、列的插入和删除，以及工作表的插入、移动、复制、删除、重命名等。工作表的编辑遵守“先选定，后执行”的原则。

工作表中常用的选定操作如表 4-3 所示。

表 4-3　常用的选定操作

选取范围	操作
单元格	单击或按方向键（←、→、↑、↓）
多个连续单元格	从选择区域左上角拖动至右下角，或单击选择区域左上角单元格，按住 Shift 键，再单击选择区域右下角单元格
多个不连续单元格	按住 Ctrl 键的同时，用鼠标进行单元格选择或区域选择
整行或整列	单击工作表相应的行号或列标
相邻行或列	鼠标拖动行号或列标
整个表格	单击工作表左上角行列交叉的按钮，或按快捷键 Ctrl+A
单个工作表	单击工作表标签
连续多个工作表	单击第一个工作表标签，然后按住 Shift 键，再单击要选择的最后一个工作表标签
不连续多个工作表	按住 Ctrl 键，分别单击需选择的工作表标签

1. 工作表中数据的编辑

在向工作表中输入数据的过程中，经常需要对数据进行清除、移动和复制等操作。

Excel 中有清除和删除两个概念，它们是有区别的。

- 清除：清除针对的是单元格中的数据，单元格本身仍保留在原位置。选取单元格或单元格区域后，单击“开始”选项卡的“编辑”组中的“清除”下拉按钮，在下拉菜单中选择相应命令，可以清除单元格格式、内容、批注和超链接中的任意一种，或者全部清除。按 Delete 键清除的只是内容。
- 删除：删除针对的是单元格，是把单元格连同其中的内容从工作表中删除。

在移动或复制数据时，可以替换目标单元格的数据，也可以保留目标单元格的数据，将移动或复制的单元格插入该单元格之前。如果要替换目标单元格的数据，可以选定原单元格数据，右击，在快捷菜单中根据需要选择“剪切”或“复制”命令，再定位到目标单元格，右击，在快捷菜单中选择“粘贴”命令来实现。如果要保留目标单元格的数据，在执行“剪切”或“复制”命令后，应该选择快捷菜单中的“插入剪切的单元格”或“插入复制的单元格”命令来替代“粘贴”命令。

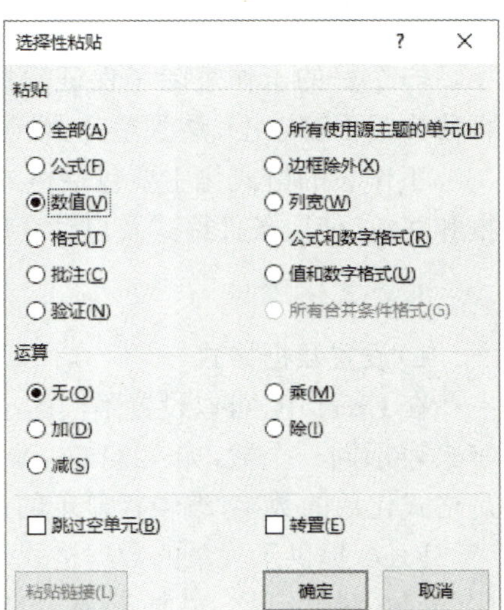

图 4-15　“选择性粘贴”对话框

在 Excel 中，一个单元格通常包含很多信息，如内容、格式、公式及批注等。复制数据时可以复制单元格的全部信息，也可以只复制部分信息，还可以在复制数据的同时进行算术运算、行列转置等，这些都是通过“选择性粘贴”命令实现的。具体操作方法是：先选定数据，右击，在快捷菜单中选择“复制”命令，再单击目标单元格，右击，在快捷菜单中选择“选择性粘贴”命令，在打开的“选择性粘贴”对话框中进行相应设置，如图 4-15 所示。在该对话框的“粘贴”栏列出了粘贴单元格中的部分信息，其中最常用的是公式、数值、格式；“运算”栏中的选项表示原单元格中数据与目标单元格中数据的运算关系；“转置”复选框表示将

原单元格区域中的数据行列交换后粘贴到目标单元格区域。

2. 单元格、行、列的插入和删除

数据在输入时难免出现遗漏，有时是漏掉一个数据，有时可能漏掉一行或一列，单元格、行、列的插入操作可以单击“开始”选项卡的“单元格”组中的“插入”下拉按钮完成，也可以利用快捷菜单中的“插入”命令实现。单元格、行、列的删除操作则可以通过单击“开始”选项卡的“单元格”组中的“删除”下拉按钮完成，也可以利用快捷菜单中的“删除”命令实现。

3. 工作表的插入、移动、复制、删除、重命名、隐藏与显示

如果一个工作簿中包含多个工作表，可以使用 Excel 提供的工作表管理功能。常用的方法是在工作表标签上右击，在快捷菜单中选择相应的命令。Excel 允许在同一个或多个工作簿中移动或复制工作表，如果是在同一个工作簿中操作，只需单击该工作表标签，将它直接拖动到目的位置实现移动，在拖动的同时按住 Ctrl 键实现复制。如果是在多个工作簿中操作，首先应打开这些工作簿，然后右击该工作表标签，在快捷菜单中选择“移动或复制”命令，打开如图 4-16 所示的对话框。在“工作簿”下拉列表中选择所需工作簿（如没有出现所需工作簿，说明此工作簿未打开），从“下列选定工作表之前”列表框中选择插入位置来实现移动。如果是复制操作的话，还需选中此对话框底部的“建立副本”复选框（见图 4-16）。

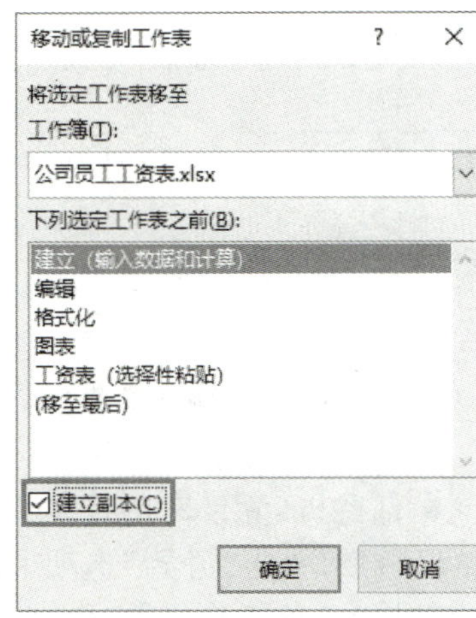

图 4-16 “移动或复制工作表”对话框

注意：在删除工作表的时候一定要慎重，一旦工作表被删除后将无法恢复。如果工作簿中工作表太多，为了更加清楚地区分工作表，可以利用快捷菜单中的相应命令设置工作表标签的颜色，使之醒目显示。

4.2.3 格式化工作表

一个好的工作表除了保证数据正确外，为了更好地体现工作表中的内容，还应对外观进行修饰（即格式化），达到整齐、鲜明和美观的目的。

工作表的格式化主要包括格式化数据、调整工作表的列宽和行高、设置对齐方式、添加边框和底纹、使用条件格式及自动套用格式等。

1. 格式化数据

格式化工作表

1）设置数据格式

在 Excel 中，可以设置不同的小数位数、货币符号、是否使用千位分隔符等来表示同一个数，如 1234.56、¥1234.56、1,234.56。这时单元格中表现的是格式化后的数字，编辑栏显示的是系统实际存储的数据。

Excel 提供了大量的数据格式，并将它们分成常规、数值、货币、会计专用、日期、时间、百分比、分数、科学记数、文本、特殊、自定义等类别。其中，常规是系统的默认格式。

要设置数据格式，可以单击“开始”选项卡的“数字”组中的相应按钮，或单击该组右下角的对话框启动器，打开“设置单元格格式”对话框，在“数字”选项卡中完成，如图 4-17 所示。

该对话框也可以通过选择快捷菜单中的“设置单元格格式”命令打开。

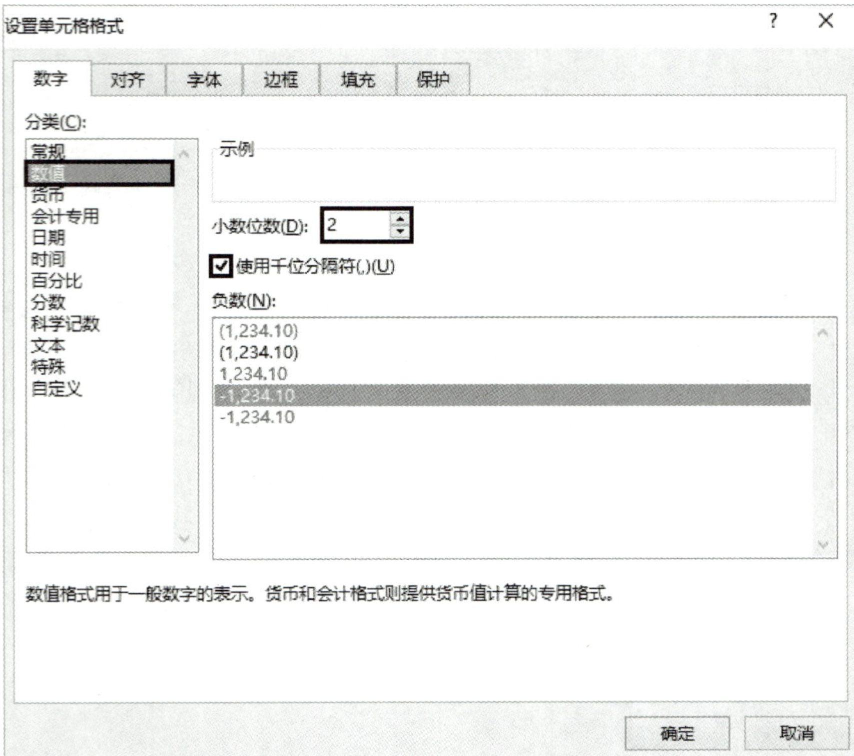

图 4-17　“设置单元格格式”对话框

2）对数据进行字符格式化

在 Excel 中，为了美化数据，经常会对数据进行字符格式化，如设置数据字体、字形和字号，为数据加下划线、删除线、上下标及改变数据颜色等。这主要是通过单击“开始”选项卡的“字体”组中的相应按钮，或单击该组右下角的对话框启动器 ↘，打开“设置单元格格式”对话框，在“字体”选项卡中完成的。它的操作与 Word 的“字体”对话框类似。

注意：要取消数据格式的设置，可以单击“开始”选项卡的“编辑”组中的“清除”下拉按钮，在下拉菜单中选择“清除格式”命令。其他工作表格式的取消亦是如此。

2. 调整工作表的列宽和行高

设置每列的宽度和每行的高度是改善工作表外观经常用到的手段。例如，在单元格中输入太长的文字内容时，文字内容将会延伸到相邻的单元格中，如果相邻单元格中已有内容，该文字内容就被截断；对于数值型数据，则以一串“#”提示用户该单元格列宽不够，无法显示该数值型数据。

调整列宽和行高最快捷的方法是利用鼠标来完成，将鼠标指针指向要调整的列宽（或行高）的列标（或行号）的分隔线上，当鼠标指针变成带一个双向箭头的十字形时（见图 4-18），拖动分隔线到需要的位置即可。

如果要精确调整行高和列宽，可以单击“开始”选项卡的“单元格”组中的“格式”下拉按钮，在下拉菜单中选择“行高”和“列宽”命令执行，将分别显示“行高”和“列宽”对话框，用户

可以输入需要的高度值和宽度值。“行高”对话框如图 4-19 所示。

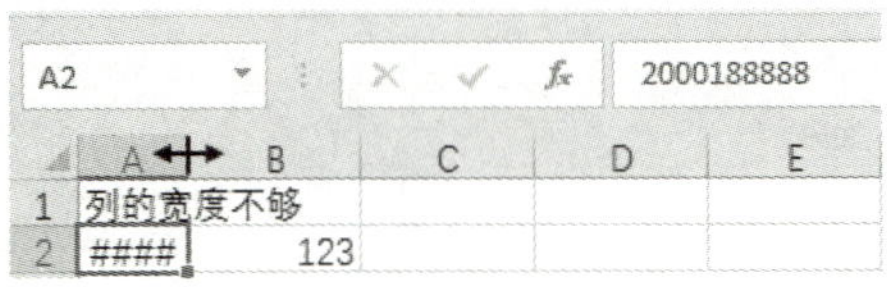

图 4-18　利用鼠标调整列宽

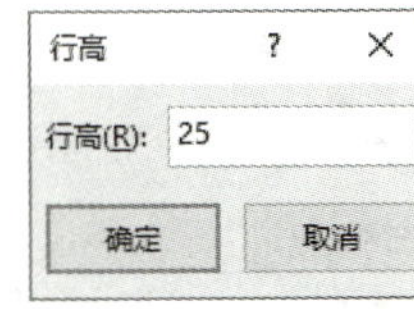

图 4-19　“行高”对话框

3. 设置对齐方式

输入单元格中的数据通常具有不同的数据类型。在 Excel 中，不同类型的数据在单元格中以某种默认方式对齐。例如，文本左对齐，数值、日期和时间右对齐，逻辑值和错误值居中对齐。如果对默认的对齐方式不满意，可以改变数据的对齐方式，可以通过单击“开始”选项卡的“对齐方式”组中的相应按钮来完成。如果有更高的要求，就需要单击“对齐方式”组右下角的对话框启动器，打开“设置单元格格式”对话框，在“对齐”选项卡中进行设置，如图 4-20 所示。

除了设置对齐方式，在“对齐”选项卡中还可以对文本进行显示控制，有效解决文本的显示问题，如自动换行、缩小字体填充、合并单元格、改变文字方向和旋转文字角度等，如图 4-21 所示。

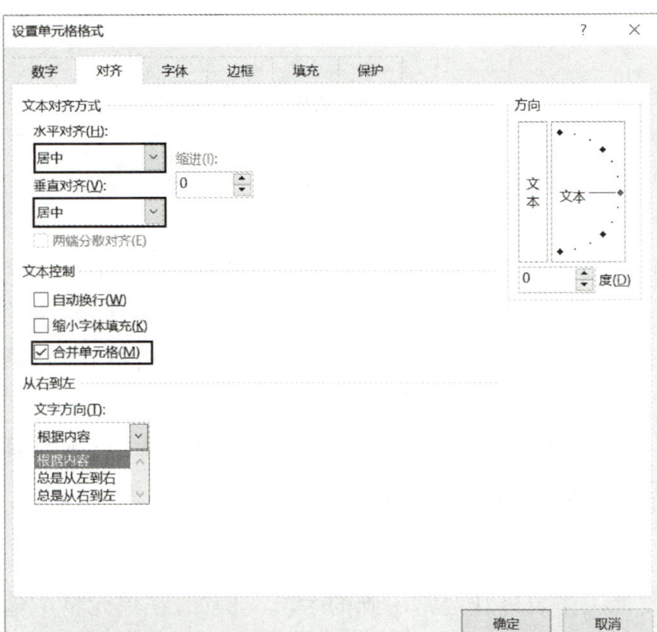

图 4-20　“设置单元格格式”对话框的“对齐”选项卡

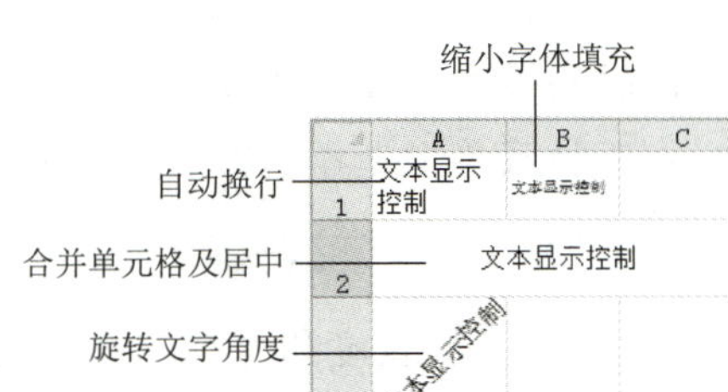

图 4-21　文本的显示控制

4. 添加边框和底纹

为工作表添加各种类型的边框和底纹，不仅可以达到美化工作表的目的，还可以使工作表更加清晰、明了。

如果要给某一单元格或某一单元格区域增加边框，则选择相应的区域，右击，在快捷菜单中选择“设置单元格格式”命令，打开“设置单元格格式”对话框，在“边框”选项卡中进行设置，如图 4-22 所示。

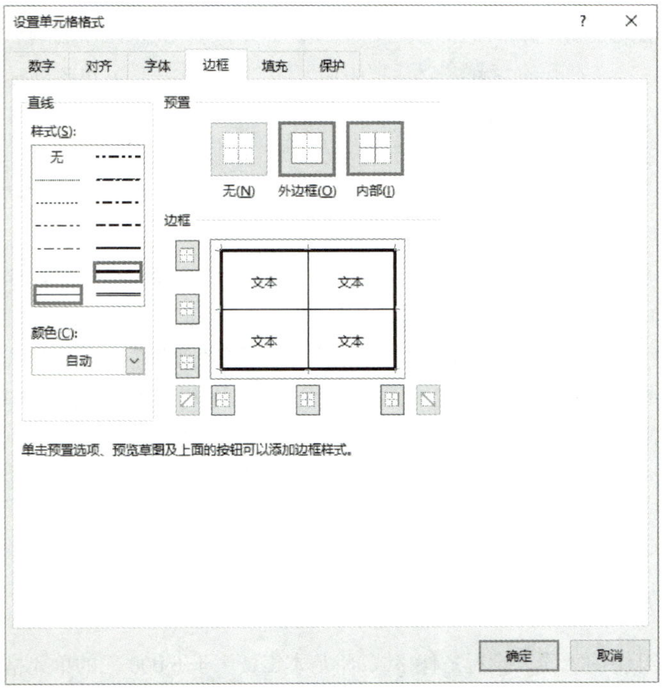

图 4-22　“设置单元格格式”对话框的“边框”选项卡

除了为工作表添加边框外，还可以为工作表添加背景颜色或图案，即底纹，这些操作在“设置单元格格式”对话框的“填充”选项卡中完成。

【例 4-4】　对 [例4-3] 中的“公司员工工资表”进行格式化：设置“基本工资”“奖金”“扣款额”“实发工资”列的小数位数为 2 位，加千位分隔符（，）和人民币符号（ ¥ ）；设置标题行高为 25，“姓名”列宽为 10；将 A1 到 I1 单元格合并为一个单元格区域，标题内容水平居中对齐；将标题设为华文彩云、20 号；工资表的外边框为黑色粗线，内边框为黑色细线；“编号”所在行的底纹为浅绿色。格式化效果如图 4-23 所示。

	A	B	C	D	E	F	G	H	I
1	公司员工工资表								
2	编号	姓名	部门	职务	基本工资	奖金	扣款额	实发工资	评价
3	001	刘铁	销售部	业务员	¥7,500.00	¥2,400.00	¥1,180.50	¥8,719.50	
4	002	孙刚	销售部	业务员	¥5,400.00	¥1,780.00	¥1,065.65	¥6,114.35	低于平均工资
5	003	陈凤	销售部	业务员	¥6,000.00	¥1,560.00	¥865.88	¥6,694.12	
6	004	沈阳	销售部	业务员	¥5,840.00	¥1,660.00	¥780.00	¥6,720.00	
7	005	秦强	财务部	会计	¥6,000.00	¥800.00	¥685.52	¥6,114.48	低于平均工资
8	006	陆斌	财务部	出纳	¥4,450.00	¥580.00	¥980.00	¥4,050.00	低于平均工资
9	007	邹蕾	技术部	技术员	¥4,380.00	¥1,080.00	¥890.00	¥4,570.00	低于平均工资
10	008	彭佩	技术部	技术员	¥5,900.00	¥700.00	¥655.16	¥5,944.84	低于平均工资
11	009	雷曼	技术部	工程师	¥6,600.00	¥1,300.00	¥860.00	¥7,040.00	
12	010	郑黎	技术部	技术员	¥5,900.00	¥840.00	¥760.00	¥5,980.00	低于平均工资
13	011	潘越	财务部	会计	¥5,950.00	¥700.00	¥735.27	¥5,914.73	低于平均工资
14	012	王海	销售部	业务员	¥6,300.00	¥2,000.00	¥1,080.00	¥7,220.00	
15	平均值				¥5,851.67	¥1,283.33	¥878.17	¥6,256.84	

图 4-23　“公司员工工资表”格式化效果

操作步骤如下。

①选定 E 列至 H 列，右击，在快捷菜单中选择“设置单元格格式”命令，打开“设置单元格格式”对话框，在“数字”选项卡的“分类”列表框中选择“数值”，在“小数位数”微调框中输入“2”，选中“使用千位分隔符”复选框（见图 4-17），再在“分类”列表框中选择“货币”，在“货币符号（国家 / 地区）”下拉列表中选择“ ¥ ”，单击“确定”按钮。也可以单击“开始”选项卡的“数字”组中的相应按钮来完成。

②单击行号1选定标题行（第1行），单击“开始”选项卡的“单元格”组中的“格式”下拉按钮，在下拉菜单中选择“行高”命令，在打开的“行高”对话框中输入“25”（见图4-19）；单击列标B选定“姓名”列，打开“列宽”对话框，输入“10”，单击“确定”按钮。

③选中A1:I1单元格区域，打开“设置单元格格式”对话框，在“对齐”选项卡中设置水平对齐为“居中”，确认垂直对齐为“居中”，选中“合并单元格”复选框（见图4-20），单击“确定”按钮。也可以单击“开始”选项卡的“对齐方式”组中的“合并后居中”按钮快速完成。

④选中标题“公司员工工资表”，在“设置单元格格式”对话框中的“字体”选项卡中设置字体为“华文彩云”，字号为“20”，单击“确定”按钮。也可以利用“开始”选项卡的“字体”组中的相应按钮完成。

⑤选中整个表格（A1:I15），在“设置单元格格式”对话框的“边框”选项卡中先选择线条颜色为“黑色”，样式为“粗线”，单击预置栏中的“外边框”按钮，再选择线条样式为“细线”，单击预置栏中的“内部”按钮，单击“确定”按钮，完成工作表外边框和内边框的设置（见图4-22）。选中“编号”所在行（A2:I2），在“设置单元格格式”对话框的“填充”选项卡中选择背景色为“浅绿色”，单击“确定”按钮。

5. 使用条件格式

条件格式可以使数据在满足不同的条件时，显示不同的格式。

【例4-5】 对[例4-4]中的工作表设置条件格式：将基本工资大于6 000元的单元格设置成“浅红填充色深红色文本”效果，将基本工资小于5 000元的单元格中的文字设置成蓝色，加双下划线。条件格式效果如图4-24所示。

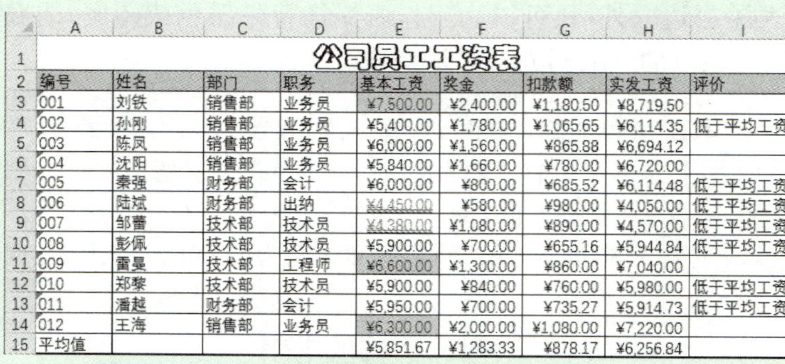

	A	B	C	D	E	F	G	H	I
1	公司员工工资表								
2	编号	姓名	部门	职务	基本工资	奖金	扣款额	实发工资	评价
3	001	刘铁	销售部	业务员	¥7,500.00	¥2,400.00	¥1,180.50	¥8,719.50	
4	002	孙刚	销售部	业务员	¥5,400.00	¥1,780.00	¥1,065.65	¥6,114.35	低于平均工资
5	003	陈凤	销售部	业务员	¥6,000.00	¥1,560.00	¥865.88	¥6,694.12	
6	004	沈阳	销售部	业务员	¥5,840.00	¥1,660.00	¥780.00	¥6,720.00	
7	005	秦强	财务部	会计	¥6,000.00	¥800.00	¥685.52	¥6,114.48	低于平均工资
8	006	陆斌	财务部	出纳	¥4,450.00	¥580.00	¥980.00	¥4,050.00	低于平均工资
9	007	邹蕾	技术部	技术员	¥4,380.00	¥1,080.00	¥890.00	¥4,570.00	低于平均工资
10	008	彭佩	技术部	技术员	¥5,900.00	¥700.00	¥655.16	¥5,944.84	低于平均工资
11	009	雷曼	技术部	工程师	¥6,600.00	¥1,300.00	¥860.00	¥7,040.00	
12	010	郑黎	技术部	技术员	¥5,900.00	¥840.00	¥760.00	¥5,980.00	低于平均工资
13	011	潘越	财务部	会计	¥5,950.00	¥700.00	¥735.27	¥5,914.73	低于平均工资
14	012	王海	销售部	业务员	¥6,300.00	¥2,000.00	¥1,080.00	¥7,220.00	
15	平均值				¥5,851.67	¥1,283.33	¥878.17	¥6,256.84	

图4-24 设置条件格式效果

操作步骤如下。

①选定要设置格式的数据区域E3:E14（注意不要选中“基本工资”单元格）。

②单击“开始”选项卡的“样式”组中的“条件格式”下拉按钮，在下拉菜单中选择“突出显示单元格规则”→“大于”命令，打开“大于”对话框进行设置，如图4-25所示，单击“确定”按钮。

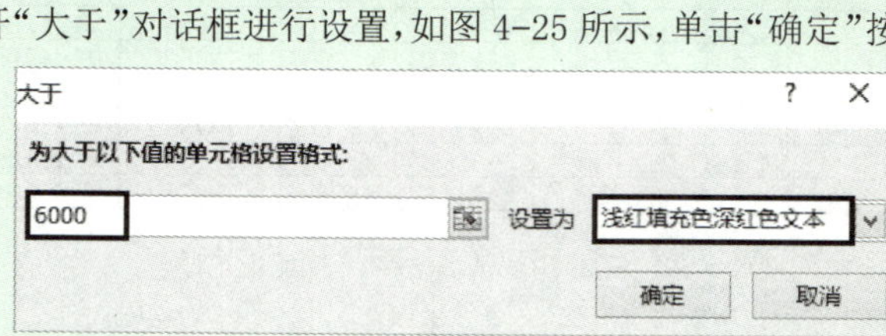

图4-25 “大于”对话框

③用同样的方法选择“小于”命令，打开“小于”对话框，在左边的文本框中输入“5000”，在右边的下拉列表中选择“自定义格式”，打开“设置单元格格式”对话框，在“字体”选项卡中设置颜色为“蓝色”，下划线为“双下划线”，然后连续单击“确定”按钮。

6. 自动套用格式

自动套用格式是一组已定义好的格式的组合，包括数字、字体、对齐、边框、颜色、行高和列宽等格式。Excel 2016 提供了许多种漂亮、专业的表格自动套用格式，可以快速实现工作表格式化。这可以通过单击“开始”选项卡的“样式”组中的“套用表格格式”按钮来实现。

4.3 制作图表

Excel 能够将电子表格中的数据转换成各种类型的统计图表，更直观地揭示数据之间的关系，反映数据的变化规律和发展趋势，让使用者可以一目了然地进行数据分析。当工作表中的数据发生变化时，图表会相应改变，不需要重新绘制。

Excel 2016 提供了十余种图表类型，每一类又有若干种子类型，并且有很多二维和三维图表类型可供选择。常用的图表类型有以下几种。

- 柱形图：用于显示一段时间内数据变化或各个项目之间的比较情况。柱形图简单易用，是较受欢迎的图表形式。
- 条形图：可以看作是横放的柱形图，用来描绘各个项目之间数据的差别，强调的是在特定的时间点上进行分类和数值的比较。
- 折线图：将同一数据系列的数据点在图中用直线连接起来，以等间隔显示数据的变化趋势。
- 面积图：用于显示某个时间段总数与数据系列的关系。面积图又称为面积形式的折线图。
- 饼图：能够反映出统计数据中各项所占的百分比或某个单项占总体的比例，使用该类图表便于查看整体与个体之间的关系。
- XY 散点图：通常用于显示两个变量之间的关系。利用 XY 散点图可以绘制函数曲线。
- 圆环图：类似于饼图，但在中央空出了一个圆形的空间。圆环图也可以用来表示各个部分与整体之间的关系，而且可以包含多个数据系列。
- 气泡图：类似于 XY 散点图，但是气泡图是对成组的 3 个数值而非 2 个数值进行比较。
- 雷达图：用于显示数据中心点及数据类别之间的变化趋势，可对数值无法表现的倾向分析提供良好的支持。为了能在短时间内把握数据相互之间的平衡关系，也可以使用雷达图。
- 迷你图：指以单元格为绘图区域，绘制的简约的数据小图标。由于迷你图太小，无法在图中显示数据内容，因此迷你图与表格是不能分离的。迷你图包括折线图、柱形图、盈亏 3 种类型，其中折线图用于返回数据的变化情况，柱形图用于表示数据间的对比情况，盈亏可以将业绩的盈亏情况形象地表现出来。

利用 Excel 可以方便、快速地制作一些商务图表，如层次结构图表中的树状图、旭日图，统计图表中的直方图、箱形图，以及瀑布图等。利用 Excel 还可以创建自定义组合图。

4.3.1 创建图表

在 Excel 2016 中，创建图表快速、简便，只需要选择数据源，然后单击“插入”选项卡的“图

表”组中对应图表类型的下拉按钮，在下拉菜单中选择具体的类型即可。

【例4-6】 根据[例4-5]工作表中的姓名、基本工资、奖金、实发工资生成一个三维簇状柱形图，如图4-26所示。

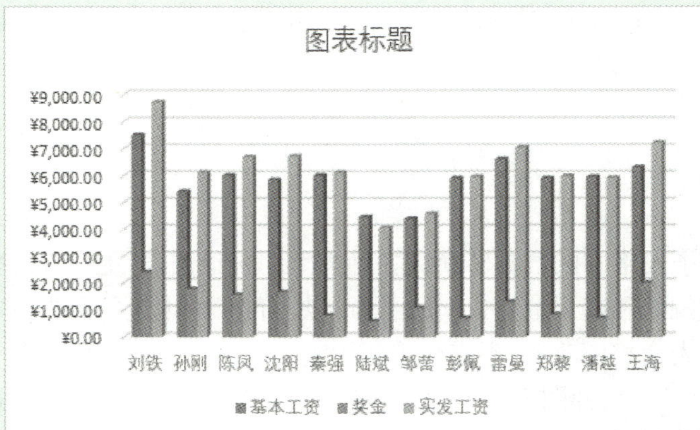

图4-26 三维簇状柱形图

创建图表

操作步骤如下。

①选定建立图表的数据源，这一步非常重要。方法如下：先选定“姓名”列（B2:B14），按住Ctrl键，再选定“基本工资”列（E2:E14）、“奖金”列（F2:F14）和“实发工资”列（H2:H14），如图4-27所示。

	A	B	C	D	E	F	G	H	I
1	公司员工工资表								
2	编号	姓名	部门	职务	基本工资	奖金	扣款额	实发工资	评价
3	001	刘铁	销售部	业务员	¥7,500.00	¥2,400.00	¥1,180.50	¥8,719.50	
4	002	孙刚	销售部	业务员	¥5,400.00	¥1,780.00	¥1,065.65	¥6,114.35	低于平均工资
5	003	陈凤	销售部	业务员	¥6,000.00	¥1,560.00	¥865.88	¥6,694.12	
6	004	沈阳	销售部	业务员	¥5,840.00	¥1,660.00	¥780.00	¥6,720.00	
7	005	秦强	财务部	会计	¥6,000.00	¥800.00	¥685.52	¥6,114.48	低于平均工资
8	006	陆斌	财务部	出纳	¥4,450.00	¥580.00	¥980.00	¥4,050.00	低于平均工资
9	007	邹蕾	技术部	技术员	¥4,380.00	¥1,080.00	¥890.00	¥4,570.00	低于平均工资
10	008	彭佩	技术部	技术员	¥5,900.00	¥700.00	¥655.16	¥5,944.84	低于平均工资
11	009	雷曼	技术部	工程师	¥6,600.00	¥1,300.00	¥860.00	¥7,040.00	
12	010	郑黎	技术部	技术员	¥5,900.00	¥840.00	¥760.00	¥5,980.00	低于平均工资
13	011	潘越	财务部	会计	¥5,950.00	¥700.00	¥735.27	¥5,914.73	低于平均工资
14	012	王海	销售部	业务员	¥6,300.00	¥2,000.00	¥1,080.00	¥7,220.00	
15	平均值				¥5,851.67	¥1,283.33	¥878.17	¥6,256.84	

图4-27 正确选定建立图表的数据源

②单击“插入”选项卡的“图表”组中的“插入柱形图或条形图”下拉按钮，在“三维柱形图”区中选择“三维簇状柱形图”，然后将图表调整至合适大小。

4.3.2 编辑图表

在创建图表之后，还可以对图表进行编辑，包括更改图表类型，以及选择图表布局和图表样式等，这可以通过选择“图表工具”选项卡的相应功能来实现。“图表工具”选项卡在选定图表后便会自动出现，该选项卡包括两个部分：“设计”和“格式”。其中，在“设计”部分可以进行如下操作。

● 添加图表元素：显示或隐藏主要横坐标轴与主要纵坐标轴，显示或隐藏网格线，添加或修改图表标题、坐标轴标题、图例、数据标签和数据表，添加误差线、趋势线、涨/跌柱线和线条等。

● 快速布局：快速套用集中内置的布局样式，更改图表的整体布局。

- 更改颜色：自定义图表快速颜色。
- 更改图表样式：为图表应用内置样式。
- 切换行 / 列：将图表的 X 轴数据和 Y 轴数据对调。
- 选择数据：打开“选择数据源”对话框，在其中可以编辑、修改系列和分类轴标签。
- 更改图表类型：重新选择合适的图表。
- 移动图表：在本工作簿中移动图表或将图表移动到其他工作簿。

在“格式”部分可以进行如下操作。

- 设置所选内容格式：在“当前所选内容”组中快速定位图表元素，并设置所选内容的格式。
- 插入形状：在图表中插入形状。
- 编辑形状样式：套用快速样式，设置形状填充、形状轮廓及形状效果。
- 插入艺术字：快速套用艺术字样式，设置艺术字颜色、外边框或艺术效果。
- 排列图表：排列图表元素的对齐方式等。
- 设置图表大小：设置图表的宽度与高度、裁剪图表。

【例 4-7】 将 [例4-6] 中的图表标题改为“公司员工工资表”，添加 X 轴标题为“员工姓名”，Y 轴标题为“元”。编辑图表后的效果如图 4-28 所示。

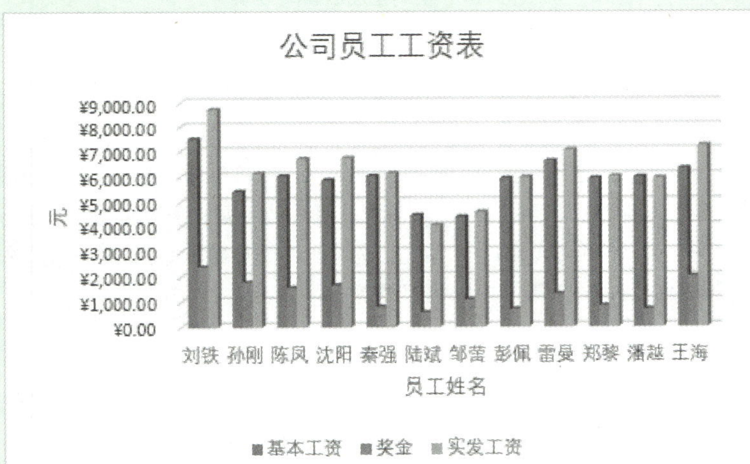

图 4-28　编辑图表后的效果

操作步骤如下。

①单击“图表标题”文本框，在其中输入“公司员工工资表”。

②在“图表工具”→“设计”选项卡的“图表布局”组中，单击“添加图表元素”下拉按钮，在下拉菜单中选择“轴标题”→“主要横坐标轴”命令，在出现的“坐标轴标题”文本框中输入“员工姓名”。

③在“图表工具”→“设计”选项卡的“图表布局”组中，单击“添加图表元素”下拉按钮，在下拉菜单中选择“轴标题”→“主要纵坐标轴”命令，在出现的“坐标轴标题”文本框中输入“元”。

4.3.3　格式化图表

生成一个图表后，为了获得更理想的显示效果，可以对图表的各个对象进行格式化。格式化图表通过单击“图表工具”→“格式”选项卡的相应按钮来完成，也可以双击要进行格式

设置的图表对象，在打开的格式任务窗格中进行设置。

【例4-8】 为[例4-7]中三维簇状柱形图的图表标题“公司员工工资表”设置一个喜欢的快速样式，改变绘图区的背景为“白色大理石”。格式化图表后的效果如图4-29所示。

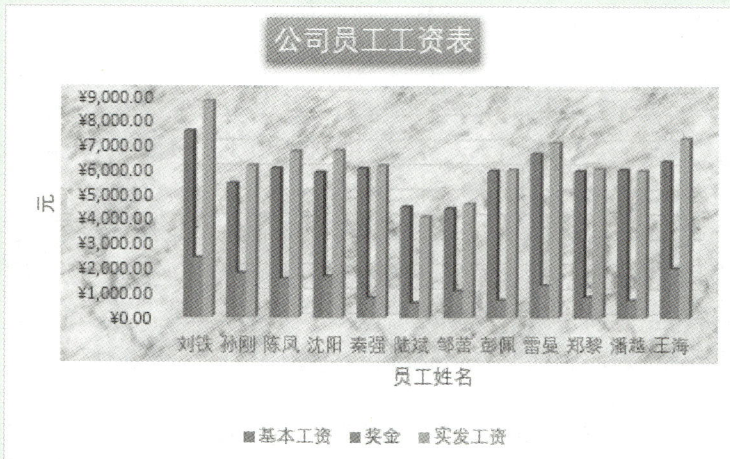

图4-29 格式化图表后的效果

操作步骤如下。

①选定图表标题，在“图表工具”→“格式”选项卡的“形状样式”组中的快速形状样式库中，选择主题样式区最后一排的形状样式“强烈效果 - 蓝色，强调颜色5”。

②在“图表工具”→“格式”选项卡的“当前所选内容”组中，单击“图表元素”下拉按钮，在下拉菜单中选择“绘图区”，或者将鼠标指针移至绘图区（鼠标指针在图表对象中移动时旁边会提示对象名称），双击即可打开“设置绘图区格式”任务窗格。在“填充”选项卡中选中“图片或纹理填充”单选按钮，然后在“纹理”下拉列表中选择“白色大理石”，单击“关闭”按钮。

4.4 数据管理和分析

Excel不仅具有数据计算与处理的能力，而且具有数据库管理的一些功能。利用Excel，可以方便、快捷地对数据进行排序、筛选、分类汇总、创建数据透视表等统计分析工作。

4.4.1 建立数据清单

如果要使用Excel的数据管理功能，首先必须将电子表格创建为数据清单。数据清单又称为数据列表，是由Excel工作表中的单元格构成的矩形区域，即一张二维表。数据清单是一种特殊的表格，必须包括两部分，即表结构和表记录。表结构是数据清单的第一行，即列标题（又称为字段名），Excel利用这些字段名对数据进行查找、排序及筛选等操作。表记录是Excel实施数据管理功能的对象，该部分不允许出现非法数据内容。要正确创建数据清单，应遵循以下准则。

（1）避免在一个工作表中建立多个数据清单，如果在工作表中还有其他数据，要在它们与

数据清单之间留出空行、空列。

（2）通常在数据清单的第一行创建字段名。字段名必须唯一，且每一字段的数据类型必须相同，如字段名是“部门”，则该列存放的必须全部是部门名称。

（3）数据清单中不能有完全相同的两行记录。

4.4.2　数据排序

数据排序

在实际应用中，为了方便查找和使用数据，用户通常按一定顺序对数据清单进行重新排列。其中数值按大小排序，时间按先后排序、英文字母按字母顺序（默认不区分大小写）排序，汉字按拼音首字母或笔画排序。

用来排序的字段称为关键字。排序方式分为升序（递增）和降序（递减），排序方向分为按行排序和按列排序。此外，还可以采用自定义排序。

数据排序有两种形式：简单排序和复杂排序。

1）简单排序

简单排序指对一个关键字（单一字段）进行升序或降序排序。可以单击“数据”选项卡的“排序和筛选”组中的“升序”按钮、“降序”按钮快速实现，也可以单击“排序”按钮，打开“排序”对话框进行操作。

2）复杂排序

复杂排序指对一个以上关键字（多个字段）进行升序或降序排序。当排序的字段值相同时，可按另一个关键字继续排序，可以设置多个排序关键字。单击“数据”选项卡的“排序和筛选”组中的“排序”按钮来实现复杂排序。

【例 4-9】 对“公司员工工资表”（数据清单）排序，按主要关键字“部门”升序排序，部门相同时，按次要关键字“基本工资”降序排序，部门和基本工资都相同时，按第三关键字“奖金”降序排序。复杂排序结果如图 4-30 所示。

	A	B	C	D	E	F	G	H
1	编号	姓名	部门	职务	基本工资	奖金	扣款额	实发工资
2	005	秦强	财务部	会计	6000	800	685.52	6114.48
3	011	潘越	财务部	会计	5950	700	735.27	5914.73
4	006	陆斌	财务部	出纳	4450	580	980	4050
5	009	雷昊	技术部	工程师	6600	1300	860	7040
6	010	郑黎	技术部	技术员	5900	840	760	5980
7	008	彭佩	技术部	技术员	5900	700	655.16	5944.84
8	007	邹蕾	技术部	技术员	4380	1080	890	4570
9	001	刘铁	销售部	业务员	7500	2400	1180.5	8719.5
10	012	王海	销售部	业务员	6300	2000	1080	7220
11	003	陈凤	销售部	业务员	6000	1560	865.88	6694.12
12	004	沈阳	销售部	业务员	5840	1660	780	6720
13	002	孙刚	销售部	业务员	5400	1780	1065.65	6114.35

图 4-30　复杂排序结果

操作步骤如下。

①建立工资表数据清单。在 [例4-6] 的工作表中选定数据区域 A2:H14，右击，在快捷菜单中选择“复制”命令，然后新建一个工作簿，选中工作表 Sheet1 中的单元格 A1，右击，在快捷菜单中选择“选择性粘贴”命令，在弹出的“选择性粘贴”对话框的“粘贴”栏中选中“数值”单选按钮，单击“确定”按钮，创建工资表数据清单。

②选择数据清单中的任意单元格，单击“数据”选项卡的“排序和筛选”组中的“排序”按钮，打开“排序”对话框。选择主要关键字为“部门”，排序依据为“数值”，次序为“升序”；单击“添加条件”按钮，选择次要关键字为“基本工资”，排序依据为“数值”，次序为“降序”；再单击“添加条件”按钮，选择次要关键字为“奖金”，排序依据为“数值”，次序为“降序”，如图4-31所示，单击“确定”按钮。在该对话框中，选中“数据包含标题”复选框是为了避免字段名也成为排序对象；“选项”按钮用来打开“排序选项”对话框，可以进行一些与排序相关的设置，如排列字母时区分大小写，改变排序方向（按行），汉字按笔画排序等。

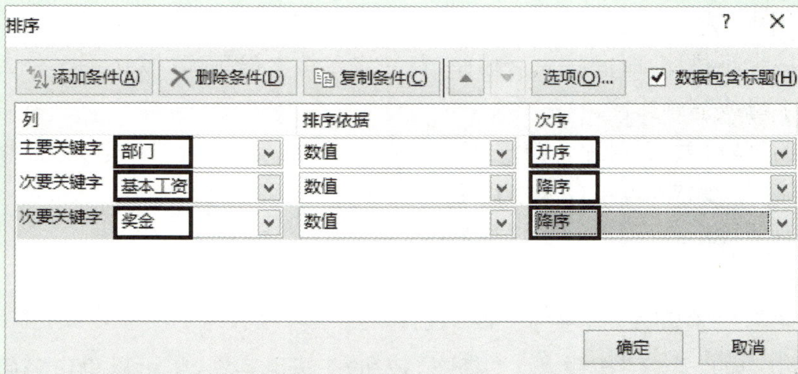

图4-31 “排序”对话框

4.4.3 数据筛选

当数据列表中的记录非常多，用户只对其中一部分数据感兴趣时，可以使用Excel的数据筛选功能将用户不感兴趣的记录暂时隐藏起来，只显示用户感兴趣的数据。当筛选条件被清除时，隐藏的数据又恢复显示。

数据筛选

数据筛选有两种：自动筛选和高级筛选。自动筛选可以实现单个字段筛选及多个字段筛选的“逻辑与”关系（同时满足多个条件），操作简便，能满足大部分应用的需求；高级筛选可以实现多个字段筛选的“逻辑或”关系，操作较复杂，需要在数据清单以外建立一个条件区域。

1. 自动筛选

自动筛选可以通过单击“数据”选项卡的“排序和筛选”组中的“筛选”按钮来实现。在所需筛选的字段名下拉菜单中选择符合的条件，若没有，则选择“文本筛选”或“数字筛选”级联菜单中的“自定义筛选”命令，在打开的“自定义自动筛选方式”对话框中输入条件。如果要使数据恢复显示，则单击“排序和筛选”组中的“清除”按钮。如果要取消自动筛选功能，则再次单击“筛选”按钮。

【例4-10】 在“公司员工工资表”（数据清单）中筛选出销售部基本工资大于或等于6 000元且奖金大于或等于2 000元的记录。自动筛选结果如图4-32所示。

	A	B	C	D	E	F	G	H
1	编号	姓名	部门	职务	基本工资	奖金	扣款额	实发工资
2	001	刘铁	销售部	业务员	7500	2400	1180.5	8719.5
13	012	王海	销售部	业务员	6300	2000	1080	7220

图4-32 自动筛选结果

操作步骤如下。

①选择数据清单中的任意单元格。

②单击“数据”选项卡的“排序和筛选”组中的“筛选”按钮，在各个字段名的右边会出现筛选按钮，单击“部门”列的筛选按钮，在下拉菜单中仅选中“销售部”，使筛选结果只显示销售部的员工记录，单击“确定”按钮。

③单击“基本工资”列的筛选按钮，在下拉菜单中选择“数字筛选”→“大于或等于”命令，打开“自定义自动筛选方式”对话框。在“大于或等于”右边的组合框中输入“6000”，如图 4-33 所示，单击“确定”按钮，此时，筛选结果只显示销售部员工中基本工资大于或等于 6 000 元的记录。

④用同样的方法进行“奖金”列的筛选。

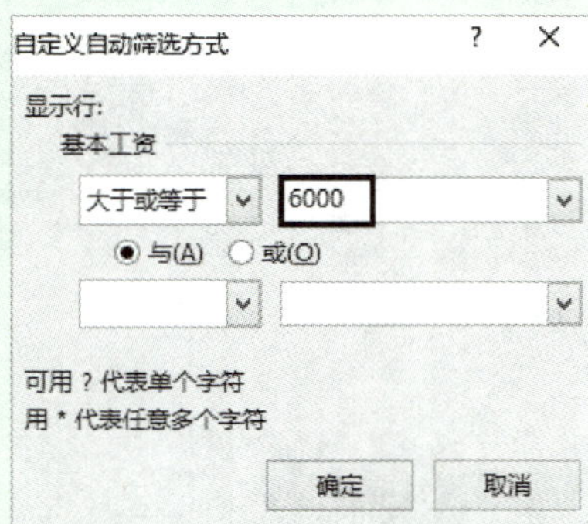

图 4-33　“自定义自动筛选方式”对话框

2. 高级筛选

当筛选的条件较为复杂，或出现多个字段间的“逻辑或”关系时，使用“数据”选项卡的“排序和筛选”组中的“高级”按钮更为方便。

在进行高级筛选时，字段名的右边不会出现筛选按钮，而是需要在条件区域输入条件。条件区域应建立在数据清单以外，用空行或空列与数据清单分隔。输入筛选条件时，首行输入条件字段名，从第 2 行起输入筛选条件，输入在同一行上的条件关系为“逻辑与”，输入在不同行上的条件关系是“逻辑或”。单击“数据”选项卡的“排序和筛选”组中的“高级”按钮，在打开的“高级筛选”对话框内进行数据区域和条件区域的选择，筛选结果可以在原数据清单位置显示，也可以在数据清单以外的位置显示。

【例 4-11】 在“公司员工工资表”(数据清单)中，筛选销售部基本工资大于 6 000 元或财务部基本工资小于 6 000 元的记录，并将筛选结果显示在原有区域。高级筛选结果如图 4-34 所示。

	A	B	C	D	E	F	G	H
1	编号	姓名	部门	职务	基本工资	奖金	扣款额	实发工资
2	001	刘铁	销售部	业务员	7500	2400	1180.5	8719.5
7	006	陆斌	财务部	出纳	4450	580	980	4050
12	011	潘越	财务部	会计	5950	700	735.27	5914.73
13	012	王海	销售部	业务员	6300	2000	1080	7220

图 4-34　高级筛选结果

操作步骤如下。

①在数据清单以外选择一个空白区域，在首行输入字段名“部门”和“基本工资”，在第 2 行对应字段

下输入条件“销售部”和“>6000”，在第 3 行对应字段下输入条件“财务部”和“<6000”，如图 4-35 所示。

②选择数据清单中的任意单元格，单击“数据”选项卡的“排序和筛选”组中的“高级”按钮，打开“高级筛选”对话框。选中“在原有区域显示筛选结果”单选按钮，再确认给出的列表区域是否正确。如果不正确，可以单击“列表区域”文本框右侧的折叠对话框按钮，用鼠标在工作表中重新选择列表区域后再单击折叠对话框按钮返回。然后单击“条件区域”文本框右侧的折叠对话框按钮，用鼠标在工作表中选择条件区域后再单击折叠对话框按钮返回。“高级筛选”对话框的设置如图 4-36 所示，单击“确定”按钮。

	A	B	C	D	E	F	G	H
2	001	刘铁	销售部	业务员	7500	2400	1180.5	8719.5
3	002	孙刚	销售部	业务员	5400	1780	1065.65	6114.35
4	003	陈凤	销售部	业务员	6000	1560	865.88	6694.12
5	004	沈阳	销售部	业务员	5840	1660	780	6720
6	005	秦强	财务部	会计	6000	800	685.52	6114.48
7	006	陆斌	财务部	出纳	4450	580	980	4050
8	007	邹蕾	技术部	技术员	4380	1080	890	4570
9	008	彭佩	技术部	技术员	5900	700	655.16	5944.84
10	009	雷昊	技术部	工程师	6600	1300	860	7040
11	010	郑黎	技术部	技术员	5900	840	760	5980
12	011	潘越	财务部	会计	5950	700	735.27	5914.73
13	012	王海	销售部	业务员	6300	2000	1080	7220
14								
15	部门	基本工资						
16	销售部	>6000						
17	财务部	<6000						

条件区域

图 4-35 建立条件区域

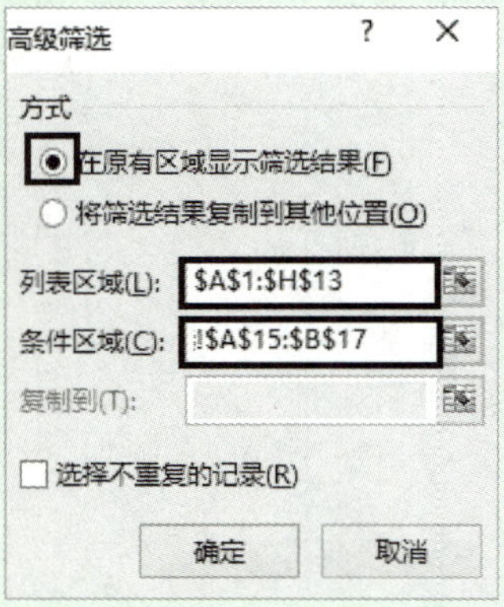

图 4-36 “高级筛选”对话框

4.4.4 数据分类汇总

实际工作中经常用到分类汇总，像仓库的库存管理经常要统计各类产品的库存总量，商店的销售管理经常要统计各类商品的售出总量等。上述操作的共同特点是首先要进行分类（排序），将同类别数据放在一起，然后进行数量求和之类的汇总运算。Excel 提供了分类汇总功能。

分类汇总

分类汇总就是对数据清单按某个字段进行分类，将字段值相同的连续记录作为一类，进行求和、求平均值、计数等汇总运算。针对同一个分类字段，可以进行多种方式的汇总。

需要注意的是，在分类汇总前必须对分类字段排序，否则将得不到正确的分类汇总结果；其次，在分类汇总时要清楚对哪个字段分类，对哪些字段汇总及汇总方式，这些都需要在“分类汇总”对话框中逐一设置。

分类汇总有两种形式：简单汇总和嵌套汇总。

1）简单汇总

简单汇总是指对数据清单的一个或多个字段仅做一种方式的汇总。

【例 4-12】 在“公司员工工资表”（数据清单）中，求各部门基本工资、实发工资和奖金的平均值。简单汇总结果如图 4-37 所示。

根据分类汇总的要求，实际是对“部门”字段分类，对“基本工资”“奖金”和“实发工资”字段进行汇总，汇总方式是求平均值。

操作步骤如下。

①选择第 C 列（“部门”数据），单击“数据”选项卡的“排序和筛选”组中的“升序”按钮，对“部门”字段升序排序。

②选择数据清单中的任意单元格，单击“数据”选项卡的“分级显示”组中的“分类汇总”按钮，打开“分类汇总”对话框。在“分类字段”下拉列表中选择“部门”，在“汇总方式”下拉列表中选择“平均值”，在“选定汇总项”（汇总字段）列表框中选中“基本工资”“奖金”和“实发工资”，并清除其余默认汇总项，其设置如图 4-38 所示，单击“确定”按钮。在该对话框中，“替换当前分类汇总”复选框的含义是：用此次分类汇总的结果替换已存在的分类汇总结果。

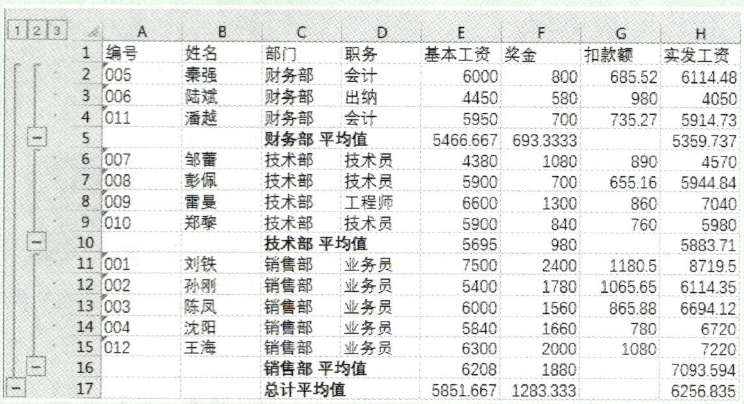

	A	B	C	D	E	F	G	H
1	编号	姓名	部门	职务	基本工资	奖金	扣款额	实发工资
2	005	秦强	财务部	会计	6000	800	685.52	6114.48
3	006	陆斌	财务部	出纳	4450	580	980	4050
4	011	潘越	财务部	会计	5950	700	735.27	5914.73
5			财务部 平均值		5466.667	693.3333		5359.737
6	007	邹蕾	技术部	技术员	4380	1080	890	4570
7	008	彭佩	技术部	技术员	5900	700	655.16	5944.84
8	009	雷晨	技术部	工程师	6600	1300	860	7040
9	010	郑黎	技术部	技术员	5900	840	760	5980
10			技术部 平均值		5695	980		5883.71
11	001	刘铁	销售部	业务员	7500	2400	1180.5	8719.5
12	002	孙刚	销售部	业务员	5400	1780	1065.65	6114.35
13	003	陈凤	销售部	业务员	6000	1560	865.88	6694.12
14	004	沈阳	销售部	业务员	5840	1660	780	6720
15	012	王海	销售部	业务员	6300	2000	1080	7220
16			销售部 平均值		6208	1880		7093.594
17			总计平均值		5851.667	1283.333		6256.835

图 4-37　简单汇总结果

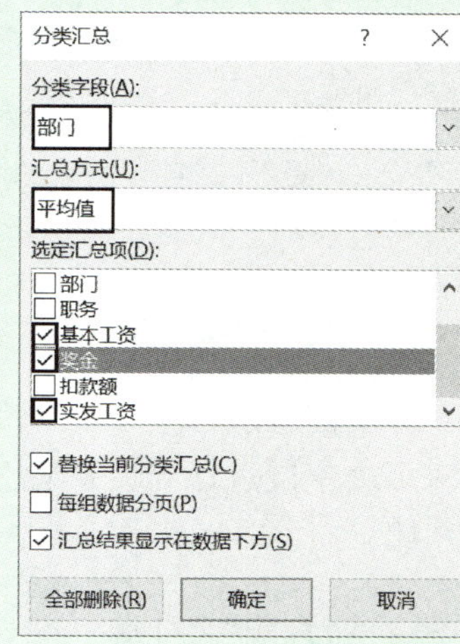

图 4-38　简单“分类汇总”对话框的设置

分类汇总后，默认情况下，数据会分 3 级显示，可以单击分级显示区上方的 1 2 3 按钮控制。单击 1 按钮，只显示数据清单中的列标题和总计结果；单击 2 按钮，显示各个分类汇总结果和总计结果；单击 3 按钮，显示全部详细数据。

2）嵌套汇总

嵌套汇总是指对同一字段进行多种不同方式的汇总。

【例 4-13】 在 [例4-12] 求各部门基本工资、实发工资和奖金的平均值的基础上，统计各部门人数。嵌套汇总结果如图 4-39 所示。

这需要分两次进行分类汇总。先按 [例4-12] 的方法求平均值，再在平均值汇总的基础上计数。

操作步骤如下。

①按 [例4-12] 的方法进行平均值汇总。

②在平均值汇总的基础上统计各部门人数。统计人数的“分类汇总”对话框的设置如图 4-40 所示。需要注意的是，不能选中“替换当前分类汇总”复选框。

若要取消分类汇总，在“分类汇总”对话框中单击“全部删除”按钮即可。

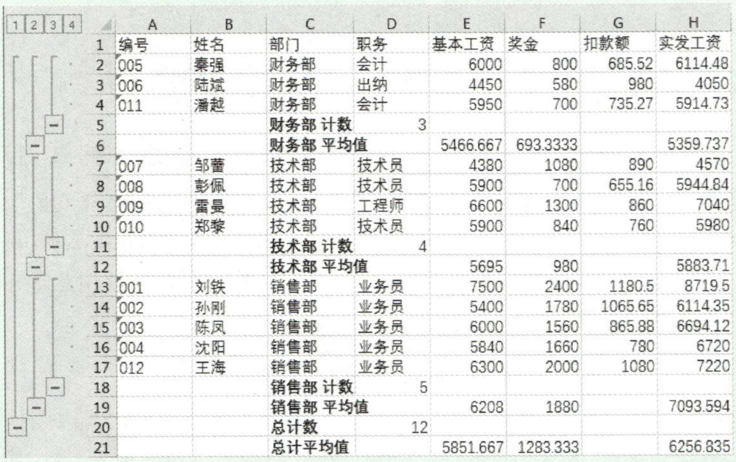

	A	B	C	D	E	F	G	H
1	编号	姓名	部门	职务	基本工资	奖金	扣款额	实发工资
2	005	秦强	财务部	会计	6000	800	685.52	6114.48
3	006	陆斌	财务部	出纳	4450	580	980	4050
4	011	潘越	财务部	会计	5950	700	735.27	5914.73
5			财务部 计数	3				
6			财务部 平均值		5466.667	693.3333		5359.737
7	007	邹蕾	技术部	技术员	4380	1080	890	4570
8	008	彭佩	技术部	技术员	5900	700	655.16	5944.84
9	009	雷曼	技术部	工程师	6600	1300	860	7040
10	010	郑黎	技术部	技术员	5900	840	760	5980
11			技术部 计数	4				
12			技术部 平均值		5695	980		5883.71
13	001	刘铁	销售部	业务员	7500	2400	1180.5	8719.5
14	002	孙刚	销售部	业务员	5400	1780	1065.65	6114.35
15	003	陈凤	销售部	业务员	6000	1560	865.88	6694.12
16	004	沈阳	销售部	业务员	5840	1660	780	6720
17	012	王海	销售部	业务员	6300	2000	1080	7220
18			销售部 计数	5				
19			销售部 平均值		6208	1880		7093.594
20			总计数	12				
21			总计平均值		5851.667	1283.333		6256.835

图 4-39　嵌套汇总结果

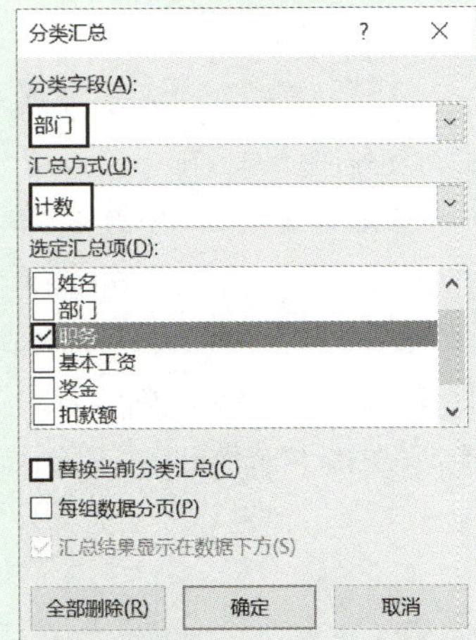

图 4-40　嵌套“分类汇总”对话框的设置

4.4.5　数据透视表

分类汇总适合按一个字段进行分类，对一个或多个字段进行汇总。如果要对多个字段进行分类并汇总，就需要利用数据透视表这个有力的工具来解决问题。

数据透视表

【例 4-14】 在“公司员工工资表”（数据清单）中，统计各部门各职务的人数。统计结果如图 4-41 所示。

本例既要按“部门”分类，又要按“职务”分类，这时需要使用数据透视表。

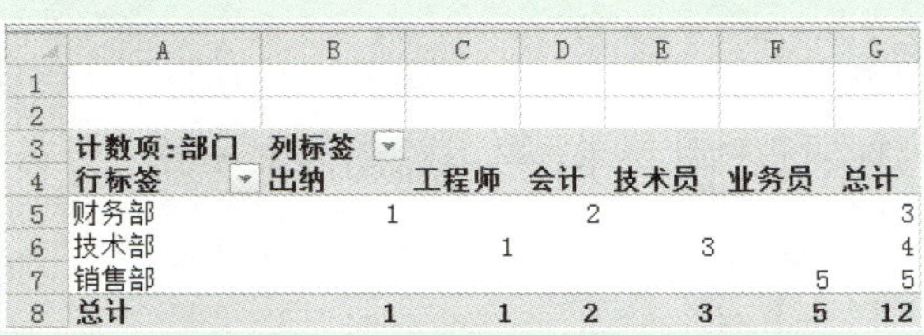

	A	B	C	D	E	F	G
1							
2							
3	计数项:部门	列标签					
4	行标签	出纳	工程师	会计	技术员	业务员	总计
5	财务部	1		2			3
6	技术部		1		3		4
7	销售部					5	5
8	总计	1	1	2	3	5	12

图 4-41　数据透视表的统计结果

操作步骤如下。

①选择数据清单中的任意单元格。

②单击“插入”选项卡的“表格”组中的“数据透视表”按钮，打开“创建数据透视表”对话框。确认选择要分析的数据的范围（如果系统给出的区域选择不正确，用户可用鼠标重新选择单元格区域）及数据透视表的放置位置（可以放在新工作表中，也可以放在现有工作表中），然后单击“确定”按钮。此时出现“数据透视表字段”任务窗格，把要分类的字段拖动到“行”区、“列”区，使之成为数据透视表的行、列标题，将要汇总的字段拖动到“∑值”区，本例“部门”字段作为行标签，“职务”字段作为列标签，统计的数据项是“职务”，如图 4-42 所示。默认情况下，数据项如果是非数字型字段，则对其计数，否则求和。

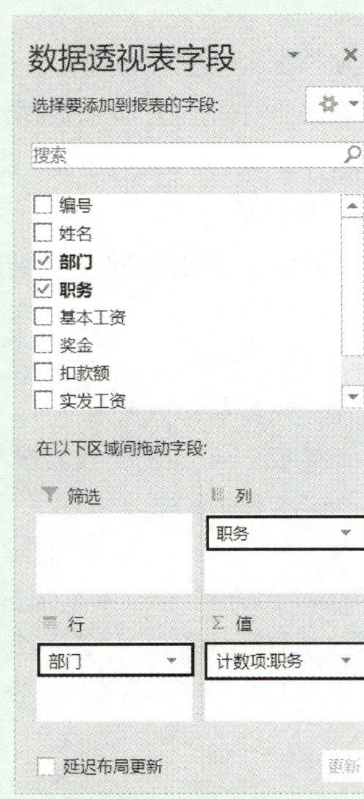

图 4-42　“数据透视表字段”任务窗格

创建数据透视表后，“数据透视表工具”选项卡会自动出现，该选项卡可以用来修改数据透视表。数据透视表的修改主要有以下 3 个方面。

1）更改数据透视表布局

数据透视表结构中行、列、数据字段都可以被更替或增加。将行、列、数据字段移出表示删除字段，移入表示增加字段。

2）改变汇总方式

单击“数据透视表工具”→“分析”选项卡的“活动字段”组中的“字段设置”按钮，打开“值字段设置”对话框，在“值汇总方式”选项卡中进行操作。

3）数据更新

有时数据清单中的数据发生了变化，但数据透视表并没有随之变化。此时，不必重新生成数据透视表，只需单击“数据透视表工具”→“分析”选项卡的“数据”组中的“刷新”按钮即可。

4.4.6　数据链接与合并计算

1. 数据链接

Excel 允许同时操作多个工作表或工作簿，通过工作簿的链接，使它们具有一定的联系。修改其中一个工作簿的数据，Excel 会通过链接关系，自动修改其他工作表或工作簿中的数据。同时，链接使工作簿的合并计算成为可能，可以把多个工作簿中的数据链接到一个工作表中。

链接让一个工作簿可以共享其他工作簿中的数据，可以链接单元格、单元格区域、公式、常量或工作表。包含原始数据的工作簿是源工作簿，接收信息的工作簿是目标工作簿，在打开目标工作簿的时候，源工作簿可以是打开的，也可以是关闭的。如果先打开源工作簿，后打开目标工作簿，Excel 会自动使用源工作簿中的数据更新目标工作簿中的数据。

链接有很多好处。例如，一个大公司的产品销售遍布全国各地，在一个大工作簿中处理所有的数据是不现实的：一方面，收集这些数据可能要花费很大的代价；另一方面，一个工作簿中的工作表太多可能会出现许多问题。如果把各个地区的销售数据分别保存在不同的工作簿中，而各个地区工作簿的数据可由各个地区的销售代理完成，最后通过工作表或工作簿的链接，把不同工作簿中的数据汇总在一起进行分析。这样数据收集就简单了，工作表的更新也快了。

总之，链接具有以下优点。

（1）在不同的工作簿和工作表之间可以进行数据共享。

（2）小工作簿比大工作簿的运行效率更高。

（3）分布在不同地域中的数据管理可以在不同的工作簿中完成，通过链接可以进行远程数据采集、更新和汇总。

（4）可以在不同的工作簿中修改、更新数据，多人可以同时工作。如果所有的数据都存于一个工作簿中，就增加了多人合作办公的难度。

【例 4-15】 某电视机厂生产的电视产品有 55 英寸、65 英寸、75 英寸及 85 英寸几种规格，主要销售于西南地区的四川、重庆等地。该厂每个季度进行一次销售统计，每个地区每个季度的统计数据保存在一个独立的工作簿中，各个地区的统计情况如图 4-43 所示。

	A	B	C	D	E
1	第一季度电视机销售统计				
2	规格	一月	二月	三月	汇总
3	55英寸	2890	1010	840	4740
4	65英寸	1310	470	360	2140
5	75英寸	3520	1380	960	5860
6	85英寸	1010	450	410	1870

四川

	A	B	C	D	E
1	第一季度电视机销售统计				
2	规格	一月	二月	三月	汇总
3	55英寸	4170	1850	1040	7060
4	65英寸	2090	530	430	3050
5	75英寸	930	660	460	2050
6	85英寸	310	210	120	640

重庆

图 4-43 各地区电视机销售数据工作簿

现在要进行第一季度统计，从每个地区的工作簿中直接取出汇总数据，然后在季度汇总工作簿中进行统计，汇总统计工作簿的结果如图 4-44 所示。

虽然图 4-44 中各地区的季度汇总数据可以从图 4-43 中复制得到，但是这样操作的话，如果各地区工作簿中的数据发生变化，季度汇总的数据不能同步更新，需要重新输入或复制。若用链接的方法将各地区工作簿中的数据链接到季度汇总工作簿中就可以解决该问题。

	A	B	C
1	第一季度电视销售统计		
2	规格	四川	重庆
3	55英寸	4740	7060
4	65英寸	2140	3050
5	75英寸	5860	2050
6	85英寸	1870	640

第一季度

图 4-44 第一季度销售统计工作簿

通过“复制”和“选择性粘贴”建立链接的操作步骤如下。

①同时打开链接的源工作簿和目标工作簿，激活源工作簿中的源工作表。打开四川地区电视机销售数据工作簿和各地区电视机销售季度汇总工作簿后，单击“四川”工作表。

②选中源工作表中要链接的单元格区域并复制。选择“四川”工作表中的数据区域 E3:E6，然后右击，在快捷菜单中选择“复制”命令。

③激活目标工作簿，并选择目标工作表，在要链接的单元格区域进行选择性粘贴。选中各地区电视机销售季度汇总工作簿，单击“第一季度”工作表，然后单击存放数据的单元格区域中的左上角单元格 B3，右击，在快捷菜单中选择“选择性粘贴”命令，弹出如图 4-45 所示的对话框。单击“粘贴链接”按钮，建立两个工作簿中的单元格链接。

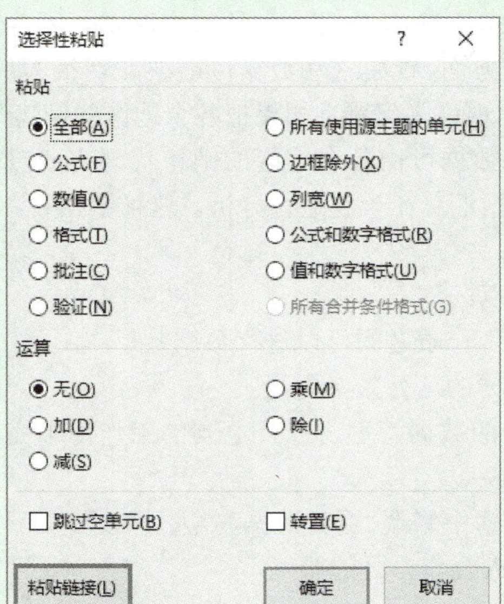

图 4-45 “选择性粘贴”对话框

④用同样的方法实现“第一季度”工作表对重庆地区销售汇总数据的链接。

数据链接后，每次打开包含链接的工作簿，且源工作簿处于关闭状态时，Excel 默认会弹出一个对话框提醒用户是否更新，单击“更新”按钮会更新数据。如果作为数据源的工作簿改名或移到了另外的磁盘目录中，Excel 会报告一个链接错误信息，此时单击信息提示对话框中的“编辑链接”按钮，将打开“编辑链接”对话框，单击其中的“更改源”按钮，在随后的“打开文件”对话框中选择链接的数据源所在的位置和文件名即可。

注意：也可以将 Excel 建立的工作表、图表、单元格或单元格区域作为数据源链接到利用其他 Windows 应用程序建立的文档(如用 Word、PowerPoint 作会议报告时)中，以达到最佳效果。以链接到 Word 为例，方法是，在 Excel 工作表中选定需要链接的内容(通常是数据表及图表所在的单元格区域)，然后复制，在 Word 文档中单击“开始”选项卡的“剪贴板”组中的“粘贴”下拉按钮，在下拉菜单中选择“选择性粘贴”命令，在出现的“选择性粘贴”对话框中选中“粘贴链接”单选按钮，并在“形式”列表框中选择“Microsoft Excel 工作表对象”，如图 4-46 所示。

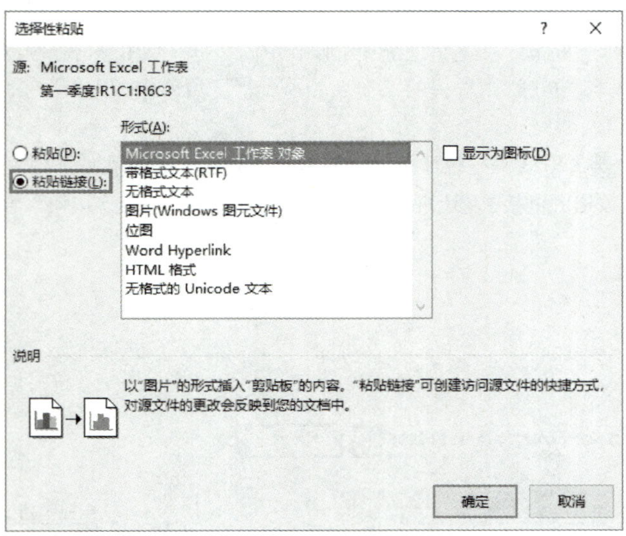

图 4-46　建立 Excel 和其他应用程序的链接

2. 合并计算

Excel 提供了合并计算的功能，可以对多张工作表中的数据同时进行计算汇总。合并计算包括进行求和(SUM)、求平均数(AVERAGE)、求最大值(MAX)、求最小值(MIN)、计数(COUNT)、求标准差(STDDEV)等运算。Excel 支持将不超过 255 个工作表中的信息收集到一个主工作表中，这些工作表可以在同一个工作簿中，也可以来自不同的工作簿。

在合并计算中，计算结果的工作表称为目标工作表，接收合并数据的区域称为源区域。按位置进行合并计算是最常用的方法，要求参与合并计算的所有工作表数据的对应位置都相同，即各工作表的结构完全一样，这时就可以把各工作表中对应位置的单元格数据进行合并。

【例 4-16】 在[例4-15]中，假设某电视机厂已对各地区电视机的销售情况进行了第一季度和第二季度的统计，第一季度销售统计工作簿如图 4-44 所示，第二季度销售统计工作簿如图 4-47 所示。

现在要统计上半年的销售总量，可以采用合并计算完成。操作步骤如下。

①打开第一季度和第二季度的销售统计工作簿。

②建立上半年汇总工作簿，如图 4-48 所示。单击上半年汇总工作表中存放合并数据的第一个单元格（或选中要存放合并数据的单元格区域），本例为 B3（或单元格区域 B3:C6）。

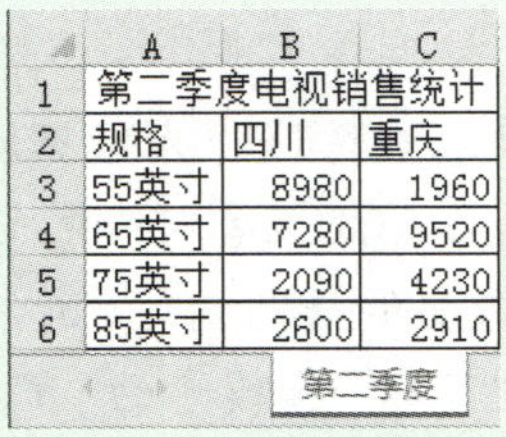

	A	B	C
1	第二季度电视销售统计		
2	规格	四川	重庆
3	55英寸	8980	1960
4	65英寸	7280	9520
5	75英寸	2090	4230
6	85英寸	2600	2910

图 4-47　第二季度销售统计工作簿

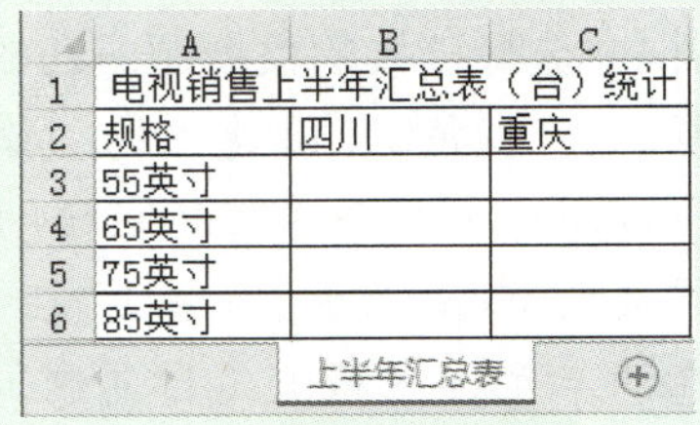

	A	B	C
1	电视销售上半年汇总表（台）统计		
2	规格	四川	重庆
3	55英寸		
4	65英寸		
5	75英寸		
6	85英寸		

图 4-48　上半年汇总工作簿

③单击“数据”选项卡的“数据工具”组中的“合并计算”按钮，弹出“合并计算”对话框。在“函数”下拉列表中选择“求和”，然后单击“引用位置”文本框右边的折叠对话框按钮，弹出“合并计算 - 引用位置”对话框。用鼠标选取第一季度销售统计工作表中的数据区域 B3:C6，单击对话框中的折叠对话框按钮返回，再单击“添加”按钮，则选择的工作表的单元格区域就会加入“所有引用位置”列表框中，如图 4-49 所示。

④用同样的方法把第二季度销售统计工作表的单元格区域 B3:C6 添加到“所有引用位置”列表框中，同时选中“创建指向源数据的链接”复选框（见图 4-49），然后单击“确定”按钮。合并计算结果如图 4-50 所示。

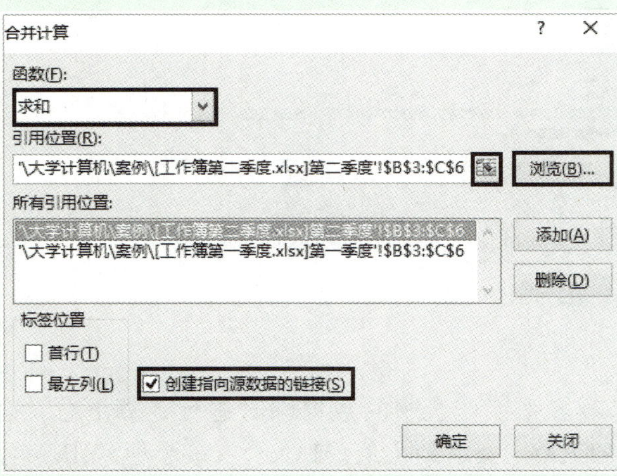

图 4-49　“合并计算”对话框

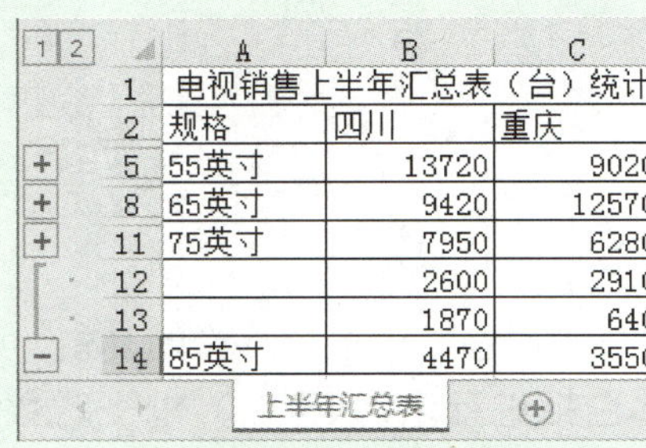

	A	B	C
1	电视销售上半年汇总表（台）统计		
2	规格	四川	重庆
5	55英寸	13720	9020
8	65英寸	9420	12570
11	75英寸	7950	6280
12		2600	2910
13		1870	640
14	85英寸	4470	3550

图 4-50　创建了链接的合并计算结果

在图 4-49 中选中“创建指向源数据的链接”复选框，可以查看合并计算的明细数据，单击图中的 + 即可，不想显示明细数据，可以单击相关行前的 −。

4.4.7　模拟分析和运算

在电子表格处理数据的过程中，我们有时想知道，当运算中一个或几个变量变动时，目标值会发生什么样的变动。对于这一类问题，电子表格处理软件提供了模拟分析工具，可以在一个或多个公式中测试不同的几组值来分析所有的不同结果。

在 Excel 2016 中，附带了 3 种模拟分析工具：方案管理器、单变量求解和模拟运算表。其

中，单变量求解只针对一个变量，方案管理器和模拟运算表则可以针对两个或多个变量求解。

1. 单变量求解

单变量求解主要用来解决以下问题：假定一个公式的计算结果是某个固定值，求其中引用的单元格变量应取值多少时该结果成立。

【例 4-17】 某商场今年的销售收入为 2 657 万元，销售费用占销售收入的 8%，商品成本占销售收入的 70%，根据公式“利润 = 销售收入 - 销售费用 - 商品成本 = 销售收入 *（1-8%-70%）”，求得利润为 584.54 万元。若明年该商场的利润目标为 1 000 万元，则该商场需要达到多少万元的销售收入？

操作步骤如下。

①建立单变量求解工作表，按图 4-51 所示在工作表中输入文字、数据和公式，其中的公式由例题给出的已知条件确定。输入文字、数据和公式后的结果如图 4-52 所示。

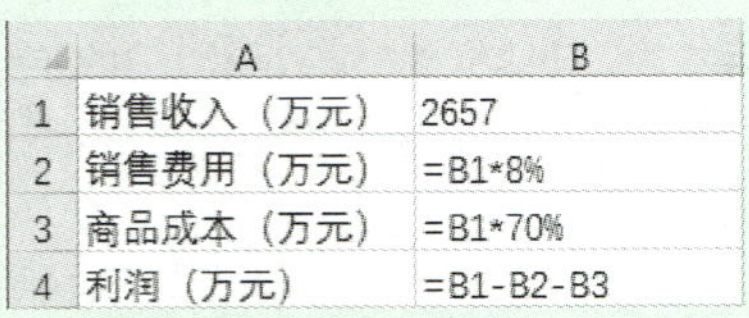

图 4-51　输入文字、数据和公式

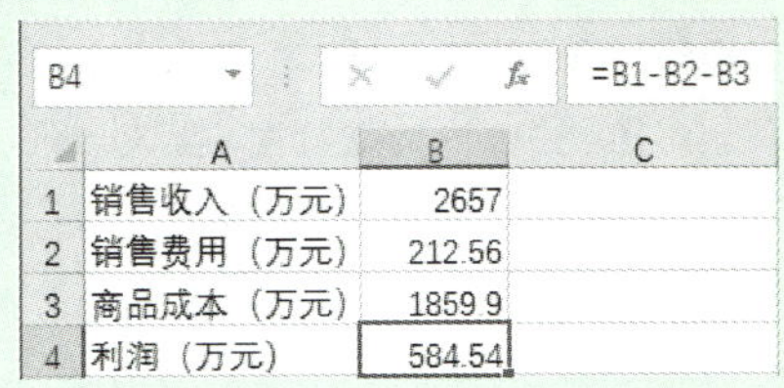

图 4-52　输入文字、数据和公式后的结果

②单击“数据”选项卡的“预测”组中的“模拟分析”下拉按钮，在下拉菜单中选择“单变量求解”命令，打开“单变量求解”对话框。在“目标单元格”编辑框中选取单元格 B4，在“目标值”文本框中输入“1000”，在“可变单元格”编辑框中选取单元格 B1，其设置如图 4-53 所示，单击“确定”按钮。打开“单变量求解状态”对话框，同时在 B1 单元格中得到计算结果，且当前解与目标值相同，计算结果如图 4-54 所示，继续单击“确定”按钮结束求解。

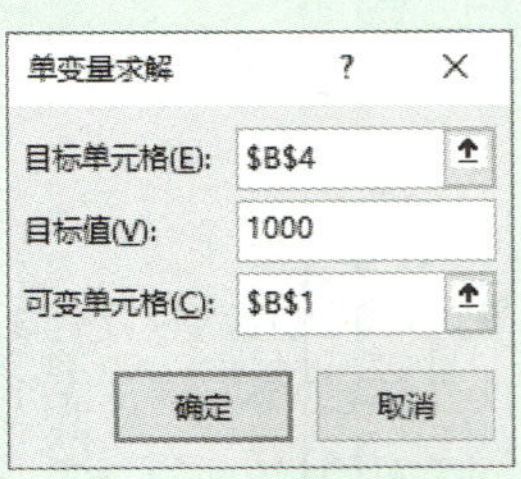

图 4-53　“单变量求解”对话框

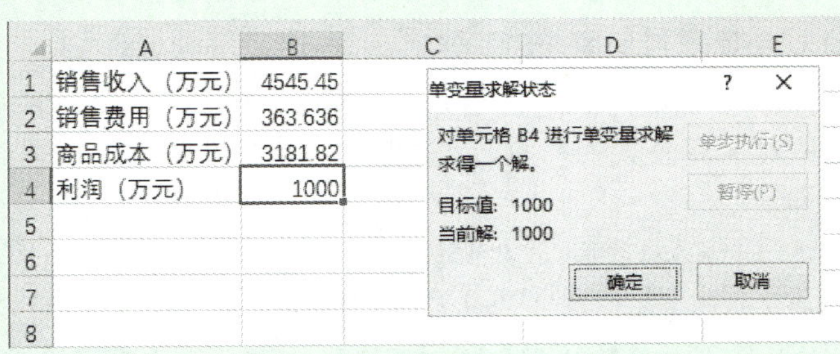

图 4-54　计算结果

2. 模拟运算表

模拟运算表可以显示公式中当一个或两个变量变动时对计算结果的影响，求得某一运算中可能发生的数值变化，并将这些数值变化列在一张表上便于比较。根据观察的变量多少不同，模拟运算表可以分为单变量模拟运算表和双变量模拟运算表两种类型。

1）单变量模拟运算表

若需要测试公式中一个变量的不同取值如何改变公式的结果，可以使用单变量模拟运算表。在单行或单列中输入变量值后，不同的计算结果便会在公式所在的行或列中显示。

【例 4-18】 某人考虑购买一套住房，要承担一笔 25 万元的贷款，按月还款，分 15 年还清。其中，个人住房贷款有 3 类：第一类为银行商业贷款，利率为 0.061 2；第二类为住房公积金贷款，利率为 0.045；第三类为组合贷款，利率为 0.059 4。计算 3 种不同贷款利率下的月还款额。

操作步骤如下。

①在一个工作表中建立模拟运算表的基本结构，输入给定的文字、数据和公式，如图 4-55 所示。其中，B6 单元格中输入的是计算贷款的月支付金额公式。第 1 个参数“B3/12”表示每期支付的贷款利息，因为是按月支付，所以用年利息除以 12，B3 单元格称为输入单元格，将会被含有输入数据的行或列单元格替代，其中输入的数据是样板数据，可以是 3 个利率中的任何一个；第 2 个参数是支付贷款的总期数，因为用月份数表示，所以是“B2*12”个月，B2 单元格中输入的数据是贷款年限，该参数也可以直接使用“12*15”；第 3 个参数是贷款金额，也可以直接使用 250 000，但使用数值不如单元格引用灵活方便。

②选择包括公式和需要保存计算结果的单元格区域 A6:B9，即模拟运算表。

③单击“数据”选项卡的“预测”组中的“模拟分析”下拉按钮，在下拉菜单中选择“模拟运算表”命令，打开“模拟运算表”对话框。

④由于工作表中的“贷款利率”排成一列，因此在“模拟运算表”对话框的“输入引用列的单元格”编辑框中选取单元格 B3，或者直接输入“$B$3”，然后单击“确定”按钮。最终单变量模拟运算表的计算结果如图 4-56 所示。

	A	B
1	贷款金额	250000
2	贷款年限	15
3	贷款利率	0.045
4		
5	贷款利率	月还款额
6		=PMT(B3/12, B2*12, B1)
7	0.045	
8	0.0594	
9	0.0612	

图 4-55　单变量模拟运算表的基本结构

	A	B
1	贷款金额	250000
2	贷款年限	15
3	贷款利率	0.045
4		
5	贷款利率	月还款额
6		¥-1, 912.48
7	0.045	-1912.483222
8	0.0594	-2101.546748
9	0.0612	-2125.884223

图 4-56　单变量模拟运算表的计算结果

2）双变量模拟运算表

单变量模拟运算表只能解决一个输入变量对一个或多个计算公式的影响。如果想查看两个变量对计算公式的影响，就需要使用双变量模拟运算表。

【例 4-19】 某人考虑购买一套住房，要承担一笔 25 万元的贷款，按月还款。其中，个人住房贷款有 3 类：第一类为银行商业贷款，利率为 0.061 2；第二类为住房公积金贷款，利率为 0.045；第三类为组合贷款，利率为 0.059 4。计算 3 种不同贷款利率下 5 年、10 年、15 年、20 年 4 个不同贷款期限的月还款额。

这里有两个变量，一个是贷款利率，一个是贷款期限，使用双变量模拟运算表进行计算。

操作步骤如下。

①在一个工作表中建立模拟运算表的基本结构，输入给定的文字、数据和公式，如图 4-57 所示。其中 B2 单元格中可以输入题目中给出的任意一个贷款年限，B3 单元格中可以输入任意一个贷款利率，因为这两个单元格中只是样本数据。B2 单元格中是代表贷款年限的变量，它的取值是单元格区域 C6:F6；B3 单元格中是代表贷款利率的变量，它的取值是单元格区域 B7:B9。

②选择包括公式和需要保存计算结果的单元格区域 B6:F9，即模拟运算表。

③单击“数据”选项卡的“预测”组中的“模拟分析”下拉按钮，在下拉菜单中选择“模拟运算表”命令，打开“模拟运算表”对话框。

	A	B	C	D	E	F
1	贷款金额	250000				
2	贷款年限	15				
3	贷款利率	0.045				
4						
5	月还款额		贷款年限			
6	贷款利率	=PMT(B3/12,B2*12,B1)	5	10	15	20
7		0.045				
8		0.0594				
9		0.0612				

图 4-57　双变量模拟运算表的基本结构

④由于工作表中的“贷款年限”排成一行，“贷款利率”排成一列，因此在“模拟运算表”对话框的“输入引用行的单元格”编辑框中选取单元格 B2，或者直接输入“$B$2”，在“输入引用列的单元格”编辑框中选取单元格 B3，或者直接输入“$B$3”，然后单击“确定”按钮。最终双变量模拟运算表的计算结果如图 4-58 所示。

	A	B	C	D	E	F
1	贷款金额	250000				
2	贷款年限	15				
3	贷款利率	0.045				
4						
5	月还款额		贷款年限			
6	贷款利率	¥-1,912.48	5	10	15	20
7		0.045	-4660.75	-2590.96	-1912.48	-1581.62
8		0.0594	-4826.23	-2767.99	-2101.55	-1782.43
9		0.0612	-4847.16	-2790.6	-2125.88	-1808.43

图 4-58　双变量模拟运算表的计算结果

3. 方案管理器

单变量求解只能解决具有一个未知变量的问题，模拟运算表最多只能解决两个变量引起的问题。如果要解决包括较多可变因素的问题，或者要在几种假设分析中找出最佳的执行方案，可以使用方案管理器。

用户可以根据工作需要在多个方案之间快速切换浏览，在创建或收集到所需的全部方案后，还可以创建综合性的方案摘要报告。

【例 4-20】 对于例 [4-17] 中的数据，若要使利润达到 700 万元，设定两种不同的方案：一种是增加销售收入为 3 181.818 万元；另一种是在销售收入和商品成本不变的条件下，降低销售费用为 100 万元。比较两种方案的可行性。

操作步骤如下。

①单元格命名。在创建方案之前，为了使创建的方案能明确地显示有关变量以及为了将来进行方案总结时便于阅读，需要先给有关变量所在的单元格命名。首先建立案例原始数据表（见图 4-51），然后给数据区域 B1:B4 单元格命名。方法是：选中单元格区域 A1:B4，单击“公式”选项卡的“定义的名称”组中的“根据所选内容创建”命令，打开“以选定区域创建名称”对话框，在该对话框中选择“最左列”，单击“确定”按钮。完成后，B1:B4 单元格就分别用 A1:A4 单元格中的文字命名了，如 B1 单元格的名称就是“销售收入 _ 万元”。注意不是“销售收入（万元）”，在 Excel 中，如果单元格的文字中出现了符号，需要遵守 Excel 的命名规则。

②创建方案。完成单元格命名后，便可逐个创建所需方案。方法是：单击“数据”选项卡的“预测”组中的“模拟分析”下拉按钮，在下拉菜单中选择“方案管理器”命令，打开“方案管理器”对话框，如图 4-59 所示。继续单击“添加”按钮，打开“添加方案”对话框，在“方案名”文本框中输入“增加销售收入”，在“可变单元格”文本框中输入单元格“B1”，如图 4-60 所示，单击“确定”按钮。然后在接着出现的“方

案变量值”对话框中输入需要达到的销售输入“3181.818”，如图4-61所示，单击“确定”按钮，完成“增加销售收入”方案的创建。用同样的方法完成“降低销售费用”方案的创建，其中“可变单元格”文本框中为B2，且假定这个单元格没有公式，只有数值且数值为100。

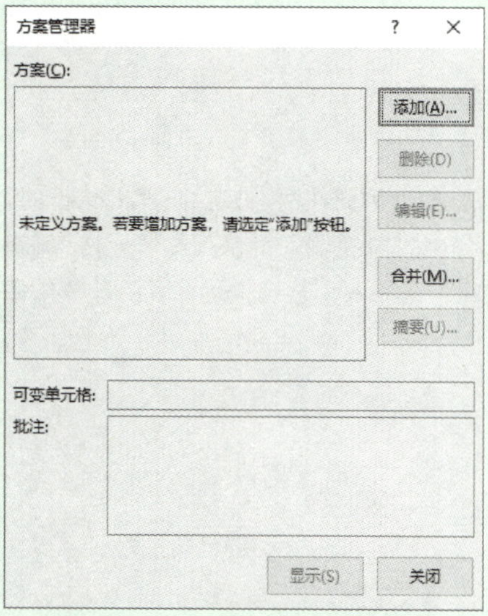

图4-59 “方案管理器”对话框

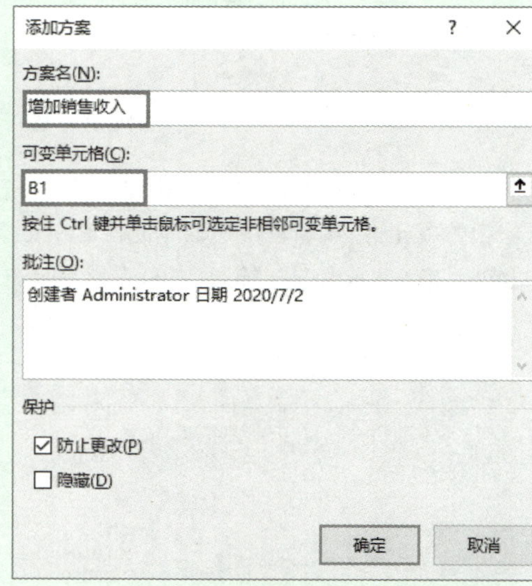

图4-60 “添加方案”对话框

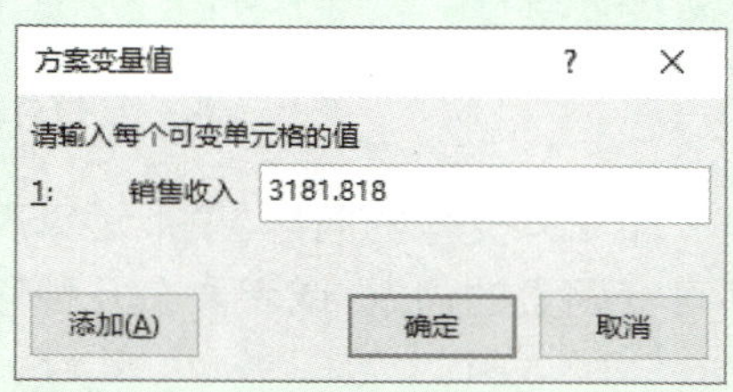

图4-61 “方案变量值”对话框

③创建方案摘要。在创建完方案后，需要通过方案摘要报告对方案进行直观显示和分析。创建方案摘要的具体方法是：在“方案管理器”对话框（见图4-59）中单击“摘要”按钮，打开“方案摘要”对话框，在“报表类型”选项组中选中“方案摘要”单选按钮，如图4-62所示，单击“确定”按钮即可获得方案摘要的结果，如图4-63所示。

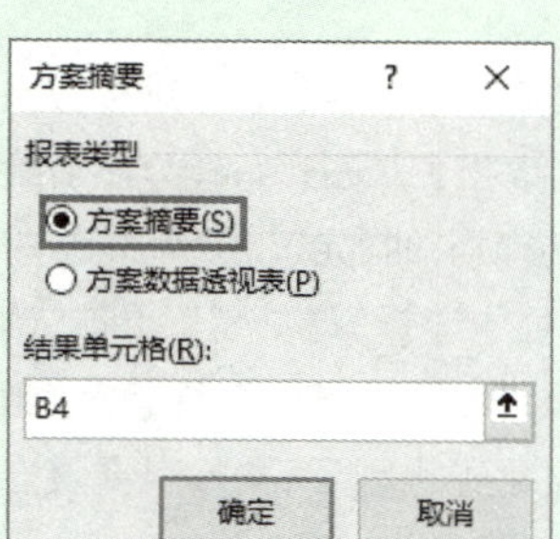

图4-62 “方案摘要”对话框

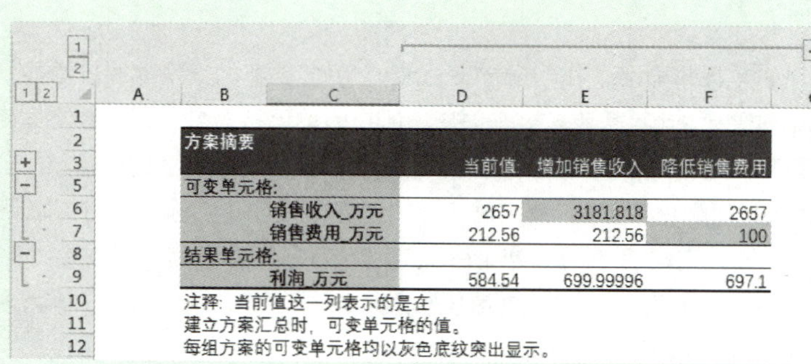

图4-63 方案摘要的结果

比较两个方案中结果单元格的“利润”值可知，“增加销售收入”方案对目标的影响相对较大，可行性更高。

4.4.8　常用数据统计分析函数及其应用

1. 日期时间函数

1）YEAR 函数

- 功能：返回日期值对应的年份，返回值为 1900 ～ 9999 的整数。
- 格式：YEAR（serial_number）。
- 说明：serial_number 是一个日期值，也可以是格式为日期格式的单元格名称。
- 举例：=YEAR（"2018/01/01"），返回值为 2018。YEAR 函数常用于计算年龄、工龄等。

类似用法的还有 MONTH（serial_number）函数（返回日期值对应的月份，返回值为 1 ～ 12 的整数）、DAY（serial_number）函数（返回日期值对应的天数，返回值为 1 ～ 31 的整数）。

2）HOUR 函数

- 功能：返回时间值对应的小时数。返回值为 0 ～ 23 之间的整数。
- 格式：HOUR（serial_number）。
- 说明：serial_number 是一个时间值，也可以是格式为时间格式的单元格名称。
- 举例：=HOUR（"18:06:55"），返回值为 18。

类似用法的还有 MINUTE（serial_number）函数（返回时间值对应的分钟数，返回值为 0 ～ 59 的整数）、SECOND（serial_number）函数（返回时间值对应的秒钟数，返回值为 0 ～ 59 的整数）。

3）TODAY 函数

- 功能：返回当前日期。
- 格式：TODAY（）。
- 说明：该函数不需要参数。
- 举例：=TODAY（），返回值为 2020/5/4（当前日期）。

4）NOW 函数

- 功能：返回当前日期和时间。
- 格式：NOW（）。
- 说明：该函数不需要参数。
- 举例：=NOW（），返回值为 2020/5/4 11:22（当前日期和时间）。

【例 4-21】 使用日期函数计算“个人信息情况表（2020 年）”（见图 4-64）中的“年龄”字段结果。

	A	B	C	D	E	F	G	H	I
1	姓 名	性 别	出生年月	年龄	所在区域	原电话号码	升级后号码	是否>=40男性	是否闰年出生
2	王一	男	1967/6/15		天心区	07312319801			
3	张二	女	1974/9/27		芙蓉区	07315742802			
4	林三	男	1953/2/21		雨花区	07315242803			
5	胡四	女	1984/3/30		开福区	07314742804			
6	吴五	男	1996/8/13		岳麓区	07318642805			

图 4-64　个人信息情况表（2020 年）

操作步骤如下。

①单击工作表中的 D2 单元格。

②输入公式“ =YEAR（TODAY（））-YEAR（C2）”，按 Enter 键。

③拖动 D2 单元格右下角的填充柄至 D6 单元格，利用公式的自动填充功能（拖动复制公式的方法）得到其他人的年龄。

2. 逻辑函数

1）NOT（非）函数

- 功能：在其参数组中，参数逻辑值为 TRUE，即返回 FALSE，反之，返回 TRUE。
- 格式：NOT（logical）。
- 说明：logical 是需要进行检验的一个条件，结果可以为 TRUE 或 FALSE。
- 举例：=NOT（TRUE），返回值为 FALSE。

2）AND（与）函数

- 功能：在其参数组中，所有参数逻辑值为 TRUE，即返回 TRUE。
- 格式：AND（logical1,logical2,…）。
- 说明：logical1,logical2,…是需要进行检验的 1～30 个条件，结果分别为 TRUE 或 FALSE。
- 举例：=AND（TRUE，FALSE），返回值为 FALSE。

3）OR（或）函数

- 功能：在其参数组中，任何一个参数逻辑值为 TRUE，即返回 TRUE。
- 格式：OR（logical1,logical2,…）。
- 说明：logical1,logical2,…是需要进行检验的 1～30 个条件，结果分别为 TRUE 或 FALSE。
- 举例：=OR（TRUE，FALSE），返回值为 TRUE。

【例 4-22】 使用逻辑函数计算“个人信息情况表（2020 年）”（见图 4-64）中的“是否 >=40 男性”和“是否闰年出生”字段的结果。

操作步骤如下。

①单击工作表中的 H2 单元格。

②输入公式“=AND(B2="男",D2>=40)”，按 Enter 键；利用公式的自动填充功能得到其他人的结果。

③单击工作表中的 I2 单元格。

④输入公式“=OR(AND(MOD(YEAR(C2),4)=0,MOD(YEAR(C2),100)<>0),MOD(YEAR(C2),400)=0)”，按 Enter 键，利用公式的自动填充功能得到其他人的结果，如图 4-65 所示。MOD 函数的作用是返回两数相除的余数。

	A	B	C	D	E	F	G	H	I
1	姓 名	性 别	出生年月	年龄	所在区域	原电话号码	升级后号码	是否>=40男性	是否闰年出生
2	王一	男	1967/6/15	53	天心区	07312319801	073182319801	TRUE	FALSE
3	张二	女	1974/9/27	46	芙蓉区	07315742802	073185742802	FALSE	FALSE
4	林三	男	1953/2/21	67	雨花区	07315242803	073185242803	TRUE	FALSE
5	胡四	女	1984/3/30	36	开福区	07314742804	073184742804	FALSE	TRUE
6	吴五	男	1996/8/13	24	岳麓区	07318642805	073188642805	FALSE	TRUE

图 4-65 个人信息情况表（2020 年）的计算结果

3. 算术函数

1）MOD 函数

- 功能：返回两数相除的余数。
- 格式：MOD（number，divisor）。
- 说明：number 是被除数，divisor 是除数。
- 举例：=MOD（8,3），返回值为 2。

2）ABS 函数

● 功能：返回参数的绝对值。

● 格式：ABS（number）。

● 说明：number 是需要求绝对值的数值或引用的单元格。

● 举例：=ABS（-2），返回值为 2。

3）MAX 函数

● 功能：返回一组值中的最大值。

● 格式：MAX（number1,number2,…）。

● 说明：number1, number2,…是要从中找出最大值的 1～30 个数字参数。

● 举例：=MAX（6,4,8），返回值为 8。

类似用法的还有 MIN（number1,number2,…）函数（返回一组值中的最小值）。

4）ROUND 函数

● 功能：按指定位数对数值进行四舍五入。

● 格式：ROUND（number，num_digits）。

● 说明：number 是需要四舍五入的数值或引用的单元格，num_digits 是需要保留的小数位数。

● 举例：=ROUND（34.567，2），返回值为 34.57。

5）TRUNC 函数

● 功能：将数值的小数部分截去，返回整数。

● 格式：TRUNC（number，[num_digits]）。

● 说明：number 是需要取整的数值或引用的单元格，num_digits 是需要保留的小数位数，默认为 0。

● 举例：=TRUNC（34.567），返回值为 34；=TRUNC（-34.567），返回值为 -34。

6）INT（number）

● 功能：将数值向下舍入到最接近的整数。

● 格式：INT（number）。

● 说明：number 是需要向下取整的数值或引用的单元格。

● 举例：=INT（34.567），返回值为 34；=INT（-34.567），返回值为 -35。

4. 排位函数

排位函数主要有 RANK 函数。

● 功能：为指定单元的数据在其所在行或列数据区所处的位置排位。

● 格式：RANK（number,reference,order）。

● 说明：number 是被排位的值，reference 是排位的数据区域，order 是升序或降序，其中 order 取 0 值按降序排列，order 取 1 值按升序排列。

● 举例：=RANK（A1,$A$1:$A$10,0），表示求 A1 单元格中的数值在单元格区域 A1:A10 中的降序排位。

【例 4-23】 有“大学计算机基础机试成绩表”需要进行统计分析，如图 4-66 所示。

现在需要在右边增加一列，显示排名情况，操作步骤如下。

①单击工作表中的 E2 单元格，输入“排名”。

②单击E3单元格，输入公式“=RANK(D3,$D$3:$D$12)”，D3为第1个学生的机试成绩，D3$:$D$12为所有学生的机试成绩所占的单元格区域，没有第3个参数则排名按降序排列，即分数高者名次靠前。绝对引用是为了保证公式复制的结果正确。按Enter键，得到第1个学生的名次是“2”。

③利用公式的自动填充功能（拖动复制公式的方法）得到其他学生的名次，RANK函数的应用结果如图4-67所示。

	A	B	C	D
1	大学计算机基础机试成绩表			
2	序号	姓名	性别	机试成绩
3	01	李 娟	女	90
4	02	廖 念	男	85
5	03	李 婷	女	72
6	04	王 珂	男	78
7	05	尹 娟	女	67
8	06	李 想	男	64
9	07	陈茜倩	女	45
10	08	王莲艺	女	93
11	09	胡 歌	男	87
12	10	高 妹	女	85

图4-66 大学计算机基础机试成绩表

	A	B	C	D	E
1	大学计算机基础机试成绩表				
2	序号	姓名	性别	机试成绩	排名
3	01	李 娟	女	90	2
4	02	廖 念	男	85	4
5	03	李 婷	女	72	7
6	04	王 珂	男	78	6
7	05	尹 娟	女	67	8
8	06	李 想	男	64	9
9	07	陈茜倩	女	45	10
10	08	王莲艺	女	93	1
11	09	胡 歌	男	87	3
12	10	高 妹	女	85	4

图4-67 RANK函数的应用结果

5. 逻辑判断函数

逻辑判断函数主要有IF函数。

● 功能：执行真假值判断，根据逻辑计算的真假值，返回不同结果。

● 格式：IF(logical_test,value_if_true,value_if_false)。

● 说明：logical_test 表示计算结果为TRUE或FALSE的任意值或表达式，value_if_true是logical_test为TRUE时返回的值，value_if_false是logical_test为FALSE时返回的值。当要对多个条件进行判断时，需嵌套使用IF函数，IF函数最多可以嵌套7层，用value_if_false和value_if_true参数可以构造复杂的检测条件，一般直接在编辑栏输入函数表达式。

● 举例：=IF(A1>=60,"及格","不及格")，表示如果A1单元格中的数值大于或等于60，则显示“及格”字样，反之显示“不及格”字样。

【例4-24】 在[例4-23]“大学计算机基础机试成绩表”的右边继续增加一列，将百分制的机试成绩转换成等级制，转换规则为90~100(优)、80~89(良)、70~79(中)、60~69(及格)、60以下(不及格)。

操作步骤如下。

①单击工作表中的F2单元格，输入“等级制”。

②单击F3单元格，输入公式：“=IF(D3>=90,"优",IF(D3>=80,"良",IF(D3>=70,"中",IF(D3>=60,"及格","不及格"))))”，然后按Enter键，得到第1个学生的成绩等级是“优”。

③利用公式的自动填充功能（拖动复制公式的方法）得到其他学生的成绩等级。IF函数的应用结果如图4-68所示。

	A	B	C	D	E	F
1	大学计算机基础机试成绩表					
2	序号	姓名	性别	机试成绩	排名	等级制
3	01	李 娟	女	90	2	优
4	02	廖 念	男	85	4	良
5	03	李 婷	女	72	7	中
6	04	王 珂	男	78	6	中
7	05	尹 娟	女	67	8	及格
8	06	李 想	男	64	9	及格
9	07	陈茜倩	女	45	10	不及格
10	08	王莲艺	女	93	1	优
11	09	胡 歌	男	87	3	良
12	10	高 妹	女	85	4	良

图4-68 IF函数的应用结果

6. 求和函数

1)SUM函数

● 功能：计算所有参数的和。

● 格式：SUM (number1,[number2],…)。

● 说明：至少包含一个参数 number1，每个参数可以是具体的数值、引用的单元格区域、数组、公式或另一个函数的结果。

● 举例：=SUM（A1:A10），表示将单元格区域 A1:A10 的所有单元格中的数值求和；=SUM（A1,A5,A10），表示将 A1、A5、A10 单元格中的数值求和。

2）SUMIF 函数

● 功能：对指定单元格区域中符合一个条件的单元格求和。

● 格式：SUMIF（range,criteria,[sum_range]）。

● 说明：range 是用于条件判断的单元格区域；criteria 是确定哪些单元格将被相加求和的条件，其形式可以为数字、表达式或文本；sum_range 是可选参数，表示要求和的实际单元格区域。如果省略 sum-range 参数，则对参数 range 指定的单元格区域中符合条件的单元格进行求和。

● 举例：=SUMIF（A1:A10,">5"），表示对单元格区域 A1:A10 中数值大于 5 的单元格求和；=SUMIF（A1:A10,">5", B1:B10），表示在单元格区域 A1:A10 中，查找数值大于 5 的单元格，并在 B1:B10 单元格区域中找到对应的单元格求和。

3）SUMIFS 函数

● 功能：对指定单元格区域中符合多组条件的单元格求和。

● 格式：SUMIFS（sum_range,criteria_range1,criteria1,[criteria_range2,criteria2]…）。

● 说明：sum_range 是要求和的实际单元格区域；criteria_range1 是第 1 组条件中指定的区域；criteria1 是第 1 组条件中指定的条件；criteria_range2,criteria2 是可选参数，表示第 2 组条件，还可以有其他多组条件。

● 举例：=SUMIFS（A1:A10,B1:B10,">0",C1:C10,"<5"），表示对单元格区域 A1:A10 中符合条件的单元格的数值求和，条件是 B1:B10 中的相应数值大于 0 且 C1:C10 中的相应数值小于 5。

4）SUMPRODUCT 函数

● 功能：先计算出各个数组或区域内位置相同的元素之间的乘积，然后再计算出它们的和。

● 格式：SUMPRODUCT（array1,array2,array3,…）。

● 说明：array1,array2,array3,…可以是数值、逻辑值或作为文本输入的数字的数组常量，或者包含这些值的单元格区域，空白单元格被视为 0。

● 举例：= SUMPRODUCT（A1:A3,B1:B3,C1:C3），表示计算 A、B、C 三列对应数据乘积的和。计算方式：=A1*B1*C1+A2*B2*C2+A3*B3*C3，即三个单元格区域 A1:A3,B1:B3,C1:C3 同行数据积的和。

7. 平均值函数

1）AVERAGE 函数

● 功能：计算所有参数的平均值。

● 格式：AVERAGE（number1,[number2],…）。

● 说明：至少包含一个参数 number1，每个参数可以是具体的数值、引用的单元格区域、数组、公式或另一个函数的结果。

● 举例：=AVERAGE（A1:A10），表示将单元格区域 A1:A10 的所有单元格中的数值求平均值；= AVERAGE（A1:A5,A10），表示将 A1:A5 单元格区域中的数值与 A10 单元格中的数值求平均值。

2）AVERAGEIF 函数

● 功能：对指定单元格区域中符合一组条件的单元格求平均值。

● 格式:AVERAGEIF(range,criteria,[average_range])。

● 说明:range 是进行条件对比的单元格区域;criteria 是求平均值的条件,其形式可以为数字、表达式、单元格引用、文本或函数;average_range 是求平均值的实际单元格区域,如果省略该参数,则对参数 range 指定的单元格区域中符合条件的单元格求平均值。

● 举例:=AVERAGEIF(A1:A10,">5"),表示对单元格区域 A1:A10 中数值大于 5 的单元格求平均值;= AVERAGEIF(A1:A10,">5", B1:B10),表示在单元格区域 A1:A10 中,查找数值大于 5 的单元格,并在 B1:B10 区域中找到对应的单元格求平均值。

3)AVERAGEIFS 函数

● 功能:对指定单元格区域中符合多组条件的单元格求平均值。

● 格式:AVERAGEIFS(average_range,criteria_range1,criteria1,[criteria_range2,criteria2]…)。

● 说明:average_range 是要求平均值的实际单元格区域;criteria_range1 是第 1 组条件中指定的区域;criteria1 是第 1 组条件中指定的条件;criteria_range2,criteria2 是可选参数,表示第 2 组条件,还可以有其他多组条件。

● 举例:= AVERAGEIFS(A1:A10,B1:B10,">0",C1:C10,"<5"),表示对单元格区域 A1:A10 中符合以下条件的单元格的数值求平均值,条件是 B1:B10 中的相应数值大于 0 且 C1:C10 中的相应数值小于 5。

8. 计数函数

1)COUNT 函数

● 功能:统计指定区域中包含数值的个数,只对包含数字的单元格进行计数。

● 格式:COUNT(value1,[value2],…)。

● 说明:至少包含一个参数,可以是数值或单元格引用。

● 举例:=COUNT(A1:A10),表示统计单元格区域 A1:A10 中包含数值的单元格的个数。

2)COUNTA 函数

● 功能:统计指定区域中不为空的单元格的个数,可以对包含任何类型信息的单元格进行计数。

● 格式:COUNTA(value1,[value2],…)。

● 说明:至少包含一个参数,可以是数值或单元格引用。

● 举例:=COUNTA(A1:A10),表示统计单元格区域 A1:A10 中非空单元格的个数。

3)COUNTIF 函数

● 功能:统计指定区域中符合一个条件的单元格的个数。

● 格式:COUNTIF(range,criteria)。

● 说明:range 为需要计算其中满足条件的单元格数目的单元格区域;criteria 为确定哪些单元格将被计算在内的条件,其形式可以为数字、表达式、单元格引用或文本。

● 举例:= COUNTIF(A1:A10,">5"),表示统计单元格区域 A1:A10 中数值大于 5 的单元格的个数。

4)COUNTIFS 函数

● 功能:统计指定区域中符合多组条件的单元格的个数。

● 格式:COUNTIFS(criteria_range1,criteria1[,criteria_range2,criteria2]…)。

● 说明:criteria_range1 是第 1 组条件中指定的区域;criteria1 是第 1 组条件中指定的条件;criteria_range2,criteria2 是可选参数,表示第 2 组条件,还可以有其他多组条件。

● 举例：= COUNTIFS（A1:A10,">5", B1:B10,"<10"），表示统计同时满足以下条件的单元格所对应的行数，条件是 A1:A10 单元格区域中值大于 5 的单元格且 B1:B10 单元格区域中值小于 10 的单元格。

【例 4-25】 在 [例4-24] 的“大学计算机基础机试成绩表”中，统计男生和女生的机试成绩总分数，且统计各个分数段（如 90-100，80-89,70-79,60-69，<60）的学生人数。统计结果如图 4-69 所示。

	A	B	C	D	E	F	G	H	I
1	大学计算机基础机试成绩表								
2	序号	姓名	性别	机试成绩	排名	等级制			总分数
3	01	李 娟	女	90	2	优		男	314
4	02	廖 念	男	85	4	良		女	452
5	03	李 婷	女	72	7	中			
6	04	王 珂	男	78	6	中			
7	05	尹 娟	女	67	8	及格		分数段	人数
8	06	李 想	男	64	9	及格		90-100	2
9	07	陈茜倩	女	45	10	不及格		80-89	3
10	08	王莲艺	女	93	1	优		70-79	2
11	09	胡 歌	男	87	3	良		60-69	2
12	10	高 妹	女	85	4	良		<60	1

图 4-69　SUMIF 函数和 COUNTIF 函数的统计结果

操作步骤如下。

①按图 4-69 所示建立男女生总分数表格和分数段人数表格。

②单击 I3 单元格，输入公式“=SUMIF（$C$3:$C$12,H3,$D$3:$D$12）”，表示在单元格区域 C3:C12 中查找 H3 单元格中的内容，即在 C 列查找“男”所在的单元格，找到后，返回 D 列同一行的单元格（因为返回的结果在单元格区域 D3:D12），最后对所有找到的单元格求和。按 Enter 键后，在 I3 单元格中得到男生机试成绩的总分数。利用公式的自动填充功能得到女生的总分数。

③在 I8:I12 单元格中依次输入公式“ =COUNTIF（D3:D12,">=90"）”，“=COUNTIF（D3:D12,">=80"）-COUNTIF（D3:D12,">=90"）”，“=COUNTIF（D3:D12,">=70"）-COUNTIF（D3:D12,">=80"）”，“=COUNTIF（D3:D12,">=60"）-COUNTIF（D3:D12,">=70"）”，“=COUNTIF（D3:D12,"<60"）”，然后按 Enter 键得到各个分数段的人数。

9. 查找函数

1）HLOOKUP 函数

● 功能：在数据表或数值数组的首行查找指定的数值，并由此返回数据表或数值数组当前列中指定行处的数值。

● 格式：HLOOKUP（lookup_value,table_array,row_index_num,[range_lookup]）。

● 说明：lookup_value 为需要在数据表首行中查找的数值，可以为数值、引用或文本字符串；table_array 为需要在其中查找数据的数据表，可以使用对区域或区域名称的引用；row_index_num 为 table_array 中待返回的匹配值的行序号；range_lookup 为一逻辑值，指明函数 HLOOKUP 查找时是精确匹配还是近似匹配（如果为 TRUE 或省略，则返回近似匹配值）。需要注意的是，模糊查找时，table_array 的第 1 行数据必须按升序排列，否则找不到正确的结果。

● 举例：=HLOOKUP（1,A2:C3,2,FALSE），表示要查找的单元格区域为 A2:C3，有两行，使用精确匹配搜索第 1 行中的值 1，找到后返回同一列中（ 第 2 行）的值。

2）VLOOKUP 函数

VLOOKUP 函数的用法与 HLOOKUP 基本一致，不同之处在于 HLOOKUP 函数的 table_

array 数据表的数据信息是以行的形式出现，而 VLOOKUP 的 table_array 数据表的数据信息是以列的形式出现的。需要注意的是，模糊查找时，table_array 的第 1 列数据必须按升序排列，否则找不到正确的结果。

● 举例：=VLOOKUP(1,A2:C4,2)，表示要查找的单元格区域为 A2:C4，其中 A 列为第 1 列，B 列为第 2 列，C 列为第 3 列。使用近似匹配搜索 A 列（第 1 列）的值 1，如果在 A 列中没有 1，则近似找到 A 列中与 1 最接近的值，然后返回同一行中 B 列（第 2 列）的值。

【例 4-26】 在 [例4-24] 的“大学计算机基础机试成绩表”中，成绩由百分制转换成等级制也可以通过 VLOOKUP 的模糊查找实现。另外，实际生活中成绩表数据往往很多（学生人数多，成绩门数多），要查看某个同学的成绩非常困难，可以设计一个查询表格，输入某个学号（本例为序号）后，能自动显示该学号所对应的姓名和成绩。用 VLOOKUP 函数进行模糊查找和精确查找的结果如图 4-70 所示。

	A	B	C	D	E	F	G	H	I
1	大学计算机基础机试成绩表							成绩转换	
2	序号	姓名	性别	机试成绩	排名	等级制		0	不及格
3	01	李 娟	女	90	2	优		60	及格
4	02	廖 念	男	85	4	良		70	中
5	03	李 婷	女	72	7	中		80	良
6	04	王 珂	男	78	6	中		90	优
7	05	尹 娟	女	67	8	及格			
8	06	李 想	男	64	9	及格		成绩查询（输入学号）	
9	07	陈茜倩	女	45	10	不及格		学号（序号）	08
10	08	王莲艺	女	93	1	优		姓名	王莲艺
11	09	胡 歌	男	87	3	良		机试成绩	93
12	10	高 姝	女	85	4	良		排名	1

图 4-70 用 VLOOKUP 函数进行模糊查找和精确查找的结果

操作步骤如下。

①清除表中“等级制”列中的内容，按图 4-70 的单元格区域 H2:I6 建立成绩转换的表格，其中 0~60 为不及格，60~69 为及格，70~79 为中，80~89 为良，90 及以上为优。单击 F3 单元格，输入公式“=VLOOKUP(D3,$H$2:$I$6,2,TRUE)”，按 Enter 键，得到第 1 个学生的等级，然后利用公式的自动填充功能得到其他学生的等级。

注意：在实际应用中，成绩转换表可能位于不同的工作表中，但查找方法完全相同，查找区域中的第 1 列（即 H 列）必须升序排列，否则结果可能不正确。

②按图 4-70 的单元格区域 H8:I12 建立成绩查询的表格。在单元格 I10 中输入公式“=VLOOKUP(I9,A3:E12,2,FALSE)”，单元格 I11 中输入公式“=VLOOKUP(I9,A3:E12,4,FALSE)”，在单元格 I12 中输入公式“=VLOOKUP(I9,A3:E12,5, FALSE)”，然后在单元格 I9 中输入“'08”（08 前加单引号表示作为文本输入），按 Enter 键就可以显示学号（序号）为“08”的学生的相关数据。

10. 文本函数

1）REPLACE 函数

● 功能：使用其他文本字符串并根据所指定的字符数替换某文本字符串中的部分文本。

● 格式：REPLACE(old_text,start_num,num_chars,new_text)。

● 说明：old_text 是要替换其部分字符的文本；start_num 是要用 new_text 替换的 old_text 中字符的位置；num_chars 是希望 REPLACE 使用 new_text 替换 old_text 中字符的个数，如果 num_chars 为“0”，则在指定位置插入新字符；new_text 是要用于替换 old_text 中字符的文本。

● 举例：= REPLACE("ABC",1,2,"CD")，返回值为“CDC”。

【例 4-27】 使用 REPLACE 函数，对“个人信息情况”工作表（见图 4-64）中用户的电话号码进行升级。升级方法是在区号（0731）后面加上“8”。

操作步骤如下。

①单击工作表中 G2 单元格。

②输入公式“= REPLACE（F2,5,0,8）”，按 Enter 键，在 G2 单元格中填充升级后的电话号码。

③利用公式的自动填充功能升级其他电话号码。

2）MID 函数

- 功能：返回文本字符串中从指定位置开始的特定数目的字符。
- 格式：MID（text,start_num,num_chars）。
- 说明：text 是包含要提取字符的文本字符串；start_num 是文本中要提取的第 1 个字符的位置；num_chars 指定希望 MID 函数从文本中返回字符的个数。
- 举例：= MID（"ABC",1,2），返回值为“AB”。

3）LEFT 函数

- 功能：返回文本字符串中左边位置开始的特定数目的字符。
- 格式：LEFT（text, [num_chars]）。
- 说明：text 是包含要提取字符的文本字符串；num_chars 指定希望 LEFT 函数从文本中返回字符的个数，如果省略，默认值为 1。
- 举例：= LEFT（"ABC",2），返回值为“AB”。

类似用法的还有 RIGHT（text, num_chars）（返回文本字符串中右边位置开始的特定数目的字符）。

4）CONCATENATE 函数

- 功能：将几个文本字符串合并为一个文本字符串。
- 格式：CONCATENATE（text1,text2,…）。
- 说明：text1,text2,…为 1~30 个将要合并成单个文本字符串的文本字符串。
- 举例：= CONCATENATE（"Micro","soft"），返回值为“Microsoft”。

【例 4-28】 使用 MID 与 CONCATENATE 函数，对“学生资料表”（见图 4-71，表中为模拟数据）中的“出生日期”列进行自动填充。要求：填充的内容根据“身份证号码”列的内容来确定，身份证号码中的第 7 位～第 10 位表示出生年份；第 11 位～第 12 位表示出生月份；第 13 位～第 14 位表示出生日。填充结果的格式为“xxxx 年 xx 月 xx 日”（不使用单元格格式进行设置）。

操作步骤如下。

①单击 D3 单元格。

②输入公式“=CONCATENATE（MID（B3,7,4），"年",MID（B3,11,2），"月",MID（B3,13,2），"日"）”，按 Enter 键。

③利用公式的自动填充功能得到其他学生的出生日期，如图 4-72 所示。

	A	B	C	D
1	学生资料表			
2	姓名	身份证号码	性别	出生日期
3	赵白	330675199306014432	女	
4	钱日	330675199008154485	男	
5	孙依	330675199102211836	女	
6	李山	330675199410035853	男	
7	周尽	330675199211302859	男	

图 4-71　学生资料表

	A	B	C	D
1	学生资料表			
2	姓名	身份证号码	性别	出生日期
3	赵白	330675199306014432	女	1993年06月01日
4	钱日	330675199008154485	男	1990年08月15日
5	孙依	330675199102211836	女	1991年02月21日
6	李山	330675199410035853	男	1994年10月03日
7	周尽	330675199211302859	男	1992年11月30日

图 4-72　自动填充出生日期

5）TRIM 函数

● 功能：删除指定文本或区域中的空格。

● 格式：TRIM（text）。

● 说明：text 是需要删除空格的文本或引用的单元格。

● 举例：= TRIM（" 计算 机 "），返回值为“计算 机”。删除了文本左右两边的空格。

6）LEN 函数

● 功能：统计并返回指定文本字符串中的字符个数。

● 格式：LEN（text）。

● 说明：text 是需要统计其长度的文本或引用的单元格，空格也将作为字符进行计数。

● 举例：= LEN（" 计算 机 "），返回值为 6。

11. 财务函数

1）PMT 函数

● 功能：基于固定利率及等额分期付款方式，返回贷款的每期付款额。

● 格式：PMT（rate,nper,pv,fv,type）。

● 说明：rate 为贷款利率；nper 为该项贷款的付款总期数；pv 为现值，或一系列未来付款的当前值的累积和，也称为本金；fv 为未来值，或在最后一次付款后希望得到的现金余额，如果省略 fv，则假设其值为零，也就是一笔贷款的未来值为零；type 为数字 0 或 1，用以指定各期的付款时间是在期初还是期末，0 或省略为期末，1 为期初。

● 举例：=PMT（10%,5,200000,0,0），表示 5 年期年利率为 10% 的 20 万贷款期末支付，每年的还款额。

2）IPMT 函数

● 功能：基于固定利率及等额分期付款方式，返回给定期数内对投资的利息偿还额。

● 格式：IPMT（rate,per,nper,pv,fv,type）。

● 说明：per 为用于计算其利息数额的期数，必须在 1 到 nper 之间。其他参数与 PMT 函数相同。

● 举例：=IPMT（10%,1,5,200000,0,0），表示 5 年期年利率为 10% 的 20 万贷款期末支付，第 1 年的利息偿还额。

【例 4-29】 利用商业贷款买房，计算贷款月还款额与第 1 个月的还款利息。假定贷款 10 万元，年利率为 7.05%，贷款 10 年，每月末等额还款。结果如图 4-73 所示。

操作步骤如下。

①按图 4-73 建立工作表。计算每月还款额时，单击 B5 单元格，输入公式“=PMT（B2/12,B3*12,B4）”，按 Enter 键，得到月还款额。

②单击 B6 单元格，输入公式“=IPMT（B2/12,1,B3*12,B4）”，按 Enter 键，得到第 1 个月的还款利息。

	A	B
1	贷款月还款额计算表	
2	贷款年利率	7.05%
3	贷款期限（年）	10
4	贷款额（元）	100000
5	每月还款额	¥-1,163.66
6	第1个月还款利息	¥-587.50

图 4-73 PMT 函数和 IPMT 函数的应用

4.4.9 宏的简单应用

在电子表格处理数据的过程中，如果总是需要重复执行某项任务，可以录制一个宏来自动执行。与文字处理软件一样，电子表格处理软件也提供了宏的录制、运行和编辑功能。

1. 录制宏

录制宏的过程就是记录鼠标单击操作和键盘按键操作。录制宏时，宏录制器会记录需要宏来执行的操作所需的一切步骤。

【例 4-30】 请录制一个“设置单元格格式”的宏，设置数据加人民币符号、千位分隔符，保留 2 位小数。

操作步骤如下。

①打开一个新工作簿，确认其他工作簿已经关闭，以便能够很容易地对录制的宏进行定位和处理。

②选中 A1 单元格，单击“视图”选项卡的“宏”组中的“宏”下拉按钮，在下拉菜单中选择“录制宏”命令，打开“录制宏”对话框，在“宏名”文本框中输入“设置单元格格式”，如图 4-74 所示，按 Enter 键开始录制宏。

③右击 A1 单元格，在快捷菜单中选择“设置单元格格式”命令，在“数字”选项卡的“数值”分类中设置小数位数为 2 位，使用千位分隔符；在“货币”分类中设置货币符号为人民币符号。完成操作后，单击“视图”选项卡的“宏”组中的“宏”下拉按钮，在下拉菜单中选择“停止录制”命令，完成“设置单元格格式”宏的录制。

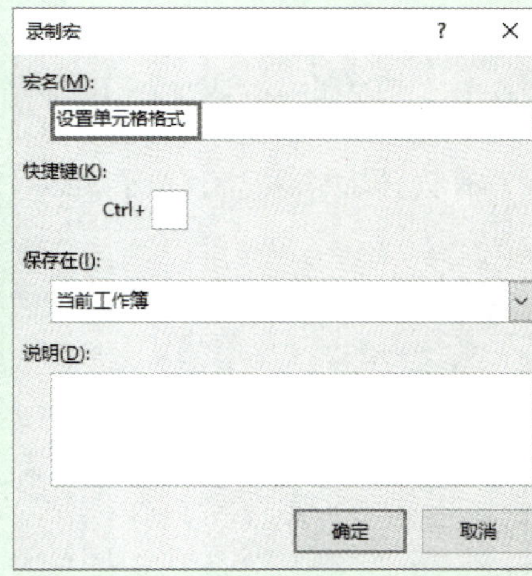

图 4-74　“录制宏”对话框

2. 运行宏

当运行一个宏时，它将按照录制宏时相同的步骤进行操作。

【例 4-31】 运行【例 4-30】中创建的宏“设置单元格格式”。

操作步骤如下。

①选择需要执行宏的单元格。

②单击“视图”选项卡的“宏”组中的“宏”下拉按钮，在下拉菜单中选择“查看宏”命令，打开“宏”对话框，在“宏名”列表框中选择需要运行的宏“设置单元格格式”，单击“执行”按钮，如图 4-75 所示。

在“宏”对话框中还可以进行编辑宏和删除宏的操作，直接单击相应的命令按钮即可。

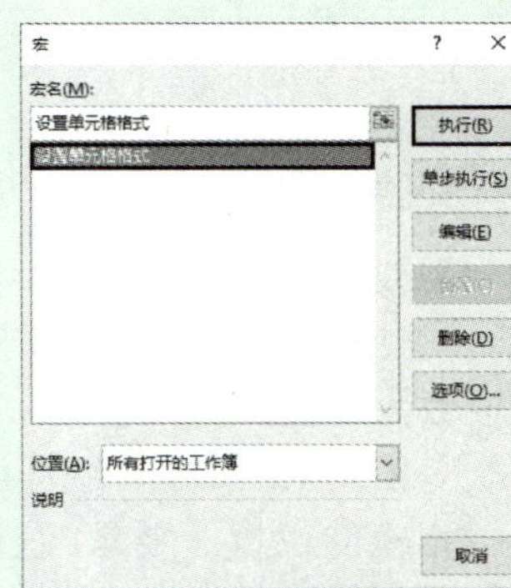

图 4-75　“宏”对话框

4.5　打印工作表

Excel 电子表格编辑处理完成后需要打印时，可以进行相应的设置，然后将其打印输出。

Excel 2016 工作表的打印，根据打印内容分为 3 种情况：打印活动工作表、打印整个工作簿、打印选定区域。这可以通过单击“文件”按钮，在菜单中选择“打印”命令，在“设置”栏中进行相应设置。Excel 的打印界面与 Word 的打印界面非常类似。

如果打印时需要为工作表加上页眉和页脚，还可以单击最下面的“页面设置”链接，打开

“页面设置”对话框，切换到其中的“页眉 / 页脚”选项卡，在“页眉”和“页脚”区域内编辑。

4.6 Excel 2016 高级应用实例

4.6.1 实例一：教材订购情况表的处理

有教材订购情况表（位于 Sheet1 工作表中），如图 4-76 所示。

教材订购情况表

客户	ISBN	书名	出版社	版次	作者	订购数量（本）	单价（元）	金额（元）
c1	9787563564217	Python程序设计基础	北京邮电大学出版社	第二版	蒋加伏	4800	59.00	
c1	9787563564224	Python程序设计基础实验教程	北京邮电大学出版社	第二版	蒋加伏	4800	35.00	
c1	9787573001221	计算机与Python程序设计基础	海南出版社	第一版	朱前飞	4800	45.00	
c1	9787573001214	Python程序设计案例教程	海南出版社	第一版	章登勇	4800	55.00	
c1	9787563561711	大学计算机—互联网+	北京邮电大学出版社	第五版	蒋加伏	8590	56.00	
c1	9787563561728	大学计算机实践教程—互联网+	北京邮电大学出版社	第五版	蒋加伏	8590	38.00	
c1	9787544361880	大学计算机基础	海南出版社	第一版	朱前飞	8590	39.80	
c2	9787301295632	C语言程序设计与项目实训教程（上册）	北京大学出版社	第一版	孟爱国	3790	45.00	
c2	9787301296714	C语言程序设计与项目实训教程（下册）	北京大学出版社	第一版	孟爱国	3790	32.00	
c2	9787301297698	C语言程序设计实验实训教程	北京大学出版社	第一版	孟爱国	3790	42.00	
c2	9787544365529	C语言程序设计	海南出版社	第一版	左利芳	3790	39.80	
c2	9787560633503	计算机操作系统	西安电子科技大学出版社	第四版	汤小丹	924	53.00	
c2	9787118022070	程序设计语言编译原理	国防工业出版社	第三版	陈火旺	767	51.00	
c2	9787302587613	C++程序设计	清华大学出版社	第四版	谭浩强	555	49.50	
c2	9787512431164	电路与电子技术	北京航空航天大学出版社	第六版	张虹	400	69.00	
c3	9787512431188	电路与电子技术学习辅导及实践指导	北京航空航天大学出版社	第六版	张虹	400	39.00	
c3	9787121411748	计算机网络	电子工业出版社	第八版	谢希仁	246	59.80	
c3	9787302283133	嵌入式系统开发与应用教程	北京航天航空大学出版社	第二版	田泽	146	29.50	
c3	9787121110085	数字图像处理	电子工业出版社	第四版	阮秋琦	178	159.00	
c3	9787118087680	通信原理	国防工业出版社	第七版	樊昌信	237	58.00	
c3	9787302283133	数字信号处理教程	清华大学出版社	第四版	程佩青	120	69.00	
c3	9787111407010	算法导论	机械工业出版社	第三版	殷建平	265	128.00	
c3	9787121273803	Oracle实用教程	电子工业出版社	第四版	郑阿奇	109	49.00	
c3	9787302437420	汇编语言程序设计教程	清华大学出版社	第四版	卜艳萍	175	39.50	
c3	9787302372080	IT项目管理—从理论到实践	清华大学出版社	第二版	张锦	193	59.80	
c4	9787115400284	微型计算机接口技术	人民邮电出版社	第一版	刘乐善	224	42.00	
c4	9787302551362	数据库技术与应用	清华大学出版社	第一版	刘卫国	358	69.00	
c4	9787563564163	大学计算机	北京邮电大学出版社	第六版	蒋加伏	212	49.00	
c4	9787563564132	大学计算机实践教程	北京邮电大学出版社	第六版	蒋加伏	212	35.00	
c4	9787040138894	大学生职业生涯规划与职业素养	高等教育出版社	第一版	汤锐华	582	27.00	

统计情况	统计结果
出版社名称为“北京邮电大学出版社”的书的种类数：	
订购数量大于500，且小于5000的书的种类数：	

用户支付情况表

用户	支付总额（元）
c1	
c2	
c3	
c4	

图 4-76　教材订购情况表

1. 操作要求

需要进行以下处理。

①使用数组公式，计算 Sheet1 工作表中的订购金额，将结果保存到该表的“金额”列中（小数位数为 2 位）。

②使用 COUNTIF 统计函数，对 Sheet1 工作表中的结果进行统计，并将统计结果保存在该表中相应的位置。要求：统计出版社名称为“北京邮电大学出版社”的图书的种类数；统计订购数量大于 500 本且小于 5000 本的图书的种类数。

③使用 SUMIF 统计函数，计算每个用户订购图书所需支付的金额总数（小数位数为 2 位），将结果保存在该表中的相应位置。

④将 Sheet1 工作表中的数据复制到 Sheet2 工作表中，对 Sheet2 工作表进行高级筛选。要求：筛选条件为“订数≥ 500，且金额≤ 50000”，将结果保存在 Sheet2 工作表中。

⑤根据 Sheet1 工作表中的数据，在 Sheet3 工作表中创建一张数据透视表。要求：显示每个客户在每个出版社所订的教材数目，行区域设置为“出版社”，列区域设置为“客户”，计数项为“订购数量（本）”。

2. 操作提示

1）使用数组公式

数组是单元的集合或是一组处理的值的集合。可以写一个数组公式，即输入一个公式，

它执行多个输入操作并产生多个结果，每个结果显示在一个单元格区域中。数组公式可以看成有多重数值的公式，与单值公式的不同之处在于，它可以产生一个以上的结果。一个数组公式可以占用一个或多个单元格区域，数组元素的个数最多为 6500 个。

操作步骤如下。

①在 Sheet1 工作表中选定要定义数组的单元格区域（填写金额的单元格）I3：I32。

②在编辑栏中书写公式“=G3:G32*H3:H32”。

③按 Ctrl+Shift+Enter 组合键，所编辑的公式出现数组标记符号“{}”，同时 I3：I32 的各个单元格中生成相应结果。

注意：数组公式不能单个修改，否则系统提示错误；修改数组的过程中，数组标记“{}”会消失，需重新按 Ctrl+Shift+Enter 组合键。

2）使用 COUNTIF 统计函数

操作步骤如下。

①在 Sheet1 工作表的 L2 单元格中输入公式“=COUNTIF(D3:D32,"北京邮电大学出版社")”，按 Enter 键生成统计结果。

②在 Sheet1 工作表的 L3 单元格中输入公式“=COUNTIF(G3:G32,">500")-COUNTIF(G3:G32, ">=5000")”，按 Enter 键生成统计结果。

注意：在 COUNTIF 函数中，如果使用条件表达式则需要用双引号引起来；一个 COUNTIF 函数不能同时使用两个条件表达式，如L3单元格中的两个条件需转化为两个COUNTIF函数计算。

3）使用 SUMIF 统计函数

①在 Sheet1 工作表的 L8 单元格中输入公式“=SUMIF(A3:A32,"c1",I3:I32)”，按 Enter 键生成统计结果。

②在 Sheet1 工作表的 L9 单元格中输入公式“=SUMIF(A3:A32,"c2",I3:I32)”，按 Enter 键生成统计结果。

③在 Sheet1 工作表的 L10 单元格中输入公式“=SUMIF(A3:A32,"c3",I3:I32)”，按 Enter 键生成统计结果。

④在 Sheet1 工作表的 L11 单元格中输入公式“=SUMIF(A3:A32,"c4",I3:I32)”，按 Enter 键生成统计结果。

计算后的教材订购情况表如图 4-77 所示。

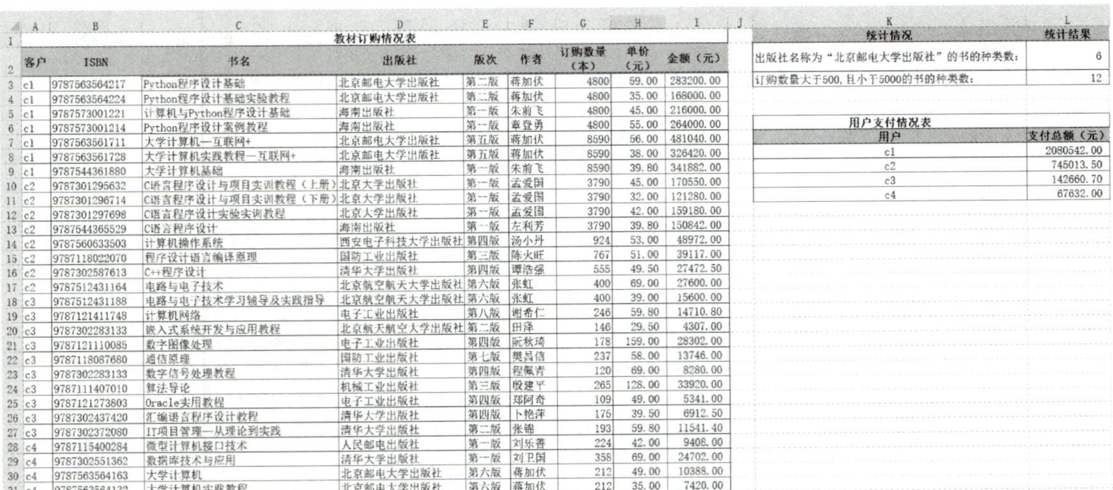

教材订购情况表

客户	ISBN	书名	出版社	版次	作者	订购数量（本）	单价（元）	金额（元）
c1	9787563564217	Python程序设计基础	北京邮电大学出版社	第二版	蒋加伏	4800	59.00	283200.00
c1	9787563564224	Python程序设计基础实验教程	北京邮电大学出版社	第二版	蒋加伏	4800	35.00	168000.00
c1	9787573001221	计算机与Python程序设计基础	海南出版社	第一版	朱前飞	4800	45.00	216000.00
c1	9787573001214	Python程序设计案例教程	海南出版社	第一版	章登勇	4800	55.00	264000.00
c1	9787563561711	大学计算机—互联网+	北京邮电大学出版社	第五版	蒋加伏	8590	56.00	481040.00
c1	9787563561728	大学计算机实践教程—互联网+	北京邮电大学出版社	第五版	蒋加伏	8590	38.00	326420.00
c1	9787544361880	大学计算机基础	海南出版社	第一版	朱前飞	8590	39.80	341882.00
c2	9787301295632	C语言程序设计与项目实训教程（上册）	北京大学出版社	第一版	孟爱国	3790	45.00	170550.00
c2	9787301296714	C语言程序设计与项目实训教程（下册）	北京大学出版社	第一版	孟爱国	3790	32.00	121280.00
c2	9787301297698	C语言程序设计实验实训教程	北京大学出版社	第一版	孟爱国	3790	42.00	159180.00
c2	9787544365529	C语言程序设计	海南出版社	第一版	左利芳	3790	39.80	150842.00
c2	9787560633503	计算机操作系统	西安电子科技大学出版社	第四版	汤小丹	924	53.00	48972.00
c2	9787118022070	程序设计语言编译原理	国防工业出版社	第三版	陈火旺	767	51.00	39117.00
c2	9787302587613	C++程序设计	清华大学出版社	第四版	谭浩强	555	49.50	27472.50
c2	9787512431164	电路与电子技术	北京航空航天大学出版社	第六版	张虹	400	69.00	27600.00
c3	9787512431188	电路与电子技术学习辅导及实践指导	北京航空航天大学出版社	第六版	张虹	400	39.00	15600.00
c3	9787121411748	计算机网络	电子工业出版社	第八版	谢希仁	246	59.80	14710.80
c3	9787302283133	嵌入式系统开发与应用教程	北京航天航空大学出版社	第二版	田泽	146	29.50	4307.00
c3	9787121110085	数字图像处理	电子工业出版社	第四版	阮秋琦	178	159.00	28302.00
c3	9787118087680	通信原理	国防工业出版社	第七版	樊昌信	237	58.00	13746.00
c3	9787302283133	数字信号处理教程	清华大学出版社	第四版	程佩青	120	69.00	8280.00
c3	9787111407010	算法导论	机械工业出版社	第三版	殷建平	265	128.00	33920.00
c3	9787121273803	Oracle实用教程	电子工业出版社	第四版	郑阿奇	109	49.00	5341.00
c3	9787302437420	汇编语言程序设计教程	清华大学出版社	第四版	卜艳萍	175	39.50	6912.50
c3	9787302372080	IT项目管理—从理论到实践	清华大学出版社	第二版	张锦	193	59.80	11541.40
c4	9787115400284	微型计算机接口技术	人民邮电出版社	第一版	刘乐善	224	42.00	9408.00
c4	9787302551362	数据库技术与应用	清华大学出版社	第一版	刘卫国	358	69.00	24702.00
c4	9787563564163	大学计算机	北京邮电大学出版社	第六版	蒋加伏	212	49.00	10388.00
c4	9787563564132	大学计算机实践教程	北京邮电大学出版社	第六版	蒋加伏	212	35.00	7420.00
c4	9787040138894	大学生职业生涯规划与职业素养	高等教育出版社	第一版	汤锐华	582	27.00	15714.00

统计情况	统计结果
出版社名称为“北京邮电大学出版社”的书的种类数：	6
订购数量大于500，且小于5000的书的种类数：	12

用户支付情况表

用户	支付总额（元）
c1	2080542.00
c2	745013.50
c3	142660.70
c4	67632.00

图 4-77　计算后的教材订购情况表

4）高级筛选

操作步骤如下。

①在 Sheet1 工作表中选定单元格区域 A2:I32，复制后粘贴到 Sheet2 工作表中。

②在 Sheet2 工作表的 K1:L2 单元格区域输入高级筛选条件，其中 K1 单元格中为“订购数量（本）”，L1 单元格中为“金额（元）”，K2 工作表中为“>=500”，L2 工作表中为“<=50000”。

③单击“数据”选项卡的“排序和筛选”组中的“高级”按钮，打开“高级筛选”对话框，选中“在原有区域显示筛选结果”单选按钮，确认给出的列表区域是否正确，如果不正确，可以单击“列表区域”文本框右侧的折叠对话框按钮，用鼠标指针在工作表中重新选择后单击折叠对话框按钮返回；然后单击“条件区域”文本框右侧的折叠对话框按钮，用鼠标指针在工作表中选择条件区域后单击折叠对话框按钮返回。高级筛选的结果如图 4-78 所示。

1	客户	ISBN	书名	出版社	版次	作者	订购数量（本）	单价（元）	金额（元）
13	c2	9787560633503	计算机操作系统	西安电子科技大学出版社	第四版	汤小丹	924	53.00	48972.00
14	c2	9787118022070	程序设计语言编译原理	国防工业出版社	第三版	陈火旺	767	51.00	39117.00
15	c2	9787302587613	C++程序设计	清华大学出版社	第四版	谭浩强	555	49.50	27472.50
31	c4	9787040138894	大学生职业生涯规划与职业素养	高等教育出版社	第一版	汤锐华	582	27.00	15714.00

图 4-78　高级筛选的结果

5）创建数据透视表

操作步骤如下。

①单击 Sheet1 工作表中的任意单元格。

②单击“插入”选项卡的“表格”组中的“数据透视表”按钮，打开“创建数据透视表”对话框，确认选择要分析的数据范围及数据透视表的放置位置（此处选中“现有工作表”单选按钮，在“位置”编辑框中选择或输入“Sheet3!$A$1”），然后单击“确定”按钮。此时出现“数据透视表字段”任务窗格，把要分类的“出版社”字段拖入“行”区，将“客户”字段拖入“列”区，将要汇总的字段“订购数量（本）”拖入“∑ 值”区，得到如图 4-79 所示的数据透视表。最后将整个工作簿保存。

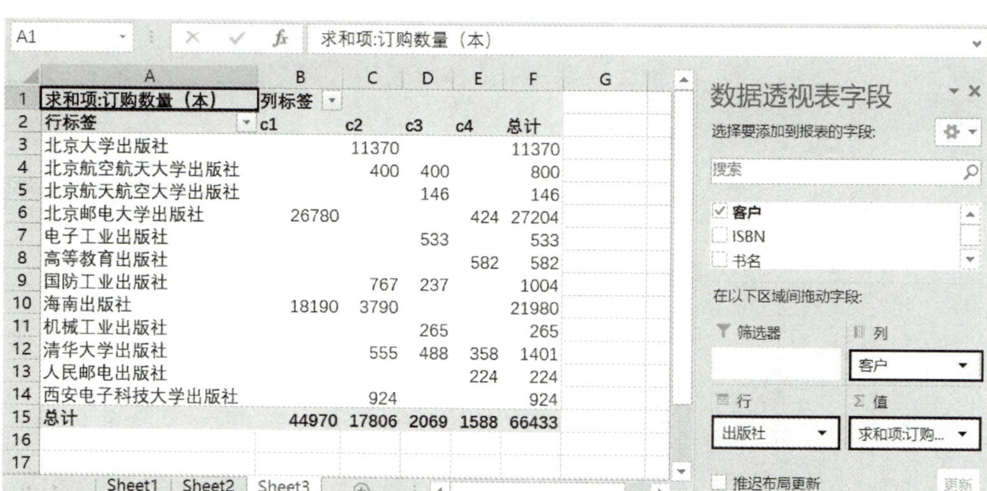

图 4-79　创建数据透视表

4.6.2　实例二：停车情况记录表的处理

有停车情况记录表（位于 Sheet1 工作表），如图 4-80 所示。

停车价目表

小汽车	中客车	大客车
5	8	10

停车情况记录表

车牌号	车型	单价	入库时间	出库时间	停放时间	应付金额
湘A12345	小汽车		8:12:25	11:15:35		
湘A32581	大客车		8:34:12	9:32:45		
湘A21584	中客车		9:00:36	15:06:14		
湘A66871	小汽车		9:30:49	15:13:48		
湘A51271	中客车		9:49:23	10:16:25		
湘A54844	大客车		10:32:58	12:45:23		
湘A56894	小汽车		10:56:23	11:15:11		
湘A33221	中客车		11:03:00	13:25:45		
湘A68721	小汽车		11:37:26	14:19:20		
湘A33547	大客车		12:25:39	14:54:33		
湘A87412	中客车		13:15:06	17:03:00		
湘A52405	小汽车		13:48:35	15:29:37		
湘A45742	大客车		14:54:33	17:58:48		
湘A55711	中客车		14:59:25	16:25:25		
湘A78546	小汽车		15:05:03	16:24:41		
湘A33551	中客车		15:13:48	20:54:28		
湘A56587	小汽车		15:35:42	21:36:14		
湘A93355	中客车		16:30:58	19:05:45		
湘A05258	大客车		16:42:17	21:05:14		
湘A03552	小汽车		17:21:34	18:16:42		
湘A57484	中客车		17:29:49	20:38:48		
湘A66565	小汽车		18:00:21	19:34:06		
湘A54912	大客车		18:33:16	21:56:18		
湘A56786	中客车		18:46:48	20:48:12		
湘A94658	小汽车		19:05:21	19:45:23		
湘A25423	大客车		19:30:45	20:17:06		

停车费用统计

项目	值
大于或等于40元的停车记录条数	
最高的停车费用	

图 4-80　停车情况记录表

1. 操作要求

需要进行以下处理。

①使用 HLOOKUP 函数，对 Sheet1 工作表中的停车单价进行自动填充。要求：根据 Sheet1 工作表中的“停车价目表”，利用 HLOOKUP 函数对“停车情况记录表”中的“单价”列根据不同的车型进行自动填充。

②在 Sheet1 工作表中，计算汽车在停车库的停放时间。要求：计算方法为“出库时间 - 入库时间”，格式为“小时：分钟：秒”（如 1 小时 15 分钟 12 秒在“停放时间”列中表示为“1:15:12”）。

③根据停放时间的长短计算停车费用，将计算结果填入“应付金额”列中。要求：停车按小时收费，对于不满一个小时的按照一个小时计费；对于超过整点小时数 15 分钟的多累计一个小时（如 1 小时 23 分，将以 2 小时计费）。

④使用统计函数，对 Sheet1 工作表中的“停车情况记录表”根据条件进行统计。要求：统计停车费用大于或等于 40 元的停车记录条数；统计最高的停车费用。

⑤根据 Sheet1 工作表，创建一个数据透视图 Chart1。要求：显示各种车型所收费用的汇总，轴字段设置为“车型”，图例字段设置为“应付金额”，计数项为“应付金额”，将数据透视图及对应的数据透视表保存在 Sheet3 工作表中。

2. 操作提示

1）使用 HLOOKUP 查找函数

操作步骤如下。

①在 Sheet1 工作表中选中 C7 单元格。

②输入公式“=HLOOKUP(B7,$A$2:$C$3,2,FALSE)”，按 Enter 键确认。

③拖动 C7 单元格右下角的填充柄至 C32 单元格，利用公式的自动填充功能生成全部价格。

2）计算时间

操作步骤如下。

①在 Sheet1 工作表中选中 F7 单元格。

②输入公式“=E7-D7”，按 Enter 键确认。

③拖动 F7 单元格右下角的填充柄至 F32 单元格，利用公式的自动填充功能生成停车时间。

3）使用时间函数

操作步骤如下。

①在 Sheet1 工作表中选中 G7 单元格。

②输入公式“=IF(MINUTE(F7)>15,(HOUR(F7)+1)*C7,HOUR(F7)*C7)”，按 Enter 键确认。

③拖动 G7 单元格右下角的填充柄至 G32 单元格，利用公式的自动填充功能生成停车应付金额。

4）使用统计函数

操作步骤如下。

①在 Sheet1 工作表中选中 J7 单元格。

②输入公式“=COUNTIF(G7:G32,">=40")”，按 Enter 键确认。

③选中 J8 单元格。

④输入公式“=MAX(G7:G32)”，按 Enter 键确认。

计算后的停车情况记录表如图 4-81 所示。

	A	B	C	D	E	F	G	H	I	J
1	停车价目表									
2	小汽车	中客车	大客车							
3	5	8	10							
4										
5				停车情况记录表						
6	车牌号	车型	单价	入库时间	出库时间	停放时间	应付金额		停车费用统计	
7	湘A12345	小汽车	5	8:12:25	11:15:35	3:03:10	15		大于或等于40元的停车记录条数	4
8	湘A32581	大客车	10	8:34:12	9:32:45	0:58:33	10		最高的停车费用	50
9	湘A21584	中客车	8	9:00:36	15:06:14	6:05:38	48			
10	湘A66871	小汽车	5	9:30:49	15:13:48	5:42:59	30			
11	湘A51271	中客车	8	9:49:23	10:16:25	0:27:02	8			
12	湘A54844	大客车	10	10:32:58	12:45:23	2:12:25	20			
13	湘A56894	小汽车	5	10:56:23	11:15:11	0:18:48	5			
14	湘A33221	中客车	8	11:03:00	13:25:45	2:22:45	24			
15	湘A68721	小汽车	5	11:37:26	14:19:20	2:41:54	15			
16	湘A33547	大客车	10	12:25:39	14:54:33	2:28:54	30			
17	湘A87412	中客车	8	13:15:06	17:03:00	3:47:54	32			
18	湘A52485	小汽车	5	13:48:35	15:29:37	1:41:02	10			
19	湘A45742	大客车	10	14:54:33	17:58:48	3:04:15	30			
20	湘A55711	中客车	8	14:59:25	16:25:25	1:26:00	16			
21	湘A78546	小汽车	5	15:05:03	16:24:41	1:19:38	10			
22	湘A33551	中客车	8	15:13:48	20:54:28	5:40:40	48			
23	湘A56587	小汽车	5	15:35:42	21:36:14	6:00:32	30			
24	湘A93355	中客车	8	16:30:58	19:05:45	2:34:47	24			
25	湘A05258	大客车	10	16:42:17	21:05:14	4:22:57	50			
26	湘A03552	小汽车	5	17:21:34	18:16:42	0:55:08	5			
27	湘A57484	中客车	8	17:29:49	20:38:48	3:08:59	24			
28	湘A66565	小汽车	5	18:00:21	19:34:06	1:33:45	10			
29	湘A54912	大客车	10	18:33:16	21:56:18	3:23:02	40			
30	湘A56786	中客车	8	18:46:48	20:48:12	2:01:24	16			
31	湘A94658	小汽车	5	19:05:21	19:45:23	0:40:02	5			
32	湘A25423	大客车	10	19:30:45	20:17:06	0:46:21	10			

图 4-81　计算后的停车情况记录表

5）创建数据透视图

数据透视图是将数据透视表的结果以更加生动、形象的方式表示。因为数据透视图需要利用数据透视表的结果，因此其操作是与透视表相关联的。

创建数据透视图一般是通过单击“插入”选项卡的“图表”组中的“数据透视图”下拉按钮，在下拉菜单中选择“数据透视图”命令来完成的。

操作步骤如下。

①在 Sheet1 工作表中选定任意单元格。

②单击“插入”选项卡的“图表”组中的“数据透视图”下拉按钮，在下拉菜单中选择“数据透视图”命令，打开“创建数据透视图”对话框，确认选择要分析的数据范围为 A6:G32 单元格区域，在选择放置数据透视图的位置栏中单击“现有工作表”单选按钮，在“位置”编辑框中选择或输入“Sheet3!”，然后单击“确定”按钮，出现“数据透视图字段”任务窗格。将要分类的“车型”字段拖入“轴（类别）”区，将“应付金额”字段拖入“图例（系列）”区，将要汇总的“应付金额”字段拖入“∑ 值”区。此时，生成了数据透视图和数据透视表，如图 4-82 所示。最后将整个工作簿保存。

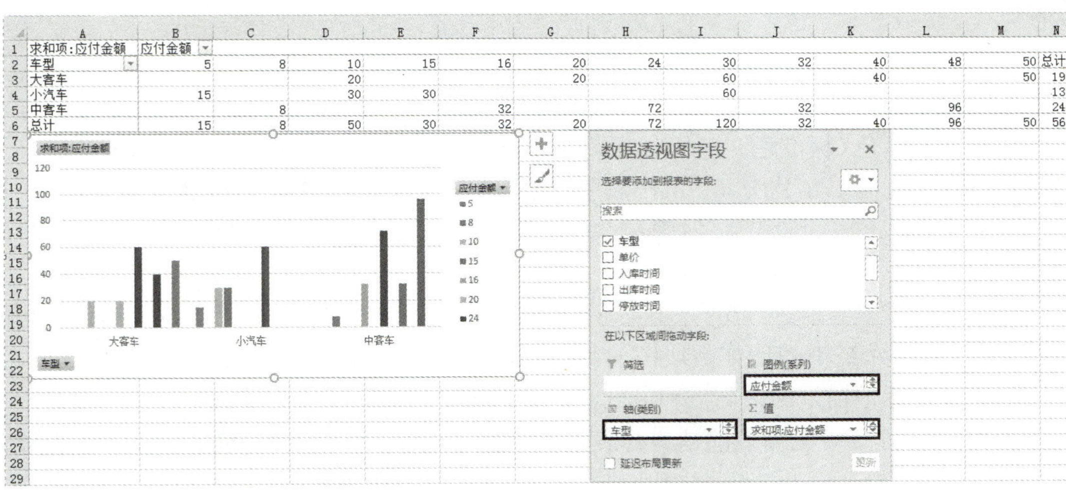

图 4-82　创建的数据透视图和数据透视表

注意：可以通过数据透视表直接建立相应的数据透视图。方法是单击数据透视表，在“数据透视表工具”→“分析”选项卡的“工具”组中单击“数据透视图”按钮，打开“插入图表”对话框，选择合适的图表插入即可。

4.6.3　实例三：图书销售分析

销售部小王需要根据 2016 年和 2017 年的图书产品销售情况进行统计分析，以便制订 2018 年的销售计划和工作任务。已有素材文件“Excel.xlsx”，包含“销售订单”“2017 年图书销售分析”“图书编目表”工作表，如图 4-83 所示。

1. 操作要求

需要进行以下处理。

①在“销售订单”工作表的“图书编号”列中，使用 VLOOKUP 函数填充对应“图书名称”

的“图书编号”，“图书名称”和“图书编号”的对照关系参考“图书编目表”工作表。

2016年~2017年度图书销售订单记录

订单编号	日期	书店名称	图书名称	图书编号	图书作者	销量（本）
BY-08001	2016年1月2日	鼎盛书店	《Office商务办公好帮手》	BKC-001	孟天祥	12
BY-08002	2016年1月4日	博达书店	《Excel办公高手应用案例》	BKC-003	陈祥通	5
BY-08003	2016年1月4日	博达书店	《Word办公高手应用案例》	BKC-002	王天宇	41
BY-08004	2016年1月5日	博达书店	《PowerPoint办公高手应用案例》	BKC-004	方文成	21
BY-08005	2016年1月6日	鼎盛书店	《OneNote万用电子笔记本》	BKC-006	钱顺卓	32
BY-08006	2016年1月9日	鼎盛书店	《Outlook电子邮件应用技巧》	BKC-005	王崇江	3
BY-08007	2016年1月9日	博达书店	《Office商务办公好帮手》	BKC-001	黎浩然	1
BY-08008	2016年1月10日	鼎盛书店	《SharePoint Server安装、部署与开发》	BKS-001	刘露露	3
BY-08009	2016年1月10日	博达书店	《Excel办公高手应用案例》	BKC-003	陈祥通	43
BY-08010	2016年1月11日	隆华书店	《SharePoint Server安装、部署与开发》	BKS-001	徐志晨	22
BY-08011	2016年1月11日	鼎盛书店	《OneNote万用电子笔记本》	BKC-006	张哲宇	31
BY-08012	2016年1月12日	隆华书店	《Excel办公高手应用案例》	BKC-003	王炫皓	19
BY-08013	2016年1月12日	鼎盛书店	《Exchange Server安装、部署与开发》	BKS-002	王海德	43
BY-08014	2016年1月13日	隆华书店	《Office商务办公好帮手》	BKC-001	谢丽秋	39
BY-08015	2016年1月15日	鼎盛书店	《Outlook电子邮件应用技巧》	BKC-005	王崇江	30
BY-08016	2016年1月16日	鼎盛书店	《PowerPoint办公高手应用案例》	BKC-004	关天胜	43
BY-08017	2016年1月16日	鼎盛书店	《PowerPoint办公高手应用案例》	BKC-004	唐小姐	40
BY-08018	2016年1月17日	鼎盛书店	《Word办公高手应用案例》	BKC-002	钱顺卓	44
BY-08019	2016年1月18日	博达书店	《Office商务办公好帮手》	BKC-001	刘长辉	33

图 4-83　素材文件“Excel.xlsx”

②将“销售订单”工作表的“订单编号”列按照数值升序方式排序，并将所有重复的订单编号数值标记为紫色（标准色）字体，然后将其排列在销售订单列表区域的顶端。

③在“2017 年图书销售分析”工作表中，统计 2017 年各类图书每月的销售量，并将统计结果填充在所对应的单元格中。为该表添加汇总行，在汇总行单元格中分别计算图书每月的总销量。

④在“2017 年图书销售分析”工作表的 N4:N11 单元格区域中，插入用于统计销售趋势的迷你折线图，各单元格中的迷你折线图的数据范围为所对应图书的 1—12 月的销售数据，并为各迷你折线图标记销量的最高点和最低点。

⑤根据“销售订单”工作表的销售列表创建数据透视表，并将创建完成的数据透视表放置在新工作表中，以 A1 单元格为数据透视表的起点位置。将工作表重命名为“2016 年书店销量”。

⑥在“2016 年书店销量”工作表的数据透视表中，设置“日期”字段为列标签，“书店名称”字段为行标签，“销量（本）”字段为求和汇总项。并在数据透视表中显示 2016 年各书店每季度的销量情况。

2. 操作提示

操作步骤如下。

①打开“Excel.xlsx”工作表，在“销售订单”工作表的 E3 单元格中输入“=VLOOKUP（D3,图书编目表 !$A$2:$B$678,2,FALSE）”，按 Enter 键完成图书编号的自动填充。

②在“销售订单”工作表中，选定单元格区域 A2:G678，单击“开始”选项卡的“编辑”组中的“排序和筛选”下拉按钮，在下拉菜单中选择“自定义排序”命令，在打开的对话框中将“列”设置为订单编号，“排序依据”设置为单元格值，“次序”设置为升序，单击“确定”按钮。

选定单元格区域 A2:G678，单击“开始”选项卡的“样式”组中的“条件格式”下拉按钮，选择“突出显示单元格规则”级联菜单中的“重复值”命令，打开“重复值”对话框。单击“设置为”右侧的下拉按钮，在下拉菜单中选择“自定义格式”命令，打开“设置单元格格式”对话框，

单击“颜色”下拉按钮，在打开的颜色库的“标准色”区中选择“紫色”，单击“确定”按钮。返回“重复值”对话框中再次单击“确定”按钮。

单击“开始”选项卡的“编辑”组中的“排序和筛选”下拉按钮，在下拉菜单中选择“自定义排序”命令，在打开的对话框中将“列”设置为订单编号，“排序依据”设置为字体颜色，“次序”设置为紫色、在顶端，单击“确定”按钮。

③在“销售订单”工作表中，选中“书店名称”单元格并右击，在快捷菜单中选择“插入”级联菜单中的“在左侧插入列”命令，插入一列单元格，然后在 C3 单元格中输入“=MONTH($B$3:$B$678)”，按 Enter 键确定。如果该列不是显示月份，则选中 C3:C678 单元格并右击，在快捷菜单中选择“设置单元格格式”命令，打开“设置单元格格式”对话框，在“数字”选项卡中选择“常规”；继续选中“书店名称”单元格并右击，在快捷菜单中选择“插入”级联菜单中的“在左侧插入列”命令，再次插入一列单元格，然后在 D3 单元格中输入“=YEAR($B$3:$B$678)”，按 Enter 键确定。如果该列不是显示年份，可以参考前面显示月份的方法进行设置。计算月份、年份的结果如图 4-84 所示。

2016年~2017年度图书销售订单记录

订单编号	日期	列1	列2	书店名称	图书名称	图书编号	图书作者	销量（本）
BY-08086	2016年3月30日	3	2016	隆华书店	《SharePoint Server安装、	BKS-001	徐亚楠	40
BY-08086	2017年10月26日	10	2017	鼎盛书店	《Word办公高手应用案例	BKC-002	孟天祥	7
BY-08137	2016年5月25日	5	2016	隆华书店	《OneNote万用电子笔记	BKC-006	余雅丽	49
BY-08137	2017年10月5日	10	2017	鼎盛书店	《Excel办公高手应用案例	BKC-003	关天胜	12
BY-08591	2016年3月16日	3	2016	鼎盛书店	《Word办公高手应用案例	BKC-002	王崇江	40
BY-08591	2017年9月14日	9	2017	隆华书店	《Excel办公高手应用案例	BKC-003	赵琳艳	42
BY-08001	2016年1月2日	1	2016	鼎盛书店	《Office商务办公好帮手》	BKC-001	孟天祥	12
BY-08002	2016年1月4日	1	2016	博达书店	《Excel办公高手应用案例	BKC-003	陈祥通	5
BY-08003	2016年1月4日	1	2016	博达书店	《Word办公高手应用案例	BKC-002	王天宇	41
BY-08004	2016年1月5日	1	2016	博达书店	《PowerPoint办公高手应	BKC-004	方文成	21
BY-08005	2016年1月6日	1	2016	鼎盛书店	《OneNote万用电子笔记	BKC-006	钱顺卓	32
BY-08006	2016年1月9日	1	2016	鼎盛书店	《Outlook电子邮件应用技	BKC-005	王崇江	3
BY-08007	2016年1月9日	1	2016	博达书店	《Office商务办公好帮手》	BKC-001	黎浩然	1
BY-08008	2016年1月10日	1	2016	鼎盛书店	《SharePoint Server安装、	BKS-001	刘露露	3
BY-08009	2016年1月10日	1	2016	博达书店	《Excel办公高手应用案例	BKC-003	陈祥通	43
BY-08010	2016年1月11日	1	2016	隆华书店	《SharePoint Server安装、	BKS-001	徐志晨	22
BY-08011	2016年1月11日	1	2016	鼎盛书店	《OneNote万用电子笔记	BKC-006	张哲宇	31
BY-08012	2016年1月12日	1	2016	隆华书店	《Excel办公高手应用案例	BKC-003	王炫皓	19
BY-08013	2016年1月12日	1	2016	鼎盛书店	《Exchange Server安装、	BKS-002	王海德	43

图 4-84　计算月份、年份的结果

单击“2017 年图书销售分析”工作表，选中 B4 单元格，并输入“=SUMIFS(销售订单!$I$3:$I$678,销售订单!$F$3:$F$678,A4,销售订单!$D$3:$D$678,2017,销售订单!$C$3:$C$678,1)”，按 Enter 键确定；继续选中 C4 单元格，并输入“=SUMIFS(销售订单!$I$3:$I$678,销售订单!$F$3:$F$678,A4,销售订单!$D$3:$D$678,2017,销售订单!$C$3:$C$678,2)”，按 Enter 键确定；继续选中 D4 单元格，并输入“=SUMIFS(销售订单!$I$3:$I$678,销售订单!$F$3:$F$678,A4,销售订单!$D$3:$D$678,2017,销售订单!$C$3:$C$678,3)”，按 Enter 键确定。以此类推，在其他单元格中得出计算结果。

在 A12 单元格中输入文字“每月图书总销量”，然后选中 B12 单元格，单击“公式”选项卡的“函数库”组中的自动求和下拉按钮，在下拉菜单中选择“求和”命令(或者输入“=SUBTOTAL(109,B4:B11)”，这里的参数 109 的含义是 Sum 函数)，求出 1 月图书总销量。将鼠标指针移动至 B12 单元格右下角的填充柄，按住鼠标并拖动至 M12 单元格中，松开鼠标完成其他月份的填充计算。2017 年图书销售分析的计算结果如图 4-85 所示。

④在“2017 年图书销售分析”工作表中，选定单元格区域 N4:N11，单击“插入”选项卡的“迷你图”组中的“折线图”按钮，在打开的对话框中，“数据范围”文本框中选择或输入“B4:M11”，“位置范围”文本框中为 $N$4:$N$11，单击“确定”按钮。接着选中“迷你图工具”→“设计”选项卡的“显示”组中的“高点”“低点”复选框，完成销售趋势的图形分析（见图 4-85）。

2017年 图书销售分析

单位：本

图书名称	1月	2月	3月	4月	5月	6月	7月	8月	9月	10月	11月	12月	销售趋势
《Office商务办公好帮手》	126	3	33	76	132	41	135	46	42	91	44	81	
《Word办公高手应用案例》	116	133	285	63	110	154	33	59	315	27	74	0	
《Excel办公高手应用案例》	87	116	89	59	141	170	291	191	56	110	181	97	
《PowerPoint办公高手应用案例》	99	82	16	138	237	114	198	149	185	66	125	94	
《Outlook电子邮件应用技巧》	134	40	34	87	26	45	122	45	116	62	63	45	
《OneNote万用电子笔记本》	104	108	93	48	36	59	91	58	61	68	73	6	
《SharePoint Server安装、部署与开发》	141	54	193	103	106	56	28	0	41	38	34	104	
《Exchange Server安装、部署与开发》	88	74	12	21	146	73	33	94	54	88	6	83	
每月图书总销量	895	610	756	595	934	712	931	642	870	550	600	[illegible]	

图 4-85　2017 年图书销售分析的计算结果

⑤单击“销售订单”工作表，单击“插入”选项卡的“表格”组中的“数据透视表”按钮，打开“创建数据透视表”对话框，将“表 / 区域”设置为表 1，选中“新工作表”，单击“确定”按钮；单击“数据透视表工具”→“分析”选项卡的“操作”组中的“移动数据透视表”按钮，在打开的“移动数据透视表”对话框中选中“现有工作表”，将“位置”设置为“Sheet1!A1”，单击“确定”按钮；在工作表名称上右击，在快捷菜单中选择“重命名”命令，将工作表重命名为“2016 年书店销量”。

⑥单击“数据透视表工具”→“分析”选项卡的“显示”组中的“字段列表”按钮，打开“数据透视表字段”任务窗格，将“日期”字段拖至“列”区，将“书店名称”拖至“行”区，将“销量（本）”拖至“∑值”区；在 A8:A10 单元格中分别输入各书店的名称，在 B7:E7 单元格中分别输入第 1 季度至第 4 季度，在 B8 单元格中输入“=SUM（B3:BK3）”，将鼠标指针移动至 B8 单元格右下角的填充柄，按住鼠标并拖动至 B10 单元格中，松开鼠标完成填充计算；使用同样的方法在 C8、D8、E8 单元格中分别输入公式“=SUM（BL3:DY3）”“=SUM（DZ3:GL3）”“=SUM（GM3:JA3）”。填充完成其他书店销量的计算。2016 年书店销量的计算结果如图 4-86 所示。

求和项：销量（本）	列标签							
行标签	2016年1月2日	2016年1月4日	2016年1月5日	2016年1月6日	2016年1月9日	2016年1月10日	2016年1月11日	2016年1月12日
博达书店		46	21		1	43		
鼎盛书店	12			32	3	3	31	43
隆华书店							22	19
总计	12	46	21	32	4	46	53	62
	第1季度	第2季度	第3季度	第4季度				
博达书店	439	761	711	442				
鼎盛书店	1098	836	844	731				
隆华书店	571	772	889	487				

图 4-86　2016 年书店销量的计算结果

习　题

1. 请按照以下要求对 Excel 文档进行编辑、格式化和图表制作。

（1）在 Sheet1 工作表中制作如图 4-87 所示的商品销售统计表。在工作表的第 1 行输入标题“商品销售统计表”，将标题字体设置为华文彩云、加粗、16 号，标题要求合并单元格（在一行内合并多列，且两端与数据表对齐），居于表的中央（水平和垂直两个方向均居中）。增加表格线（包括标题），第 1 列单元格的底纹为浅绿色。

	A	B	C	D	E	F	G
1	商品销售统计表						
2	商品名称	北京	天津	上海	广州	合计	平均销量
3	电视机	6500	3000	5000	4500		
4	洗衣机	2600	1200	2000	1600		
5	冰箱	1800	1000	3000	2000		
6	空调	1600	1400	1550	1520		
7						（单位：台）	

图 4-87　商品销售统计表

（2）统计每种商品在各地销售量的合计，要求必须使用公式或函数计算。

（3）计算每种商品在各地的平均销量，要求必须使用公式或函数计算，保留 1 位小数。

（4）选定“商品名称”“北京”“天津”“上海”“广州”5 列的所有内容，绘制簇状柱形图，分类（X）轴标题为“商品名称”，图表标题为“商品销售统计表”。

2. 请按照以下要求对 Excel 文档进行数据管理操作。

（1）建立如图 4-88 所示的工作表。

	A	B	C	D	E	F
1	报刊订阅表					
2	代号	名称	年价（元）	份数	总价（元）	单位
3	RMRB	人民日报	288	2	576	团委
4	DZ	读者	192	1	192	工会
5	DNAHZ	电脑爱好者	360	1	360	团委
6	BDDSB	半岛都市报	252	2	504	党政办
7	DZ	读者	192	2	384	资料室
8	RMRB	人民日报	288	3	864	党政办
9	RCYJ	市场研究	96	2	192	党政办
10	BDDSB	半岛都市报	252	10	2520	生产车间
11	QNWZ	青年文摘	120	6	720	工会
12	BDDSB	半岛都市报	252	5	1260	工会

图 4-88　报刊订阅表

（2）对订阅记录按“名称”字段进行升序排序，“名称”字段相同时，按“份数”字段降序排序。

（3）筛选出订阅“读者”的数据记录。

（4）采用 Excel 的高级筛选功能，筛选出订阅“半岛都市报”且份数大于 2 的记录。

（5）按订阅报刊的单位，对所订阅报刊的“总价”进行分类汇总求和。

第5章 演示文稿制作软件 PowerPoint 2016

演示文稿制作软件已广泛应用于会议报告、课程教学、广告宣传、产品演示等方面，成为人们在各种场合下进行信息交流的重要工具。常用的演示文稿制作软件有 Microsoft Office 办公集成软件中的 PowerPoint，WPS Office 金山办公组合软件中的金山演示制作子系统等。

本章将以 PowerPoint 2016 为例，介绍演示文稿制作软件的基本功能和使用方法。

5.1 PowerPoint 2016 工作环境

PowerPoint 2016 的启动和退出与前面介绍的 Word 2016 及 Excel 2016 类似。

常用的启动方法是选择“开始”→“PowerPoint 2016”命令，进入 PowerPoint 2016 工作窗口，如图 5-1 所示。

PowerPoint 2016 工作环境

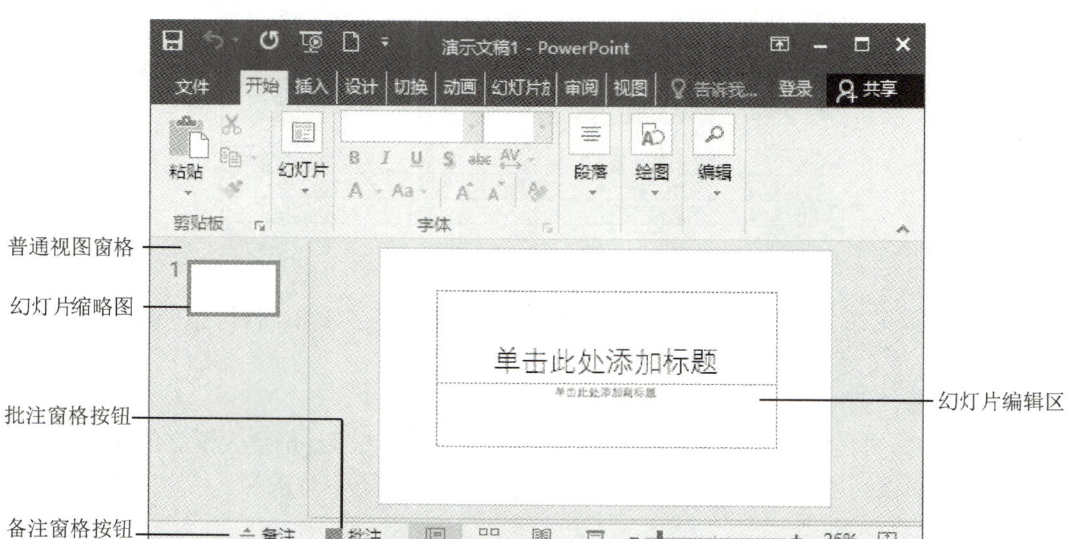

图 5-1 PowerPoint 2016 工作窗口

PowerPoint 2016 根据建立、编辑、浏览、放映幻灯片的需要，提供了 4 种视图方式：普通视图、幻灯片浏览视图、阅读视图和幻灯片放映视图。视图不同，演示文稿的显示方式不同，对演示文稿的加工也不同。各个视图间的切换可以通过“视图”选项卡的相应按钮或单击窗口底部的 4 个视图按钮来实现。

1. 普通视图

如图 5-1 所示的就是普通视图，它是系统的默认视图，在幻灯片编辑区只能显示一张幻灯片。

在普通视图下，可以查看每张幻灯片的文本外观，也可以在单张幻灯片中添加图形、影片和声音，并创建超链接及向其中添加动画。在普通视图窗格中，按照幻灯片的编号顺序显示演示文稿中全部幻灯片的缩略图。

在普通视图下，集成了备注窗格（单击底部的备注窗格按钮后出现）。备注是演讲者对每一张幻灯片的注释，可以在备注窗格中输入，其注释内容仅供演讲者使用，不能在幻灯片上显示。在普通视图下，还集成了批注窗格（单击底部的批注窗格按钮出现），可以为幻灯片添加批注。单击批注窗格中的“新建”按钮，输入相关的注释信息，此时幻灯片上会添加批注标记，一张幻灯片上可以添加多条批注。查看的时候，单击幻灯片上的批注标记，会在批注窗格中显示相应内容。批注内容不会在放映过程中显示。

2. 幻灯片浏览视图

在幻灯片浏览视图下，可以同时显示多张幻灯片，方便对幻灯片进行移动、复制、删除等操作。

3. 阅读视图

如果希望在一个方便审阅的窗口中查看演示文稿，而不想使用全屏的幻灯片放映视图，可以使用阅读视图。如果要更改演示文稿，可以随时从阅读视图切换至某个其他视图。

4. 幻灯片放映视图

在幻灯片放映视图下，幻灯片按顺序全屏幕放映，可以观看动画和超链接效果等。按 Enter 键或单击将播放下一个动画或显示下一张幻灯片，按 Esc 键或放映完所有幻灯片后工作窗口将恢复原样。在幻灯片上右击，还可以打开快捷菜单进行操作。

5.2　制作多媒体演示文稿

5.2.1　建立演示文稿

PowerPoint 创建演示文稿常用的方法有“模板”“根据现有内容新建”和“空白演示文稿”。

1）模板

模板包括各种主题和版式。可以利用 PowerPoint 提供的内置模板自动、快速地形成每张

幻灯片的外观，节省格式设计的时间，专注于具体内容的处理。除了内置模板外，还可以联机在 Office.com 上搜索和下载更多的 PowerPoint 模板以满足要求。

2）根据现有内容新建

如果对所有的设计模板都不满意，而喜欢某一个现有文稿的设计风格和布局，可以直接在上面修改内容来创建新的演示文稿。

3）空白演示文稿

用户如果希望建立具有自己风格和特色的幻灯片，可以从空白演示文稿开始设计。

在 PowerPoint 工作窗口中单击"文件"按钮，在菜单中选择"新建"命令，单击"空白演示文稿"按钮，界面中就会出现一张空白的标题幻灯片，可以按照占位符中的文字提示来输入内容，还可以通过单击"插入"选项卡的相应按钮插入自己需要的各种对象，如表格、图像、链接、文本、符号、音频及视频等。

一个完整的演示文稿往往由多张幻灯片组成，其默认扩展名为"pptx"。新建幻灯片时，单击"开始"选项卡的"幻灯片"组中的"新建幻灯片"下拉按钮，在展开的幻灯片版式库中单击需要的版式，然后开始新幻灯片的制作。在 PowerPoint 2016 中预设了标题幻灯片、标题和内容、节标题、两栏内容等 11 种幻灯片版式供选择。要修改幻灯片的版式时，可以选定幻灯片，单击"开始"选项卡的"幻灯片"组中的"版式"下拉按钮，在幻灯片版式库中重新选择即可。

5.2.2 编辑演示文稿

编辑演示文稿包括两部分：一是对每张幻灯片中的对象进行编辑操作；二是对演示文稿中的幻灯片进行移动、复制、删除等操作。

1. 编辑幻灯片中的对象

在幻灯片上添加对象有两种方法：建立幻灯片时，通过选择幻灯片版式为添加的对象提供占位符，再输入需要的对象；或单击"插入"选项卡的相应按钮，如"图片""图表"等来实现。

在幻灯片上添加的对象除了可以是文本框、图片、表格、组织结构图、公式，为了丰富演示文稿的内容，还可以是视频、音频和超链接等。

1）插入视频、音频和屏幕录制

在幻灯片中插入视频和音频，可以通过单击"插入"选项卡的"媒体"组中的相应按钮来实现。视频包括联机视频、PC 上的视频；音频包括 PC 上的音频、录制的音频；屏幕录制是录制计算机屏幕和相关音频，然后将录制的内容插入幻灯片中。

2）插入超链接

可以在幻灯片中插入超链接，利用它能跳转到同一文档的某张幻灯片上，或者跳转到其他的演示文稿、Word 文档、网页或电子邮件地址等。超链接只能在幻灯片放映视图下起作用。

超链接有两种形式。

- 以下划线表示的超链接。这通过单击"插入"选项卡的"链接"组中的"超链接"按钮来实现。
- 以动作按钮表示的超链接。这通过单击"插入"选项卡的"插图"组中的"形状"下拉按钮，在下拉菜单的"动作按钮"区中选择各种动作按钮来实现。

在幻灯片上添加的对象可以进行缩放、修改、移动、复制、删除等编辑操作，操作方法与 Word 相同。

2. 编辑幻灯片

幻灯片的删除、移动、复制等操作，通常在幻灯片浏览视图或普通视图窗格中通过编辑命令或编辑快捷操作方式进行。

【例 5-1】 新建“中国五岳简介”演示文稿，共 3 张幻灯片。第 1 张幻灯片如图 5-2 所示，插入了图片（“高山流水 .jpg”）、视频（“Clock.avi”）和音频（“高山流水 .mp3”），第 2 张幻灯片如图 5-3 所示，第 1 行文字是以下划线表示的超链接，右下角的按钮是以动作按钮表示的超链接，均链接到下一张幻灯片，同时该幻灯片中还插入了图片（“五岳 .jpg”）；第 3 张幻灯片是由第 2 张幻灯片复制而成，应用竖排标题与文本版式。

图 5-2　第 1 张幻灯片

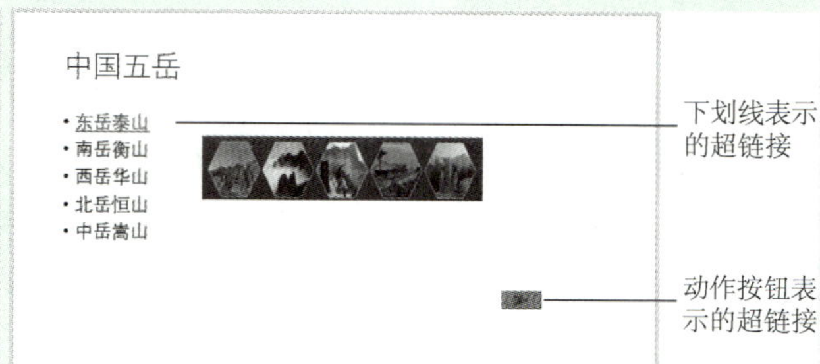

图 5-3　第 2 张幻灯片

操作步骤如下。

①在 PowerPoint 中单击“文件”按钮，在菜单中选择“新建”命令，单击“空白演示文稿”按钮。

②在标题幻灯片上单击标题占位符，输入文字“中国五岳简介”，再单击副标题占位符，输入“制作人：点点”。

③单击“插入”选项卡的“图像”组中的“图片”按钮，在打开的“插入图片”对话框中找到图片文件“高山流水 .jpg”插入幻灯片，并适当调整图片的大小和位置。

④单击“插入”选项卡的“媒体”组中的“视频”下拉按钮，在下拉菜单中选择“PC 上的视频”命令，在打开的“插入视频”对话框中找到视频文件“Clock.avi”插入幻灯片，并适当调整大小和位置。同样，单击“插入”选项卡的“媒体”组中的“音频”下拉按钮，在下拉菜单中选择“PC 上的音频”命令，在打开的“插入音频”对话框中找到音频文件“高山流水 .mp3”插入幻灯片。插入音频文件后，幻灯片中出现一个声音图标。

⑤单击“开始”选项卡的“幻灯片”组中的“新建幻灯片”下拉按钮，在展开的幻灯片版式库中选择“标题和内容”版式，插入一张幻灯片，输入相应内容。选定第 1 行文字，单击“插入”选项卡的“链接”组中的“超链接”按钮，打开“插入超链接”对话框。单击对话框左侧的“本文档中的位置”按钮，在“请选择文档中的位置”列表框中选择“下一张幻灯片”，如图 5-4 所示，单击“确定”按钮。

⑥单击“插入”选项卡的“插图”组中的“形状”下拉按钮，在“动作按钮”区中选择“动作按钮：前进或下一项”，将它画在幻灯片右下角的合适位置，在出现的“操作设置”对话框中确认超链接到下一张幻灯片，单击“确定”按钮，如图 5-5 所示。

⑦按照前面所述的方法插入图片“五岳 .jpg”，并适当调整图片的大小和位置。

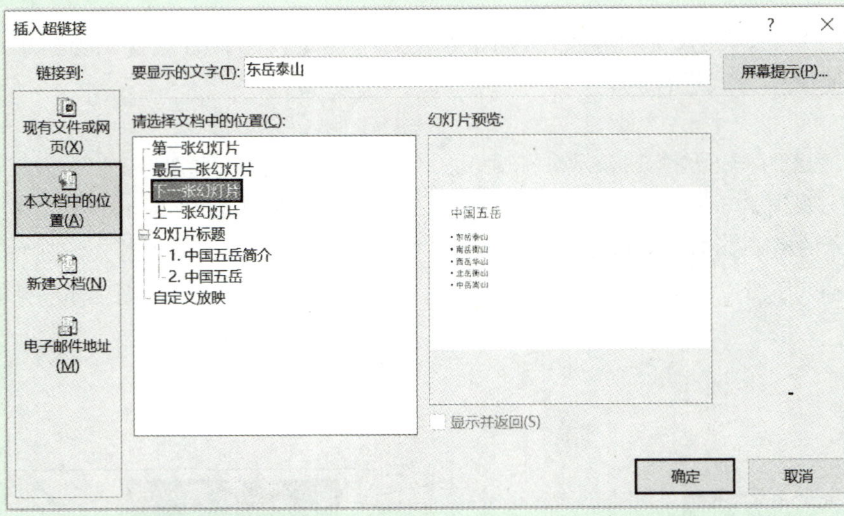

图 5-4 “插入超链接”对话框

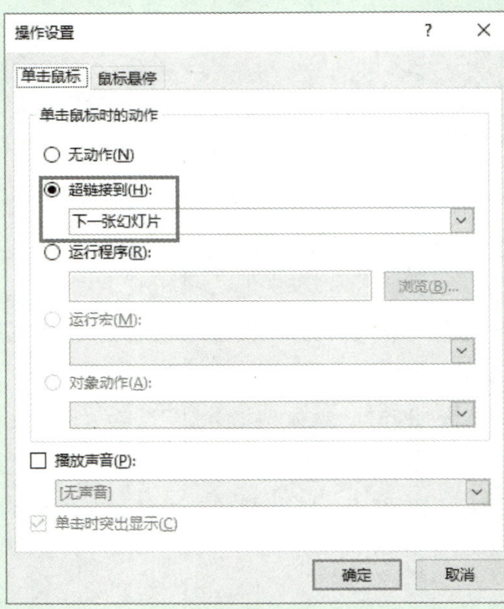

图 5-5 “操作设置”对话框

⑧在普通视图窗格中，选定第 2 张幻灯片，按住 Ctrl 键拖动形成第 3 张幻灯片，或利用下拉菜单或快捷菜单中的相应命令来实现。然后单击“开始”选项卡的“幻灯片”组中的“版式”下拉按钮，在展开的版式库中选择“竖排标题与文本”。

5.3 定制演示文稿的视觉效果

演示文稿制作好后，接下来的工作就是修饰演示文稿的外观，以求达到最佳的视觉效果。

美化演示文稿包括两部分：一是对每张幻灯片中的内容分别进行美化；一是统一设置演示文稿中幻灯片的外观，进行美化。

5.3.1　美化幻灯片

用户在幻灯片中输入标题、文本后，为了使幻灯片更加美观、易读，可以设定文字和段落的格式，这通过单击“开始”选项卡的“字体”和“段落”组中的相应按钮来实现。除了对文字和段落进行格式化外，还可以对插入的文本框、图片、自选图形、表格、图表等其他对象进行格式化操作，单击这些对象，在打开的相应选项卡中设置即可。此外，还可以设置幻灯片主题和背景等，这可以通过单击“设计”选项卡的“主题”和“自定义”组中的相应按钮来操作。

【例 5-2】 将[例5-1]演示文稿中的第 1 张幻灯片的标题文字设置为华文行楷、66、分散对齐，将第 2 张幻灯片的标题文字设置为居中；将第 2 张幻灯片的背景设置为预设渐变“顶部聚光灯 - 个性色 1”；将第 3 张幻灯片的主题设置为“回顾”。美化幻灯片的效果如图 5-6 所示。

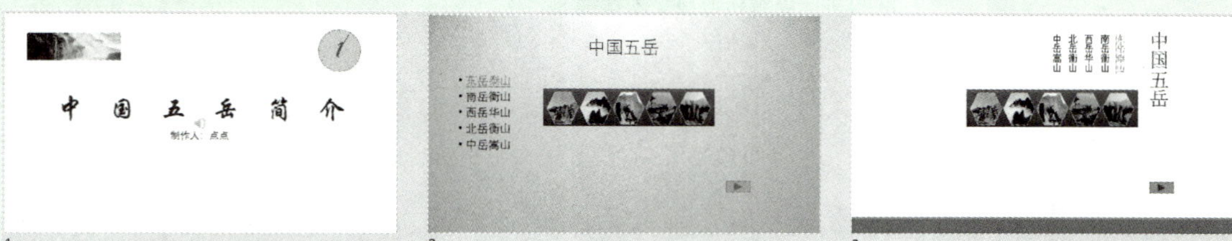

图 5-6　美化幻灯片的效果

操作步骤如下。

①在普通视图窗格中单击第 1 张幻灯片，选定标题文字，在“开始”选项卡的“字体”组中设置字体为“华文行楷”，字号为“66”，在“段落”组中设置对齐方式为“分散对齐”。

②在普通窗格中选中第 2 张幻灯片，选定标题文字，在“开始”选项卡的“段落”组中设置对齐方式为“居中”。单击“设计”选项卡的“自定义”组中的“设置背景格式”按钮，打开“设置背景格式”任务窗格。单击“填充”选项卡，选中“渐变填充”单选按钮，单击“预设渐变”下拉按钮，在打开的预设渐变颜色库中选择“顶部聚光灯 - 个性色 1”，如图 5-7 所示。背景还可以设置为纹理背景、图案或外部导入的图片。最后单击右上角的“关闭”按钮。“关闭”按钮是作用于选定幻灯片，“全部应用”按钮是作用于所有幻灯片。

③在普通窗格中选中第 3 张幻灯片，在“设计”选项卡的“主题”组中右击“回顾”按钮，在打开的快捷菜单中选择“应用于选定幻灯片”命令。

图 5-7　“设置背景格式”任务窗格

5.3.2　统一设置幻灯片外观

一个演示文稿由若干张幻灯片组成。为了保持风格一致和布局相同，提高编辑效率，可

以通过 PowerPoint 提供的母版功能设计好一张母版，将其应用于所有幻灯片。母版包括可以出现在每一张幻灯片上的显示元素，可以对整个演示文稿中的幻灯片进行统一调整，避免重复制作。

统一设置幻灯片外观

PowerPoint 的母版分为幻灯片母版、讲义母版和备注母版。

幻灯片母版是最常用的，它可以控制当前演示文稿中相同幻灯片版式上输入的标题和文本的格式与类型，使它们具有相同的外观。如果要统一修改多张幻灯片的外观，没有必要一张张地对幻灯片进行修改，只需在相应幻灯片版式的母版中修改即可。如果用户希望某张幻灯片与幻灯片母版的效果不同，则直接修改该幻灯片即可。

单击“视图”选项卡的“母版视图”组中的“幻灯片母版”按钮，进入“幻灯片母版”视图，在左边窗格列出的 11 种版式中选择“标题和内容”，该版式的母版如图 5-8 所示。

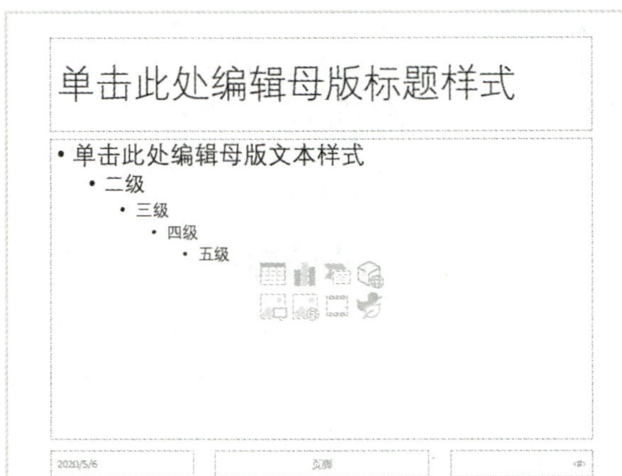

图 5-8 “标题和内容”版式的母版

母版通常有 5 个占位符，标题、文本、日期、幻灯片编号和页脚。在母版中可以进行下列操作。

- 更改标题和文本样式。
- 设置日期、页脚和幻灯片编号。
- 向母版中插入对象。

在幻灯片母版中操作完毕后，单击“幻灯片母版”选项卡的“关闭”组中的“关闭母版视图”按钮返回。

讲义母版用于控制幻灯片以讲义形式打印的格式，备注母版主要提供演讲者备注使用的空间及设置备注幻灯片的格式，这些操作可以通过单击“视图”选项卡的“母版视图”组中的相应按钮进行。

【例 5-3】 在 [例5-2] 演示文稿的每张幻灯片的右下角位置加入幻灯片编号，下方正中间加入页脚“中国五岳”，并在“标题幻灯片”版式母版中设置页脚字号为 24 磅。

操作步骤如下。

①单击“插入”选项卡的“文本”组中的“页眉和页脚”按钮，打开“页眉和页脚”对话框，选中“幻灯片编号”和“页脚”复选框，并在“页脚”文本框中输入“中国五岳”，如图 5-9 所示。单击“全部应用”按钮。

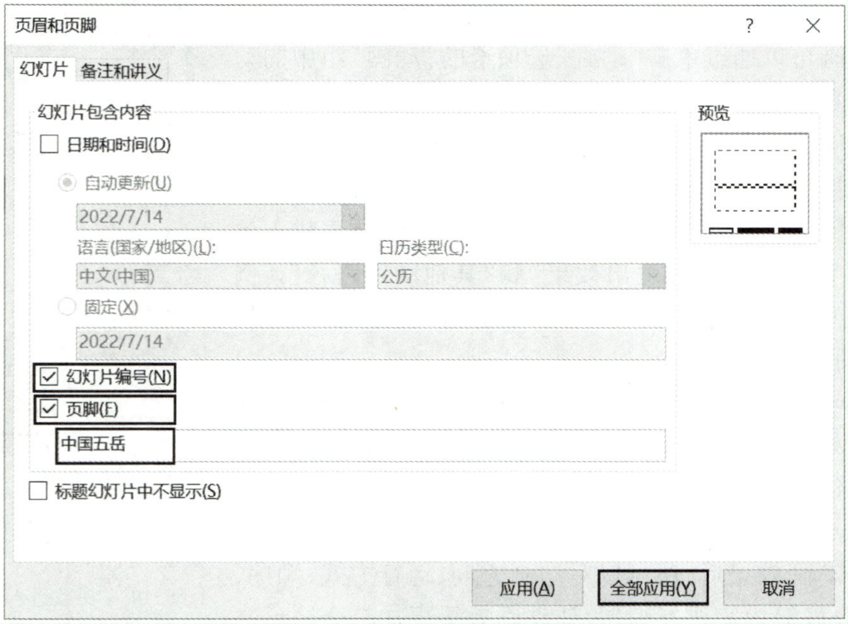

图 5-9　设置幻灯片编号和页脚

②单击“视图”选项卡的“母版视图”组中的“幻灯片母版”按钮，进入“幻灯片母版”视图，在左边窗格中选择“标题幻灯片”版式，在页脚区选中“中国五岳”，在“开始”选项卡的“字体”组中的“字号”下拉列表中选择“24”，再单击“幻灯片母版”选项卡的“关闭”组中的“关闭母版视图”按钮返回。此后，添加的“标题幻灯片”版式中的页脚字号均为 24 磅。

5.4　设置演示文稿的播放效果

5.4.1　设计动画效果

设计幻灯片中对象的动画效果

设计动画效果包括两部分：一是设计幻灯片中对象的动画效果，二是设计幻灯片间切换的动画效果。

1. 设计幻灯片中对象的动画效果

在为幻灯片中的对象设计动画效果时，可以分别对它们的进入、强调、退出以及动作路径进行设置。

- 进入：进入动画效果是对象进入幻灯片时产生的效果，包括基本型、细微型、温和型及华丽型 4 种类型。
- 强调：强调动画效果用于让对象突出，引人注目，一般选择一些较华丽的效果。
- 退出：退出动画效果包括飞出、轮子、旋转、弹跳等多种效果，可以根据需要进行设置。
- 动作路径：动作路径用于自定义动画的运动路线及方向，也可以采用 PowerPoint 中预设

的多种路径。

1）添加动画

添加动画可以通过单击“动画”选项卡的“动画”组中的动画样式库中的相应按钮来完成，PowerPoint 将一些常用的动画效果放置于动画样式库中。也可以单击该选项卡的“高级动画”组中的“添加动画”下拉按钮，在其下拉菜单中选择操作。如果想使用更多的效果，可以选择其中的相应命令，如“更多进入效果”“更多强调效果”“更多退出效果”和“其他动作路径”。例如，选择其中的“更多进入效果”命令，将打开“更改进入效果”对话框，如图 5-10 所示。

注意：如果一个对象需要设置多个动画，应单击“动画”选项卡的“高级动画”组中的“添加动画”下拉按钮，在其下拉菜单中选择操作。

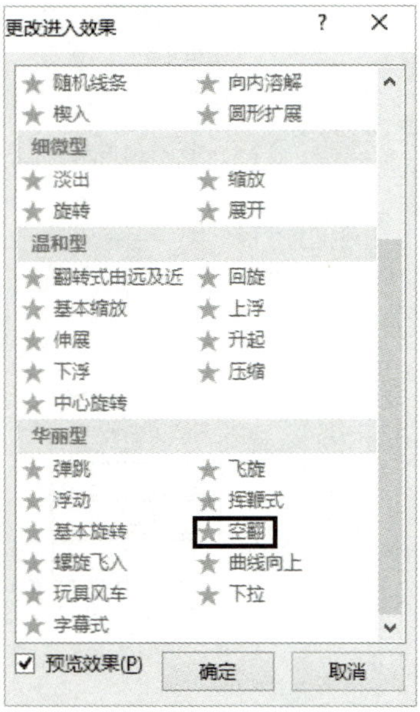

图 5-10 “更改进入效果”对话框

2）编辑动画

设置好动画效果后，还可以对动画方向、运行方式、顺序、声音、动画长度等内容进行编辑，让动画效果更加符合演示文稿的意图。有些动画可以改变方向，这通过单击“动画”选项卡的“动画”组中的“效果选项”下拉按钮来完成。动画运行方式包括“单击时”“与上一动画同时”“上一动画之后”3 种方式，可以在“动画”选项卡的“计时”组中的“开始”下拉列表中选择。

若要改变动画顺序，可以先选定对象，再单击“计时”组中的“向前移动”“向后移动”按钮，此时对象左上角的动画序号会相应地变化。

给动画添加声音可以先选定对象，单击“动画”选项卡的“动画”组的对话框启动器，打开动画效果对话框，在“效果”选项卡的“声音”下拉列表中选择合适的声音，如图 5-11 所示。在“效果”选项卡中还可以将文本设置为按字母、词或段落出现。

动画运行的时间长度可以选择非常快、快速、中速、慢速、非常慢 5 种方式，这可以在动画效果对话框的“计时”选项卡中设置，如图 5-12 所示。在该选项卡中，还可以设置动画运行方式和延迟。

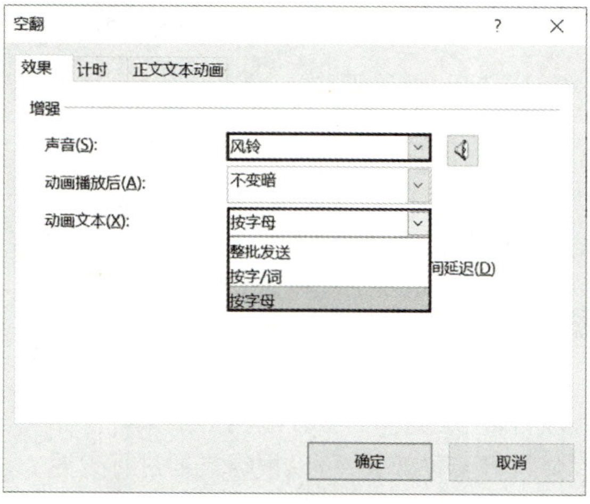

图 5-11 声音和动画文本的设置

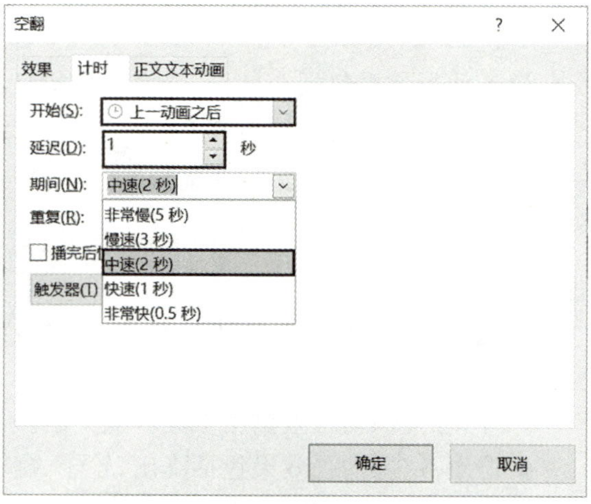

图 5-12 动画运行时间长度的设置

2. 设计幻灯片间切换的动画效果

幻灯片间的切换效果是指移走屏幕上已有的幻灯片，并以某种效果开始新幻灯片的显示，例如形状、揭开、覆盖、闪光等。对幻灯片切换效果的设置中，包括切换方式、切换方向、切换声音及换片方式等，这通过单击“切换”选项卡的“切换到此幻灯片”组和“计时”组中的相应按钮来实现，如图 5-13 所示。其中，可以用鼠标单击进行切换，也可以设置时间间隔来自动切换。如果要将所选的切换效果应用于其他幻灯片，则单击“计时”组的“全部应用”按钮即可。

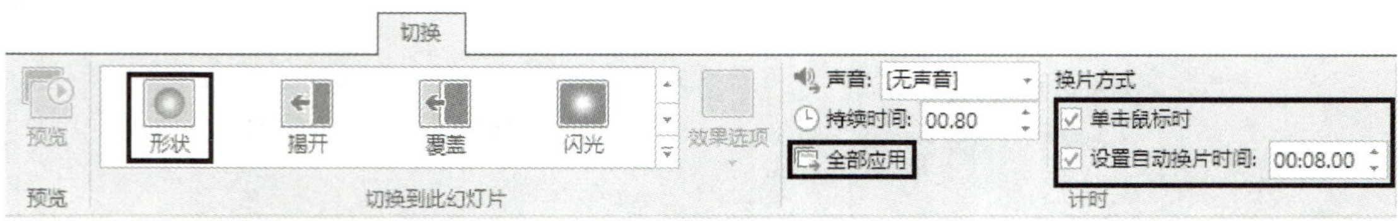

图 5-13 “切换”选项卡

5.4.2 播放演示文稿

在放映幻灯片前，一些准备工作是必不可少的，如将不需要放映的幻灯片隐藏、排练计时、设置幻灯片的放映方式、自定义幻灯片放映等。

1. 隐藏幻灯片

在普通视图的普通窗格中选定幻灯片，右击，在快捷菜单中选择“隐藏幻灯片”命令。或选定幻灯片，单击“幻灯片放映”选项卡的“设置”组中的“隐藏幻灯片”按钮。

2. 排练计时

排练计时是对幻灯片的放映进行排练，对每个动画使用的时间进行控制。整个演示文稿播放完毕后，系统会提示用户幻灯片放映总共需要的时间并询问是否保留排练时间，单击“是”按钮后，PowerPoint 自动切换到幻灯片浏览视图下，并且在每张幻灯片下方显示放映需要的时间。幻灯片排练计时是通过单击“幻灯片放映”选项卡的“设置”组中的“排练计时”按钮来实现的。需要注意的是，在这之前需要设置幻灯片的放映方式为“在展台浏览”。

3. 设置幻灯片的放映方式

在播放演示文稿前，可以根据使用者的不同需要设置不同的放映方式。这通过单击“幻灯片放映”选项卡的“设置”组中的“设置幻灯片放映”按钮，在打开的“设置放映方式”对话框中操作，如图 5-14 所示。

幻灯片有 3 种放映方式。

- 演讲者放映（全屏幕）：以全屏幕形式显示，演讲者可以控制放映的进程，可以用绘图笔勾画，适用于大屏幕投影的会议、讲课等。
- 观众自行浏览（窗口）：以窗口形式显示，可以编辑和浏览幻灯片，适合人数少的场合。
- 在展台浏览（全屏幕）：以全屏幕形式在展台上进行演示，按事先预定的或通过“排练计时”按钮设置的时间和次序放映，不允许现场控制放映的进程。

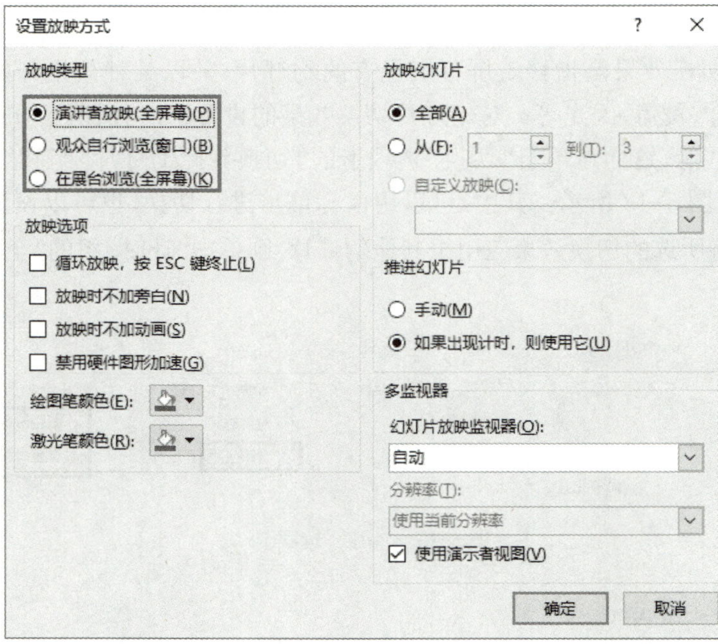

图 5-14 “设置放映方式”对话框

4. 自定义幻灯片放映

如果一个演示文稿有很多页面，不需要全部播放出来的时候，就可以采用自定义幻灯片放映，这是缩短演示文稿或面向不同受众进行定制的好方法。具体方法是，单击“幻灯片放映”选项卡的“开始放映幻灯片”组中的“自定义幻灯片放映”下拉按钮，在下拉菜单中选择“自定义放映”命令，打开“自定义放映”对话框。再单击“新建”按钮，打开“定义自定义放映”对话框，如图 5-15 所示，在其中设置幻灯片放映名称（默认为“自定义放映 1”），并选择左侧列表框中要显示的幻灯片，单击“添加”按钮放入右侧列表框，同时可以利用上下箭头按钮调整顺序，最后单击“确定”按钮。

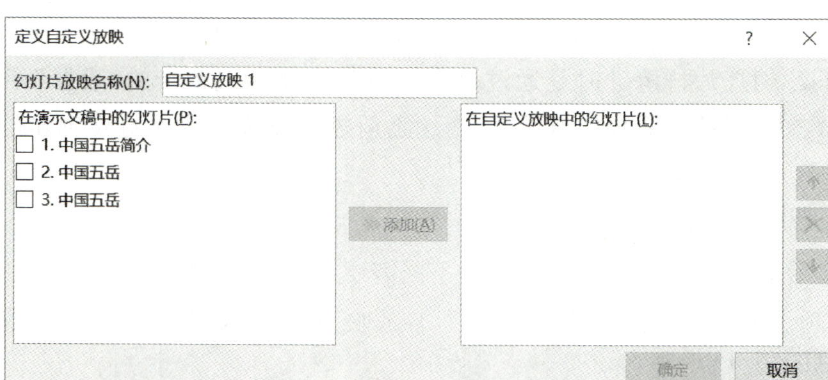

图 5-15 “定义自定义放映”对话框

如果需要将演示幻灯片的整个过程录制下来，包括语音旁白、墨迹和激光笔手势等，可以单击“幻灯片放映”选项卡的“设置”组中的“录制幻灯片演示”下拉按钮来实现。

播放演示文稿有多种方式：按 F5 功能键；单击“幻灯片放映”选项卡的“开始放映幻灯片”组中的“从头开始”按钮和“从当前幻灯片开始”按钮；单击底部的“幻灯片放映”视图按

钮 等。其中，按 F5 功能键是从第 1 张幻灯片放映到最后一张幻灯片，最后一种方法是从当前幻灯片开始放映。

【例 5-4】 对 [例5-3] 演示文稿中的第 2 张幻灯片的标题设置“空翻”的动画效果，速度为“中速”，声音为“风铃”，从上一动画之后开始 1 秒后发生；设置全部幻灯片的切换效果为“形状”，换片方式为“单击鼠标时”换页或“每间隔 8 秒换页”。

操作步骤如下。

①在普通视图的普通窗格中，单击第 2 张幻灯片，选定该幻灯片的标题，单击“动画”选项卡的“动画”组中的动画库的“更多进入效果”命令，在打开的“更改进入效果”对话框的“华丽型”区中选择“空翻”（见图 5-10），单击“确定”按钮。

②选定标题，单击“动画”选项卡的“动画”组右下角的对话框启动器，打开空翻动画效果对话框，在“效果”选项卡中设置“声音”为“风铃”（见图 5-11）；然后单击“计时”选项卡，在“开始”下拉列表中选择“上一动画之后”，在“延迟”微调框中选择或输入“1”，在“期间”下拉列表中选择“中速（2 秒）”（见图 5-12），单击“确定”按钮。

③选定任意幻灯片，选择“切换”选项卡的“切换到此幻灯片”组中的幻灯片切换库中的“形状”效果，在“计时”组中进行相应设置，并单击“全部应用”按钮（见图 5-13）。

④按 F5 功能键放映，查看幻灯片的播放效果。

5.5　打印与输出演示文稿

演示文稿可以打印，这通过单击“文件”按钮，在菜单中选择“打印”命令来实现。

打印、输出演示文稿

【例 5-5】 将 [例5-4] 中的演示文稿以讲义形式用 A4 纸打印出来，每张纸打印 3 张幻灯片。

操作步骤如下。

①打开演示文稿。

②单击“文件”按钮，在菜单中选择“打印”命令，在“设置”栏单击“整页幻灯片”下拉按钮，在展开的下拉菜单中单击“讲义”区中的“3 张幻灯片”按钮，在预览区域内即可预览打印效果，满意后单击“打印”按钮。

演示文稿制作完毕后，可以输出为不同格式的文件，可以创建 PDF/XPS 文档，创建视频，将演示文稿打包成 CD 等。这些操作通过单击“文件”按钮，在菜单中选择“导出”命令，在“导出”界面中选择相应的按钮来实现。

5.6　PowerPoint 2016 高级应用实例

5.6.1　实例一：演示文稿“人力资源管理系统的设计与实现”的设计

有演示文稿如图 5-16 所示，需要进行以下处理。

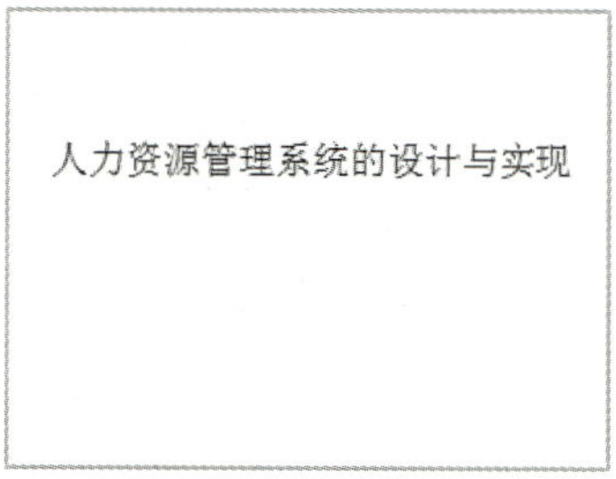

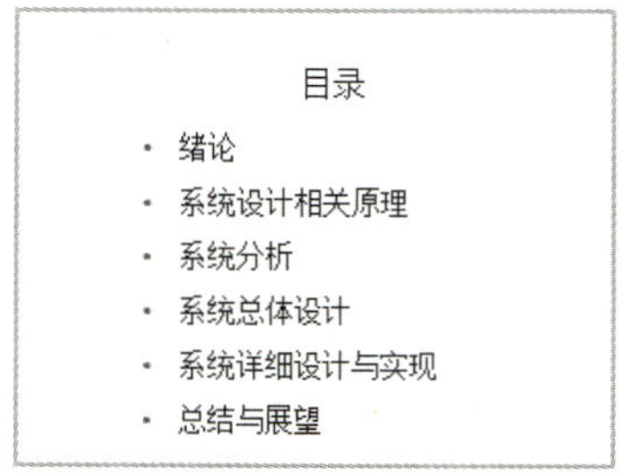

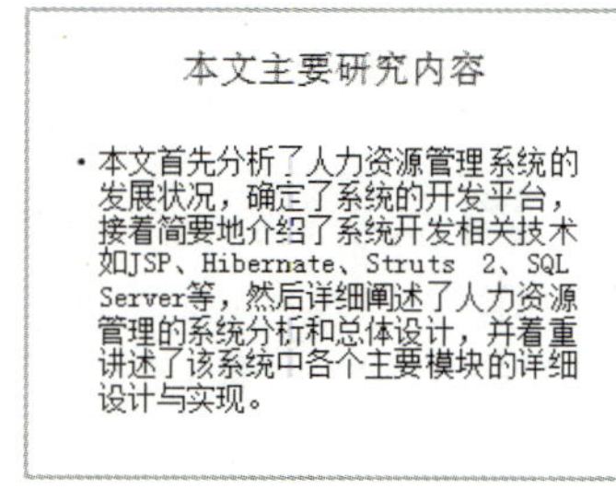

图 5-16　演示文稿

1. 操作要求

1）使用主题与更改主题颜色、字体

（1）设置主题。

将第 1 张幻灯片的主题设置为“木材纹理”，其他幻灯片的主题设置为“剪切”。

（2）更改主题颜色。

①新建一个自定义的主题颜色方案。文字 / 背景 - 深色 1：红色，文字 / 背景 - 浅色 1：白色，文字 / 背景 - 深色 2：红色（R）为 50，绿色（G）为 100，蓝色（B）为 255；文字 / 背景 - 浅色 2：浅蓝；着色 1-6 分别为“红色”“橙色”“黄色”“绿色”“深蓝”“紫色”；超链接和已访问的超链接分别为“红色”和“绿色”。

完成后，保存此主题颜色为“自定义主题颜色 1”。

②修改创建的主题颜色，将其中的文字 / 背景 - 深色 1 改成绿色，其他不变，完成后保存此主题颜色为“自定义主题颜色 2”。

③将修改前的主题颜色应用于第 1 张幻灯片，将修改后的主题颜色应用于其他幻灯片。

（3）更改主题字体。

①将第 1 张幻灯片的主题字体改为“Office”。

②新建一个自定义的主题字体方案，西文标题字体为“Constantia”，西文正文字体为“Franklin Gothic Book”，中文标题字体为“黑体”，中文正文字体为“楷体”。保存此主题字体为“自定义主题字体 1”，并应用于其他幻灯片。

2）设置并应用幻灯片母版

（1）对于第 1 张幻灯片所应用的标题母版，将其中的标题样式设为“黑体，54 号”。

（2）对于其他幻灯片所应用的一般幻灯片母版，在日期区中插入当前日期（格式标准参照“2020-05-04”），在页脚中插入幻灯片编号（第 2 张幻灯片编号为 1，第 3 张幻灯片编号为 2，以此类推）。

3）设置幻灯片动画效果

针对第 2 张幻灯片，设置以下动画效果。

（1）将标题内容“目录”的进入效果设置成“棋盘”。

（2）将文本内容“绪论”的进入效果设置成“缩放”，并且在标题内容出现 1 秒后自动开始，而不需要单击鼠标。

（3）按顺序依次将文本内容“系统设计相关原理”“系统分析”“系统总体设计”“系统详细设计与实现”“总结与展望”的进入效果设置成“曲线向上”。

(4)将文本内容“绪论”的强调效果设置成“波浪形”。

(5)将文本内容“系统设计相关原理”的动作路径设置成“循环”。

(6)将文本内容“系统分析”的退出效果设置成“收缩并旋转”。

(7)在页面中添加“前进”与“后退”的动作按钮,当单击动作按钮时分别跳转到当前页面的前一页与后一页,并设置这两个动作按钮的进入效果为同时“飞入”。

4)设置幻灯片切换效果

(1)设置所有幻灯片之间的切换效果为“随机线条”。

(2)实现每隔 5 秒自动切换,也可以单击鼠标进行手动切换。

5)设置幻灯片放映效果

(1)隐藏第 3 张幻灯片,使得播放时直接跳过隐藏页。

(2)选择前两页幻灯片进行循环放映。

6)输出演示文稿

将演示文稿打包成 CD,将 CD 命名为“我的 CD 演示文稿”,复制到“E”盘下,文件名与 CD 的命名相同。

2. 操作提示

1)使用主题与更改主题颜色、字体

对要求(1)的操作步骤如下。

①在普通视图的普通窗格中,选定演示文稿的第 1 张幻灯片,单击“设计”选项卡,在“主题”组的主题库中右击主题“木材纹理”,在快捷菜单中选择“应用于选定幻灯片”命令。

②同时选定演示文稿中的其他幻灯片,单击“设计”选项卡,在“主题”组的主题库中右击主题“剪切”,在快捷菜单中选择“应用于选定幻灯片”命令。

对要求(2)的操作步骤如下。

①在普通视图的普通窗格中,选定第 1 张幻灯片,单击“设计”选项卡的“变体”组的变体库中的“其他”下拉按钮,在下拉菜单中选择“颜色”→“自定义颜色”命令,打开“新建主题颜色”对话框。单击“文字 / 背景 - 深色 1”右边的下拉按钮,在打开的颜色库的“标准色”区中选择“红色”。用同样的方法设置其他颜色,并在“名称”文本框中输入“自定义主题颜色 1”。需要注意的是,在设置“文字 / 背景 - 深色 2:红色(R)为 50,绿色(G)为 100,蓝色(B)为 255”时,在下拉菜单中选择“其他颜色”命令,打开“颜色”对话框,单击“自定义”选项卡,在“红色”文本框中输入“50”、在“绿色”文本框中输入“100”、在“蓝色”文本框中输入“255”,如图 5-17 所示,单击“确定”按钮。设置好的“新建主题颜色”对话框如图 5-18 所示,单击“保存”按钮。此时,选中的第 1 张幻灯片被应用为新创建的主题颜色方案。

②在普通视图的普通窗格中,同时选定其他幻灯片,单击“设计”选项卡的“变体”组中的变体库中的“其他”下拉按钮,在下拉菜单中选择“颜色”命令,在打开的颜色库的“自定义”区中选择“自定义主题颜色 1”,再次单击“颜色”下拉按钮,在下拉菜单中选择“自定义颜色”命令,打开“新建主题颜色”对话框。这里只需要将“文字 / 背景 - 深色 1”改为绿色,其他不变,在“名称”文本框中输入“自定义主题颜色 2”,单击“保存”按钮。此时,选定的幻灯片都被应用为新修改的主题颜色方案。

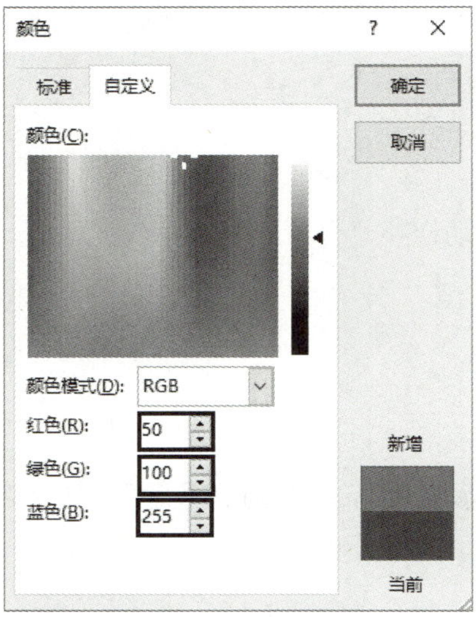

图 5-17　设置“文字 / 背景 - 深色 2”颜色

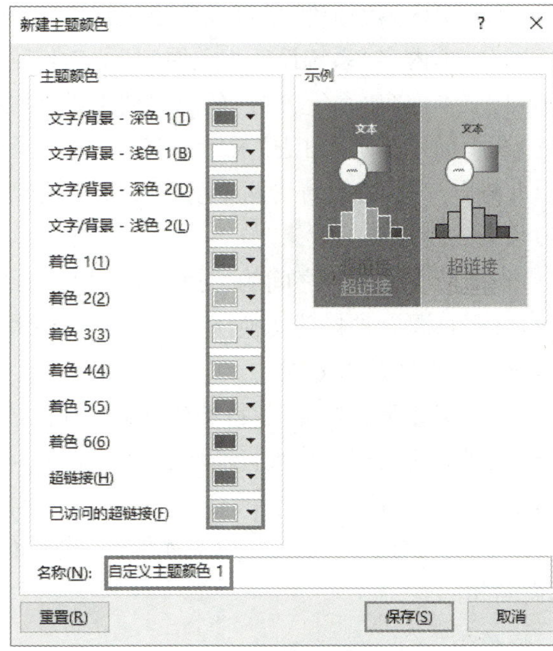

图 5-18　新建“自定义主题颜色 1”

对要求(3)的操作步骤如下。

①在普通视图的普通窗格中，选定第 1 张幻灯片，单击“设计”选项卡的“变体”组中的变体库中的“其他”下拉按钮，在下拉菜单中选择“字体”命令，在打开的字体库的“Office”区中选择“Office”。

②在普通视图的“幻灯片”选项卡中同时选定其他幻灯片，单击“设计”选项卡的“变体”组中的变体库中的“其他”下拉按钮▽，在下拉菜单中选择“字体”→“自定义字体”命令，打开“新建主题字体”对话框。在“标题字体（西文）”下拉列表中选择“Constantia”，在“正文字体（西文）”下拉列表中选择“Franklin Gothic Book”，在“标题字体（中文）”下拉列表中选择“黑体”，在“正文字体（中文）”下拉列表中选择“楷体”，在“名称”文本框中输入“自定义主题字体 1”，如图 5-19 所示，单击“保存”按钮。此时，选定的幻灯片都被应用为新建的主题字体方案。

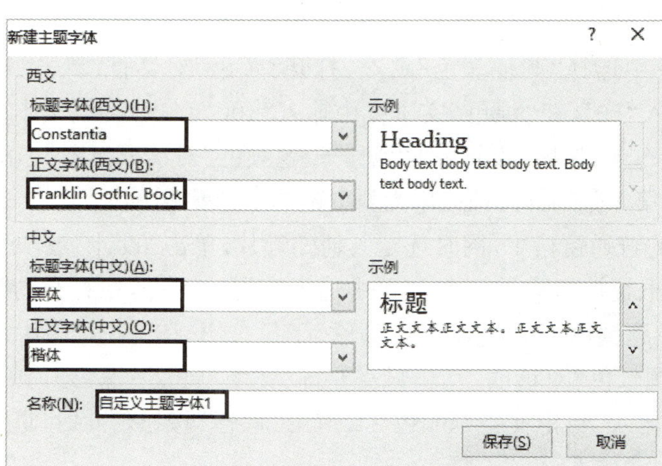

图 5-19　新建“自定义主题字体 1”

2）设置并应用幻灯片母版

对要求（1）的操作步骤如下。

①在普通视图的普通窗格中选定第 1 张幻灯片。

②单击“视图”选项卡的“母版视图”组中的“幻灯片母版”按钮，进入幻灯片母版视图。选择“标题幻灯片”母版，单击占位符“单击此处编辑母版标题样式”，在“开始”选项卡的“字体”组中设置字体为“黑体（标题）”，字号为“54”，单击“幻灯片母版”选项卡的“关闭”组的“关闭母版视图”按钮。

对要求（2）的操作步骤如下。

①在普通视图的普通窗格中同时选定其他幻灯片。

②单击“设计”选项卡的“自定义”组中的“幻灯片大小”下拉按钮，在下拉菜单中选择“自定义幻灯片大小”命令，打开“幻灯片大小”对话框，在“幻灯片编号起始值”文本框中输入或选择“0”，如图 5-20 所示，单击“确定”按钮；单击“插入”选项卡的“文本”组中的“页眉和页脚”按钮，打开“页眉和页脚”对话框，选中“日期和时间”复选框，选中“自动更新”单选按钮，选中“幻灯片编号”复选框，如图 5-21 所示，单击“应用”按钮。

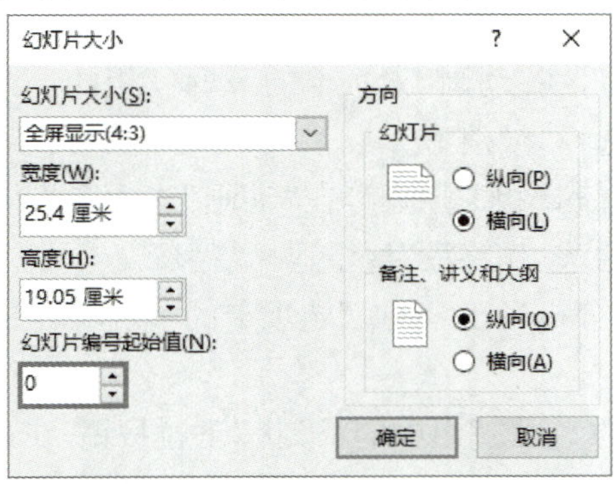

图 5-20　设置幻灯片编号起始值从 0 开始

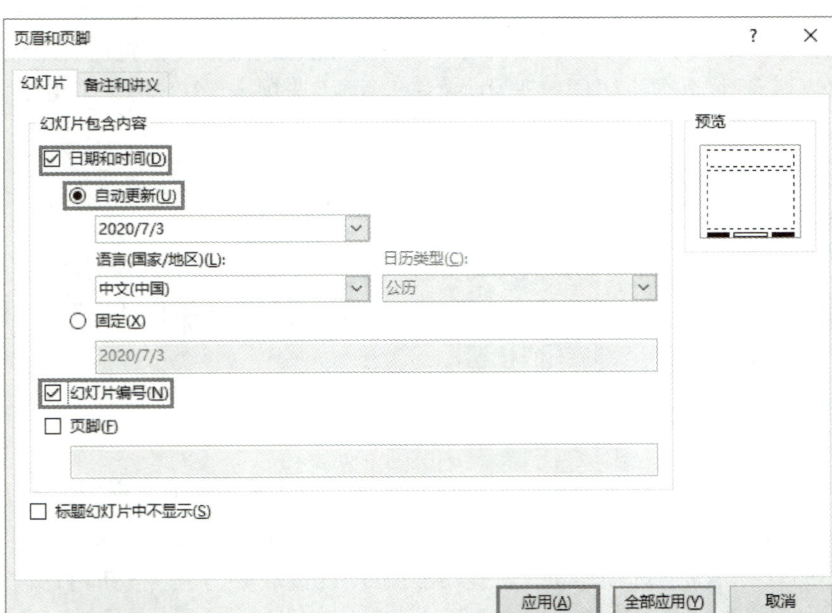

图 5-21　设置日期和幻灯片编号

3）设置幻灯片动画效果

操作步骤如下。

①在普通视图的普通窗格中，单击第 2 张幻灯片，选定标题内容“目录”，单击“动画”选项卡，在“动画”组的动画样式库中选择“更多进入效果”命令，打开“更改进入效果”对话框，在“基本型”区选择“棋盘”，如图 5-22 所示，单击“确定”按钮。

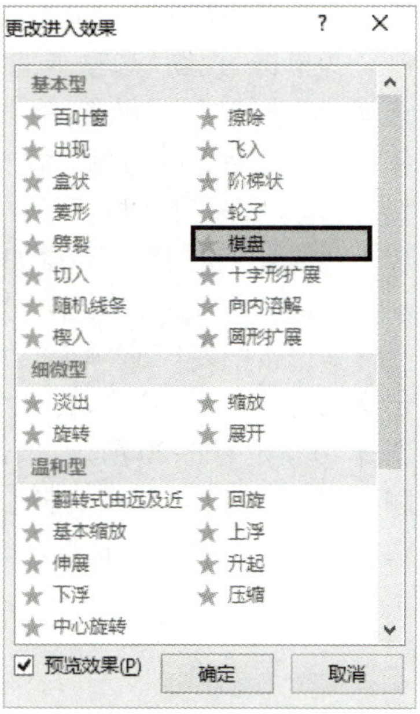

图 5-22 设置进入效果“棋盘”

②选定文本内容“绪论”，在“动画”选项卡的“动画”组的动画样式库的“进入”区中选择“缩放”，在“计时”组的“开始”下拉列表中选择“上一动画之后”，在“延迟”文本框输入“1”（1 秒）。

③用与步骤①相同的方法依次将文本内容“系统设计相关原理”“系统分析”“系统总体设计”“系统详细设计与实现”“总结与展望”的进入效果设置成“曲线向上”。

④选定文本内容“绪论”，在“动画”选项卡的“动画”组的动画样式库的“强调”区中选择“波浪形”。

⑤选定文本内容“系统设计相关原理”，在“动画”选项卡的“动画”组的动画样式库的“动作路径”区中选择“循环”。

⑥选定文本内容“系统分析”，在“动画”选项卡的“动画”组的动画样式库的“退出”区中选择“收缩并旋转”。

⑦单击“插入”选项卡的“插图”组中的“形状”下拉按钮，在最下面的“动作按钮”区中选择动作按钮“前进或下一项”▷，将它画在幻灯片右下角的合适位置，在出现的“操作设置”对话框中选中“超链接到”单选按钮，在下方的下拉列表中选择“下一张幻灯片”，单击“确定”按钮。用同样的方法插入动作按钮“后退或前一项”◁（注意超链接的位置是“上一张幻灯片”）。按住 Shift 键将这两个动作按钮同时选中，单击“动画”选项卡，在“动画”组的动画样式库的“进入”区中选择“飞入”。

4）设置幻灯片切换效果

操作步骤如下。

①单击“切换”选项卡，在“切换到此幻灯片”组的切换方案库中选择“随机线条”。

②在“计时”组中选中“单击鼠标时”复选框，选中“设置自动换片时间”复选框，并在文本框中输入“00:05.00”，单击“全部应用”按钮。

5）设置幻灯片放映效果

操作步骤如下。

①在普通视图的普通窗格中，右击第 3 张幻灯片，在快捷菜单中选择“隐藏幻灯片”命令，此时看到其左上角的编号上多出了一条斜线（表示该幻灯片在放映时不显示）。

②单击“幻灯片放映”选项卡的“设置”组中的“设置放映方式”按钮，打开“设置放映方式”对话框，进行如图 5-23 所示的相应设置。

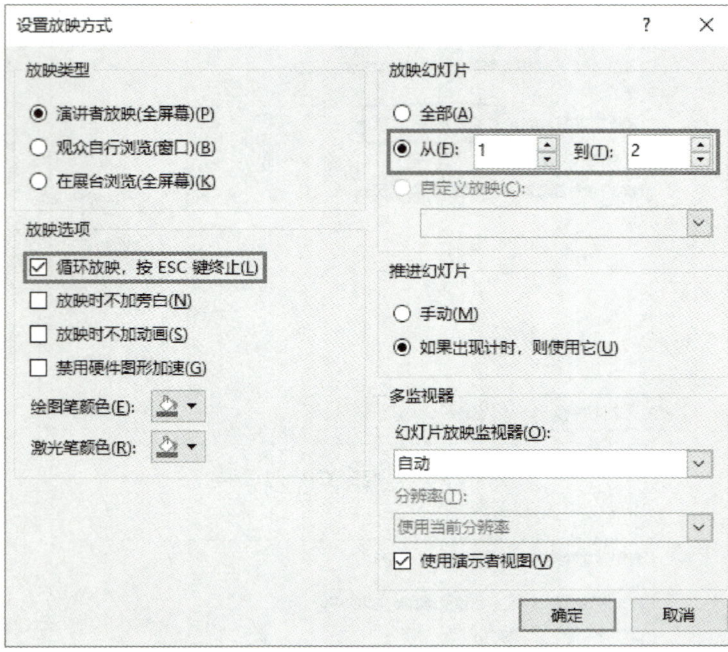

图 5-23　“设置放映方式”对话框

6）输出演示文稿

操作步骤如下。

①单击“文件”按钮，在菜单中选择“导出”命令，在“导出”界面中单击“将演示文稿打包成 CD”按钮，如图 5-24 所示。单击“打包成 CD”按钮，打开“打包成 CD”对话框。在“将 CD 命名为”文本框中输入“我的 CD 演示文稿”，如图 5-25 所示，单击“复制到文件夹”按钮，打开“复制到文件夹”对话框，单击“浏览”按钮找到“E:\”文件夹，如图 5-26 所示，单击“确定”按钮，然后单击“关闭”按钮。

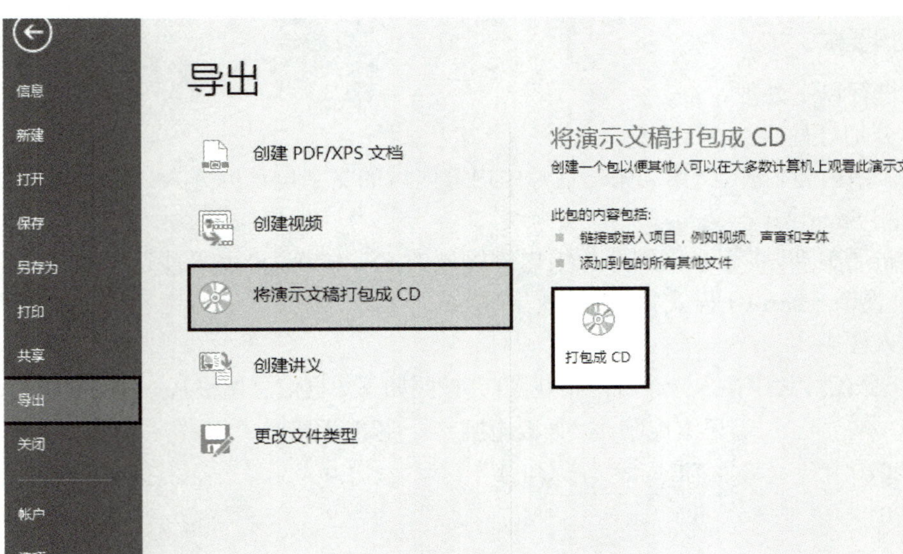

图 5-24　将演示文稿打包成 CD

②运行该演示文稿的可执行文件，检查是否正确，有问题及时解决。

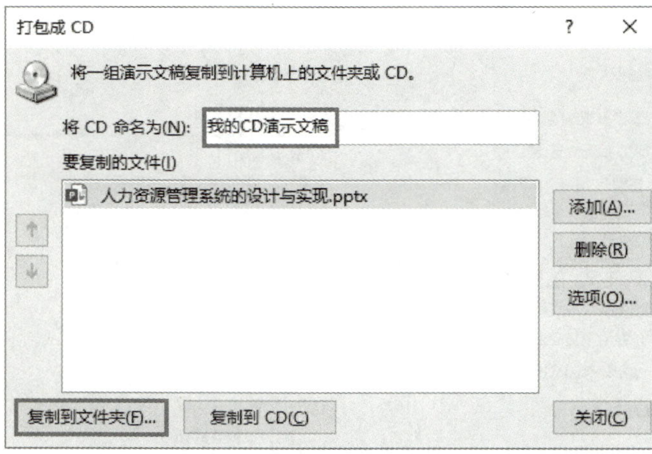

图 5-25 “打包成 CD”对话框

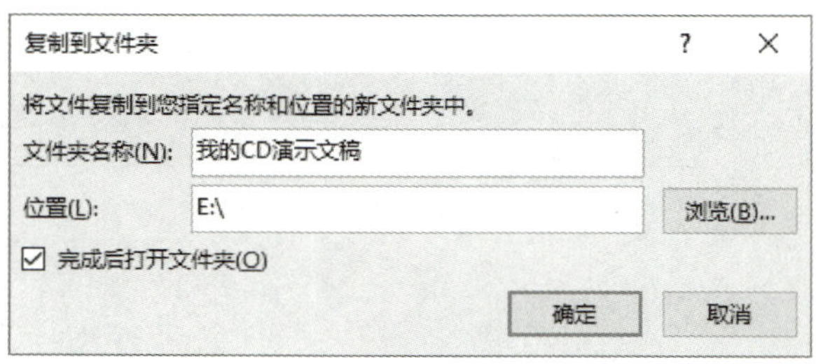

图 5-26 “复制到文件夹”对话框

5.6.2 实例二：演示文稿“产品展示及说明会”的设计

有产品展示及说明会演示文稿文件“产品展示及说明会 .pptx”，其内容如图 5-27 所示。

1. 操作要求

需要进行以下处理。

1）拆分幻灯片

由于文字内容较多，将第 7 张幻灯片中内容区域的文字自动拆分为 2 张幻灯片进行展示。

2）应用 SmartArt

为了布局美观，将第 6 张幻灯片中内容区域的文字转换为“水平项目符号列表”SmartArt 布局，并设置该 SmartArt 样式为“中等效果”。

3）插入图表

在第 5 张幻灯片中插入一个标准折线图，并按照如下数据信息调整 PowerPoint 中的图表内容。

	笔记本电脑	平板电脑	智能手机
2010 年	7.6	1.4	1.0
2011 年	6.1	1.7	2.2
2012 年	5.3	2.1	2.6
2013 年	4.5	2.5	3
2014 年	2.9	3.2	3.9

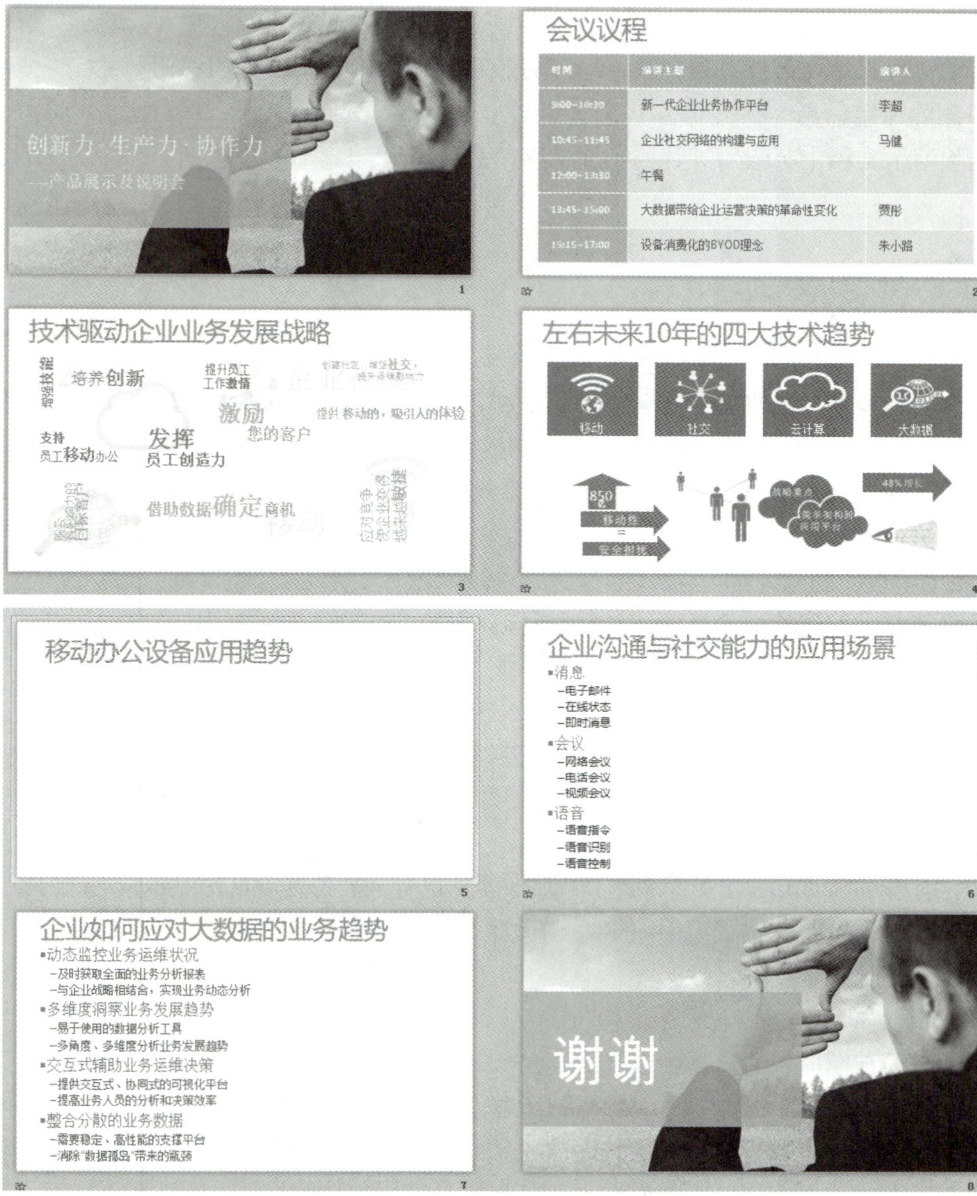

图 5-27　产品展示及说明会演示文稿

4）设置动画效果

为第 5 张幻灯片的折线图设置“擦除”进入动画效果，效果选项为“自左侧”，按照“系列”逐次单击显示“笔记本电脑”“平板电脑”“智能手机”的使用趋势。最终仅在该幻灯片中保留这 3 个系列的动画效果。

5）设置切换效果

为演示文档中的所有幻灯片设置不同的切换效果。

6）创建节

为演示文档创建 3 节，其中“议程”节中包含第 1 张和第 2 张幻灯片，“结束”节中包含最后一张幻灯片，其余幻灯片包含在“内容”节中。

7）设置放映时间

为了实现幻灯片可以自动放映，设置每张幻灯片的自动放映时间不少于2秒。

8）删除特定信息

删除演示文档中每张幻灯片的备注文字信息。

2. 操作提示

1）拆分幻灯片

操作步骤如下。

①打开“产品展示及说明会.pptx”演示文稿。

②在普通视图的普通窗格中，选中编号为7的幻灯片，单击“视图”选项卡，在“演示文稿视图”组中单击“大纲视图”按钮，切换至大纲视图中。

③将光标定位到大纲视图中“多角度、多维度分析业务发展趋势”文字的后面，按Enter键，单击“开始”选项卡的“段落”组中的“降低列表级别”按钮（需要操作2次），即可在“大纲”视图中出现新的幻灯片。

④将第7张幻灯片中的标题，复制到新拆分出的幻灯片的文本框中。

2）应用SmartArt

操作步骤如下。

①单击“视图”选项卡，在“演示文稿视图”组中单击“普通”按钮，切换至普通视图，在普通窗格中选中编号为6的幻灯片，并选中该幻灯片中正文的文本框，单击“开始”选项卡的“段落”组中的“转换为SmartArt图形”下拉按钮。

②在打开的SmartArt图形库中选择“水平项目符号列表”，然后单击“SmartArt工具”→“设计”选项卡的“SmartArt样式”组中的“中等效果”。

3）插入图表

操作步骤如下。

①在普通视图的普通窗格中，选中编号为5的幻灯片。

②在该幻灯片中单击文本框中的“插入图表”按钮，在打开的“插入图表”对话框中选择“折线图”图标，单击“确定”按钮，将会在该幻灯片中插入一个折线图，并打开Excel应用程序，根据题意要求向表格中填入相应内容。然后关闭Excel应用程序。

4）设置动画效果

操作步骤如下。

①选中折线图，单击“动画”选项卡的“动画”组中的“其他”下拉按钮，在打开的动画库中选择“擦除”效果。

②单击“动画”选项卡的“动画”组中的“效果选项”下拉按钮，将“方向”设置为“自左侧”，将“序列”设置为“按系列”。

5）设置切换效果

操作步骤如下。

①根据题意要求，分别选中不同的幻灯片。

②在“切换”选项卡的“切换到此幻灯片”组中设置不同的切换效果。

6）创建节

操作步骤如下。

①在普通视图的普通窗格中，选中编号为 1 和 2 的幻灯片，单击“开始”选项卡的“幻灯片”组中的“节”下拉按钮，在下拉菜单中选择“新增节”命令，在打开的对话框中输入“节名称”为“议程”，单击“重命名”按钮。

②选中第 3 张至第 8 张幻灯片，单击“开始”选项卡的“幻灯片”组中的“节”下拉按钮，在下拉菜单中选择“新增节”命令，在打开的对话框中输入“节名称”为“内容”，单击“重命名”按钮。

③选中第 9 张幻灯片，单击“开始”选项卡的“幻灯片”组中的“节”下拉按钮，在下拉菜单中选择“新增节”命令，在打开的对话框中输入“节名称”为“结束”，单击“重命名”按钮。

7）设置放映时间

操作步骤如下。

①在普通视图的普通窗格中选中全部幻灯片。

②在“切换”选项卡的“计时”组中取消选中“单击鼠标时”复选框，选中“设置自动换片时间”复选框，并在文本框中输入“00:02.00”。

8）删除特定信息

操作步骤如下。

①单击“文件”按钮，在菜单中选择“信息”命令，再单击“检查问题”下拉按钮，在下拉菜单中选择“检查文档”命令，打开“文档检查器”对话框，确认选中“演示文稿备注”复选框，单击“检查”按钮。

②在“审阅检查结果”中，单击“演示文稿备注”对应的“全部删除”按钮，即可删除全部备注文字信息。

5.6.3　实例三：演示文稿“入职培训”的设计

有入职培训演示文稿文件“入职培训 .pptx”，其内容如图 5-28 所示。同时在相应素材文件下还有 3 个文件：“必遵制度 .docx”“组织结构图样例 .docx”“月光 .mp3”。

1. 操作要求

需要进行以下处理。

1）设置版式

将第 1 张幻灯片版式设为“竖排标题与文本”，将第 2 张幻灯片版式设为“标题和竖排文字”，将第 4 张幻灯片版式设为“比较”。

2）设置主题

为整个演示文稿指定一个恰当的设计主题。

3）设置水印

通过幻灯片母版为每张幻灯片增加利用艺术字制作的水印效果，水印文字中应包含“员工守则”字样，并旋转一定的角度。

4）创建超链接

为第 3 张幻灯片左侧的文字“必遵制度”加入超链接，链接到 Word 素材文件“必遵制度 .docx”。

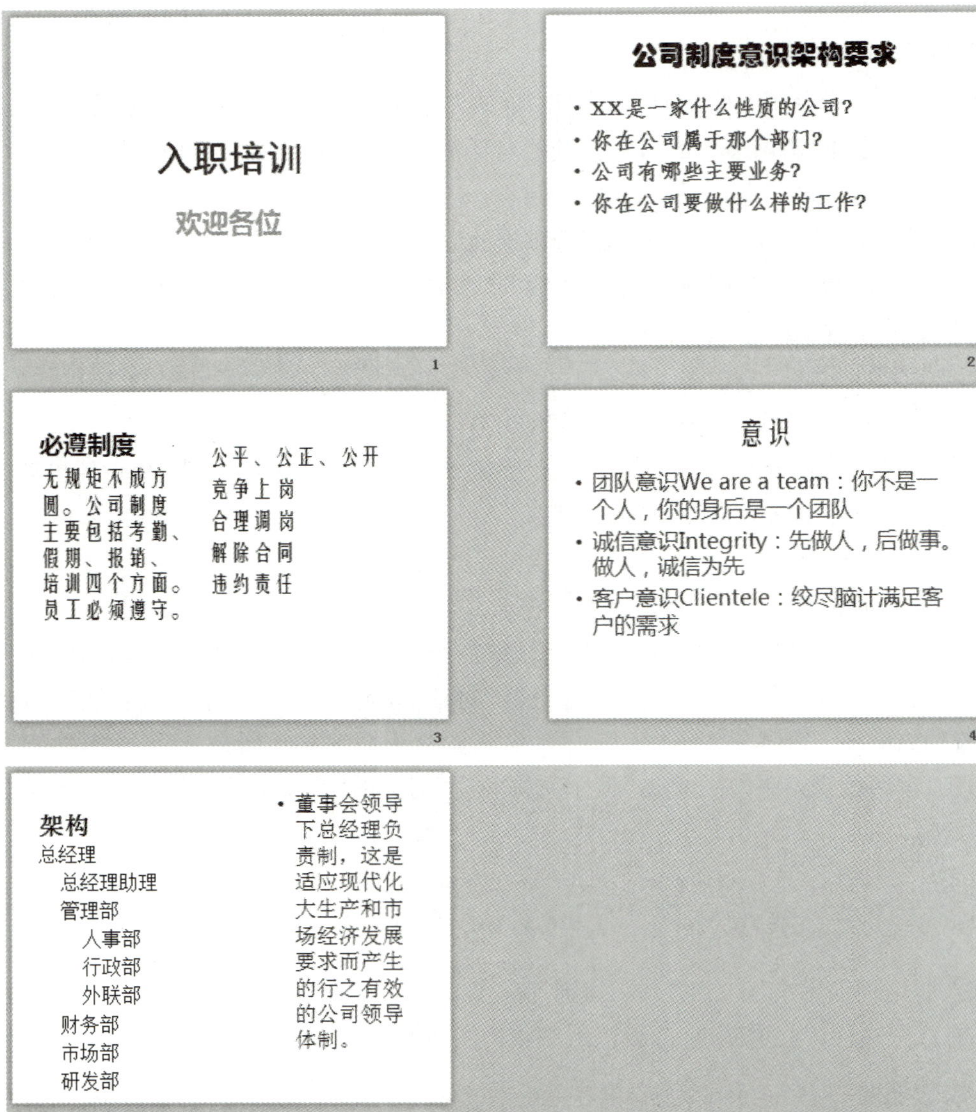

图 5-28 入职培训演示文稿

5）创建组织结构图

根据第 5 张幻灯片左侧的文字内容创建一个组织结构图，结果应类似 Word 样例文件“组织结构图样例 .docx”所示，并为该组织结构图添加“轮子”动画效果。

6）设置切换方式

为演示文稿设置不少于 3 种幻灯片切换方式。

7）设置背景音乐

演示文稿播放的全程需要有背景音乐。

2. 操作提示

1）设置版式

操作步骤如下。

①打开素材“入职培训 .pptx”文件，选中第 1 张幻灯片，单击“开始”选项卡的“幻灯片”组中的“版式”按钮，在打开的版式库中选择“竖排标题与文本”。

②采用同样的方式将第 2 张幻灯片版式设为“标题和竖排文字”。

③采用同样的方式将第 4 张幻灯片版式设为“比较”。

2）设置主题

操作步骤如下。

①单击“设计”选项卡。

②选择一种合适的主题，如选择“主题”组中的“画廊”，则将“画廊”主题应用于所有幻灯片。

3）设置水印

操作步骤如下。

①单击“视图”选项卡，在“母版视图”组中单击“幻灯片母版”按钮。单击“插入”选项卡的“文本”组中的“艺术字”按钮，在打开的艺术字库中选择一种样式，如选择“填充 - 金色，着色 4，软棱台”，然后输入“员工守则”4 个字。

②选中艺术字，在“绘图工具”→“格式”选项卡中单击“艺术字样式”组中的对话框启动器，打开“设置形状格式”任务窗格，单击“三维旋转”选项卡，在“预设”样式库中选择一种合适的旋转效果，如“等轴左下”。

③选中艺术字并右击，在快捷菜单中选择“剪切”命令（此时将其存放在剪贴板中）。

④在“幻灯片母版”选项卡的“背景”组中单击对话框启动器，打开“设置背景格式”任务窗格。在“填充”选项卡中选中“图片或纹理填充”单选按钮，在“插入图片来自”中单击“剪贴板”按钮，然后单击“全部应用”按钮，此时存放于剪贴板中的艺术字就被填充到背景中。如果艺术字颜色较深，还可以在该任务窗格中单击“图片”按钮，单击“图片颜色”选项卡，在“重新着色”中选择样式“冲蚀”，单击“关闭”按钮。

⑤单击“幻灯片母版”选项卡的“关闭”组中的“关闭母版视图”按钮，即可看到在所有幻灯片中都应用了用艺术字制作的“员工守则”水印效果。

4）创建超链接

操作步骤如下。

①选中第 3 张幻灯片左侧的文字“必遵制度”，在“插入”选项卡的“链接”组中单击“链接”按钮，打开“插入超链接”对话框，在“链接到”列表框中选择“现有文件或网页”，在“查找范围”中查找到“必遵制度.docx”文件。

②单击“确定”按钮，为文字“必遵制度”插入超链接。

5）创建组织结构图

操作步骤如下。

①选中第 5 张幻灯片，单击左侧内容区，在“插入”选项卡的“插图”组中单击“SmartArt”按钮，打开“选择 SmartArt 图形”对话框。

②选择一种较为接近素材中“组织结构图样例 .docx”的样例文件，如选择“层次结构”组中的“组织结构图”。

③单击“确定”按钮，即可在选中的幻灯片内容区域中出现所选的“组织结构图”。选择第3行的第1个矩形，然后在“SmartArt 工具”→“设计”选项卡的“创建图形”组中单击“添加形状”下拉按钮，在下拉菜单中选择“在下方添加形状”命令。采取同样的方式再进行两次“在下方添加形状”操作。

④选择第3行的最后一个矩形，在“创建图形”组中单击“添加形状”按钮，在下拉菜单中选择“在后面添加形状”命令，即可得到与幻灯片左侧内容区域中的文字相匹配的框架图。

⑤按照样例中文字的填充方式把幻灯片左侧内容区域中的文字分别剪切并粘贴到对应的矩形框中。

⑥选中设置好的 SmartArt 图形，在“动画”选项卡的“动画”组中的动画样式库中选择“轮子”。

6）设置切换方式

操作步骤如下。

①选定第1张幻灯片，单击“切换”选项卡，在“切换到此幻灯片”组的动画样式库中选择一种切换效果，如“翻转”。

②选取两张幻灯片，按照同样的方式设置切换效果。如设置第2张幻灯片的切换效果为“分割”，设置第3张幻灯片的切换效果为“涡流”。

7）设置背景音乐

操作步骤如下。

①设置背景音乐。选中第1张幻灯片，在“插入”选项卡的“媒体”组中单击“音频”下拉按钮，在下拉菜单中选择“PC 上的音频”命令，打开“插入音频”对话框，选择素材中的音频“月光.mp3”，单击“插入”按钮。

②在“音频工具”→“播放”选项卡的“音频选项”组中，选中“跨幻灯片播放”复选框，并选中“放映时隐藏”复选框，这样在演示的时候会隐藏声音喇叭图标，全程自动播放背景音乐。

习 题

请按照以下要求对 PowerPoint 文档进行操作。

（1）演示文稿包含2张幻灯片；采用“画廊”主题；幻灯片切换采用“闪光”方式。

（2）第1张幻灯片以艺术字作为主标题，字体为华文彩云，字号为40，内容为“奋斗是人生的基石”；副标题为“永不放弃是成功的保证”。设置动画效果为上一动画之后延时2秒以浮入方式显示主标题；单击鼠标，以随机线条方式显示副标题。

（3）第2张幻灯片中添加一个文本框，文本框内加入两段励志格言（内容自定，不少于20个汉字）和一幅图片，文字为蓝色，均带有动画效果。设置动画效果为单击鼠标，以弹跳方式显示两段文字；单击鼠标，延时2秒显示图片，采用底部飞入方式同时伴有鼓掌声。添加“动作按钮”中的“第一张”按钮，单击鼠标返回第1张幻灯片。

第6章 计算机网络基础

机器之间的信息传输是一个复杂的过程，它体现了大问题的复杂性，需要建立一些简化模型，将复杂的大问题分解成一些能够理解和控制的层次和模块，然后用系统化的方法进行解决。

本章主要介绍信息传输中的一些基本方法，计算机网络的层次模型和通信协议，如何组建一个计算机网络，以及因特网的应用和通信安全等内容。

6.1 计算机网络的发展

6.1.1 计算机网络的定义与基本类型

计算机网络概述

1. 计算机网络的定义

计算机网络利用通信设备和传输介质，将分布在不同地理位置上的具有独立功能的计算机连接起来，在网络协议的控制下进行信息交流，实现资源共享和协同工作。

1）网络设备

组成计算机网络的通信设备主要有交换机、路由器、服务器、防火墙、调制解调器（Modem）、光电转换器、中继器、光端机等。传输介质有双绞线、光纤、微波等。

2）网络互联

计算机网络的互联包括网络硬件设备之间的互联（如交换机与用户计算机的互联），传输介质之间的互联（如光纤与双绞线的互联），网络协议之间的互联（如广域网协议与局域网协议的互联），以及网络软件之间的互联（如网络系统服务软件与用户应用软件的互联）等。

3）网络协议

计算机之间的通信必须遵守事先约定好的一些规则和方法，这些规则明确规定了机器通信时的数据格式（数据包的结构），如何找到对方计算机（地址），怎样将信号传送到对方计算机（路由），计算机之间如何进行对话（点到点或广播）等。这些复杂的问题都由网络协议规定。网络协议是为数据通信而建立的规则、标准或约定，是计算机网络的核心部分，网络设备和网络软件都必须遵循网络协议，才能进行计算机之间的通信。

4）信息交流

计算机网络的基本功能在于实现信息交流、资源共享和协同工作。信息交流的形式有很多种，如电话是一种远程信息交流方式，但是只有音频，没有视频；电视是一种具有音频和视频的远程信息传播方式，但是交互性不好。在计算机网络中，信息交流可以以交互方式进行，主要有网页、邮件、论坛、即时通信、IP电话、视频点播等形式。计算机网络的资源共享和信息交流特性，为电子商务、信息管理、远程协作等提供了一个很好的平台。

5）资源共享

计算机网络的资源指硬件资源、软件资源和信息资源。硬件资源有交换设备、路由设备、存储设备、网络服务器等。例如，网络硬盘可以为用户免费提供数据存储空间。软件资源有网站服务器（Web）、文件传输服务器、邮件服务器（E-mail）等，它们为用户提供网络后台服务。信息资源有网页、论坛、数据库、音频和视频文件等，它们为用户提供新闻浏览、电子商务等功能。资源共享可使网络用户对资源互通有无，大大提高了网络资源的利用率。

6）协同工作

利用网络技术可以将许多计算机连接成高性能的计算机系统，使其具有解决复杂问题的能力。这种协同工作、并行处理的方式，要比单独购置高性能的大型计算机便宜得多。当某台计算机负载过重时，通过计算机网络可将任务转交给空闲的计算机来完成，这样能均衡各台计算机的负载，提高处理问题的能力。

2. 计算机网络的基本类型

计算机网络有多种类型，最常用的分类方法是IEEE根据计算机网络地理范围的大小，将网络分为局域网（local area network，LAN）、城域网（metropolitan area network，MAN）和广域网（wide area network，WAN），如图6-1所示。

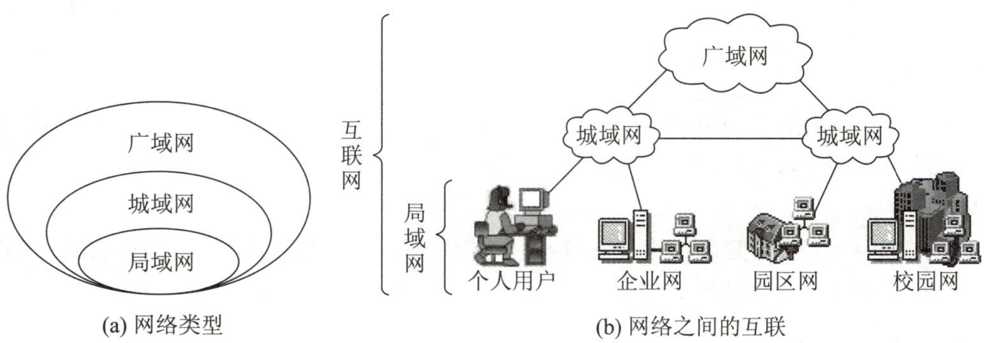

图6-1 IEEE定义的网络类型

1）局域网

局域网的覆盖范围通常在一幢建筑物内或相邻几幢建筑物之间。局域网是结构复杂程度最低的计算机网络，也是目前应用最广泛的一类网络。尽管局域网是最简单的网络，但并不意味着它们必定是小型网络。由于光通信技术的发展，局域网的覆盖范围越来越大，往往将直径达数千米的一个连续的园区网（如大学校园网、智能小区网）也归纳到局域网的范围。

2）城域网

城域网的覆盖范围为数百平方千米的一座城市内，它往往由许多大型局域网组成。城域网主要为个人用户、企业局域网用户提供网络接入，并将用户信号转发到因特网中。城域网的

信号传输距离比局域网长，信号更容易受到环境的干扰。城域网的网络结构较为复杂，往往采用点对点结构、环形结构、树形和环形结构相结合的混合模式。由于数据、语音、视频等信号可能都采用同一城域网传输，因此城域网的组网成本较高。

3）广域网

广域网的覆盖范围通常在数千平方千米以上，一般为多个城域网的互联（如中国公用计算机网），甚至是全世界各个国家之间网络的互联（如因特网），因此广域网能实现大范围的资源共享。广域网一般采用光纤进行信号传输，网络主干线路的数据传输速率非常快，网络结构较为复杂，往往是一种网状结构和其他拓扑结构的混合模式。广域网由于需要跨越不同城市、地区、国家，因此网络工程最为复杂。

6.1.2　全球因特网的发展

1. 因特网的基本概念

互联网由多种网络相互连接而成，无论采用何种通信协议与技术的网络均可连接。互联网是提供信息通信的一个基本平台。

因特网（Internet）是在世界范围内，由采用 TCP/IP（transmission control protocol/Internet protocol）协议簇的众多计算机网络相互连接、相互通信的最大的开放式计算机网络。

因特网是一个由许多小的网络（子网）互联而成的大型逻辑网络。每个子网中连接着若干台计算机（主机），它们共同遵守因特网协议，并通过许多路由器和公共网络互联而成。

因特网以相互交流信息资源为目的，是全球信息资源共享的集合。

互联网是传播信息的一种载体，而因特网是在互联网基础上提供各种信息交流和资源共享服务。如果不进行严格区分，站在用户的角度来看，它们之间没有太大的区别。

2. 因特网的发展

因特网起源于 20 世纪 60 年代，1969 年美国国防部高级研究计划局（Advanced Research Projects Agency，ARPA）建设了 ARPANET（阿帕网），当时仅连接了数台远程计算机，供科学家进行计算机联网实验用，这就是因特网的前身。

ARPANET 问世后，网络规模增长很快，到 20 世纪 70 年代中期，接入的计算机网络增加到了几十个。人们认识到不可能仅使用一个单独的网络来解决所有通信问题，于是专家们开始研究多种网络互联技术。1983 年，ARPANET 采用 TCP/IP 为标准通信协议，形成了因特网的雏形。

1991 年，世界上许多商业公司纷纷接入因特网，使网络上的通信量急剧增大，美国政府决定将因特网的经营权转交给商业公司。提供因特网接入服务的商业公司称为 ISP（the Internet Service Provider，因特网服务提供方）。任何个人、企业或组织只要向 ISP 交纳规定的接入费用，就可通过 ISP 接入因特网。1992 年，因特网上的主机超过 100 万台。1993 年，因特网的主干网传输速率提高到 45 Mbit/s。

现在，因特网已经成为世界上规模最大和增长速度最快的计算机网络。没有人能够准确地知道因特网上究竟连接了多少台计算机。因特网用户数量的猛增，使得因特网不堪重负。1996 年，美国一些研究机构和大学提出研制和建造新一代因特网的设想，并计划实施 NGI（next generation Internet，下一代因特网）计划。

NGI 计划的第 1 个目标是开发下一代因特网技术（Internet2），比现有因特网的传输速率提高 100 倍，连接至少 100 个大型研究机构，网络中端到端的传输速率达到 100～1 000 Mbit/s。NGI 计划的第 2 个目标是使用更加先进的网络服务技术，如远程医疗、远程教育，有关能源和地球系统的研究，高性能的全球通信，环境监测和预报，紧急情况处理等。NGI 计划的第 3 个目标是对整个因特网的管理、信息的可靠性和安全性等方面做出很大的改进。目前，全球互联网骨干线路的基本结构示意图如图 6-2 所示。

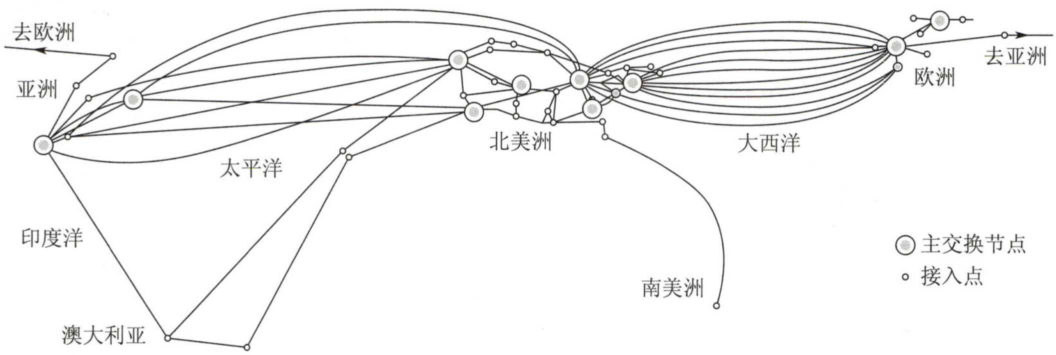

图 6-2　全球互联网骨干线路的基本结构示意图

6.1.3　我国互联网的发展

1. 我国主要的 ISP

我国目前有多家经营国际互联网的单位，它们是中国公用计算机互联网（ChinaNet，中国电信经营）、中国联通计算机互联网（UNINet，联通公司经营）、中国教育和科研计算机互联网（CERNet，教育部管理）、中国科技网（CSTNet，中国科学院管理）等。上述骨干网均可通过国家关口局与国际互联网相通。根据 CNNIC（China Internet Network Information Center，中国互联网络信息中心）2019 年的统计，我国互联网国际出口的国家有美国、俄罗斯、法国、英国、德国、日本、韩国、新加坡等。

2. 我国互联网的普及率

2019 年，我国已建成全球最大规模光纤和移动通信网络，行政村通光纤和 4G 比例超过 98%，固定互联网宽带用户超过 4.5 亿户。CNNIC 第 49 次统计报告指出，截至 2021 年 12 月，我国网民规模达 10.32 亿，手机网民规模达 10.29 亿，网民使用手机上网的比例为 99.7%，网络购物用户规模达 8.42 亿，网上外卖用户规模达 5.44 亿，在线办公用户规模达 4.69 亿。

截至 2021 年 12 月我国互联网基础资源如表 6-1 所示。

表 6-1　截至 2021 年 12 月我国互联网基础资源

IPv4 / 个	IPv6/（块 /32）	域名 / 个	.CN 域名 / 个
392 486 656	63 052	35 931 063	20 410 139

互联网应用与群众生活结合日趋紧密，微信、短视频、直播等应用降低了互联网使用门槛，不断丰富群众的文化娱乐生活。我国互联网的发展与普及水平居发展中国家前列。

6.2　数据通信的基本方法

数据通信是指计算机与外界的信息传输，既包括计算机与计算机之间的数据传输，也包括计算机与外部设备（如打印机、硬盘等设备）之间的数据传输。

6.2.1　数据通信概述

1. 数据通信的基本概念

计算机网络采用串行通信方式，因此，了解和研究串行通信中的概念和技术非常重要。

1）信号

信号是数据（用户信息和控制信息）在传输过程中电磁波或光波的物理表现形式。为了传输二进制编码的数据，必须将数据转换为数字信号或模拟信号。

2）模拟信号

模拟信号是在各种传输介质（传送信号的物理线路，如双绞线）中连续变化的电磁波或光波，如图 6-3 所示。

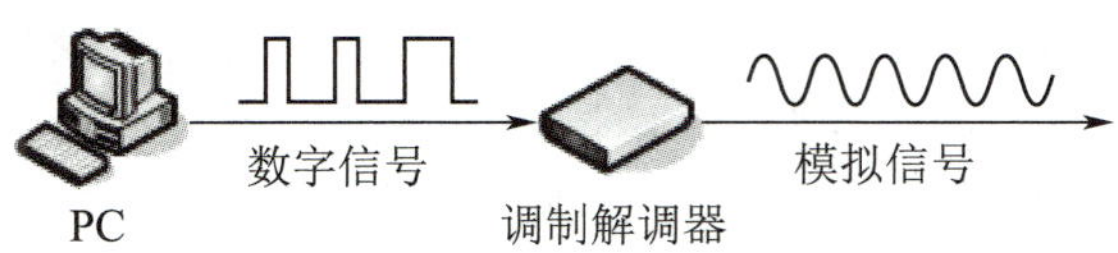

图 6-3　数字信号与模拟信号

3）数字信号

数字信号是传输介质中的电压脉冲序列或光波脉冲序列。数字信号的优点是传输速率高，传输成本低，对噪声不敏感。电压脉冲数字信号的缺点是信号容易衰减，传输频率越高，信号衰减越厉害。因此，电压脉冲数字信号不利于长距离传输，而光波脉冲数字信号克服了这个缺点。

4）网络带宽

在频带（模拟信号）通信中，带宽是指信号频率的上、下边界之差，以 Hz 为单位。例如，一个标准的模拟电话语音带宽为 4 kHz 左右。

在基带（数字信号）通信中，由于采用了不同的信号编码技术，在同一信号频率下，可能有不同的传输速率，因此往往将数据的最大传输速率称为带宽，单位为 bit/s。在基带网络中，往往将传输速率大于 2 Mbit/s 的网络称为宽带网络。

2. 通信过程中存在的问题和解决方法

人类通信是一个充满智能化的过程。如图 6-4 所示，以一个企业的技术讨论会为例，技术人员在开会时必须进行很多智能化的通信，这些通信不一定是以语言方式进行的。首先，参加会议的人员必须知道在哪里开会（目标地址）；如何到会议室（路由）；会议什么时候开始（通信确认）；会议主讲人通过声音（传输介质为声波）和视频（传输介质为光波）表达自己的意见（传送信息）；主讲人必须关注与会人员的反应，其他人员必须关注主讲人的发言（同步）；有时

主讲人会受到会议室外的干扰（噪声）及会议室内其他人员说话的干扰（信道干扰）；如果与会人员同时说话，就会造成谁也听不清对方在说什么（信号冲突）；主讲人必须保持一定的恒定语速（通信速率）等。

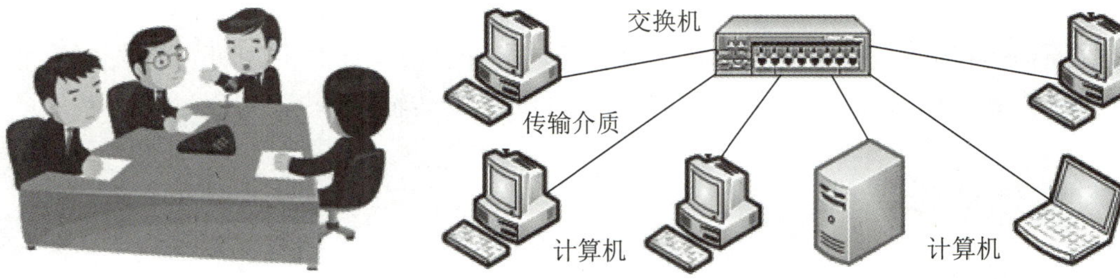

图 6-4　会议讨论（左）与计算机通信（右）的比较

计算机之间的数据传输是一个复杂的通信过程。计算机的通信过程与人们开会的情况类似，需要解决的问题很多。例如，本机与哪台计算机通信（本机地址与目标地址）？通过哪条路径将信息传送到对方（路由）？对方开机了吗（通信确认）？信号传输采用什么传输介质（双绞线或光纤）？通信双方如何在时钟上保持一致（同步）？信号接收方怎样判断和消除信号传输过程中的干扰（检错与纠错）？通信双方发生信号冲突时如何处理（通信协议）？如何提高数据传输效率（复用技术）？这些问题都需要认真研究后解决。

人类通信与计算机通信的共同点在于都需要遵循一定的通信规则。不同点在于：人类在通信时，可以随时灵活地改变通信规则，并且智能地对通信方式和内容进行判断；而计算机在通信时不能随意改变通信规则，计算机以高速处理信息与高速传输数据来弥补计算机智能的不足。

3. 数字通信系统的基本模型

机器之间的通信是一个非常复杂的过程，为了简化问题的分析，可以建立一个数字通信系统的基本模型进行讨论。数字通信系统的基本模型分为 4 个部分：信源、信道、信宿和噪声。如图 6-5 所示，在数字通信系统的基本模型中，产生和发送信息的一端称为信源，接收信息的一端称为信宿，信源与信宿之间的传输通道称为信道。在数字通信系统中，信号还会受到信道内部和外部噪声的干扰。

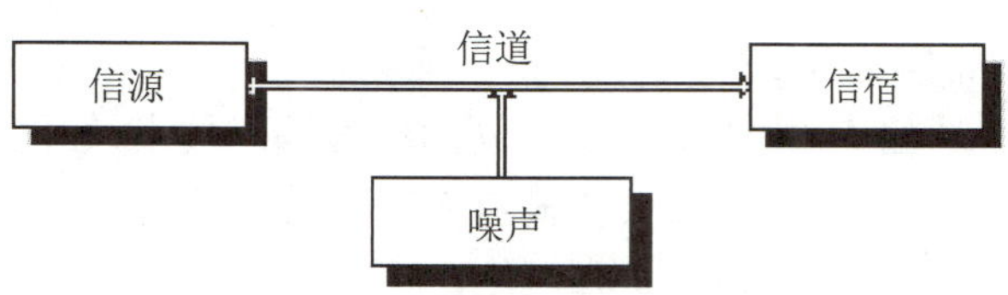

图 6-5　数字通信系统的基本模型

4. 串行通信与并行通信

1）串行通信

如图 6-6 所示，串行通信是数据在一条信道上一位（bit）一位地按顺序传送的通信方式。串行通信时，所有的数据、状态、控制信息都可以在一根传输线路上传送。这样，在通信时所连

接的物理线路最少，也最经济，因而特别适合远距离信息传输。

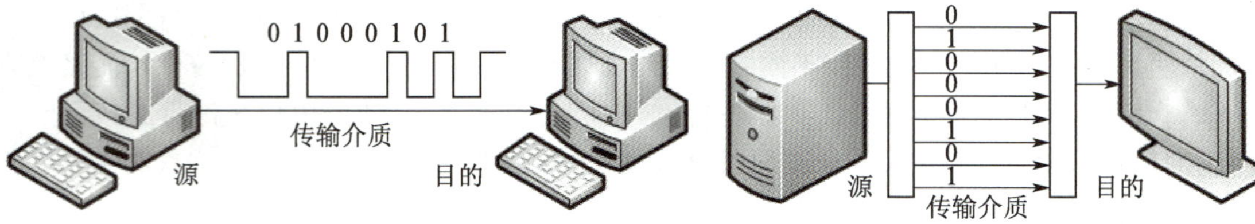

图 6-6　串行通信（左）与并行通信（右）示意图

串行通信给发送设备和接收设备增加了复杂性。例如，发送方必须明确数据位的发送顺序，发送一个字节的数据时，发送方必须确定是先发送高位，还是先发送低位。同样，接收方必须知道收到的第一个数据位在什么位置上，因为接收的信号前面还包含了一些控制信号。这些问题虽然比较琐碎，但是，如果通信协议在数据位的顺序上都无法取得一致的话，数据传输将无法进行。

2）并行通信

如图 6-6 所示，并行通信是数据以成组的方式（1 至多个字节）在多个信道上同时进行传输。在并行通信中，每个数据位使用一条单独的线路，这些线路通常制造在一个电路板（如计算机主板中的总线）中，或在一条多芯电缆（如显示器与主机的连接电缆）中。并行通信适合两个短距离设备之间进行数据传输。在计算机和网络设备内部，各个部件之间的通信往往采用并行传输，例如内存与 CPU 之间的数据传输，PCI 总线设备与主板芯片组之间的数据传输。并行通信不适用于长距离（2 m 以上）传输。

3）并行通信与串行通信传输速率的比较

并行通信在一个时钟周期中可以传输多位（如 8 位）数据，而串行通信在一个时钟周期中只能传输一位数据。从理论上看，并行通信的数据传输速率大大高于串行通信。

但是，提高并行通信的数据传输速率存在很多困难。一是并行通信的时钟频率大多在 200 MHz 以下，而且很难提高，因为时钟频率过高时，会导致多条线路之间传输信号的相互干扰；二是高频（100 MHz 以上）并行通信时，信号之间的同步控制成本很高。目前，并行通信的最高数据传输速率可以达到 34.1 GB/s（采用两个 64 位的双通道内存条，内存的工作频率为 2 133 MHz，内存与 CPU 之间的理论带宽＝64×2×2 133/8＝34.1 GB/s）。

串行通信的频率目前达到了数太赫兹以上，如果采用光纤作为传输介质，串行通信的数据传输的频率理论上可以达到数百太赫兹以上。光纤通信不存在电磁干扰，因此信号之间的干扰非常小。目前，单根光纤串行通信的最高数据传输速率达到了 8 Tbit/s（已商业化）以上，如果以字节计算，大致为 800 GB/s，传输速率大大高于并行通信。

在计算机内部通信中，目前越来越多地采用串行通信方法，如显卡的数据传输采用 PCI-e 串行总线，硬盘采用 SATA 串行接口，外部数据采用 USB 串行总线等。

6.2.2　异步通信与同步通信

在数据通信中，收发两端的动作必须相互协调配合。倘若收发两端互不联系、协调，则很容易造成数据传输错误。目前，串行通信有异步通信和同步通信两种方式。

1. 异步通信的基本方法

异步通信是一种基于字符的通信方式。在异步通信中，每个字符（1个字节）都独立传送，而且每两个字符之间的间隔时间不固定。发送方可以在任何时刻发送这些字符组，而接收方不知道它们会在什么时候到达。例如，键盘与主机之间进行通信时，用户在键盘上按下一个键，键盘就会发送一个8位的ASCII码，计算机内部的硬件必须随时接收这个输入的字符编码信号。

异步通信存在的问题是接收方并不知道数据会在什么时候到达，在接收方检测到数据并做出响应之前，第一个数据位可能已经过去了。因此，每次异步通信都以一个起始位开头，它的作用是通知接收方数据马上就要到达了，这就给了接收方响应、接收和缓存数据的时间。在异步通信结束时，需要增加一个停止位，告诉接收方这次传输终止。

【例6-1】 画出用异步通信方式传送字母“E”的波形图，要求增加1位起始位、1位停止位和1位奇校验位。

查表得知字母“E”的ASCII码为69D，即01000101B，则传送信号的波形图如图6-7所示。

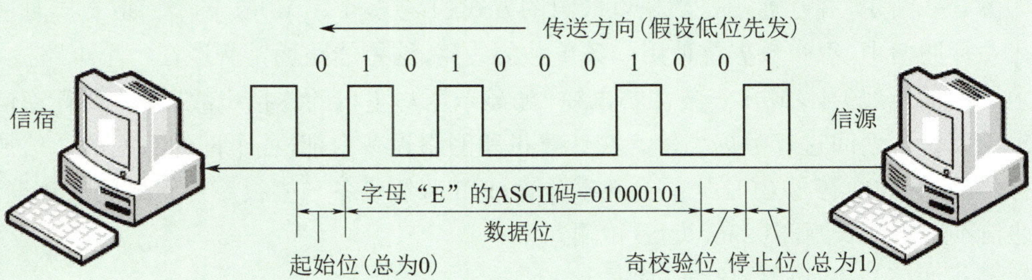

图6-7 字母“E”的串行异步通信波形图

异步通信对收发双方的时钟同步要求不高，即使收发双方的时钟频率存在一定偏差，只要不使接收器在一个字符的起始位之后的采样出现错位现象，数据传输仍可正常进行。因此，异步通信的双方可以不用共同的时钟，而使用各自的本地时钟。

在异步通信中，发送一个字符需要增加一些附加的信息位，如起始位、校验位和停止位等，这些附加信息位称为通信开销，这种开销使通信效率降低。例如，一个字符由8位组成，加上1位起始位、1位校验位和1位停止位，发送一个字符必须发送11位，而其中只有8位是有效的，通信能力的27%成了额外开销。因此，异步通信主要用于传输数据量较少或传输速率不高的场合，如用于键盘、鼠标等设备的数据传输。对于大量信息的传输，一般采用通信效率较高的同步通信方式。

2. 同步通信的基本方法

同步通信通常把传送的正文分解为数据帧（简称为帧），同步通信是一种基于帧的通信方式。同步通信的方法是使通信的接收方与发送方在时间基准上保持一致。

1）同步通信的特点

同步通信的传输信息没有起始位和停止位，同步通信要求对传输数据的每一位必须在收发两端严格保持同步，即位同步。因此，在同步通信中，收发两端需用同一个时钟源作为时钟信号。同步通信的传输效率高，适合快速、大量数据的传输。

同步通信的同步方法分为外同步和内同步。外同步是在发送数据之前向接收方发送一串时钟脉冲，接收方按这个时钟频率调整自己的时序，使接收时钟频率锁定在接收到的时钟频率上，并作为同步时钟来接收数据。内同步是接收方从接收到的数据帧中提取同步时钟信号。同步通信协议分为面向字符和面向比特两种。

2）同步通信协议

同步通信协议的典型代表是 20 世纪 60 年代 IBM 公司提出的 BSC（binary synchronous communication，二进制同步通信）协议，这个协议目前仍在使用。

BSC 协议是将若干个字符组成一个信息块一起发送，一个信息块称为一帧，用一些特殊定义的字符（ASCII 码控制符）来定界一帧的开始、结束和分隔不同的段及控制整个信息交换过程。BSC 协议的一般数据帧的格式如图 6-8 所示。

SYN	SOH	STX	数据块	ETB或ETX	校验块

图 6-8　BSC 协议的一般数据帧的格式

- SYN（同步字符）：用于实现节点之间的字符同步，它的作用是告诉接收方，新的一个数据帧即将开始，接收方应当做好准备（同步）。每个数据帧的开始都有若干个 SYN。
- SOH（序始符）：用于表示数据帧标题的开始，包括数据帧的源地址、目的地址和路由等信息。
- STX（文始符）：标志着标题信息的结束和传输数据正文的开始。
- 数据块：是传送信息正文的内容。
- ETB（组终符）：当用于传输的正文很长时，需要将正文分成若干个数据块（分组），除最后一个数据块后用 ETX 标记外，其余数据块后都用 ETB 标记。
- ETX（文终符）：用于对传输正文的最后一个数据块进行标记。
- 校验块：用于存放对从 SOH 开始到 ETX（或 ETB）结束前的数据进行检验后产生的校验码。常见的校验码有奇偶校验码、CRC 校验码等。

6.2.3　编码与解码

1. 信源编码与解码

由于计算机只能识别和处理二进制数据，因此，必须对原始信息（如文字、数据、图片、视频等）进行编码。将信息表示为计算机能够识别的二进制编码的过程称为信源编码，解码是编码的逆过程。

信源编码是将信息按一定规则进行数字化的过程。例如，对于文字、符号等信息，可以利用 ASCII 标准进行编码，这些编码可以由文本编辑软件（如 Word 或 WPS 文字）进行解码。在网页中，采用 HTML（hyper text markup language，超文本标记语言）进行编码，这些具有特殊功能的符号标记语言也是一种信源编码，它由浏览器软件（如 IE）进行解码。对模拟信号进行模 / 数转换后，可以利用脉冲编码调制技术进行编码，利用音频软件进行解码（如 MP3 播放软件）。对音频和视频信号，可以利用 MPEG（moving pictures experts group，运动图像专家组）等压缩标准进行信源压缩编码，可以利用音频、视频播放软件（如暴风影音）进行解码。

2. 通信过程中的信道编码与解码

数据传输要通过各种物理信道，由于电磁干扰、设备故障等影响，被传输的信源信号可能会失真，使有用信息遭到损坏，造成接收方信号误判。为了提高信息传输的准确性，除提高信道的抗噪声干扰外，还必须在通信系统中采用专门的检错和纠错的信道编码。信道编码也称为差错控制编码，采用信道编码的目的是提高信号传输的可靠性，改善通信系统的传输质量。检错和纠错是最常见的信道编码方式。

信道解码是利用校验关系进行检错或纠错，在接收方收到的码元中，信息码元与冗余码元之间应符合编码规则，并根据这一规则进行检验，从而确定码元是否有错误。

6.2.4 检错与纠错

数据通信中不加任何差错控制措施，直接用信道来传输数据是不可靠的。最常用的差错控制方法是采用差错控制编码。差错控制编码分为检错码和纠错码，它们是数据位在向信道发送之前，先按照某种关系附加上一定的冗余位，构成一个校验码后再发送。接收方收到该校验码后，检查信息位与校验码之间的关系，确定传输过程中是否有差错发生。差错控制编码提高了通信系统的可靠性，但是，它以降低通信系统的效率为代价。

1. 通信过程中差错的控制方法

差错控制编码有两种方法，一种是 ARQ（automatic repeat request，自动重传请求），另一种是 FEC（forward error correction，前向纠错）。

ARQ 采用出错重传的设计思想。如图 6-9 所示，ARQ 差错控制方式是在发送方对发送数据进行差错编码，通过正向信道传送到接收方，接收方经译码处理后，只检测信息有无差错，并不自动纠正差错。

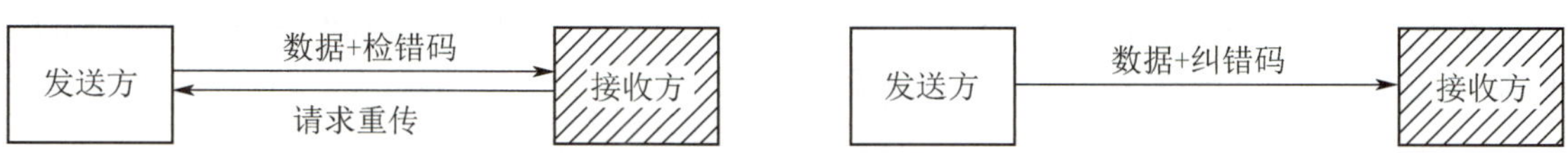

图 6-9 ARQ 差错控制方式（左）和 FEC 差错控制方式（右）

如果接收方检测到接收的数据有差错时，则利用反向信道传送反馈信号，请求发送方重传有错的数据单元，直到收到正确编码为止。因此，ARQ 差错控制方式只使用检错码，但必须有双向信道才可能将差错信息反馈至发送方。同时，发送方要设置数据缓冲区，用以存放已发出去的数据，以便在出差错后可以调出数据缓冲区的内容重新发送。在计算机网络通信中，大部分网络协议采用 ARQ 差错控制方式。

在 FEC 差错控制方式中，发送方对发送数据进行差错编码，接收方对接收到的数据进行解码后，检测有无差错。接收方不但能发现差错，而且能确定码元发生错误的位置，从而加以自动纠正。如图 6-9 所示，FEC 差错控制方式采用纠错码，它不需要反向信道来传送请求重传的信息，发送方也不需要存放以备重传的数据缓冲区。虽然 FEC 差错控制方式有以上优点，但由于纠错码比检错码需要使用更多的冗余位，也就是说编码效率低，而且纠错电路也比检错电路复杂得多，因此，FEC 差错控制方式大多应用在单向传输或实时要求特别高（如卫星通信）的场合。纠错码还用于一些可靠性要求较高但器件可靠性较差的场合，如磁带、磁盘和半导体存储器等。

纠错码既可用硬件实现，也可用软件实现。硬件主要用各种数字电路实现，硬件的速度比软件快几个数量级；软件实现特别适合计算机网络通信，因为可以直接利用网络中的计算机进行编码和解码，不需要另外增加专用设备。

2. 通信中的奇偶校验方法

奇偶校验是一种基本的检错码，它分为奇校验或偶校验。奇偶校验可以发现数据传输错误，但是它不能纠正错误。奇偶校验的编码规则如表 6-2 所示。

表 6-2　奇偶校验的编码规则

奇校验		偶校验	
数据位中“1”的个数	校验值	数据位中“1”的个数	校验值
奇数个	0	偶数个	0
偶数个	1	奇数个	1

【例 6-2】 字母“A”的 ASCII 码为 1000001，其中有两位的码元值为“1”。如果采用奇校验编码，由于这个字符的 7 位码元中有偶数个“1”，因此校验位的值为“1”，其 8 位组合编码为“10000011”，前 7 位是信息位，最低位是校验码。

同理，如果采用偶校验，可知校验位的值为“0”，其 8 位码元的组合编码为“10000010”。

接收方对编码值中码元“1”的个数进行检验时，如果有不符，就可判定传输发生了差错。

如果通信前约定采用奇校验编码，接收方对传输数据进行奇校验时，如果接收编码中码元“1”的个数为奇数个，则认为传输正确，否则认为传输中出现了差错。然而，在编码中有偶数个码元（如 2 个）出现差错时，奇校验就检测不出来了。所以，奇校验只能检测出编码中码元出现的奇数个错误，如果出错码元的个数为偶数个，则奇校验不能奏效。偶校验也存在同样的问题。

由于奇偶校验容易实现，而且一个字符（7 位）中 2 位同时发生错误的概率非常小，因此当信道干扰不太严重、码长不很大时，奇偶校验的检错效果很好。数据通信中广泛采用奇偶校验进行检错。

3. CRC 编码的基本算法思想

在计算机网络和数据存储中，广泛使用 CRC（cyclic redundancy check，循环冗余校验）编码。CRC 编码的算法非常复杂，下面用一个简单的例子说明纠错的基本原理，虽然这不是 CRC 编码算法，但是它们的设计思想是一致的。

【例 6-3】 如图 6-10（a）所示，假设发送方 A 有 12 和 34 两个数据需要传输给接收方 B。如果接收方 B 通过奇偶校验发现数据 34 在传输过程中发生了错误，最简单的处理方法就是通知发送方重新传输出错的数据（34），但是这样会降低传输效率。

如图 6-10（b）所示，在发送方将两个原始数据相加（12+34），得出一个错误校验码 ECC（12+34=46），然后将原始数据和校验码 ECC 一起传送到接收方。如果接收方通过奇偶校验检查没有发现错误，就丢弃校验码 ECC（46）；如果接收方通过奇偶校验发现数据 34 出错了，就可以利用校验码 ECC（46）减去另外一个正确的原始数据（12），这样就可以得出正确的原始数据（46−12=34）了，而不需要发送方重传数据。

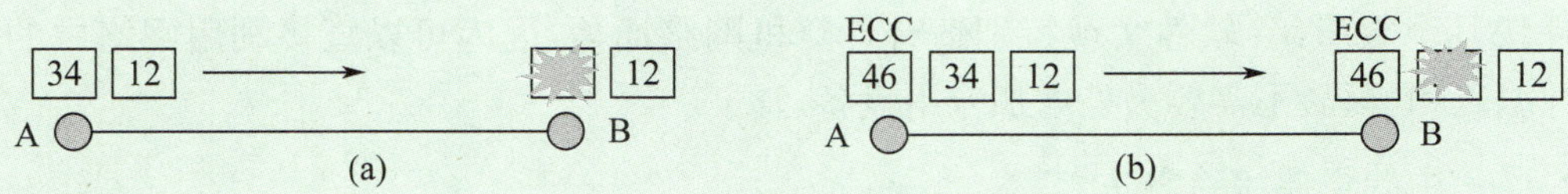

图 6-10　出错重传（左）与出错校正（右）示意图

CRC 编码的主要思想是：在发送方根据要传输的 k 位二进制码序列，利用多项式为 k 个数据位产生 r 位监督码（CRC 校验码），附在原始数据位后边，构成一个新的二进制码序列（共 $k+r$ 位），然后发送出去。在接收方，根据原始数据位与 CRC 校验码之间遵循的规则进行检验，以确定传输中是否出错。

CRC 校验码能检错和纠错，但是纠错的效率不高，或者说对计算资源的要求过高。一般在计算机网络中大多采用 CRC 进行检错，一旦发现错误，则采用 ARQ 进行差错控制。

6.3　计算机网络结构

在分析计算机网络时，利用层次结构有助于清晰地描述和理解复杂的计算机网络系统。

6.3.1　网络通信协议

对数据发送方的计算机而言，为了把用户数据转换为能在网络上传输的电信号，需要对用户数据分步骤地进行加工处理。其中，每一个相对完整、独立的步骤，可以看作一个处理层。用户数据通过多个处理层的加工处理后，就会成为一个个包含对方主机地址（目标地址）、本机地址、用户数据、校验信息等在内的数据包，这些数据包在网络上以比特流的方式进行传输。每一处理层中加工处理这些数据的规范就是网络协议。

在计算机网络中，用于规定信息的格式，以及如何发送和接收信息的一系列规则或约定称为网络协议。网络协议的 3 个组成要素是语法、语义和时序。

语法规定了进行网络通信时数据的传输和存储格式，以及通信中需要哪些控制信息。它主要解决怎么讲的问题。

语义规定了控制信息的具体内容，以及发送主机或接收主机要完成的工作。它主要解决讲什么的问题。

时序规定了计算机网络操作的执行顺序，以及通信过程中的速度匹配。它主要解决顺序和速度的问题。

【例 6-4】 如图 6-11 所示，以两个人打电话为例，说明网络协议的计算思维方法。

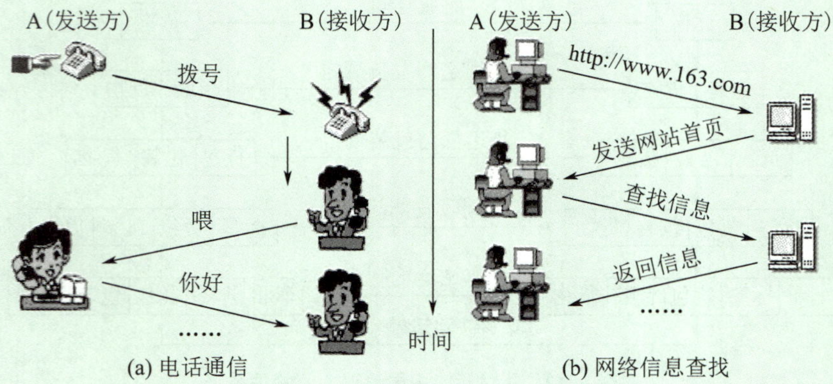

图 6-11　打电话的人工协议与网络协议的对比

假设用户 A 要打电话给用户 B，首先 A 拨 B 的电话号码，B 的电话响铃，B 拿起电话，然后 A 和 B 开始通话，通话完毕后，双方挂断电话。在这个过程中，A 和 B 都遵守了打电话的一系列人为协议。

其中，电话号码是“语法”的一个例子。电话号码一般由 8 位阿拉伯数字组成，如果是长途电话，还需要加拨区号，国际长途还要加拨国家代码等。两人之间的谈话选择使用什么语言（普通话还是家乡话）也是一种语法约定。

A 拨通 B 的电话后，B 的电话响铃，响铃是一个信号，表示有电话打进来，B 选择接电话。这一系列动作包括控制信号、响应动作、通信方向等。这是一种语义。

时序的概念更容易理解，因为 A 拨了电话，B 的电话才会响，B 听到电话铃声后才会考虑要不要接电话，这一系列事件是按时间顺序发生的，时序关系十分明确。

6.3.2　网络层次结构

为了降低网络协议的复杂性，专家把网络通信问题划分为许多小问题，然后为每一个小问题设计一个通信协议。这样使得每个协议的设计、分析、编码和测试都比较容易。协议层次结构就是按照信息的传输过程，将网络的整体功能划分为多个不同的功能层，每一层都向它的上一层提供一定的服务。

1. 层次结构案例分析

为了理解网络协议层次结构的概念，我们利用两地之间货物发送和接收的案例进行说明。如图 6-12 所示，假设 A 有货物（数据）要发给 B，A 按照公司之间发货的规章（协议 A），给货物加了一个说明（数据封装）以识别该货物，然后 A 把加了说明的货物（数据包）交到火车站货运处后，A 就不必管了（分层处理）；火车站货运处按照他们的规章，发现货物太大，于是将货物分成了多个小包裹（分组），并按照他们的规章（协议 B）给每个包裹加上了标签（重新打包），决定将它们交由哪次列车运送（路由），并将其交给了车站搬运处（转交下一层处理）；车站搬运处将每个包裹分别装进车厢，堆放在列车规定的位置（协议 C）；然后货物通过铁路（传输介质）到达目的地火车站（信号传输）。

到达目的地火车站后，按照上述过程的逆过程，一层一层去掉封装，每向上传递一层，该层的包装就被剥掉，绝不会出现把下层的包装交给上层的情况（如把车厢连包裹一起交给火车站货运处），直到 B 拿到货物。

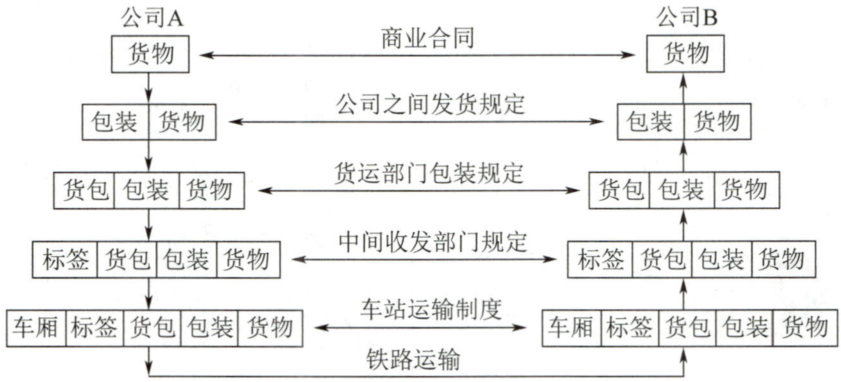

图 6-12　货物运输中层与层之间的关系

2. 网络协议层次结构的基本方法

在以上例子中，可以看到计算思维中层次结构的几个特点：一是将一个复杂的任务分解到几个部门进行处理（分层），大大降低了每个部门工作的复杂性；二是每个部门都提供标准的服务，使不同部门之间易于合作（接口）；三是只要提供服务的标准不变，每个部门内部人员和组织的变化不会影响其他部门（层次内部的灵活性）；四是每个部门内部的具体操作方式，其他部门不必了解（透明性）。

计算机网络中信号的传输过程与以上案例类似。计算机网络要实现多个机器之间的通信，就需要设计许多的网络协议。为了降低网络协议的复杂性，专家将网络协议划分为多层，每一层设计一些通信协议。这样使得网络协议的设计、分析、编码和测试都比较容易实现。网络的层次结构有助于清晰地描述和理解复杂的网络系统。计算机网络系统采用层次化的结构有以下优点。

①各层之间相互独立，高层不必关心低层的实现细节，可以做到各司其职。

②某个网络层次内部的变化不会对其他层次产生影响，因此每个网络层次的软件或设备可以单独升级或改造。这有利于网络的维护和管理。

③分层结构提供了标准接口，使开发商易于提供网络软件和网络设备。

④分层结构的适应性强，只要服务和接口不变，层次内的实现方法可以灵活改变。

对复杂事件进行层次化处理，是计算思维的一种常用方法。不仅对网络协议采用这种方法进行处理，对复杂的计算机体系结构也采用这种方法进行处理。层次结构的计算思维，可以简化很多复杂问题的处理过程。

6.3.3　网络互联模型

1. OSI-RM 网络体系结构

网络协议的层次化结构模型和通信协议的集合称为网络体系结构。网络体系结构是网络互联的基本模型。常见的计算机网络体系结构有 OSI-RM（open system interconnection reference model，开放系统互连参考模型）和 TCP/IP（传输控制协议 / 网际协议）等。如图 6-13 所示，ISO（国际标准化组织）提出的 OSI-RM 将网络体系结构划分为 7 个层次，它们分别是物理层、数据链路层、网络层、传输层、会话层、表示层和应用层。OSI-RM 模型还规定了每层的

功能，以及不同层之间如何进行通信协调。由于各方面的原因，OSI-RM 网络体系结构并没有在计算机网络中得到实际应用，它往往作为一个理论模型进行网络分析。

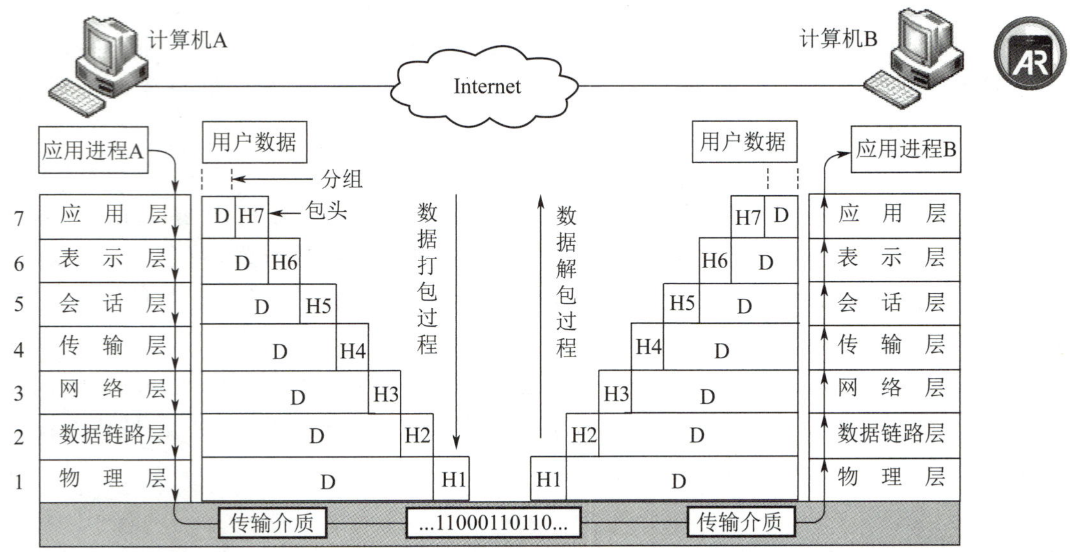

图 6-13　OSI-RM 层次结构模型与信号传输过程

2. TCP/IP 网络体系结构

TCP/IP 是由 IETF（Internet Engineering Task Force，因特网工程任务组）推出的网络互联协议簇，它性能卓越，并且在因特网中得到广泛应用。如图 6-14 所示，TCP/IP 层次结构模型定义了 4 个层次，分别是网络接口层、网络层、传输层和应用层。TCP/IP 与 OSI-RM 层次结构模型在网络层次上并不完全对应，但是在概念和功能上基本相同。

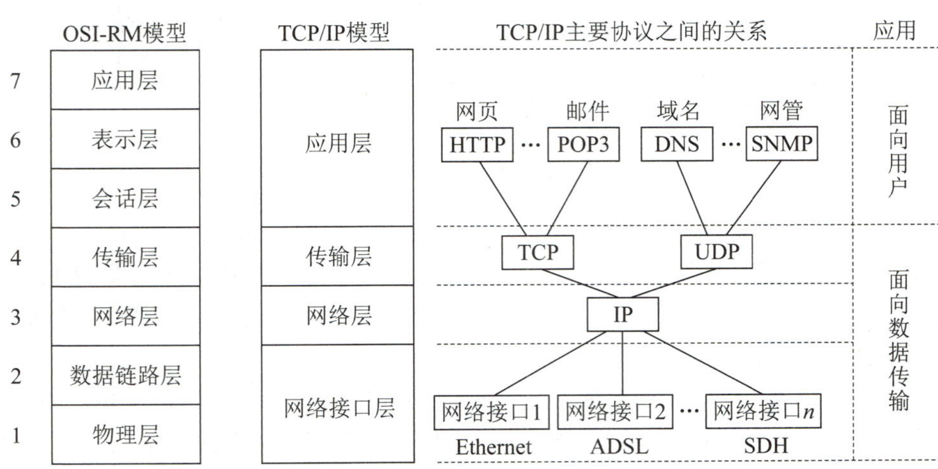

图 6-14　TCP/IP 层次结构模型和主要协议

1）网络接口层

网络接口层处于 TCP/IP 模型的底层，其主要功能是为网络提供物理连接，将数据包按比特（bit）一位一位地从一台主机（计算机或网络设备）通过传输介质（双绞线或光纤）送往另一台主机，实现主机之间的比特流传送。

2）网络层

网络层的主要功能是为网络内任意两台主机之间的数据交换提供服务，并进行路由选择和流量控制。网络层传输的信息以报文分组为单位，分组是将较长的报文按固定长度分成若干段，每个段按规定格式加上相关信息，如路由控制信息和差错控制信息等。网络层接收到主机的报文后，把它们转换为分组，然后根据路由协议确定送到指定目标主机的路由。当分组到达目标主机后，再还原成报文。

3）传输层

传输层的主要功能是提供端到端的数据报传输服务。传输层由TCP（transmission control protocol，传输控制协议）和UDP（user datagram protocol，用户数据报协议）两个主要协议组成。TCP提供可靠传输服务，但传输性能较低；UDP提供不可靠传输服务，但传输性能较高。

4）应用层

应用层的功能是负责两个应用程序进程之间的通信，即为网络用户之间的通信提供专用的应用程序，如网页浏览、即时通信、电子邮件、文件传输、数据库查询等。由于TCP/IP提供的网络服务繁多，因此这层的网络协议也非常多。

6.3.4 网络服务模型

1. 客户 / 服务器模型

客户 / 服务器（client/server，C/S）模型是大部分网络应用的基本模型。客户端和服务器是通信中涉及的两个应用程序进程，客户端指网络服务请求方，服务器指网络服务提供方。如图6-15所示，在客户 / 服务器模型中，客户端主动地发起通信，服务器被动地等待通信的建立。

图6-15 客户 / 服务器模型

客户 / 服务器模型采用主从式网络结构，它把客户端与服务器区分开，每一个客户端软件都可以向服务器或服务器应用程序发出请求。有很多不同类型的服务器，如网站服务器、聊天服务器、邮件服务器、办公服务器、游戏服务器等。虽然它们提供的功能不同，服务器的规模大小也相差很大，但是它们的基本结构是一致的。

例如，当用户在某一网站（如新浪网站）阅读文章时，用户的计算机和网页浏览器（如IE）就被当作一个客户端，网站的多台计算机、数据库和应用程序就被当作服务器。当用户使用网页浏览器，单击网站中一篇文章的超链接时，网站服务器从数据库中找出所有该文章需要的信息，结合成一个网页，再发送回客户端的浏览器。

服务器软件一般运行在性能强大的专用计算机上，客户端一般运行在普通个人计算机上。服务器的工作特征是：被动地等待来自客户端的请求，并将请求处理结果传回到客户端。客户端的工作特征是：主动地向服务器发送请求，然后等待服务器的回应。在因特网中，客户端与服务器之间的通信过程使用TCP/IP完成。

2. 对等网络模型

对等网络（peer-to-peer，P2P）即对等计算机网络，又称为端到端技术，这是一种网络新技术。

注意：端到端与点到点（point-to-point）之间存在区别，端到端指对等网络中的节点，点到点指普通网络中的节点。

如图 6-16 所示，对等网络是一种分布式网络，对等网络的所有参与者都提供和共享一部分资源，这些资源包括网络带宽、存储空间、计算能力等。这些共享资源能被对等网络中的其他对等节点直接访问，而无须经过中间的服务器。因此，对等网络中的参与者既是资源提供者（服务器），又是资源获取者（客户端）。

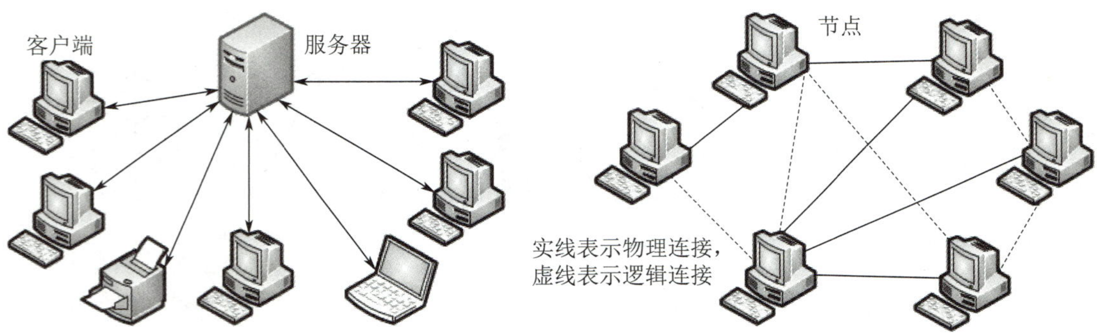

图 6-16　客户 / 服务器模型（左）和对等网络模型（右）

例如，多个用户采用 P2P 技术下载同一个文件时，每个用户计算机只需要下载这个文件的一个片段，然后用户之间互相交换不同的文件片段，最终每个用户都得到一个完整的文件。对等网络中参与进来的用户数量越多，单个用户下载文件的速度也就越快。

对等网络中任意两个节点都可以建立一个逻辑连接，它们对应物理网络上的一条 IP 路径。对等网络的节点在行为上是自由的，用户可以随时加入和退出网络，而不受其他节点的限制。对等网络的节点在功能上是平等的，不管是大型计算机还是微机，它们实际计算能力的差异并不影响服务的提供。

技术上，一个纯对等网络的应用只有对等协议，没有服务器和客户端的概念，但这样的纯对等网络的应用和网络很少，大部分对等网络的应用和网络实际上包含了一些非对等单元，如 DNS（domain name system，域名系统）。同时，真正的应用也使用了多个协议，使节点可以同时或分时作为客户端和服务器。

对等网络有许多应用，如文件下载中的 BitTorrent、eMule（电驴）、迅雷等；多媒体应用中的 Skype（语音）、PPLive（视频）等；实时通信中的 QQ 和微信等。

对等网络这种无中心的管理模式，给了用户更多的自由，但是可以想象，缺乏管理的对等网络很容易成为计算机病毒、色情内容及非法交易的温床。

6.4　计算机网络的组成

计算机网络的组成

计算机网络由计算机系统、通信线路和通信设备、网络协议、网络软件 4 部分组成。下面主要讨论网络的拓扑结构、传输介质和网络设备，以及怎样组建一个局域网。

6.4.1 拓扑结构

1. 网络拓扑结构的类型

在计算机网络中，如果把计算机、服务器、交换机、路由器等网络设备抽象为点，把网络中的传输介质抽象为线，就可以将一个复杂的计算机网络系统抽象成由点和线组成的几何图形，这种图形称为网络拓扑结构。

如图6-17所示，网络的基本拓扑结构有总线型结构、星形结构、环形结构、树形结构、网状结构和蜂窝形结构。大部分网络是这些基本结构的组合形式。

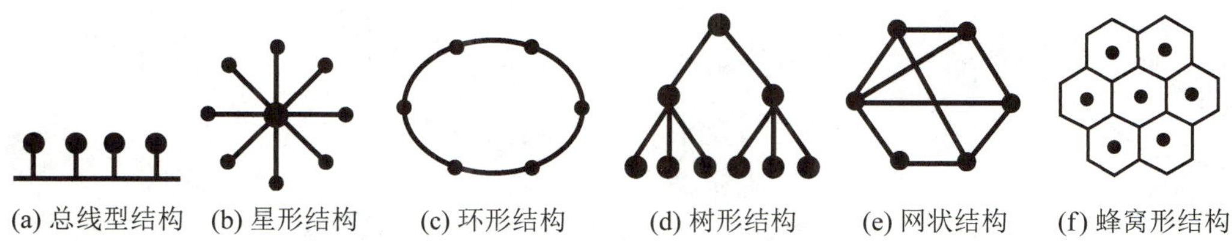

图6-17　网络的基本拓扑结构示意图

2. 星形结构

星形结构是目前局域网中应用最普遍的一种结构。如图6-18(a)所示，星形结构的每个节点都有一条单独的链路与中心节点相连，所有数据都要通过中心节点进行交换，因此，中心节点是星形网络的核心。

星形网络采用广播通信技术，局域网的中心节点设备通常采用交换机。如图6-18(b)所示，在交换机中，每个端口都挂接在内部背板总线上，因此，以太网虽然在物理上呈星形结构，但逻辑上仍然是总线型结构。

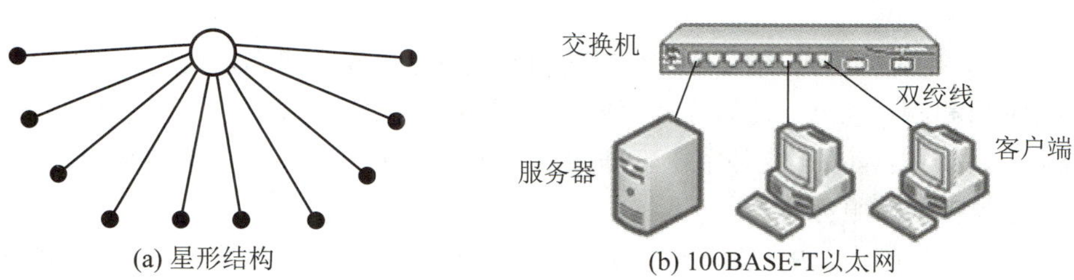

图6-18　星形结构和以太网

星形网络结构简单，建设和维护费用少，一般采用双绞线作为传输介质，中心节点一般采用交换机，这样集中了网络信号流量，提高了链路利用率。

3. 环形结构

如图6-19所示，在环形结构中，各个节点通过环接口连接在一条首尾相接的闭合环形通信线路中。环形网络有单环、环相切、环内切、环相交、环相连等结构。在环形网络中，节点之间的信号沿环路以顺时针或逆时针方向传输。

环形结构的特点是每个节点都与两个相邻的节点相连，因而它是一种点对点通信模式。

环形网络采用信号单向传输方式，如图 6-19 所示，如果 $N+1$ 节点需要将数据发送到 N 节点，几乎要绕环一周才能到达 N 节点。因此，环形网络在节点过多时会产生较大的信号延时。

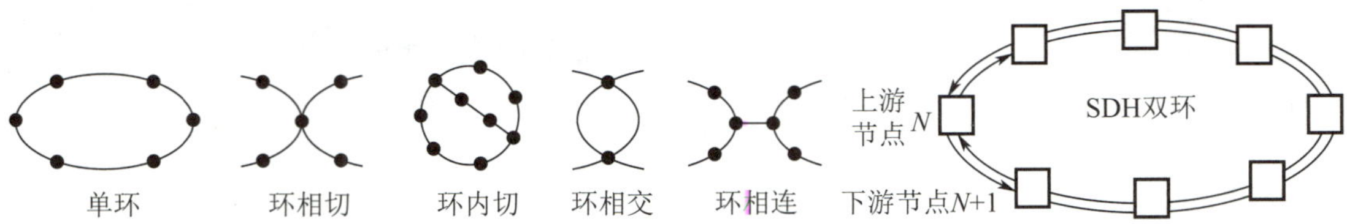

图 6-19　环形结构

环形网络的建设成本较高，也不适用于多用户接入，环形网络主要用于城域网和国家大型骨干传输网。

6.4.2　传输介质

1. 双绞线

图 6-20　双绞线电缆

双绞线是由两根具有绝缘保护层的铜导线相互缠绕而成的线对，一对或多对双绞线放在一个绝缘套管中便成为双绞线电缆（见图 6-20），一般也把双绞线电缆直接称为双绞线。双绞线绞合的目的是减少相邻导线之间的电磁干扰。双绞线由于价格便宜，而且性能良好，因此广泛用于计算机局域网和电话系统。

双绞线可以传输模拟信号，也可以传输数字信号，特别适用于短距离的局域网信号传输。双绞线的传输速率取决于所用导线的类别、质量、传输距离、数据编码方法及传输技术等。双绞线的最大传输距离一般为 100 m，传输速率为 10 Mbit/s～10 Gbit/s。

2. 同轴电缆

同轴电缆由铜芯导体、绝缘层、网状编织屏蔽层（有的会加铝箔）及塑料外层等组成（见图 6-21）。同轴电缆具有很好的抗干扰特性。

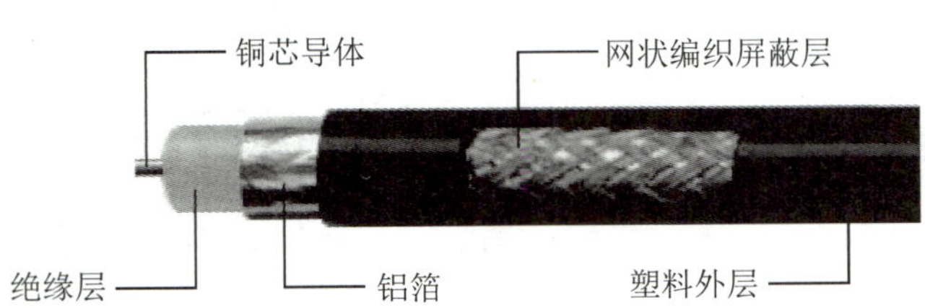

图 6-21　同轴电缆

早期局域网曾经采用同轴电缆组网，目前的计算机网络已经不再使用这种传输介质了。同轴电缆目前广泛应用于有线电视网络。

3. 光纤

光纤是光导纤维的简称，光纤由纤芯、包层、涂层、表皮等部分组成，外观呈圆柱形。多条光纤制作在一起时称为光缆。光纤结构和光缆如图 6-22 所示。

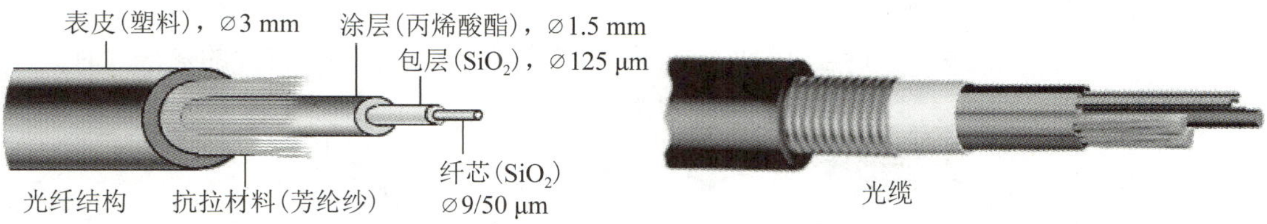

图 6-22　光纤结构和光缆

光纤通信通过以特定角度射入的激光来工作，光纤的包层像一面镜子，使光脉冲信号在纤芯内反射前进。发送方的光源可以采用发光二极管或半导体激光器，它们在电脉冲的作用下能产生光脉冲信号。光纤中有光脉冲时相当于“1”，没有光脉冲时相当于“0”。

光纤通信的优点是通信容量大（单根光纤的理论容量可达 20 Tbit/s 以上，目前达到 6.4 Tbit/s），保密性好（不易窃听），抗电磁辐射干扰，防雷击，传输距离长（不中继可达 200 km）。光纤通信的缺点是光纤连接困难且成本较高。目前，光纤通信广泛用于电信网络、有线电视、计算机网络、视频监控等行业。

4. 微波

微波通信适用于架设电缆或光缆有困难的地方，它广泛用于无线移动电话网和无线局域网中。无线网络的应用如图 6-23 所示。微波在空间中主要是直线传播，而地球表面是一个曲面，因此传播距离受到限制，一般最大直线传输距离只有 50 km 左右。微波通信的优点是通信容量大，见效快，灵活性好等；微波通信的缺点是易受障碍物和气候干扰，保密性差，使用和维护成本较高等。

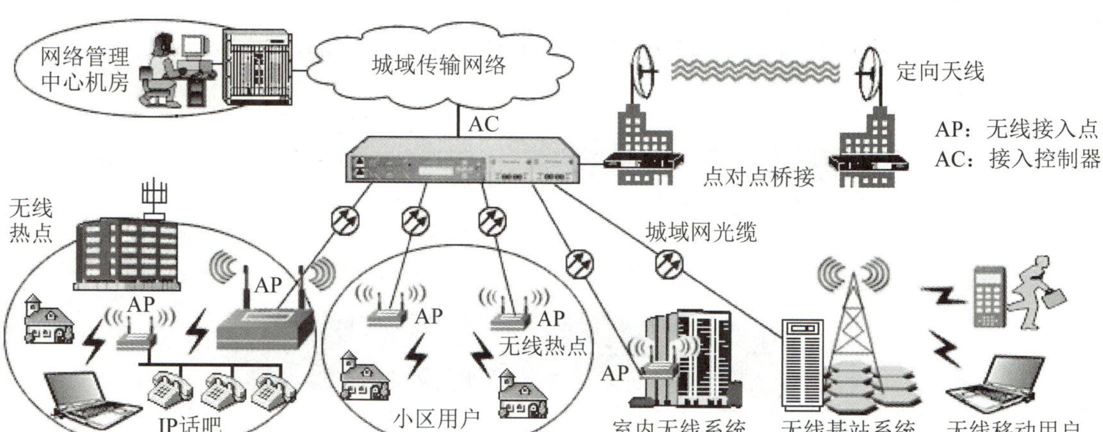

图 6-23　无线网络的应用

6.4.3　网络设备

1. 网卡

网卡又称为网络接口卡（network interface card，NIC）或网络适配器（network adapter，NA），

用于计算机与网络的连接。目前的计算机主板都集成了标准的以太网网卡，不需要另外安装网卡，但是在服务器主机、防火墙等网络设备内，网卡还有独特的作用。计算机网络接口和网卡如图 6-24 所示。

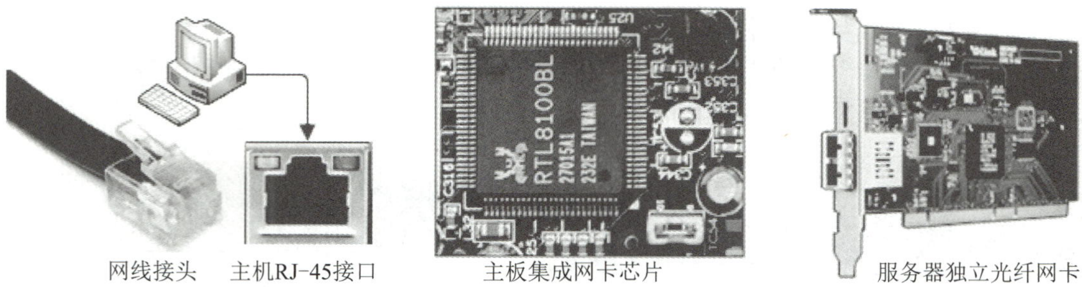

图 6-24　计算机网络接口和网卡

2. 交换机

交换机也是一种网络互联设备，它不但可以对数据的传输进行同步、放大和整形处理，还提供对数据的完整性和正确性的保证。交换机及由交换机组成的小型局域网如图 6-25 所示。

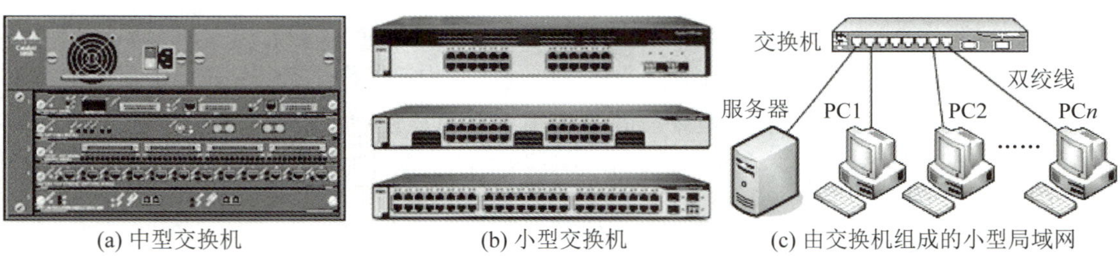

图 6-25　交换机及由交换机组成的小型局域网

3. 路由器

路由器（也称为网关）是网络层的数据转发设备。路由器通过转发数据包实现网络互联。虽然路由器支持多种网络协议，但是绝大多数路由器运行 TCP/IP 协议。

路由器是一台专用的计算机，它有 CPU、内存、主板等硬件，也有操作系统、路由算法等软件。路由器及其在局域网中的应用如图 6-26 所示。

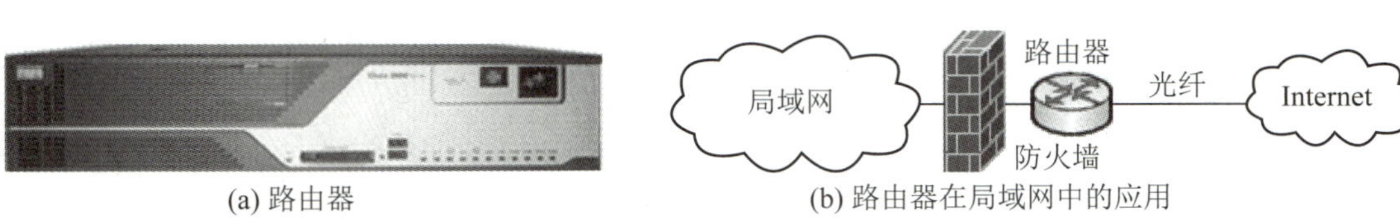

图 6-26　路由器及其在局域网中的应用

路由器的第一个主要功能是对不同网络之间的协议进行转换，具体实现方法是数据包格式转换，也就是网关的功能。路由器的第二个功能是网络节点之间的路由选择，通过选择最佳路径，将数据包传输到目的主机。路由器可以连接相同的网络，也可以连接不同的网络。例如，路由器既可以连接两个局域网，也可以连接局域网与广域网，或者实现广域网之间的互联。

4. 防火墙

防火墙是一种网络安全防护设备，它的主要功能是防止网络的外部入侵与攻击。防火墙可以用软件或硬件实现。用软件实现防火墙时升级灵活，但是运行效率低，客户端一般采用软件实现；硬件防火墙的运行效率高，可靠性好，一般用于网络中心机房。

如图 6-27 所示，硬件防火墙是一台专用计算机，它包括 CPU、内存、硬盘等部件。硬件防火墙中安装有网络操作系统和专业防火墙程序。

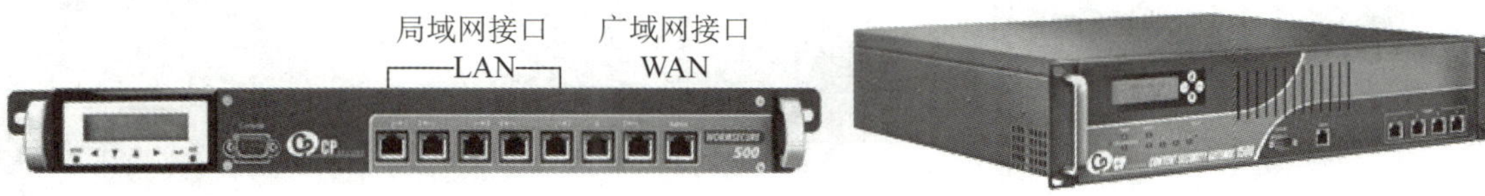

图 6-27　硬件防火墙

5. 服务器主机

服务器主机是运行网络服务软件并在网络环境中为客户端提供各种服务的计算机系统。目前的服务器主机大部分为 PC 服务器，它从 PC 发展而来。PC 服务器与 PC 在计算机体系结构、设备兼容性、制造工艺等方面没有太大差别，两者在软件上完全兼容。但是在设计目标上，PC 服务器与 PC 不同，它更加注重对数据的高性能处理能力（如采用多 CPU 和大容量内存等），对 I/O 设备的吞吐量有更高的要求，要求设备有很好的可靠性（如支持连续运行、热插拔等）。PC 服务器一般运行 Windows Server 和 Linux 等操作系统。各种服务器主机如图 6-28 所示。

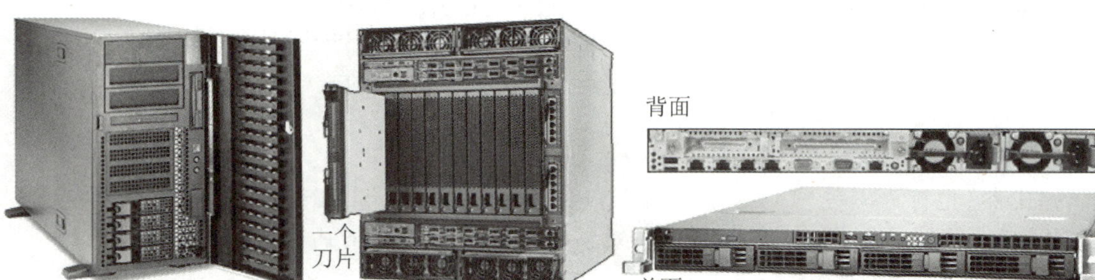

(a) 机箱式服务器　(b) 刀片式服务器　(c) 机架式服务器

图 6-28　各种服务器主机

6.4.4　网络构建

1. 计算机网络系统的组成

如图 6-29 所示，计算机网络系统由计算机系统、通信线路和通信设备、网络协议、网络软件 4 部分组成。计算机网络提供的各种功能称为服务，常见的服务有网页服务、即时通信服务、邮件服务、数据库服务、电子商务服务、信息管理服务等。

1）计算机系统

计算机系统主要负责数据的收集、处理、存储、传播以及资源的共享。网络中连接的计算

机可以是微机、大型机及其他数据终端设备（如 ATM 机）。

2）通信线路和通信设备

通信线路包括传输介质和连接部件，如光缆、双绞线、微波等。通信设备包括服务器、交换机、路由器、防火墙、中继器及调制解调器等。通信线路和通信设备负责控制数据的发送、接收或转发，它们需要进行信号转换、路由选择、信号编码与解码、差错校验、通信控制、网络管理等工作，以完成信息的传输和交换。

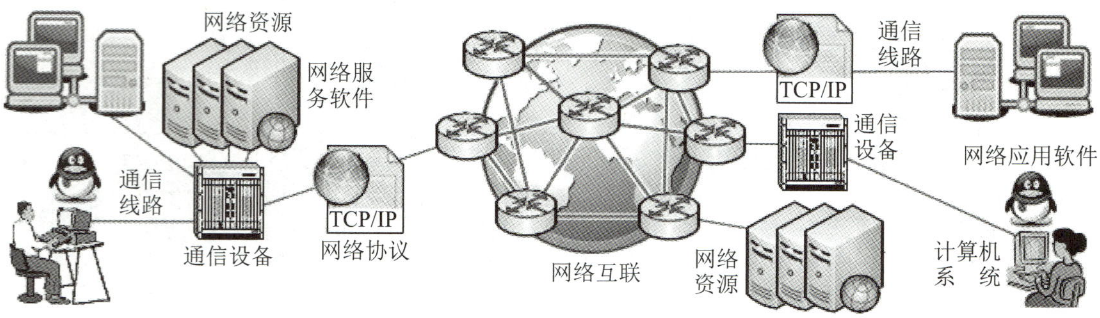

图 6-29　计算机网络系统的基本组成

3）网络协议

为了实现网络的正常通信，通信双方必须有一套彼此能够互相理解和共同遵守的网络协议。网络协议规定了网络信号的传输方式（如单工或双工传输）、数据包的格式（帧结构）、数据的分解与重组等。网络通信双方的主机必须遵守相同的网络协议，才能正确交流信息。

4）网络软件

网络软件是一种在网络环境下运行或管理网络工作的计算机软件。根据软件的功能，网络软件可分为网络服务器软件和网络客户端软件两大类。

网络服务器软件用于控制和管理网络运行，提供网络通信，分配和共享网络资源，并为用户提供各种网络服务。网络服务器软件包括网络操作系统（如 Linux）、网络通信软件（如 TCP/IP 协议）及各种网络服务软件（如 IIS）等。

网络客户端软件是为某一个应用目的而开发的网络软件，常用的网络客户端软件有 IE（浏览器）、QQ（即时通信软件）、迅雷（网络下载软件）等。

2. 校园网构建案例

校园网大部分采用以太网方式，一般以千兆以太网为主干，百兆交换到桌面的网络结构。校园网内建筑群之间的主干线路一般采用光缆连接，通过光缆连通教学区、办公区、宿舍区等楼宇。校园网与广域网采用双链路连接方案，一条 1 000 MB 的以太链路连接到 ISP，另外一条 1 000 MB 的专线接入教育网。广域网通过防火墙接入核心交换机。核心交换机选用 10 GB 以太网 3 层交换机，各个楼宇的部门级交换机选用千兆 3 层交换机。网络采用分布式路由交换体系，校园网的基本组成如图 6-30 所示。

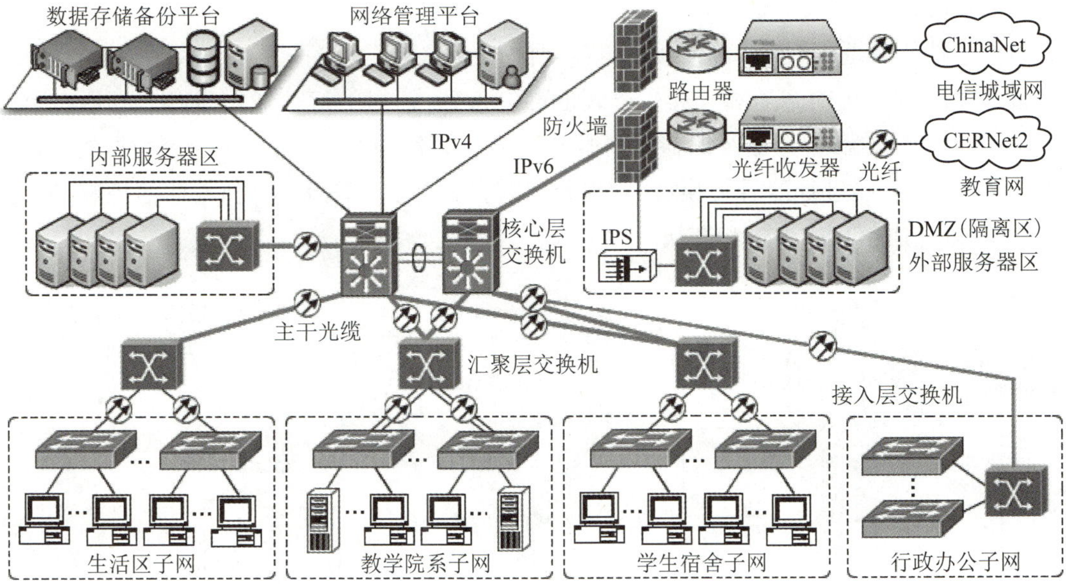

图 6-30　校园网的基本组成

6.5　因特网的基本服务

因特网是全球信息资源的一种发布和存储形式,它对信息资源的交流和共享起到了不可估量的作用,它甚至改变了人类的一些工作和生活方式。

6.5.1　网络地址

IP 地址与域名

在计算机网络中,将信息正确地传送到对方的计算机并不是一件容易的事情,其中一项非常重要的工作是数据包寻址。如果信息传输仅在两台计算机之间进行,而且传输距离非常短,传输内容基本固定,计算机的寻址工作也许比较简单。但是,互联网中的计算机数量巨大(数亿台),传输距离变化很大(几米到数万千米),网络结构复杂(网状结构、环形结构、星形结构等),提供的服务繁多(网页、即时通信、邮件、在线视频等),使用方法灵活(多业务、突发性、实时性等),这给网络中信息的寻址带来了巨大挑战。网络地址是解决网络寻址的基本方法之一。

1. 计算机的物理地址

每台计算机内部都有一个全球唯一的物理地址,这个地址又称为 MAC 地址。IEEE 802.3 标准规定的 MAC 地址为 48 位,这个 MAC 地址固化在计算机网卡中,用以标识全球不同的计算机。MAC 地址由 6 个字节的数字串组成,如 00-60-8C-00-54-99。

MAC 地址分为两部分:生产商 ID 和设备 ID。前面 3 个字节代表网卡生产商,有些生产商有几个不同的生产商 ID;后面 3 个字节代表生产商为具体设备分配的 ID。

在 Windows 系统中,可以利用 ipconfig 命令检测本机的 MAC 地址,如图 6-31 所示。

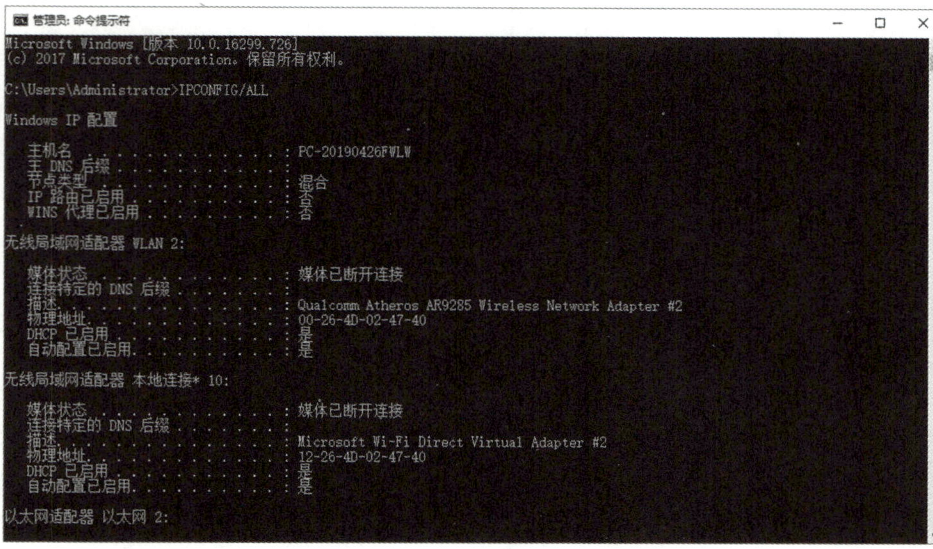

图 6-31 利用 ipconfig 命令检测本机的 MAC 地址

2. IP 地址

因特网中的每台主机都分配有一个全球唯一的 IP 地址。IP 地址是通信时每台主机的名称(hostname),它是一个 32 位的标识符,一般采用点分十进制的方法表示。

IETF 早期将 IP 地址分为 A、B、C、D、E 这 5 类,其中 A、B、C 类是主类地址,D 类为组播地址,E 类地址保留给将来使用。IPv4 地址的分类如表 6-3 所示。

表 6-3 IPv4 地址的分类

类型	IP 地址格式	IP 地址结构				段 1 取值范围	网络个数	每个网络最多主机数
		段 1	段 2	段 3	段 4			
A	网络号 . 主机 . 主机 . 主机	N.	H.	H.	H	1～126	126	1 677 万
B	网络号 . 网络号 . 主机 . 主机	N.	N.	H.	H	128～191	1.6 万	6.5 万
C	网络号 . 网络号 . 网络号 . 主机	N.	N.	N.	H	192～223	209 万	254

说明:表中 N 表示由因特网信息中心指定,H 表示由企业网络工程师指定。

【例 6-5】 某大学中的一台计算机分配到的地址为“222.240.210.100”,地址的第一个字节在 192～223 范围内,因此它是一个 C 类地址。按照 IP 地址分类的规定,它的网络地址为“222.240.210”,它的主机地址为“100”。

目前使用的 TCP/IP 为 IPv4(TCP/IP 第 4 版)。在 IPv4 中,全部 32 位 IP 地址有 2^{32}≈43 亿个,这几乎可以为地球上三分之二的人提供地址。但由于分配不合理,目前可用的 IPv4 地址已经基本分配完了。为了解决 IP 地址不足的问题,IETF 先后提出了多种技术解决方案。

3. IPv6 网络地址

由于因特网的迅速发展,IPv4 暴露了一些问题,为了解决因特网中存在的问题,IETF 推出了 IPv6(TCP/IP 第 6 版)。我国电信网络运营商已于 2005 年开始向 IPv6 过渡,第二代中国教

育和科研计算机网的大部分网络节点也采用了 IPv6。

IPv6 有以下特点。

（1）IPv6 的每个地址为 128 位，地址空间为 3.4×10^{38}，是 IPv4 的 2^{96} 倍。

（2）IPv6 采用了一种全新的分组格式，它简化了报头结构，减少了路由表长度，但是也导致了与 IPv4 不兼容。

（3）IPv6 简化了协议，提高了网络服务质量。

（4）IPv6 的其他改进有安全性、优先级、支持移动通信等。

IPv6 采用“冒分十六进制”的方式表示 IP 地址。它是将地址中每 16 位分为一组，写成 4 位十六进制数，两组间用冒号分隔（如 x:x:x:x:x:x:x:x），地址中的前导 0 可不写，如 69DC:8864:FFFF:FFFF:0:1280:8C0A:FFFF。

由于 IPv6 与 IPv4 互不兼容，因此从 IPv4 升级到 IPv6 是一个逐渐过渡的过程，而不是立刻改变的过程。要实现 IPv6 的全球网络互联，仍然需要很长一段时间。

4. 网络中信息寻址的基本方法

机器之间的信息寻址体现了大问题的复杂性，计算思维解决问题的思路是：将大问题分解成为有限的一些小问题，然后分层进行解决。下面以网页浏览为例，说明计算机网络中信息寻址的计算思维方法。

1）域名寻址

在因特网中，主机（计算机和网络设备）之间采用IP地址寻址。这对计算机来说非常方便，但是对用户来说，记忆众多的 IP 地址（如 119.75.217.56）是一个苦不堪言的负担。解决问题的方法是引进 DNS，这大大减轻了用户的负担。用户在浏览器的地址栏中输入某一网站的域名（如 www.baidu.com）时，计算机会自动在最近的 DNS 服务器中查找与这一域名相关的 IP 地址，然后再按 IP 地址转发信息。

2）端口号寻址

用户可能同时运行多个服务，如用户一边浏览网页，一边与朋友进行 QQ 聊天。网络中传输给用户计算机的数据包，是发送给网页还是发送给 QQ 聊天软件呢？为了解决这个问题，因特网协议规定了网络服务端口号。例如，网页服务的端口号为 80，QQ 服务的端口号为 4000，E-mail 的端口号为 110 等。在数据包中标明端口号、主机 IP 地址及数据包序号，这样就不会混淆不同网络服务的数据包了。

3）进程寻址

用户可能一次打开同一网站或不同网站中的多个网页，然后再慢慢进行阅读，这时主机地址和网络服务的端口号都是相同的，计算机怎么区分数据包是哪一个网页的呢？这个问题由客户端的操作系统解决。用户每打开一个网页，操作系统就会针对这个任务创建一个相应的进程（运行的程序）。一个程序（如 IE）可以运行多个进程，不同的进程有各自不同的内存空间，网络传送的网页数据包会根据进程号存放到不同的内存空间中，这样网页的显示内容就不会发生混乱了。

4）局域网主机寻址

在以太网同一网段内的主机，可以直接采用 MAC 地址进行主机定位。在每台计算机内部的网卡中，都有一个全球唯一的 MAC 地址，它可以用于局域网内主机寻址，局域网中多台计算机之间的数据传送就不会出现差错。

为什么不采用 IP 地址作为局域网主机的唯一标识呢？原因如下：一是由于以太网早于因

特网出现，因此先有 MAC 地址，后有 IP 地址；二是 IP 地址中有一部分私有地址，它们可以重复使用，这不利于对全球的计算机进行唯一标识；三是 IP 地址的容量不足以标识现有的计算机。

5）广域网主机寻址

在因特网中，两台计算机可能在地理位置上距离非常远，信息的传送需要经过很多中间网络和中间节点，而且信息传送的路径有很多条，如何将信息正确发送到对方主机呢？这就需要对因特网中的主机进行正确定位。在 TCP/IP 中，采用 IP 地址进行网络和主机的定位，使用路由器进行路径选择，这样就能够将信息准确地传送到对方的主机。

为什么因特网不采用全球唯一的 MAC 地址进行主机定位呢？原因如下：一是 MAC 地址由厂商标识和厂商规定的产品序号组成，而 IP 地址由网络号和主机地址组成，显然 IP 地址更利于因特网的主机寻址和网络管理；二是 MAC 地址的灵活性不好，它固化在计算机中，一旦机器发生故障不能使用，这个地址就浪费了，而 IP 地址没有固化在设备中，它可以随时灵活地分配给其他计算机使用；三是 MAC 地址的虚拟性不好，如一个网站可以采用一个或数个虚拟 IP 地址对外提供主机寻址，但是内部可能有数百台计算机提供网站服务，而 MAC 地址没有这种灵活性。

6）全球定位

以上从用户（客户端）角度讨论了信息的寻址问题，而在客户 / 服务器模型中，有些程序运行在远程服务器上，它们也存在信息寻址问题。假设某个知名网站发布了一个热门视频，导致数万个用户同时访问该网站，在线播放该视频信息。由于每个用户的网络带宽不同，观看的进度也不同，网站服务器软件需要同时为这些用户传送不同的数据包，这时会不会发生数据包传送错误呢？例如，本来应当传送给用户 A 的数据包，传送给了用户 B，而用户 B 需要的数据包又传送给了用户 X。

为了避免发生这种情况，操作系统采用了一种 GUID（global unique identifier，全局唯一标识符）技术。GUID 是一个 128 位的二进制整数，它由客户机网卡的 MAC 地址和 CPU 时钟的唯一数字共同生成。例如，21EC202F-8B66-D213-B42D-00C35FC762FF 是一个 GUID。世界上任何两台计算机都不会生成重复的 GUID。GUID 主要用于拥有多个节点、多台计算机的网络系统。在解决以上问题时，客户端将自己的 GUID 传送到服务器，服务器就不会发生数据包传送错误的情况了。

6.5.2 DNS

1. DNS 的概念

数字式的 IP 地址（如 210.43.206.103）难以记忆，如果使用易于记忆的符号地址（如 www.csust.edu.cn）来表示，就可以大大减轻用户的负担。这就需要一个数字地址与符号地址相互转换的机制，这就是因特网 DNS。

DNS 是一个分布在因特网上的主机信息数据库系统，它采用客户 / 服务器工作模式。DNS 的基本任务是将域名翻译成 IP 协议能够理解的 IP 地址格式，这个工作过程称为域名解析。域名解析工作由域名服务器来完成，域名服务器分布在不同的地方，它们之间通过特定的方式进行联络，这样可以保证用户能通过本地域名服务器查找到因特网上所有的域名信息。

因特网 DNS 规定，域名格式为

节点名.三级域名.二级域名.顶级域名

2. 顶级域名

顶级域名目前分为两类：通用顶级域名和国家与地区顶级域名，如表6-4所示。

表6-4 常见顶级域名

顶级域名	机构性质	顶级域名	机构性质	顶级域名	国家或地区名称
com	商业组织	firm	公司企业	au	澳大利亚
edu	教育机构	shop	销售企业	ca	加拿大
net	网络中心	web	因特网网站	cn	中国
gov	政府组织	arts	文化艺术	de	德国
mil	军事组织	rec	消遣娱乐	jp	日本
org	非营利性组织	info	信息服务	uk	英国
int	国际组织	nom	个人	us	美国

如图6-32所示，因特网域名系统逐层、逐级由大到小进行划分，DNS结构形状如同一棵倒挂的树，树根在最上面，而且没有名字。域名级数通常不多于5级，这样既提高了域名解析的效率，同时也保证了主机域名的唯一性。

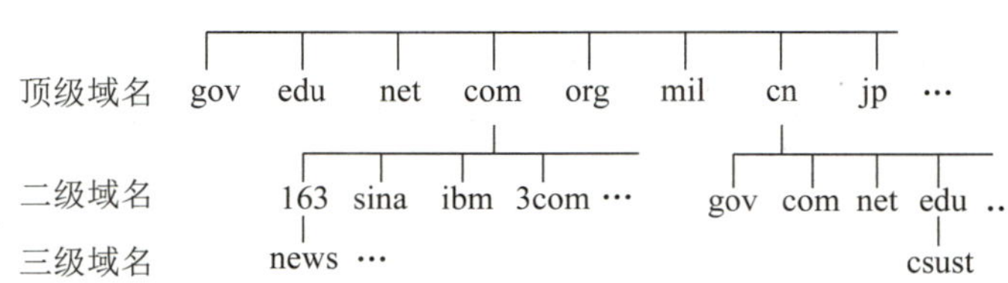

图6-32 DNS层次结构示意图

3. 域名的递归解析算法的思想

域名解析是指DNS服务器完成域名与IP地址转换的过程。域名递归解析算法的思想是：从根服务器开始，自顶向下一级一级解析，直到找到相应的IP地址为止。一般来说，对于任何一个域名，只要从根服务器开始，自顶向下进行搜索，通过一次搜索就可以找到与之对应的IP地址。

递归查询主要用于客户端与DNS服务器之间。当客户端发出DNS查询请求时，DNS服务器会向客户端返回两种信息：要么是DNS服务器查到的结果，要么是查询失败的信息。DNS服务器不会主动告诉客户端其他DNS服务器的地址。递归查询方式不适用于频繁的域名解析应用。

【例6-6】 假设某个广东用户从本地访问“www.pku.edu.cn”（北京大学）网站，DNS服务器采用递归解析算法进行域名解析的过程如下。

①由广东本地的DNS服务器解析，若解析不了，将域名交给根cn（中国）的DNS服务器解析。

②若cn的DNS服务器解析不了，将名字交给edu（中国教育科研网）的DNS服务器解析。

③若 edu 的 DNS 服务器解析不了，将名字交给 pku（北京大学）的 DNS 服务器解析。

④由北京大学的 DNS 服务器解析出 www.pku.edu.cn 的 IP 地址为“202.112.7.12”，并将该 IP 地址返回给该用户。

4. 域名迭代解析算法的思想

域名迭代解析算法的思想是：当 DNS 服务器收到客户端的 DNS 查询请求后，如果在本地 DNS 服务器中没有查到所需地址，DNS 服务器不会返回一个错误信息，而是由该 DNS 服务器代替客户端到另外一台 DNS 服务器上查询；如果还是找不到，再向更高一层的 DNS 服务器查询，直至最后找到请求域名及相应的 IP 地址为止。迭代解析主要适用于 DNS 服务器与 DNS 服务器之间的查询。

6.5.3 因特网服务

1. 网页服务

WWW（world wide web，万维网）的信息资源分布在全球数亿个网站（web site）上，网站的服务内容由 ICP（Internet content provider，因特网内容提供者）进行发布和管理，用户通过浏览器软件（如 IE），就可浏览到网站上的信息。网站主要采用网页（web page）的形式进行信息描述和组织，网站是多个网页的集合。一个典型的超文本网页如图 6-33 所示。

图 6-33 超文本网页

1）超文本

网页是一种超文本（hypertext）文件。超文本有两大特点：一是超文本的内容可以包括文字、图片、音频、视频、超链接等；二是超文本采用超链接的方法，将不同位置（如不同网站）的内容组织在一起，构成一个庞大的网状文本系统。超文本普遍以电子文档的方式表示，网页都采用超文本形式。

2）超链接

超链接是指向其他网页的一个指针。超链接允许用户从当前阅读位置直接切换到网页超链接所指向的位置。超链接属于网页的一部分，它是一种允许与其他网页或站点之间进行链接的元素。各个网页链接在一起后，才能构成一个网站。超链接是指从一个网页指向一个目标的链接关系，这个目标可以是另一个网页，也可以是相同网页上的不同位置，还可以是一幅图片、一个电子邮件地址、一个文件，甚至是一个应用程序。当浏览者单击已经链接成功的文字或图片后，链接目标将显示在浏览器上，并且根据目标的类型来打开或运行。网页的超链接访问过程如图 6-34 所示。

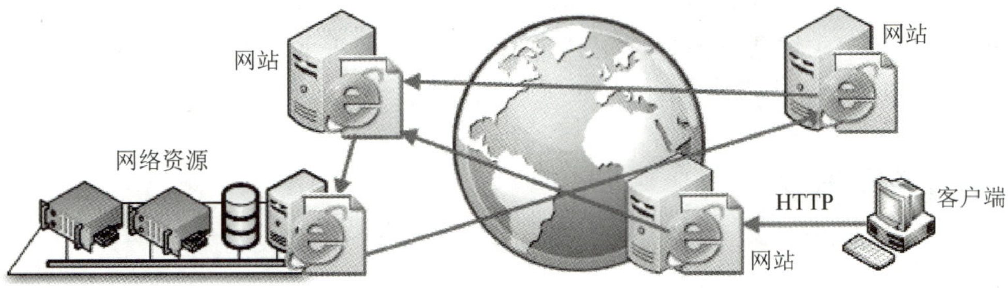

图 6-34　网页的超链接访问过程

浏览器通常会用一些特殊的方式来显示超链接，如不同的文字色彩、大小或样式。而且，当鼠标指针移动到超链接上时，它也会转变为“手形”标记指示出来。超链接在大部分浏览器里显示为加下划线的蓝色字体，当这个超链接被访问后，文字变为紫色。当使用者单击超链接时，浏览器将调用超链接的网页。如果超链接的目标并不是一个 HTML 文件（如下载一个 RAR 格式的压缩文件），浏览器将自动启动外部程序打开这个文件。

3）网页的描述和传输

网页文件采用 HTML 进行描述；网页采用 HTTP（hypertext transfer protocol，超文本传输协议）在因特网中传输。

HTTP 是网站服务器与客户端之间的文件传输协议。HTTP 以客户端与服务器之间相互发送消息的方式进行工作，客户端通过应用程序（如 IE）向服务器发出服务请求，并访问网站服务器中的数据资源，服务器通过公用网关接口程序将数据返回给客户端。

2. 全球统一资源定位

全球有数亿个网站，一个网站有成千上万个网页，为了保证这些网页在调用时不发生错误，就必须对每一个信息资源（如网页、下载的文件等）都规定一个全球唯一的网络地址，该网络地址称为统一资源定位符（uniform resource locator，URL）。URL 的完整格式为

protocol://hostname[:port]/path/[;parameters][?query][#fragment]（[ ] 内为可选项）

其中文含义为

协议类型://主机名[:端口号]/路径/[;参数][?查询][#信息片段]

【例 6-7】 http://www.baidu.com/　// 访问百度网站（网页搜索引擎）

【例 6-8】 ftp://10.28.43.8/　// 访问一个内部局域网的 FTP 站点

也可以利用 file 协议访问本地计算机中的文件。简单来说，file 协议是访问本机的文件资源。

【例 6-9】 file:///d:/test/ 春 .txt　　　　// 访问 d 盘 test 目录下的“春.txt”文件
【例 6-10】 D:\ 网络下载 \ 计算机领域名人名言 .pdf　　　　// 简单访问方法

值得注意的是，以上方法只能简单地访问本地文件，功能也没有 Windows 中的“文件资源管理器”那么强大。

URL 最大的缺点是当信息资源的存放路径发生变化时，必须对 URL 做出相应的改变。因此，专家们正在研究新的信息资源表示方法，如统一资源标识符（uniform resource identifier，URI）、统一资源名称（uniform resource name，URN）和统一资源引用符（uniform resource citation，URC）等。

3. 用户访问 Web 网站的工作过程

从用户在浏览器中输入域名，到浏览器显示出页面，用户访问 Web 网站的工作过程如图 6-35 所示。

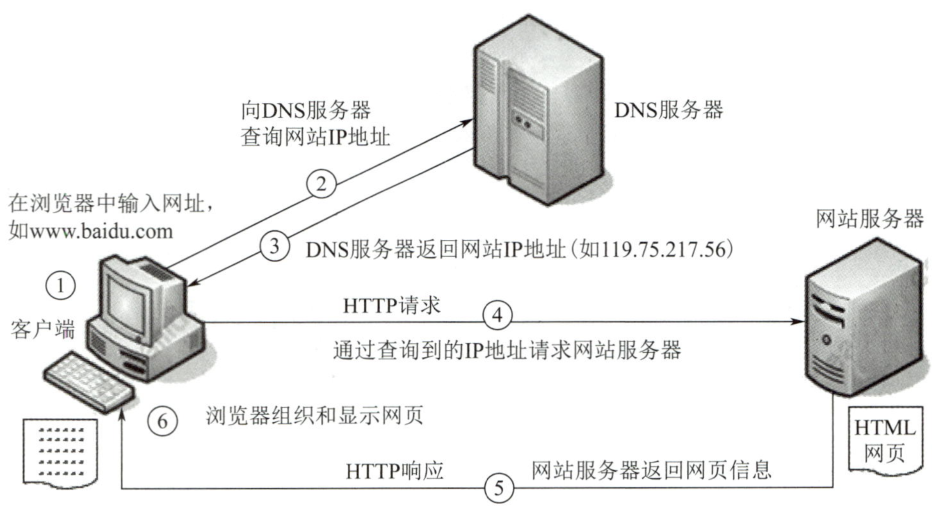

图 6-35　用户访问 Web 网站的工作过程

①用户采用的浏览器通常有 IE、FireFox 等，或者是客户端程序（如 QQ）。

②连接到因特网中的计算机都有一个 IP 地址，如 210.43.10.26。由于连接到因特网中计算机的 IP 地址都是唯一的，因此可以通过 IP 地址寻找和定位一台计算机。

网站所在的服务器通常有一个固定的 IP 地址，而浏览者每次上网的 IP 地址通常都不一样，浏览者的 IP 地址由 ISP 动态分配。

域名服务器是一组（或多组）公共的免费地址查询解析服务器，它存储了因特网上各种网站的域名与 IP 地址的对应列表。

③浏览器得到域名服务器指向的 IP 地址后，浏览器会把用户输入的域名转化为 HTTP 服务请求。例如，用户输入“www.baidu.com”时，浏览器会自动转化为 http://www.baidu.com/，浏览器通过这种方式向网站服务器发出请求。

由于用户输入的是域名，因此网站服务器接收到请求后，会查找域名下的默认网页（通常为 index.html、default.html、default.php 等）。

④网站返回的请求通常是一些文件，包括文字信息、图片、Flash 动画等，每个网页文件都有一个唯一的网址，如 http://www.csust.edu.cn/abc.html。

⑤客户端浏览器将这些信息组织成用户可以查看的网页形式。

4. 电子邮件服务

电子邮件（E-mail）是一种利用计算机网络交换电子信件的通信手段，它是因特网上最受欢迎的服务之一。电子邮件服务可以将用户的邮件发送到收信人的邮箱中，收信人可随时进行读取。电子邮件不仅能传送文字信息，还可以传送图像、声音等多媒体信息。

电子邮件系统采用客户/服务器模式，邮件服务器包括接收邮件服务器和发送邮件服务器。发送邮件服务器一般采用SMTP（simple mail transfer protocol，简单邮件传送协议）。当用户发出一份电子邮件时，发送邮件服务器按照电子邮件地址，将邮件送到收信人的接收邮件服务器中。接收邮件服务器为每个用户的电子邮箱开辟了一个专用的硬盘空间，用于存放对方发来的邮件。当收信人将自己的计算机连接到接收邮件服务器（一般为登录邮件服务器的网页），并发出接收操作（用户登录后，邮件服务器会自动发送邮件目录）后，收信人通过POP3（post office protocol 3，邮局协议第3版）或IMAP（Internet mail access protocol，因特网邮件访问协议）读取电子信箱内的邮件。当用户采用网页方式进行电子邮件收发时，用户必须登录到邮箱后才能收发邮件；如果用户采用邮件收发程序（如Microsoft公司的Outlook Express），则邮件收发程序会自动登录邮箱，将邮件下载到本地计算机中。图6-36显示了电子邮件的收发过程。

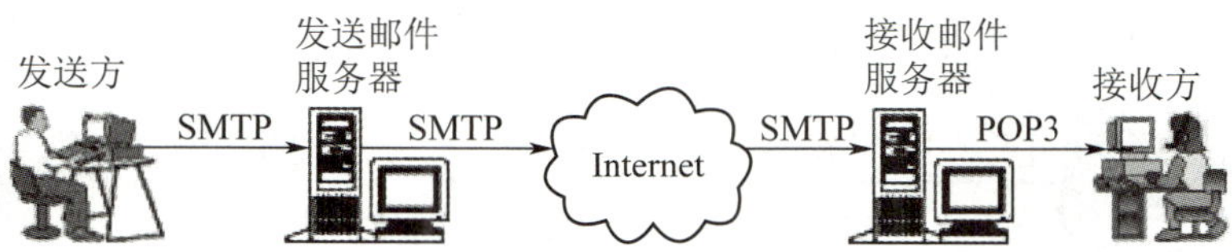

图6-36 电子邮件的收发过程

5. 即时通信服务

即时通信服务也称为聊天服务，它可以在因特网上进行即时的文字信息、语音信息、视频信息、电子白板等方式的交流，还可以传输各种文件。在个人用户和企业用户网络服务中，即时通信起到了越来越重要的作用。即时通信软件分为服务器软件和客户端软件，用户只需要安装客户端软件。常用的客户端软件主要有腾讯公司的QQ和Microsoft公司的MSN。QQ主要用于在我国进行即时通信，而MSN主要用于国际因特网的即时通信。

6. 搜索引擎服务

搜索引擎是某些网站免费提供的用于在因特网上查找信息的程序，是一种专门用于定位和访问网页信息，获取用户希望得到的资源的导航工具。搜索引擎通过关键词查询或分类查询的方式获取特定的信息。搜索引擎并不即时搜索整个因特网，它搜索的内容是预先整理好的网页索引数据库。为了保证用户搜索到最新的网页内容，搜索引擎的大型数据库会随时进行内容更新，得到相关网页的超链接。用户通过搜索引擎的查询结果获得信息所处的站点，点击超链接就可以转接到用户需要的网页上。

当用户在搜索引擎中输入某个关键词（如计算机）并单击搜索按钮后，搜索引擎数据库中所有包含这个关键词的网页都将作为搜索结果列表显示出来，用户可以自己判断需要打开哪些超链接的网页。常用的搜索引擎有百度、必应、谷歌等。

6.5.4 HTML

1. 利用 HTML 建立简单网页

HTML 是一种制作网页的标准化语言，是构成网页的基本元素，它消除了不同计算机之间信息交流的障碍。目前，人们很少直接使用 HTML 去制作网页，而是通过 Adobe 公司的 Dreamweaver 和 Microsoft 公司的 SharePoint Designer 等工具软件，完成网页设计与制作工作。

一个网页对应一个 HTML 文件，HTML 文件以“htm”或“html”为扩展名。可以使用任何文本编辑器（如“记事本”）来编辑 HTML 文件。HTML 文件本身是一种文本文件，通过在文本文件中添加标记符，告诉浏览器如何显示其中的内容，如文字如何处理、画面如何安排、图片如何显示等。浏览器按顺序阅读网页文件，然后根据标记符解释和显示其标记的内容。

【例 6-11】 利用 HTML 建立一个简单的测试网页。

打开 Windows 自带的“记事本”程序，编写如图 6-37 所示的代码，注意“<!-- -->”内的注释内容不需要输入。编辑完成后，选择“文件”→“另存为”命令，设置文件名为“test.html”，保存类型为“所有文件”，单击“保存”按钮，一个简单的网页就编辑好了。

```
<HTML>                        <!-- 声明 HTML 文档开始 -->
<HEAD>                        <!-- 标记页面首部开始 -->
<TITLE> 测试 </TITLE>         <!-- 定义页面标题为“测试”-->
</HEAD>                       <!-- 标记页面首部结束 -->
<BODY>                        <!-- 标记页面主体开始 -->
<FONT SIZE="8" >              <!-- 设置文字大小为 8 号字 -->
<P> 这是我的测试网页 </P>      <!-- 主体部分，显示具体内容 -->
<P> 这是第 2 行信息 </P>       <!-- P 为段落换行 -->
</FONT>                       <!-- 字体设置结束 -->
</BODY>                       <!-- 标记页面主体结束 -->
</HTML>                       <!-- 标记 HTML 文档结束 -->
```

图 6-37　HTML 文件基本结构实例

双击“test.html”文件，就可以在 IE 浏览器中显示“这是我的测试网页”及“这是第 2 行信息”。

2. 脚本语言

HTML 主要用于文本的格式化和链接文本，但是 HTML 的计算和逻辑判断功能非常差，如 HTML 不能进行“1＋2”这样简单的加法计算。因此，有时需要在网页文件中加入脚本语言。

脚本（script）是一种简单的编程语言，它由程序代码组成。脚本语言一般嵌入在网页的 HTML 语句之中，完成一些判断和计算工作，增强对网页的控制功能。

常用的脚本语言有 JavaScript 和 VBScript 等。脚本语言与编程语言非常相似，但是脚本语言的编程方式、语法规则更加简单。脚本语言是一种解释性语言，不需要编译，但是它需要有相应的脚本引擎（如 IE 中的脚本解释器）来解释执行。脚本程序分为客户端脚本程序和服务器端脚本程序，它们分别运行在客户端和服务器的计算机中。

6.6 网络安全与防范

信息系统的安全一直是计算机专家努力追求的目标，目前的计算机在理论上还无法消除病毒的破坏和黑客的攻击，最好的方法是尽量减少这些破坏和攻击对系统造成的影响。

6.6.1 网络入侵形式

计算机信息安全与道德

1. 黑客攻击的形式

美国国家安全局（National Security Agency，NSA）制定的IATF（信息保障技术框架）标准认为，有5类黑客攻击形式：被动攻击、主动攻击、物理邻近攻击、内部人员攻击和分发攻击。

被动攻击是指对信息的保密性进行攻击，包括分析通信流，监视没有保护的通信，破解弱加密通信，获取口令等。在没有得到用户同意或告知的情况下，被动攻击会将用户信息或文件泄露给攻击者，如泄露个人信用卡号码等。

主动攻击是指篡改信息来源的真实性、信息传输的完整性和系统服务的可用性。如图6-38所示，黑客对网络安全的攻击包括试图阻断或攻破安全保护机制、引入恶意代码、偷窃或篡改信息等。主动攻击会造成数据资料的泄漏、篡改和传播，或导致拒绝服务。

图6-38 黑客对网络安全的攻击

物理邻近攻击是指未被授权的个人，在物理意义上接近网络系统或设备，试图改变和收集信息，或拒绝他人对信息的访问，如未授权使用计算机、复制U盘数据、电磁信号截获后的屏幕还原等。

内部人员攻击可分为恶意攻击或无恶意攻击。前者是指内部人员对信息的恶意破坏或不当使用，或使他人的访问遭到拒绝；后者是指由于粗心、无知及其他非恶意的原因造成的破坏。

分发攻击是指在工厂生产或产品分销的过程中，对硬件和软件进行恶意修改。这种攻击可能是在产品中引入恶意代码，如手机中的后门程序等。

2. 计算机病毒

我国颁布实施的《中华人民共和国计算机信息系统安全保护条例》第二十八条中明确指出："计算机病毒，是指编制或者在计算机程序中插入的破坏计算机功能或者毁坏数据，影响计算机使用，并能自我复制的一组计算机指令或者程序代码。"

计算机病毒（以下简称为"病毒"）具有传染性、隐蔽性、破坏性、未经授权性等特点，其中最大的特点是具有传染性。病毒可以侵入计算机的软件系统中，而每个受感染的程序又可能

成为一个新的病毒，继续将病毒传染给其他程序，因此，传染性成为判定一个程序是不是病毒的首要条件。

所有杀毒软件要解决的第一个任务是如何发现一个文件是否被病毒感染。因此，杀毒软件必须对常用的文件类型进行扫描，检查是否含有特定的病毒代码字符串。这种病毒扫描软件由两部分组成：一部分是病毒代码库，含有经过特别筛选的各种病毒的特定字符串；另一部分是扫描程序，扫描程序能识别的病毒数目完全取决于病毒代码库内所含病毒种类的多少。这种技术的缺点是，随着硬盘中文件数量的剧增，扫描的工作量巨大，而且容易造成硬盘损坏。

3. 恶意软件

中国互联网协会 2006 年公布的恶意软件的定义为：恶意软件是指在未明确提示用户或未经用户许可的情况下，在用户计算机或其他终端上安装并运行侵害用户合法权益的软件，但不包含我国法律法规规定的计算机病毒。

具有下列特征之一的软件可以被认为是恶意软件。

- 强制安装：未明确提示用户或未经用户许可，在用户计算机上安装软件的行为。
- 难以卸载：未提供程序的卸载方式，或卸载后仍然有活动程序的行为。
- 浏览器劫持：未经用户许可，修改用户浏览器的相关设置，迫使用户访问特定网站，或导致用户无法正常上网的行为。
- 广告弹出：未经用户许可，利用安装在用户计算机上的软件弹出广告的行为。
- 垃圾邮件：未经用户同意，发送的包含用户不想要的带有宣传性质的内容的电子邮件。
- 恶意收集用户信息：未提示用户或未经用户许可，收集用户信息的行为。

除此之外，还包括其他侵害用户软件安装、使用，以及卸载知情权、选择权的恶意行为。

6.6.2 预防攻击

1. 造成网络不安全的主要因素

目前，造成网络不安全的主要因素包括操作系统、网络协议、数据库管理系统等软件自身设计的缺陷，或者人为因素产生的各种安全漏洞。

目前，对于操作系统，在结构设计和代码设计时，偏重于考虑系统使用时的易用性，导致系统在远程访问、权限控制和口令管理等许多方面存在安全漏洞。网络互联一般采用 TCP/IP 协议，它是一个工业标准的协议簇，但该协议簇在制定之初对安全问题考虑得不多，协议中有很多的安全漏洞。同样，数据库管理系统也存在数据的安全性、权限管理及远程访问等方面的问题，在数据库管理系统或应用程序中，可以预先设置情报收集、受控激发、定时发作等破坏程序。

2. 黑客攻击网络的一般过程

1）收集信息

信息的收集并不对目标产生危害，只是为进一步入侵提供有用信息。黑客会利用公开的协议或工具软件，收集网络中某个主机系统的相关信息。

2）探测系统安全弱点

在收集到一些准备要攻击目标的信息后，黑客就会利用工具软件对整个网络或子网进行扫描，寻找主机的安全漏洞。

3）建立模拟环境，进行模拟攻击

根据前面得到的信息，黑客建立一个类似攻击对象的模拟环境，然后对此模拟环境进行一系列的模拟攻击。在模拟攻击过程中，黑客将检查被攻击方的日志，观察检测工具对攻击的反应，了解攻击过程中留下的“痕迹”，以及被攻击方的状态等，以此来制定一个较为周密的攻击策略。

4）具体实施网络攻击

在进行模拟攻击的实践后，黑客将等待时机，以备实施真正的网络攻击。

3. DDoS 攻击与防范

DoS（denial of service，拒绝服务）攻击由来已久，自从有因特网后就有了 DoS 攻击方法。美国最新安全损失调查报告指出，分布式拒绝服务（distributed denial of service，DDoS）攻击造成的经济损失已跃居第一位。

1）DDoS 攻击过程

在典型的因特网连接中，用户访问一个网站时，客户端会先向网站服务器发送一条信息要求建立连接，只有当服务器确认该请求合法，并将访问许可返回给用户时，用户才可对该服务器进行访问。DDoS 攻击的方法是：攻击者向服务器发送大量连接请求，使服务器呈现满负载状态，并且对所有请求的返回地址进行伪造。这样，在服务器企图将认证结果返回给用户时，它将无法找到这些用户。这时服务器只好等待，有时可能会等上 1 min 才关闭此连接。可怕的是，在服务器关闭连接后，攻击者又会发送新的一批虚假请求，重复上一次的过程，直到服务器因过载而拒绝提供服务。这些攻击事件并没有入侵网站，也没有篡改或破坏资料，只是利用程序在瞬间产生大量的数据包，让对方的网络及主机瘫痪，使正常服务者无法获得网站及时的服务。

有时，攻击者动员大量“无辜”的计算机向目标网站共同发起攻击，这是一种 DDoS 攻击手段。DDoS 将 DoS 向前发展了一步，DDoS 的行为更为自动化，它让 DoS 洪流冲击网络，最终使网络因过载而崩溃。

2）DDoS 攻击的预防

如果用户正在遭受 DDoS 攻击，他所能做的防御工作非常有限。因为在用户没有准备好的情况下，大流量的数据包冲向用户主机，很可能在用户还没回过神之际，网络已经瘫痪。要预防这种灾难性的后果，需要进行以下预防工作。

（1）通常黑客会通过很多假 IP 地址发起攻击，可以使用专业软件检查访问者的来源，检查访问者 IP 地址的真假，如果是假的 IP 地址，则将它屏蔽。

（2）使用专业软件关闭不必要的服务和端口。例如，黑客从某些端口发动攻击时，用户可以把这些端口关闭掉，以阻击黑客入侵。

（3）利用网络保护设备保护网络资源。网络保护设备有路由器、防火墙、负载均衡设备等，它们可以将网络有效地保护起来。如果被攻击时路由器最先死机，而其他机器没有死机，则死机的路由器重启后会恢复正常，而且路由器启动得很快，没有什么损失。如果服务器死机，其中的数据就会丢失，而且重启服务器是一个漫长的过程，网站会受到无法估量的重创。

4. 提高网络安全的主要技术

1）数据加密

数据加密的目的是保护信息系统的数据、文件、口令和控制信息等，同时可以提高网上传输数据的可靠性。这样，即使黑客截获了网上传输的信息包，一般也无法得到正确的信息。

2）身份认证

通过密码、特征信息、身份认证等技术，确认用户身份的真实性，只对确认了的用户给予相应的访问权限。

3）访问控制

系统设置入网访问权限、网络共享资源的访问权限、目录安全等级控制、网络端口和节点的安全控制、防火墙的安全控制等访问控制机制，通过各种访问控制机制的相互配合，才能最大限度地保护系统免受黑客的攻击。

4）审计

可以把系统中和安全有关的事件记录下来，保存在相应的日志文件中。例如，记录网络用户的注册信息（如注册来源、注册失败的次数等），记录用户访问的网络资源等各种相关信息。当系统遭到黑客攻击时，这些数据可以用来帮助调查黑客的来源，并作为证据来追踪黑客，也可以通过对这些数据的分析来了解黑客攻击的手段，以找出应对策略。

5）入侵检测

入侵检测技术是近年出现的新型网络安全技术，目的是提供实时的入侵检测及采取相应的防护手段，如记录入侵证据、监控网络传输等。

6）其他安全防护措施

不运行来历不明的软件，不随便打开陌生人发来的电子邮件中的附件；经常运行专门的反黑客软件，在系统中安装具有实时检测、拦截和查找黑客攻击程序功能的工具软件；经常检查用户的系统注册表和系统启动文件中的自启动程序项是否有异常；做好系统的数据备份工作，及时安装系统的补丁程序；等等。

中国古代信息加密方法

6.6.3　信息加密

信息安全主要包括系统安全和数据安全两个方面。系统安全一般采用防火墙、防病毒及其他安全防范技术等措施。数据安全主要采用现代密码技术对数据进行安全保护，如数据加密、数字签名、身份认证等技术。

1. 加密技术的原理

加密技术的基本思想就是伪装信息，使非法获取者无法理解信息的真正含义。伪装就是对信息进行一组可逆的数学变换。伪装前的原始信息称为明文，伪装后的信息称为密文，伪装的过程称为加密，用于对信息进行加密的一组数学变换方法称为加密算法。

为了有效控制加密、解密算法的实现，在这些算法的实现过程中，需要某些只被通信双方掌握的关键信息，这些信息称为密钥。

借助加密手段，信息以密文的方式存储在计算机中，或通过网络进行传输，即使发生非法截取信息或因系统故障和操作人员误操作而造成信息泄露，未授权者也不能理解信息的真正含义，从而达到了信息加密的目的。

2. 加密系统的组成

加密系统是一个复杂的系统，以常用的 PGP（pretty good privacy，更好的隐私保护）加密软件为例，一个加密系统通常包括 4 部分：软件组件、加密算法、协议和加密密钥。软件组件负责各功能子系统的协调和用户交互；加密算法根据一定规则对输入信息进行加密处理；协议为

加密系统和运行环境所需；加密密钥是用户加密、解密信息所需的钥匙。加密算法的强度和加密密钥的长度是衡量一个加密系统功能强弱的重要指标。

3. 古典密码算法

古典密码有悠久的历史，尽管这些密码大都比较简单，但今天它们仍有参考价值。较为经典的古典密码算法有棋盘密码、凯撒密码（又称为循环移位密码）、代码加密、替换加密、变位加密、一次性密码簿加密等。

【例 6-12】 古典密码中有一种棋盘密码，利用的是古希腊时期发明的波利比奥斯（Polybius）方阵。如今的一个版本是将 26 个字母放在一个 5×5 的方格里，将 I 和 J 放在同一个格子里，如图 6-39 所示。

	0	2	4	6	8
1	A	B	C	D	E
3	F	G	H	I/J	K
5	L	M	N	O	P
7	Q	R	S	T	U
9	V	W	X	Y	Z

图 6-39 棋盘密码

在棋盘密码中，每个字母由两个数构成，如 C 对应 14，S 对应 74 等。例如，如果接收到的密文为“38 18 96”，则对应的明文为“KEY”。

4. 密钥与密文的破译方法

密钥是一种参数，它是在将明文转换为密文或将密文转换为明文的算法中输入的数据。在用户看来，密码学中的密钥，十分类似于银行自动取款机的口令，只要输入正确的口令，系统将允许用户进一步使用，否则就将用户拒之门外。

口令的长度通常用数字或字母为单位来计算，密码学中的密钥长度往往以二进制数的位数来衡量。正如不同系统使用不同长度的口令一样，不同加密系统也使用不同长度的密钥。一般来说，在条件相同的情况下，密钥越长，破译越困难，加密系统越可靠。

从窃取者角度来看，主要有 3 种破译密码、获取明文的方法：一是密钥的穷尽搜索；二是密码分析；三是其他密码破译方法。

1）密钥的穷尽搜索

破译密文最简单的方法就是尝试所有可能的密钥组合。虽然大多数尝试都是失败的，但最终总会有一个密钥让破译者得到原文，这个过程称为密钥的穷尽搜索。

密钥的穷尽搜索虽然可以用计算机进行破解，但效率很低，甚至有时不可行。例如，PGP 加密算法使用 128 位的密钥时，密钥存在 3.4×10^{38}（2^{128}）种可能性，即使破译的计算机能每秒尝试一亿个密钥，每天 24 小时不停计算，可能仍需要 10^{14} 年才能完成密钥破解。

如果加密系统对密钥生成的概率分布不均匀（如有些密钥的组合根本不会出现，而另一些组合则经常出现），那么密钥的有效长度会减小很多，破译者的搜索进度可能大大加快。例如，用户采用 8 位数字作为口令时，可能的密码组合有 10^8 种；如果用户采用 8 位数字的生日作为口令，则年的时间可以控制为 1900～2020，月的时间为 1～12，日的时间为 1～31，这样就大大减少了计算的工作量。

2）密码分析

如果密钥长度是决定加密可靠性的唯一因素，就不需要密码学专家来钻研这门学问，只

要用尽可能长的密钥就足够了，可惜实际情况并非如此。在不知道密钥的情况下，利用数学方法破译密文或找到密钥的方法称为密码分析。密码分析有两个基本目标：一是利用密文发现明文；二是利用密文发现密钥。常见的密码分析方法如下。

（1）已知明文的破译方法。在这种方法中，密码分析员掌握了一段明文和对应的密文，目的是发现加密的密钥。

（2）选定明文的破译方法。在这种方法中，密码分析员设法让加密者加密一段密码分析员选定的明文，并获得加密后的结果，目的是确定加密的密钥。

3）其他密码破译方法

除了对密钥的穷尽搜索和进行密码分析外，在实际工作中，破坏者更可能针对人机系统的弱点进行攻击，而不是攻击加密算法本身，以达到其目的。例如，可以欺骗用户，套出密钥；在用户输入密钥时，应用各种技术手段“窥视”或“偷窃”密钥；利用加密系统实现中的缺陷或漏洞，对用户使用的加密系统偷梁换柱；从用户工作和生活环境的其他方面获得未加密的保密信息（如“垃圾分析”）；让通信的另一方透露密钥或信息；等等。虽然这些方法不是密码学研究的内容，但对于每一个使用加密技术的用户来说，是不可忽视的问题，甚至比加密算法本身更为重要。

判断加密方法是强还是弱，唯一的办法就是公布它的加密算法，等待其他人能够找出它的弱点。这种同行鉴定的办法虽然不完美，但远比把算法封闭起来不让人推敲好。加密算法的安全性必须建立在公开和广泛的同行鉴定、检查的基础上。

6.6.4　用户认证

1. 对称密钥加密

对称密钥加密（简称为对称加密）是信息的发送方和接收方使用同一密钥加密和解密数据，而且通信双方都要获得这把密钥，并保持密钥的秘密。它的优点在于加密、解密的高速度和使用长密钥时的难以破解性。常见的对称加密算法有 DES（data encryption standard，数据加密标准）、3DES（triple DES，三重数据加密标准）、IDEA（international data encryption algorithm，国际数据加密算法）等。

对称加密存在密钥过多和密钥分发问题。

采用对称加密时，两个用户使用对称加密方法交换数据时，最少需要两个密钥。如果企业有 n 个用户，则整个企业共需要 $n(n-1)$ 个密钥，如 10 个用户需要 90 个密钥。这么多密钥的管理是一件非常困难的事情。如果整个企业共用一个加密密钥，则整个企业文档的保密性便无从谈起。

如果发送方要与另一方使用对称加密方法进行通信，他首先必须告诉对方通信所使用的密钥，这称为密钥分发，这个过程实现起来十分困难。发送方必须安全地把密钥护送到接收方，不能泄露其内容。如果密钥能够被安全地送到接收方，那为何不把通信内容用同一种方法安全地发送出去呢？对于普通用户，对称加密只适用于仅自己知道密钥的文件加密，几乎不可能用于日常与他人之间的秘密通信。

2. 非对称密钥加密

非对称密钥加密（简称为非对称加密）是加密和解密使用不同密钥的加密算法。非对称

加密技术采用一对匹配的密钥进行加密和解密，它们具有如下性质：每把密钥执行一种对数据的单向处理，每把密钥的功能恰恰与另一把相反，一把密钥用于加密时，另一把就用于解密。用公钥（公共密钥）加密的文件只能用私钥（私人密钥）解密，而用私钥加密的文件只能用公钥解密。公钥是公开的，而私钥必须保密存放。为发送一份保密报文，发送方必须使用接收方的公钥对数据进行加密（类似于“锁”），一旦加密，只有接收方用私钥才能加以解密（类似于“钥匙”）。与之相反，用户也能用私钥对数据加以处理。换句话说，密钥对可以任选方向。

非对称加密的工作过程是：假设 A、B 两个用户进行通信，公钥为 c，私钥为 d，明文为 x，则 A 用公钥对明文进行加密形成密文 $c(x)$，然后传输密文，B 收到密文，用私钥对密文进行解密 $d[c(x)]$，得到通信的明文 x。

【例 6-13】 利用素数进行简单的非对称加密。将素数（如 3,5,7,…,23 456 789 101 112 123 等）相乘的算法作为公钥，将所得的乘积分解成原来的素数的算法作为私钥。加密就是将想要传递的信息在编码时加入素数，编码之后传送给接收方，任何人收到此信息后，如果没有私钥，则在解密的过程中（实为寻找素数的过程），将会因为寻找素数的过程（分解质因数）过久而无法解读信息。

非对称加密的优点是机动灵活，如果企业中有 n 个用户，企业需要生成 n 对密钥，并分发 n 个公钥。由于公钥可以公开，用户只要保管好自己的私钥即可，因此密钥的分发变得十分简单。同时，每个用户的私钥是唯一的，其他用户除了可以通过信息发送方的公钥来验证信息的来源是否真实外，还可以确保发送方无法否认曾发送过该信息。

非对称加密的缺点是加密、解密速度要远慢于对称加密，在某些极端情况下，甚至仅为对称加密速度的千分之一。所以在实际的应用中，通常将两者结合在一起使用。例如，对称加密系统用于大量数据信息的加密，而非对称加密系统则用于加密密钥。

常见的非对称加密算法有 RSA、SSL（传输层安全标准）、ECC（移动设备安全标准）、S/MIME（电子邮件安全标准）、SET（电子交易安全标准）、DSA（数字签名安全标准）等，这些加密算法和协议都是一些“事实标准”。

3. Hash 算法

Hash（哈希）算法是一种单向加密算法，可以通过 Hash 算法对目标信息生成一段特定长度的唯一 Hash 值，却不能通过这个 Hash 值重新获得目标信息。常见的 Hash 算法有 MD5（message digest 5，消息摘要第 5 版）等。MD5 将任意长度的字符串映射为一个 128 位的大整数，但是通过该 128 位的值反推原始字符串非常困难。也就是说，即使看到源程序和算法描述，也无法将一个 MD5 值变换回原始的字符串。从数学原理上说，原始字符串有无穷多个。MD5 常用于密码校验、数字签名中。

【例 6-14】 网络中经常采用 MD5 算法进行用户密码校验。在大部分系统中，用户密码经过 MD5（或其他算法）运算后存储在文件系统中。当用户登录时，系统将用户输入的密码进行 MD5 运算，然后再与系统中保存密码的 MD5 值进行比较，从而确定输入的密码是否正确。通过这样的步骤，系统在并不知道用户密码的情况下，就可以确定用户登录系统的合法性。这可以避免用户密码被具有系统管理员权限的人员知道。

4. 认证技术

认证技术按使用目的可分为消息认证、身份验证和数字签名。消息认证用于接收方验证

收到的消息是否是约定的发送方发来的，并且未被篡改；身份验证用于识别用户身份；数字签名用于让发送方留下安全的难以假冒的签名证据。

非对称加密技术是认证技术的基础，公钥的形式就是数字证书。一个安全的认证体制至少应该满足以下要求：一是接收方能够检验和证实消息的合法性、真实性和完整性；二是消息的发送方对所发的消息不能抵赖，有时也要求消息的接收方不能否认收到了消息；三是除了合法的消息发送方外，其他人不能伪造发送了消息。

认证体制中通常存在一个可信中心或可信的第三方，如数字证书认证中心（CA）。CA 是基于非对称加密体系建立的电子商务安全认证机构，负责密钥的发放、管理、验证及注销，所以 CA 也称为密钥管理中心。CA 的主要工作如下。

（1）CA 为每个申请公钥的用户发放一个证书，证明该用户拥有证书中列出的公钥。

（2）CA 检查证书持有者身份的合法性，并签发证书（在证书上签字），以防证书被伪造或篡改，以及对证书和密钥进行管理。

（3）CA 发放的数字证书是一种安全分发的公钥，也是各实体（个人、商户、企业、银行等）在网上进行信息交流及电子商务活动中的身份证明。数字证书的用途包括发送安全的电子邮件、网上招标和投标、网上签约、网上订购、网上安全公文传送、网上缴费、网上缴税、网上炒股、网上购物和网上报关等。

5. 数字签名

数字签名就是信息发送方使用公钥算法技术，产生别人无法伪造的一段数字串。发送方用自己的私钥加密数据传给接收方，接收方用发送方的公钥解开数据后，就可以确定消息来自谁，同时数字签名也是对发送方发送信息的真实性的一个证明，发送方对所发信息不能抵赖。

数字签名的原理如下：发送方首先用 Hash 函数将需要传送的消息转换成报文摘要，发送方采用自己的私钥对报文摘要进行加密，形成数字签名；发送方把加密后的数字签名附加在要发送的报文后面，传送给接收方；接收方使用发送方的公钥对数字签名进行解密，得到发送方形成的报文摘要；接收方用 Hash 函数将接收到的报文转换成报文摘要，与发送方形成的报文摘要相比较，若相同，说明文件在传输过程中没有被破坏。

数字签名与传统签名的区别在于：需要将签名与消息绑定在一起，通常要防止签名的复制、重用。数字签名对安全、防伪、速度的要求比加密更高。

习 题

1. 计算机网络的基本功能是什么？
2. 计算机网络的类型有哪些？
3. 因特网是什么？
4. 数字通信系统的基本模型包括哪些部分？
5. 信道编码的目的是什么？
6. 奇偶校验的特征有哪些？
7. TCP/IP 网络协议定义了哪些层次？
8. 在客户 / 服务器模型中，怎样区分客户端和服务器？
9. IATF 标准定义的攻击形式有哪些？

第7章 多媒体技术

多媒体技术是一门迅速发展的综合性信息技术，它把电视的声音和图像功能、印刷业的出版能力、计算机的人机交互能力和因特网的通信技术有机地融于一体，对信息进行加工处理后，再综合地表达出来。多媒体技术改善了信息的表达方式，丰富了媒体的表现力，使人们通过多种媒体得到实体化的形象。

本章主要介绍多媒体的基础知识，多媒体信息的数字化，多媒体信息的处理和制作技术。

7.1 多媒体的基础知识

7.1.1 多媒体的表现形式与定义

多媒体

1. 媒体的表现形式

媒体一词是人们日常生活和工作中经常用到的词汇，如人们经常把报纸、广播、电视等机构称为新闻媒体，报纸通过文字、广播通过声音、电视通过图像和声音来传播信息。信息需要借助媒体进行传播，所以说媒体是信息的载体。但这只是狭义上的理解，媒体的概念和范围相当广泛，根据国际电信联盟（ITU）的定义，媒体可分为感觉媒体、表示媒体、显示媒体、存储媒体和传输媒体 5 大类，如表 7-1 所示。

表 7-1 媒体的类型、特点、形式与实现方式

媒体类型	媒体特点	媒体形式	媒体实现方式
感觉媒体	人类感知环境的信息	视觉、听觉、触觉等	文字、图形、声音、图像、视频等
表示媒体	信息的处理方式	计算机数据格式	图像编码、音频编码、视频编码等
显示媒体	信息的表达方式	输入和输出信息	数码相机、显示器、打印机等
存储媒体	信息的存储方式	存取信息	内存、硬盘、光盘、U 盘、纸张等
传输媒体	信息的传输方式	网络传输介质	电缆、光缆、电磁波等

人们利用视觉、听觉、触觉、味觉和嗅觉感受各种信息。其中通过视觉得到的信息最多，

其次是听觉和触觉，三者一起获得的信息量达到了人类感受到的信息量的 95%。因此，感觉媒体是人们接收信息的主要来源，而多媒体技术充分利用了这种优势。

2. 多媒体的定义

多媒体（multimedia）一词产生于 20 世纪 80 年代初，狭义上的多媒体是指信息表示媒体的多样化。计算机技术和信息处理技术的发展，使人们拥有了处理多种媒体信息的能力。多媒体是利用计算机将文本、声音、图形、图像、动画和视频等多种媒体进行综合处理，使多种信息建立逻辑连接，集成为一个具有交互性的系统。广义上的多媒体一词可以视为多媒体技术的同义词，这里的多媒体不是指多种媒体本身，而是指处理和应用它们的一整套技术。

从以上定义中，可以看出：

（1）多媒体是信息交流和传播的工具，在这点上，多媒体与报纸、杂志、电视等媒体的功能相同。

（2）多媒体是一种人机交互式媒体，这里的“机”主要是指计算机，或由微处理器控制的其他终端设备。因为计算机具有良好的交互性，它能够比较容易地实现人机交互功能。从这个意义上说，多媒体与目前的电视、报纸、广播等媒体存在区别。

（3）多媒体技术以数字信号的形式进行信息的存储、处理和传输。

（4）从字面上看，任何两种以上的媒体就可以称为多媒体。但通常认为，多媒体中的连续媒体（声音和视频）是人与机器交互的最自然的媒体，必须包含它们。

（5）计算机对自然状态下的文本、声音、图形、图像、视频等信息进行处理时，必须先对这些信息进行采样、量化、编码等处理，将它们转换成计算机能够接收的二进制信号。以上处理的数据量非常大，因此，多媒体技术目前主要研究和解决的问题是表示媒体的数据编码、压缩与解压缩。

7.1.2　多媒体技术的主要特性

多媒体技术的主要特性如下。

1. 多样性

20 世纪 90 年代以前的计算机以处理文本信息为主，而目前的计算机大多是多媒体计算机。多媒体计算机不仅能输入多媒体信息，而且能处理和输出多媒体信息，这大大改善了用户与计算机之间的界面，使计算机变得越来越符合用户的自然需求。

2. 交互性

交互性指用户可以与计算机进行对话，从而为用户提供控制和使用信息的方式。用户在多媒体系统中不只是被动地接收信息，而是参与数据转变为信息、信息转变为知识的过程。通过交互过程，用户可以获得关心的信息，可以对某些事物的运动过程进行控制，从而满足用户的某些特殊要求，例如，影视节目播放中的快进与倒退，图像处理中的人物变形等。对一些娱乐性应用（如游戏），人们甚至还可以介入剧本编辑、人物修改之中，增加用户的参与性。

3. 集成性

集成性包括 3 方面的含义。一是指多种信息形式的集成，即文本、声音、图像、视频信息形式的一体化。二是多媒体将各种单一的技术和设备集成在一个系统中。例如，将图像处理

技术、音频处理技术、电视技术、通信技术等，通过多媒体技术集成为一个综合的系统，实现更高的应用目标，如电视会议系统、视频点播系统、虚拟现实系统等。三是对多种信息源的数字化集成。例如，可以将用摄像机获取的视频图像，存储在硬盘中的照片及计算机产生的文本、图形、动画、伴音等，经编辑后，向计算机屏幕、音响、打印机、硬盘等设备输出，也可以通过因特网进行远程输出。

4. 实时性

实时性是指视频图像和声音必须保持同步性和连续性。例如，视频播放时，画面不能出现闪烁、延迟、马赛克等现象，声音与画面必须保持同步等。

7.1.3 多媒体文件的存储格式

计算机对文本、图形、图像、声音、动画、视频等信息进行处理时，首先需要将这些材料来源不同、信号形式不一、编码规格不同的外部信息，转换成计算机能够处理的信号，然后按规定格式对其进行编码，这个过程称为多媒体信息的数字化。

1. 信息的编码

由于计算机只能识别和处理二进制数据，因此必须对原始信息（如文字、数据、图片、视频等）进行编码，将信息表示为计算机能够识别的二进制编码的过程称为信源编码，解码是编码的逆过程。

信源编码是将信息按一定规则进行数字化的过程。例如，对文字、符号等信息，可以利用 ASCII 标准进行编码，这些编码可以由文本编辑软件（如 Word）进行解码。在网页中，采用 HTML 进行编码，这些具有特殊功能的符号标记语言也是一种信源编码，它由浏览器软件（如 IE）进行解码。对模拟信号进行模 / 数转换后，可以利用 PCM（脉冲编码调制）技术进行编码，利用音频软件（如 MP3 播放软件）进行解码。对音频和视频信号，可以利用 MPEG 等压缩标准进行信源压缩编码，可以利用音频 / 视频播放软件（如暴风影音）进行解码。

2. 字符信息的编码

最通用的字符编码是 ASCII 码，它主要用于计算机信息编码。ASCII 码共定义了 128 个英文字符，其中 33 个字符为控制字符，无法显示；另外 95 个字符为可显示字符，包含键盘的空格键所产生的空格字符（显示为空白）。

【例 7-1】 利用 ASCII 标准对字符“book”进行编码。

查 ASCII 表可知，字符“book”的 ASCII 码为 01100010 01101111 01101111 01101011

【例 7-2】 利用 ASCII 标准对字符“1+2”进行编码。

查 ASCII 表可知，字符“1+2”的 ASCII 码为 00110001 00101011 00110010

3. 流媒体文件

多媒体文件可以分为静态多媒体文件和流式媒体文件（简称为流媒体）。静态多媒体文件无法提供网络在线播放功能。例如，要观看某个影视节目，必须将这个节目的视频文件下载到本地计算机，然后进行观看。简单地说，就是先下载，后观看。这种方式的缺点是占用了有限的网络带宽，无法实现网络资源的优化利用。

流媒体是指在因特网中采用流式传输技术的媒体。流媒体视频在播放时并不需要下载整个文件，只将文件的部分内容下载到本地计算机后，就可以实现即时传送、随时播放。实现流媒体的关键技术是数据的流式传输。

4. 多媒体信息的数据量

数字化的图形、图像、视频、音频等多媒体信息的数据量很大，下面分别以文本、图形、图像、声音和视频等数字化信息为例，计算它们的理论存储容量。

1）点阵图像的数据量

将扫描仪获取的一张 11 in×8.5 in（相当于 A4 纸张大小）的彩色照片输入计算机，扫描仪的分辨率为 300 dpi（300 点 / 英寸），扫描为 24 位 RGB 彩色图像，经扫描仪数字化后，未经压缩图像的存储空间为

$$11(\text{in})\times 300(\text{dpi})\times 8.5(\text{in})\times 300(\text{dpi})\times[24(\text{bit})/8(\text{bit})]=24\ \text{MB}$$

2）数字化高质量音频的数据量

人们能够听到声音的最高频率为 22 kHz，制作 CD 音乐时，为了达到这个指标，采样频率为 44.1 kHz，量化精度为 32 位，存储一首 1 min 未经压缩的立体声数字化音乐需要的存储空间为

$$[44\ 100(\text{Hz})\times 32(\text{bit})\times 2(\text{声道})\times 60(\text{s})]/8(\text{bit})=20.2\ \text{MB/min}$$

3）数字化视频的数据量

如果 NTSC［National Television System Committee，（美国）国家电视系统委员会］制式的视频图像的分辨率为 640×480，每秒显示 30 幅视频画面（帧频为 30 fps），采样精度为 24 位，则存储 1 min 未经压缩的数字化 NTSC 制式视频图像需要的存储空间为

$$[640\times 480\times 24(\text{bit})\times 30(\text{fps})\times 60(\text{s})]/8(\text{bit})=1.5\ \text{GB/min}$$

由以上分析可知，除文本信息的数据量较小外，其他多媒体信息的数据量都非常大。因此，多媒体信息的数据编码和压缩技术非常重要。

7.2 音频处理技术

7.2.1 声音的基本特性

1. 声音的物理特性

声音是振动产生的，如敲一个茶杯，茶杯振动发出声音；拨动吉他的琴弦，吉他发出声音。但是仅仅振动还不够，如把一个闹钟放在一个密封的玻璃罐子里，抽掉罐子里的空气，则无论闹钟怎么振动，人们也听不到声音。这是因为声音要靠介质来传递，如空气。声音是一种波，通常称为声波。声波传进人们的耳朵，使人耳中的鼓膜振动，触动人们的听觉神经，人们才感觉到了声音。

声音不仅可以在空气中传播，也可以在水、土、金属等物质中传播。声音在空气中的传播速度约为 340 m/s（15 ℃时）。

2. 声音的三要素

声音分为乐音和噪声。乐音的振动比较有规则，有固定音高；而噪声的振动毫无规则，无

法形成音高。决定声音不同的 3 个条件是音高、音量和音色。

1）音高

为什么钢琴上的每个琴键声音都不一样呢？打开钢琴盖可以看到钢琴的弦是由粗到细排列的，琴弦的粗细不同，琴弦的振动频率也就不同，粗的琴弦不如细的琴弦振动得快。不同音高的产生是由于振动频率不同，振动频率越高，音高越高。

声音频率的单位是 Hz（赫兹），1 Hz 就是一秒钟振动一次。例如，音乐中的标准音 A 的频率是 440 Hz，也就是每秒振动 440 次，这个声音是乐器定音的标准，而钢琴中央 C 的频率是 261.63 Hz。C 调下唱名与频率之间的关系如表 7-2 所示。

表 7-2　C 调下唱名与频率之间的关系

基本音级的唱名	do	re	mi	fa	sol	la	si
简谱的唱名	1	2	3	4	5	6	7
十二平均律频率 /Hz	261.6	293.7	329.6	349.3	392.1	440	493.9
纯音频率 /Hz	264	297	330	352	396	440	495

2）音量

音量就是声音的强弱，音量由声波的振幅决定。例如，轻轻拨动吉他的琴弦，琴弦的振动幅度很小，发出的声音也很小；如果用力拨动琴弦，琴弦的振动幅度很大，发出的声音也就很大。在振动中，振动的物理量偏离中心的最大值称为振幅。

声源的振幅越大，声音越响。声波的幅度能量按高于或低于正常大气压来量度，这个变化部分的压强称为声压，单位为 Pa（帕斯卡）。为了方便计算，通常采用 dB（分贝）表示，0 dB 是声压的基准，它以人耳刚刚能听到的声音为标准（大约 3 m 外一只蚊子在飞的声音）。3 dB 内的音量变化，一般人是难以察觉的。

3）音色

音色是人耳对某种声音的综合感受。音色与多种因素有关，但主要取决于声音的频谱特性和包络线。同样是标准音 A，振动频率都是 440 Hz，但钢琴和二胡的声音相差很远。即使都是二胡，一把好的二胡与一把一般的二胡相比，音色相差得也非常大。例如，钢琴的声音都有一个音头（“当……”）然后逐渐衰减，而弦乐就不同。图 7-1 中可以看到声音波形包络线的不同。

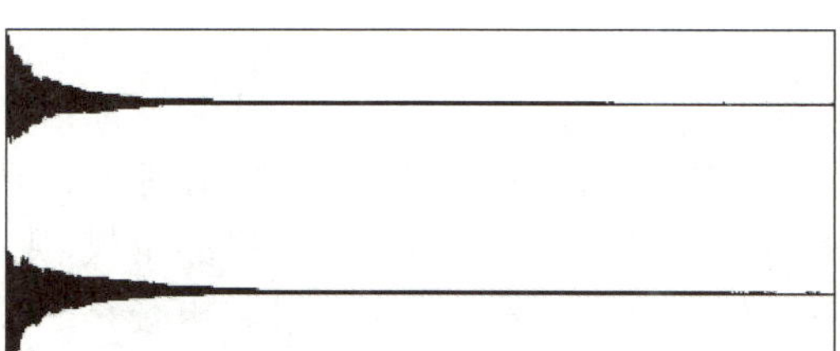
(a) 钢琴的声音波形包络线

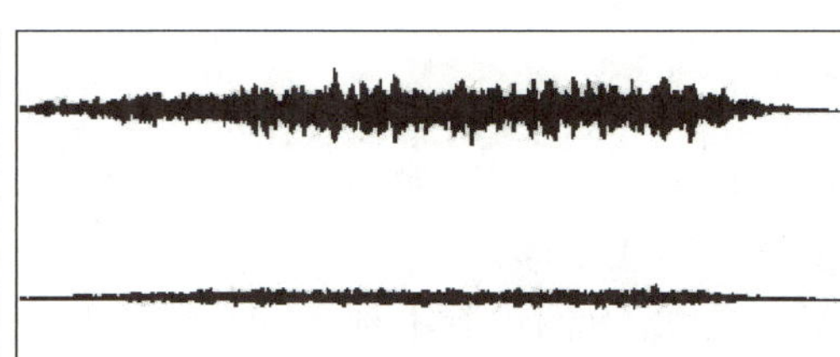
(b) 弦乐的声音波形包络线

图 7-1　同一个标准音 A 时，钢琴与弦乐的声音波形包络线

3. 声音的数字化过程

自然界中的声音是连续变化的模拟量。例如，对着话筒讲话时［见图 7-2（a）］，话筒根据它周围空气压力的不同变化，输出连续变化的电压值。这种变化的电压值是对讲话声音的模

拟，称为模拟音频[见图 7-2(b)]。模拟音频信号的电压值输入录音机时，电信号转换成磁信号记录在录音磁带上，因而记录了声音。但这种方式记录的声音不利于计算机存储和处理，要使计算机能存储和处理声音信号，就必须将模拟音频信号进行数字化处理。音频信号的数字化过程如图 7-2 所示。

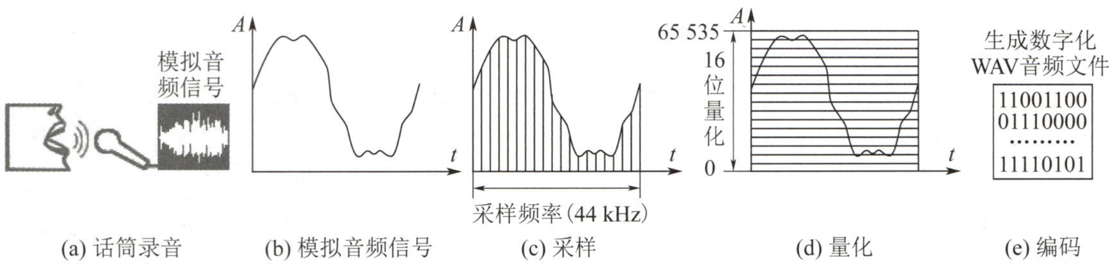

图 7-2　音频信号的数字化过程

1)采样

将模拟音频信号转换成数字音频信号，必须经过采样。采样是在每个固定时间间隔内对模拟音频信号截取一个振幅值[见图 7-2(c)]，并用给定字长的二进制数表示，这样将连续的模拟音频信号转换成离散的数字音频信号。截取模拟音频信号的振幅值的过程称为采样，得到的振幅值称为采样值。单位时间内的采样次数越多(采样频率越高)，数字音频信号就越接近原声。根据奈奎斯特(Nyquist)采样定理，采样频率只要达到信号最高频率的 2 倍，就能精确描述被采样的信号。一般人耳的听力范围在 20 Hz～20 kHz，因此，采样频率达到 40 kHz(20 kHz×2)时，就可以满足要求。目前，大多数声卡的采样频率都达到了 44.1 kHz 或更高。

2)量化

影响音频信号的数字化的另一个因素是对采样信号进行量化的位数。例如，声卡的采样位数为 8 位，就有 256(2^8)种量化等级；如果采样位数为 16 位，就有 65 536(2^{16})种量化等级[见图 7-2(d)]；如果采样位数为 32 位，就有 4 294 967 296(2^{32})种量化等级。目前，大部分声卡的采样位数为 24 位或 32 位。

3)编码

对模拟音频信号进行采样、量化后，计算机得到了一大批原始的音频数据，将这些信源数据(采集的原始数据)按文件类型(如 WAV 和 MP3 等)进行编码后，再加上音频文件格式的头部，就得到了一个数字音频文件[见图 7-2(e)]。这项工作由计算机中的声卡和音频处理软件(如 Adobe Audition)共同完成。

4. 声音信号的输入与输出

数字音频信号可以通过光盘、电子琴 MIDI(musical instrument digital interface，乐器数字接口)等设备输入计算机。模拟音频信号一般通过话筒和音频输入接口(line in)输入计算机，然后由计算机中的声卡转换为数字音频信号，这一过程称为模 / 数转换。当需要将数字音频文件播放出来时，可以利用音频播放软件将数字音频文件解压，然后通过计算机中的声卡或音频处理芯片，将离散的数字量再转换成连续的模拟量信号(如电压)，这一过程称为数 / 模转换。

7.2.2　音频文件格式

目前，较流行的音频文件格式有 WAV、MP3、WMA、RM、MIDI 等。

由于音频文件对自然声音记录方式的不同，因此音频文件的大小和音频效果相差很大。

1）WAV 格式

WAV 文件是 Microsoft 公司和 IBM 公司共同开发的 PC 标准音频格式的文件，具有很高的音质。WAV 文件通过录入设备录制原始声音，直接记录了真实声音的二进制采样数据。未经压缩的 WAV 文件占用的存储空间非常大，1 min CD 音质的音乐大约占用 10 MB 存储空间。

2）MP3 格式

MP3 文件是一种符合 MPEG1 音频压缩第 3 层标准的文件。MP3 压缩比高达 1∶10～1∶12。MP3 格式是一种有损压缩格式，由于大多数人听不到 16 kHz 以上的声音，因此，MP3 编码器便剥离了频率较高的所有音频。一首 50 MB 的 WAV 格式的歌曲用 MP3 格式压缩后，只需要 4 MB 左右的存储空间，而音质与 CD 相差不多。MP3 格式是因特网的主流音频格式。

3）MIDI 格式

MIDI 是数字音乐 / 合成乐器的统一国际标准。在 MIDI 文件中，只包含产生某种声音的指令，这些指令包括使用什么 MIDI 乐器、乐器的音色、声音的强弱、声音持续时间的长短等。计算机将这些指令发送给声卡，声卡按照指令将声音合成出来。MIDI 音乐可以模拟上万种常见乐器的发音，唯独不能模拟人的声音，这是它最大的缺陷。在不同的计算机中，由于音色库与音乐合成器的不同，MIDI 音乐会有不同的音乐效果。另外，MIDI 音乐缺乏重现真实自然声音的能力，电子音乐的味道太浓。MIDI 音乐主要用于电子乐器、手机等多媒体设备。MIDI 音乐的优点是生成的文件非常小，一首 10 min 的 MIDI 音乐文件只需要几千字节的存储空间。

由于 MIDI 文件存储的是命令，而不是声音数据，因此，可以在计算机上利用音乐软件随时谱写和演奏电子音乐，而不需要聘请乐队，甚至不需要乐器。MIDI 音乐大大降低了音乐创作者的工作量。

7.2.3 音频处理软件

1. 多媒体音乐工作站的基本组成

在多媒体技术出现之前，作曲家在创作音乐时，不可能一面写乐谱一面听乐队演奏的实际效果。作曲家只是凭感觉在谱纸上写作，写完后交给乐队试奏，听了实际效果后再修改，直至定稿。作曲家一般借助钢琴来试听和声的效果，但这需要作曲家有很高的钢琴演奏水平，而且在钢琴上无法试出乐器合奏的效果。例如，长笛和中提琴一起演奏是什么效果，贝斯加上一支长号再加一支英国管重叠起来是什么效果，这就只能凭经验了。有了计算机音乐系统后，只需要将各声部通过 MIDI 键盘或者话筒依次输入计算机中，然后利用多媒体音乐工作站软件就可以创作和演奏一部交响乐了。

多媒体技术的出现，给音乐领域带来了一次深刻的革命。多媒体技术在音乐、电影、电视、戏剧等各方面都发挥着极其重要的作用。现在音乐软件在很多方面已经取代了过去那些笨重庞大而昂贵的音乐硬件设备。如果用户只是进行一些非音乐专业的音频处理工作（如企业联欢晚会的音频处理），一台普通的计算机和一个普通的话筒就可以了。如果用户需要进行专业的音乐创作，一台几千元的计算机接上一个 MIDI 键盘，再安装一些音乐制作软件，就可以进行计算机音乐的学习和创作了。一个简易的多媒体音乐工作站的基本组成如图 7-3 所示。

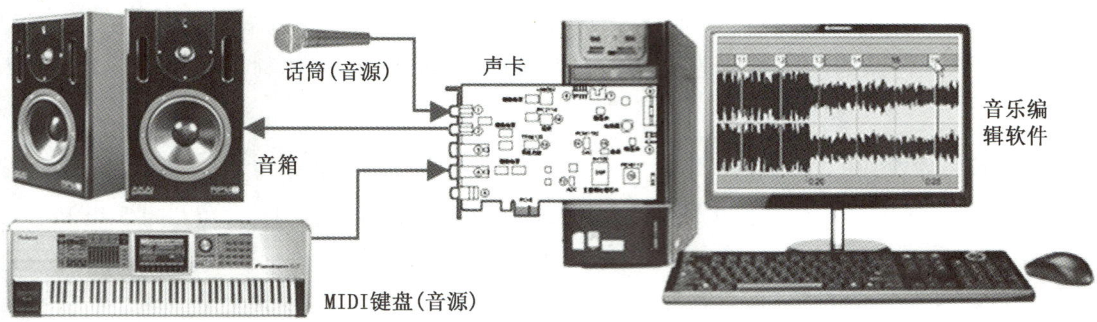

图 7-3　简易的多媒体音乐工作站的基本组成

2. 音频软件

音频软件大致分为两大类：一类是音频处理软件；另一类是音乐工作站。

音频处理软件的主要功能有：音频文件格式转换，通过话筒现场录制声音文件，多音轨（一个音频一个声道）的音频编辑，音频片段的删除、插入、复制等，音频的消噪，音量的加大和减小，音频的淡入和淡出，添加音频特效，对多音轨音频的混响处理等。音频处理软件的音频编辑功能很强大，但是音乐创作功能很弱，主要适合非音乐专业人员使用。

音乐工作站除具有音频处理软件的所有功能外，还在音色选择、音量控制、力度控制、速度控制、节奏控制、声道调整、感情控制、滑音控制、持音控制等方面具有相当强大的功能。此外，音乐工作站还具有 MIDI 音乐输入 / 输出和编辑功能，强大的软件音源或硬件音源的处理功能，五线谱记谱、编辑、打印等功能。音乐工作站主要适合音乐专业人员使用。

常用的音频处理软件及音乐工作站如表 7-3 所示。

表 7-3　常用的音频处理软件及音乐工作站

音频软件		功能说明
音频处理软件	Adobe Audition	功能强大的音频处理软件，具备音频格式转换、现场录音、多音轨音频编辑、混响、特效等功能
	GoldWave	简单易用的音频处理软件，具备音频格式转换、现场录音、双音轨音频编辑等功能
	Accord CD Ripper	CD 音轨抓取工具，可以将 CD 碟片上的音乐抓取出来，并保存为 MP3 等格式的音频
	Free Audio Converter	音频格式转换软件，支持 MP3、WAV、M4A、AAC、WMA、OGG 等多种格式之间的相互转换
音乐工作站	Cakewalk Sonar	功能强大的专业音乐工作站软件
	Cubase SX	
	作曲大师	

3. Cakewalk Sonar

Cakewalk Sonar（国内俗称为声纳）是一款音乐工作站软件，几乎包括所有音乐人需要的计算机音乐制作功能。Cakewalk Sonar 具有强大的 MIDI 制作、音频录制、编辑、混音、伴奏和操控等功能，是一个综合性的音乐工作站软件。利用 Cakewalk Sonar，可以设计和制作音乐，以达到计算机作曲的目的。Cakewalk Sonar 可以实现 MIDI 信号与数字音频信号（WAV）的同

步，使人们不但可以利用计算机作曲，也可以同时录制歌声，甚至是制作 MIDI 设备无法发出的声音。音乐工作站的发展方向是 MIDI、音频、音源（合成器）一体化制作，而 Cakewalk Sonar 很好地具备了这些功能。

4. Adobe Audition

Adobe Audition 是一款普及率极高的音频编辑和混音软件，软件原名为 Cool Edit Pro，被 Adobe 公司收购后，改名为 Adobe Audition。Adobe Audition 专为广播设备和音频、视频专业人员设计，它具有音频格式转换、音频混合、背景噪声消除、音频编辑、卡拉 OK 带制作和各种音频效果处理等功能。它最多可以混合 128 个声道，可编辑单个音频文件，并可使用 45 种以上的数字信号处理效果。Adobe Audition 还是一个完善的多声道录音室，可以录制音乐、无线电广播，或是为录像配音。

Adobe Audition 3.0 以上的版本支持 VSTi（virtual studio technology instruments）虚拟乐器，这意味着 Adobe Audition 可以由音频处理软件转变为一个音乐工作站软件。

Adobe Audition CS 的工作界面如图 7-4 所示。

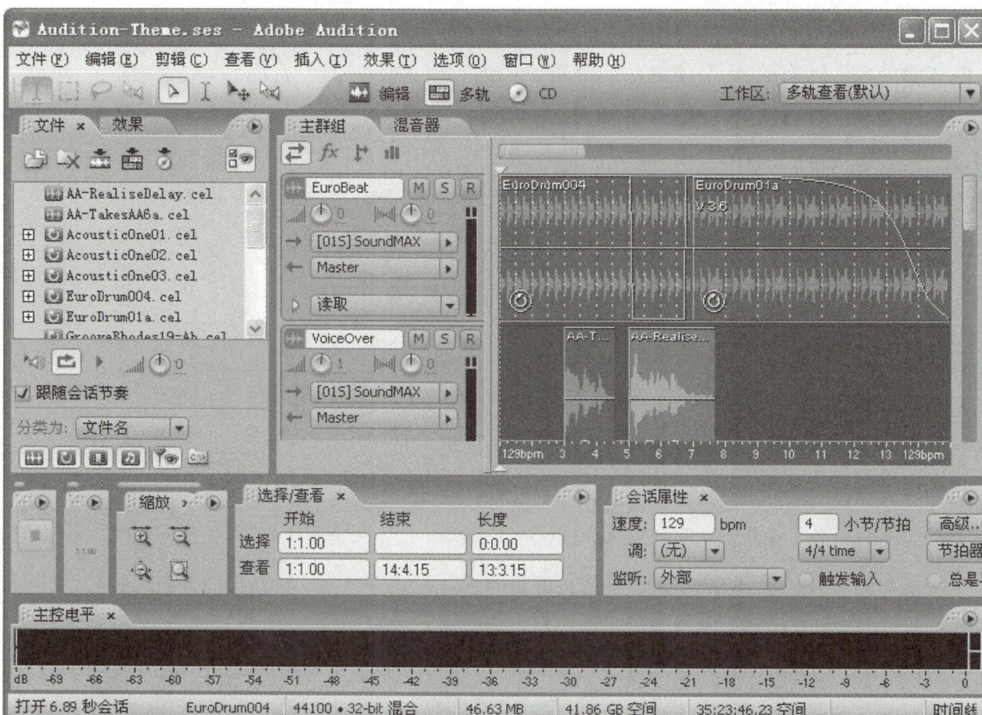

图 7-4 Adobe Audition CS 的工作界面

5. GoldWave

GoldWave 是一款简单易用的数码录音及编辑软件，它可以对数字音乐的各种音频格式进行转换。GoldWave 可以现场录制声音文件，也可以对原有的声音文件进行编辑，制作出各种各样的效果。GoldWave 的缺点是一次只能编辑两个音轨，而且不能处理 MIDI、RM 等音乐文件。GoldWave 主要适合对音频处理没有复杂要求的用户使用。

GoldWave 的工作界面如图 7-5 所示。

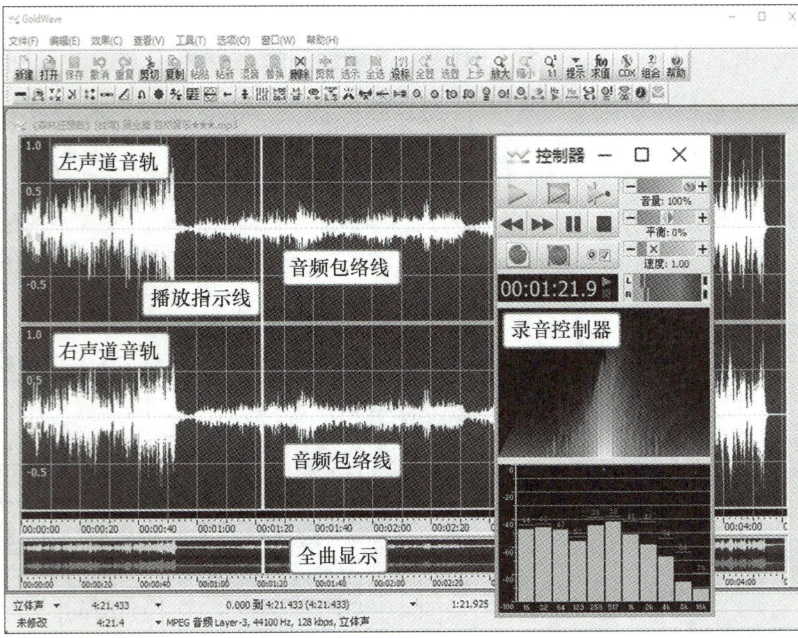

图 7-5　GoldWave 的工作界面

7.3　图像处理技术

7.3.1　图像的数字化

1. 图形和图像的区别

在计算机领域，图形（graphic）和图像（image）是两种不同的表达方式，在处理技术上有很大的区别。图形使用点、线、面来表达物体形状；图像采用像素点阵构成位图。图形中三角形的顶点与顶点之间是有联系的，它们决定了物体的形状；图像的像素点之间没有必然的联系。图形的复杂度与物体大小无关，与物体的细节程度有关；图像的复杂度与物体的内容无关，只与图像的像素点有关。图形放大时不会失真；图像放大时会产生马赛克现象。图形学主要研究物体的建模、动画、渲染等；图像学主要研究图像的编辑、恢复与重建、内容识别、图像编码等。将图形转换为图像的过程称为栅格化，技术成熟；将图像转换为图形的技术目前很不成熟，仅能对一些单色的工程线条图进行简单转换。

2. 图像的编码

图像由像素点阵构成，也称为位图。点阵图采用点阵表示和存储。黑白图像只有黑、白两个灰度等级，如果每个像素用 1 位二进制编码（0 或 1）表示，就可以对黑白图像的信源进行编码了。图像的信源编码与分辨率有关，分辨率越高，图像的细节越清晰，但是图像的存储容量也越大。

如果图像为灰度图像，图像中每个像素点的亮度值用 8 位二进制数表示，则亮度表示范

围有 256（2^8）个灰度等级（0～255）。

如果是彩色图像，则 R（红）、G（绿）、B（蓝）三基色的每种颜色用 8 位二进制数表示，如果色彩深度为 24 位，它可以表达 2^{24}（约 1 677 万）种色彩。

【例 7-3】 对一个分辨率为 1 024×768、色彩深度为 24 位的图片进行编码。

如图 7-6 所示，对图片中的每一个像素点进行色彩取值，其中某一个橙红色像素点的色彩值为“R=233，G=105，B=66”，如果不对图片进行压缩，则将以上色彩值进行二进制编码就可以了。形成图片文件时，还必须根据图片文件的格式加上文件头。

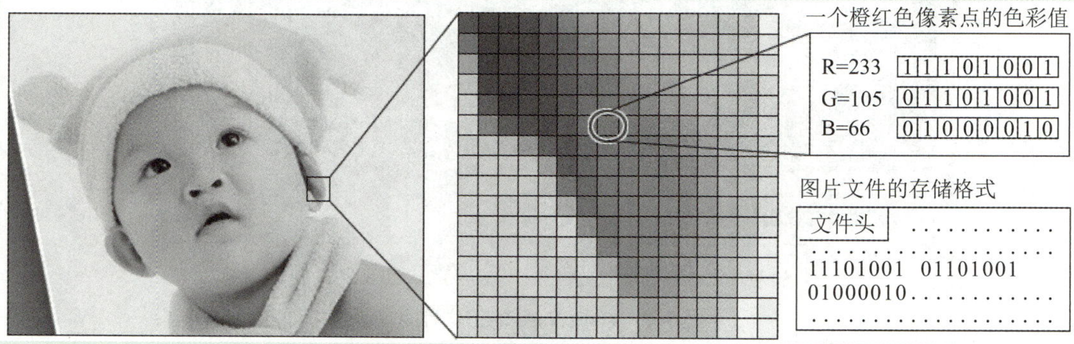

图 7-6　24 位色彩深度的图像编码方式（无压缩）

位图表达的图像逼真，但是文件较大，处理高质量彩色图像时对硬件平台的要求较高。位图缺乏灵活性，因为像素之间没有内在联系，而且它的分辨率是固定的。将图像缩小后，如果再将它恢复到原始尺寸，图像就会变得模糊不清。

3. 分辨率

分辨率是数字化图像的重要技术指标，分辨率越大，图片文件的尺寸越大，能表现更丰富的图像细节；如果分辨率较低，图片就会显得相当粗糙。分辨率有以下几个方面的含义。

1）图像分辨率

数字化图像的分辨率是水平方向与垂直方向像素的总和。例如，800 万像素的数码相机，图像最高分辨率为 3 264×2 448 等。

2）屏幕分辨率

屏幕分辨率一般用显示器屏幕的水平像素 × 垂直像素表示，如 1 024×768 等。

3）印刷分辨率

印刷分辨率是指图像在打印时每英寸中像素的个数，一般用 dpi（像素 / 英寸）表示。例如，普通书籍的印刷分辨率为 300 dpi，精致画册的印刷分辨率为 1 200 dpi。

4）分辨率之间的关系

例如，使用数码相机拍摄一幅 380 万像素的数码图片，图像分辨率为 2 272×1 704。将图片在屏幕分辨率为 1 024×768 的显示器中输出时，如果图片按 100% 的比例显示，则只能显示图片的一部分，因为图像分辨率大于屏幕分辨率；如果将图片满屏显示，则屏幕只显示图片 45% 左右的像素。如果将以上图片在打印机中输出，当打印画面的尺寸为 3.5 in×5 in（5 寸相片）时，打印出的图片的分辨率为 450 dpi 左右；如果打印画面的尺寸扩大到 8 in×12 in（12 寸相片，相当于 A4 纸张大小）时，则打印出的图片的分辨率将降为 190 dpi 左右。

4. JPEG 静止图像压缩标准

ISO 和 ITU 共同成立的联合图片专家组（Joint Photographic Experts Group，JPEG），于 1991 年提出了多灰度静止图像的数字压缩编码（简称 JPEG/JPG 标准）。JPEG 标准适合对彩色和单色多灰度等级的图像进行压缩处理。

JPEG 标准支持很高的图像分辨率和量化精度。它包含两部分：第 1 部分是无损压缩，采用差分脉冲编码调制（differential pulse code modulation，DPCM）的预测编码；第 2 部分是有损压缩，采用离散余弦变换（discrete cosine transform，DCT）和赫夫曼（Huffman）编码，通常压缩率达到 20～40 倍。

JPEG 标准主要存储颜色变化，尤其是亮度变化，因为人眼对亮度变化要比对颜色变化更为敏感。JPEG 标准的设计思想是：恢复图像时不重建原始画面，而是生成与原始画面类似的图像，丢掉那些没有被注意到的颜色。

5. 矢量图形的特点

矢量图形（graphic）采用特征点和计算公式对图形进行表示和存储。矢量图形保存的是每个图元的数学描述信息，在显示和打印矢量图形时，要经过一系列的运算才能输出结果。矢量图形可以无限放大，细节轮廓仍然保持圆滑。

矢量字体是一种应用最广泛的矢量图形，Windows 下显示的字体绝大部分都是矢量字体。如图 7-7 所示，矢量字体重要的特征是轮廓和字体精调控制点。轮廓是一组封闭的路径，它由线段或贝塞尔（Bézier）曲线（二次或三次贝塞尔曲线）组成。字形控制点有轮廓锚点和字体精调控制点，缩放这些点的坐标值将缩放整个字体轮廓。

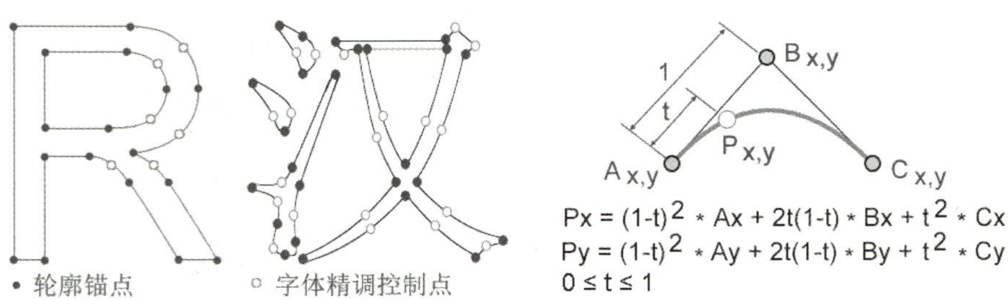

图 7-7　（左 - 中）矢量字体的轮廓锚点和字体精调控制点与（右）二次贝塞尔曲线的计算公式示意图

轮廓虽然精确描述了字体的外观形式，但是数学上的正确对人眼来说并不见得合适。特别是字体缩小到较小的分辨率时，字体可能变得不好看或者不清晰。字体精调就是采用一系列技术，用来精密调整字体，让字体变得更美观、更清晰。

计算机大部分时候采用矢量字体显示。矢量字体尽管可以任意缩放，但字体缩得太小时仍然存在问题，字体会变得不好看或者不清晰，即使采用字体精调技术，效果也不一定好，或者这样处理太麻烦了。因此，小字体一般采用点阵字体来弥补矢量字体的不足。

矢量字体的显示大致需要经过以下步骤：加载字体→设置字体大小→加载字体数据→字体转换（旋转或缩放）→字体渲染（计算并绘制字体轮廓、填充色彩）等。在计算机显示一整屏文字时，计算工作量比我们想象的要大得多。

矢量图形主要用于表示线框型图片、工程制图、二维动画设计、三维物体造型、美术字体设计等。大多数计算机绘图软件、计算机辅助设计软件、三维造型软件等，都采用矢量图形作为基本图形的存储格式。矢量图形可以很好地转换为点阵图像，但是，点阵图像转换为矢量图

形时效果很差。

7.3.2 图像和图形文件格式

1. 点阵图像的文件格式

点阵图像文件有很多通用的标准存储格式，如 BMP、TIF、JPG、PNG、GIF 等，这些图像文件的格式标准是开放和免费的，这使得图像在计算机中的存储、处理、传输、交换和使用都极为方便，这些图像格式也可以相互转换。

1）BMP 格式

BMP（bitmap，位图）是 Windows 操作系统中常用的图像文件格式，它有压缩和非压缩两类，常用的为非压缩文件。BMP 文件结构简单，形成的图像文件较大，它最大的优点是能被大多数软件接受。

2）TIF 格式

TIF（tagged image file，标记图像文件）格式是一种工业标准图像格式，它也是图像文件格式中最复杂的一种。TIF 格式的文件的存放灵活多变，它的优点是独立于操作系统和文件系统，可以在 Windows、Linux、UNIX、Mac OS 等操作系统中使用，也可以在某些印刷专用设备中使用。TIF 格式分成压缩和非压缩两大类，它支持所有图像类型。TIF 文件存储的图像质量非常高，但占用的存储空间也非常大，信息较多，这有利于图像的还原。TIF 文件主要应用于美术设计和出版行业。

3）JPG 格式

JPEG（联合照片专家组）于 1991 年提出了“多灰度静止图像的数字压缩编码”（简称 JPEG）。JPG 格式是一个适用于彩色、单色和多灰度静止数字图像的压缩标准。JPG 格式对图像的处理包含两部分：第一部分是无损压缩，第二部分是有损压缩。JPG 格式将不易被人眼察觉的图像颜色删除，从而达到较大的压缩比。JPG 格式的图像可显示的颜色数约为 1 677 万（16 777 216）种，可将图像文件的大小缩小到原图的 2%～50% 不等，在保证图像质量的前提下，可以获得较高的压缩比。大多数数码相机拍摄的图像都经过了 JPG 压缩处理。JPG 格式因其优异的性能，应用非常广泛，JPG 格式也是因特网上的主流图像格式。

4）GIF 格式

GIF（graphics interchange format，图像互换格式）是一种压缩图像存储格式，它采用无损 LZW（Lempel-Ziv-Welch）压缩方法，压缩比较高，文件很小。GIF 是作为一种跨平台图像标准而开发的、与硬件无关的格式。GIF 包含 87a 和 89a 两种格式。GIF 89a 文件格式允许在一个文件中存储多个图像，因此可实现 GIF 动画功能。GIF 还允许图像背景为透明属性。GIF 格式是目前因特网上使用得最频繁的文件格式，网上的很多小动画都是 GIF 格式的。GIF 格式的图像可用的颜色数为 1 677 万（16 777 216）种，但是 GIF 使用 8 位调色板，因此在一幅图像中只能使用 256 种颜色，这会导致出现“色滩”现象，色彩层次感差，因此不能用于存储大幅的真彩色图像文件。

5）PNG 格式

PNG（portable network graphic，可移植网络图形）格式采用无损压缩算法，它的压缩比高于 GIF 格式，支持图像透明。PNG 是一种点阵图像格式，网页中有很多图片都是采用这种格式。PNG 格式的色彩深度可以是灰度图像的 16 位，也可以是彩色图像的 48 位，可显示约 4.3 亿种

色彩，是一种新兴的网络图形格式。

2. 矢量图形的文件格式

矢量图形的文件格式有以下几种。

- AI 格式：Adobe 公司矢量图形设计软件 Illustrator 的专用格式。
- DWG 格式：计算机辅助设计软件 AutoCAD 的专用格式。
- 3DS 格式：三维动画设计软件 3ds Max 的专用格式。
- FLA 格式：动画设计软件 Flash 的专用格式。
- VSD 格式：Microsoft 公司的网络结构图设计软件 Visio 的专用格式。
- SVG 格式：由 W3C（因特网联盟）组织研究和开发的矢量图形标准。SVG 格式最大的优点在于它的易用性，可以自由缩放图形，文字独立于图形，文件尺寸小，并且支持透明效果、动态效果、滤镜效果，有强大的交互性等。SVG 是基于 XML（extensible markup language，可扩展标记语言）的应用。作为标准开放的 SVG 格式，意味着它并不属于任何个人专利，正是因为这点，使得 SVG 格式得到更迅速的开发和更广泛的应用。目前，已经有少数公司推出了支持 SVG 格式的矢量图形创作、编辑和浏览的工具或软件。

点阵图像与矢量图形的区别如图 7-8 所示，以 JPG 格式图像和 SVG 格式图形为例。

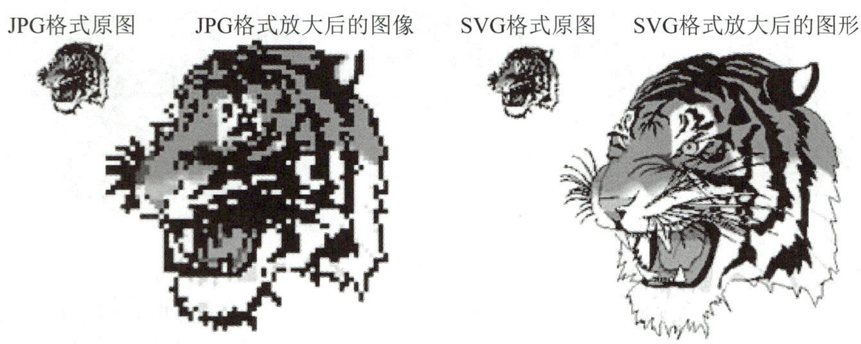

图 7-8　JPG 格式（点阵）图像与 SVG 格式（矢量）图形的区别

3. 矢量图形设计软件

常用的矢量图形设计软件有 CorelDRAW（平面设计）、Illustrator（平面设计）、Microsoft Office Visio（办公和企业图形设计）、AutoCAD（机械、建筑图形设计）、Protel DXP（电路图设计）、3ds Max（三维动画设计）等。

4. 点阵图像处理软件

Photoshop 是图像处理软件中功能最强大、应用最广泛的专业软件。

7.3.3　Photoshop 基本操作

1.Photoshop 简介

Adobe 公司出品的 Photoshop 是目前使用广泛的专业图像处理软件，以前主要用于印刷排版、艺术摄影和美术设计等领域。随着计算机的普及，越来越多的文档需要对其中的图像进行处理。例如，办公人员需要对报表中的图片进行处理和制作，工程技术人员需要对工程图和效

果图进行处理，大学生需要对毕业论文中的图片进行处理，个人用户需要对数码相片进行处理等。这些市场需求极大地推动了 Photoshop 图像处理软件的普及，使它迅速成为继 Office 软件后的又一大众型普及软件。

2. 工作界面

Photoshop CS5 的工作界面包括菜单栏、控制面板、工具栏等，Photoshop CS5 的工作界面如图 7-9 所示。

图 7-9　Photoshop CS5 的工作界面

1）菜单栏

菜单栏包括文件、编辑（图像的复制、粘贴、删除、描边、填充、变形、旋转等功能）、图像（图像的色彩和亮度调整等功能）、图层、选择（对选区进行反选、羽化、扩展、收缩、旋转、变形等功能）、滤镜（图像特殊效果的处理，如浮雕、变形等功能）、视图（图像的尺寸、对齐等功能）、窗口（控制面板的打开、关闭等功能）、帮助等菜单。在 Photoshop CS5 中，可以选择菜单进行操作，也可以按快捷键进行操作。

2）控制面板

控制面板是 Photoshop 的主要操作界面，有多种方法可对控制面板进行调整。一是单击“窗口”菜单，可以选择打开或关闭某个控制面板；二是单击控制面板切换栏的图标，选择不同的控制面板模式；还可以单击控制面板上部的白色双三角形图标，展开或折叠控制面板。

Photoshop CS5 提供了 20 多个控制面板，常用的有导航器、图层、通道、历史记录、字符等控制面板。

● “导航器”面板：用来控制绘图区显示的图像的缩放比例，也可以通过按 Ctrl＋＋快捷键放大图像，或者按 Ctrl＋－快捷键缩小图像。在设计制作图像时，一般将图像比例调整为 100%，这样在设计图形时可以有一个准确值；在预览高分辨率图像时，由于计算机屏幕有限，一般将图像比例缩小到能够在屏幕上看到全部图像；对图像进行修改时，为了减少操作失误，一般将图像比例调到 200% 以上。

● “图层”面板：用来控制图层操作，这是 Photoshop 功能的精华部分，也是使用最频繁的一个工具。有了图层功能，图像处理这样一个非常专业化的工作也变成了一个简单的拼图游戏。

●“通道”面板：用来记录图像的颜色数据和保存选区的内容。

●“历史记录”面板：用于记录可能需要还原和重做的操作，在默认状态下可以恢复前 20 步的操作。在图像编辑过程中，只要没有保存图像，按F12键即可将图像恢复至打开时的状态。

●“字符”面板：用来设置文字的字体和大小，以及字符的行距和颜色等参数。

3）工具栏

如图 7-10 所示，Photoshop CS5 包含 70 多种工具，单击工具图标或按快捷键即可选择工具。将鼠标指针移到工具图标上稍作停留后，Photoshop CS5 会自动显示工具名称。有些工具图标的右下角有一个小三角符号，它表示该工具还有与之相关的其他工具。打开这些工具的方法是：把鼠标指针移到含有小三角符号的工具上右击，即可打开隐藏的工具；或者按住鼠标左键，在工具上稍等片刻也可打开隐藏的工具，然后选择相应工具即可。

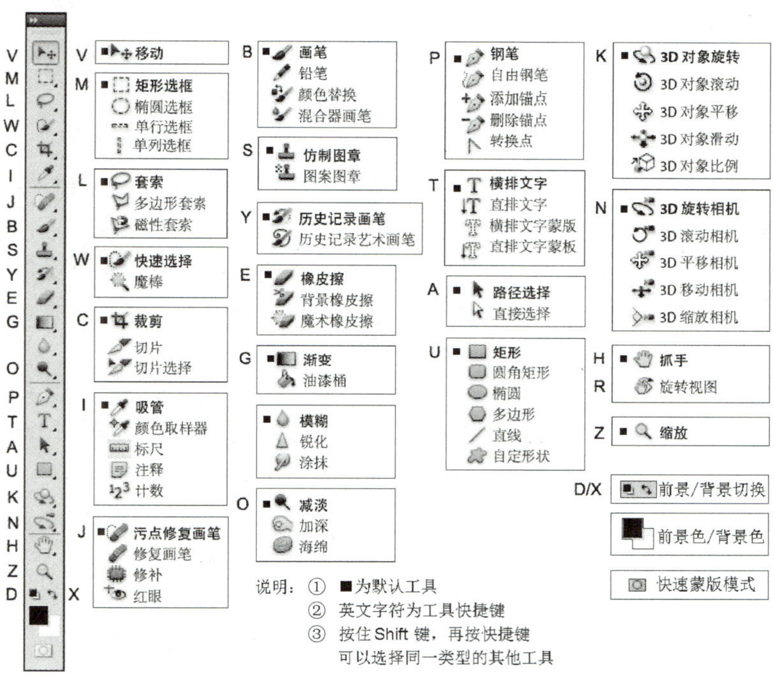

图 7-10　Photoshop CS5 工具一览图

选择某个工具后，该工具的属性栏就会显示这个工具的选项和参数，用户可以对工具进行功能选择和参数调整等操作。例如，选择“画笔”工具后，单击“画笔”工具的属性栏中画笔形状右边的下拉按钮，如图 7-11 所示，在下拉列表中可以选择画笔的各种形状和大小，如圆点、草、枫叶、流星等，还可以对画笔的不透明度、画笔大小、画笔色彩的流量等参数进行设置。

3. 图像编辑的常用操作

1）图像的复制和粘贴

在“图层”面板中选择需要复制图像的图层，按 Ctrl＋J 快捷键复制一个新图层。如果只需要复制局部区域，则利用选区工具（见图 7-10 中的 M 区域），选取图像的局部区域，然后按 Ctrl＋C 快捷键复制，再按 Ctrl＋V 快捷键粘贴。

注意：第一，确认要复制的选区是否在需要的图层上；第二，如果选区是透明的，没有图像，执行复制命令时会出现对话框，提示用户选取的范围是空的。

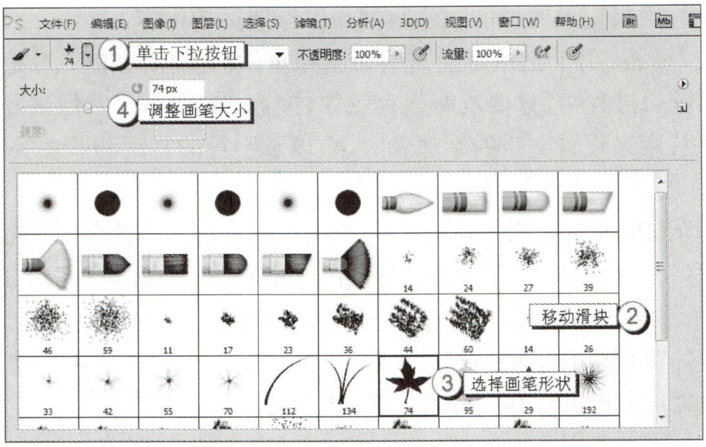

图 7-11 选择画笔形状和调整参数

2）图像的清除

要清除某一个图层中的全部图像时，按 Ctrl＋A 快捷键选择全部图像，按 Delete 键删除，再按 Ctrl＋D 快捷键取消选区。如果需要删除某一个图层的局部图像，则利用选区工具选取图像的局部区域，按 Delete 键删除，再按 Ctrl＋D 快捷键取消选区。

注意：删除图层的某个区域后，这个区域会变成透明的，下一图层的图像将会显示出来；在背景图层中删除局部图像时，删除图像的部分会填入背景色（一般为白色）；不管是剪切、复制还是删除操作，都可以配合使用羽化功能。

3）图像的移动

移动图像一般分为三步，一是选择需要移动的图层；二是选择工具栏中的“移动”工具（见图 7-10 中的 V 区域）；三是在绘图区按住鼠标左键进行移动。

注意：如果移动的对象是图像中的某一块区域，必须在移动前先选取要移动图像的范围，再使用移动工具进行移动。

4）图像的填充

使用填充工具（见图 7-10 中的 G 区域），对选取的范围进行填充，是制作图像的一种常用方法。填充工具可以在指定区域内填入指定的颜色，也可以填充图案。

5）选区的描边

使用“描边”命令可以对选取的范围绘制边框。方法是：按 Ctrl＋Shift＋N 快捷键增加一个空白图层；选择选区工具（见图 7-10 中的 M 区域），在新图层中绘制一个选区（选区边界闪烁的虚线称为“蚂蚁线”）；选择“编辑”→“描边”命令，在打开的对话框中设置描边的宽度（单位为像素）和颜色，单击“确定”按钮即可。

6）图像的旋转和变换

在 Photoshop 中，可以对各种对象进行旋转和变换操作，如对图像的选取范围、图层、路径和文本内容等进行旋转和变换；可以对整个图像或局部图像（选取范围中的图像）进行旋转和变换。

对图像进行“自由变换”的操作：选择需要变换的图层，按 Ctrl＋T 快捷键；这时图像边框会出现 9 个控制点，移动控制点可以改变图像的大小；将鼠标指针移到控制点外面，按住鼠标左键上下拖动，可以改变图像的旋转角度；按 Enter 键确定。

对整个图像进行旋转和变换，也可以选择“编辑”→“变换”命令中的其他子命令来完成，可以对图像进行缩放、旋转、斜切、扭曲、透视、变形、旋转 180°、旋转 90°(顺时针)、旋转 90°(逆时针)、水平翻转、垂直翻转等操作。

7)修改画布大小

画布是指绘制和编辑图像时的工作区域，也就是图像的显示区域。调整画布大小，可以在图像四边增加空白区域，或者裁切掉不需要的图像边缘。调整画布大小的方法：选择“图像”→“画布大小”命令，在出现的对话框中设置图像的宽度和高度。改变画布大小时，不会改变图像的形状和分辨率。

8)修改图像尺寸和分辨率

图像的质量好坏与图像的分辨率和尺寸大小是息息相关的，同样大小的图像，分辨率越高，图像越清晰。当固定图像尺寸而增加分辨率时，Photoshop 必须在图像中增加像素数目；反之，当固定图像尺寸而降低分辨率时，则会删除部分像素。这时 Photoshop 会在图像中重新取样，以便在失真最少的情况下增减图像中的像素。

修改图像尺寸和分辨率的方法：选择“图像”→“图像大小”命令，在出现的对话框中设置图像的宽度和高度，以及图像的分辨率。

7.3.4　Photoshop 图层处理

1. 图层的功能

图层是 Photoshop 重要的功能之一。在图像处理过程中，很少有一次成型的作品，常常是经历若干次修改以后才能得到比较满意的效果。如果将图像分解为多个图层，然后分别对每个图层进行处理，最后组成一个整体的效果，这样制作完成的作品在视觉效果上与在一个图层中编辑是一致的。

Photoshop 允许在一个图像中创建多达 8 000 个图层。将一个图像利用抠图技术分解成多个图像放在单独的图层中，每个图层都是独立的，修改其中一个图层，不会对其他图层造成破坏。

可以对图层进行选择、命名、增加、删除、复制、移动、打开 / 关闭、合并、锁定等操作。

图层操作必须牢记：只有被选中的图层才可以进行操作。例如，使用画笔工具绘制图形时，必须先明确图层，选错图层是初学者常犯的错误。初学者容易忘记图层的概念，把应该分层处理的图像都放在同一个图层上，这样会给图像处理带来不便。

2. 图层的类型

如图 7-12 所示，Photoshop 中的图层有普通图层、背景图层、不透明图层、透明图层、效果图层、文本图层、形状图层等不同类型。

1)普通图层

普通图层是用一般方法建立的图层，是最常用的图层，大部分的 Photoshop 功能都可以在这种图层上应用。

2)背景图层

背景图层是一种不透明的图层。它有一个以背景色为底色的颜色，背景图层不能进行图层不透明度和色彩混合模式的调整。用户无法移动背景图层的叠放次序，无法对背景图层进

行锁定操作。如果一定要更改背景图层的不透明度，可以先将它转换成普通图层。

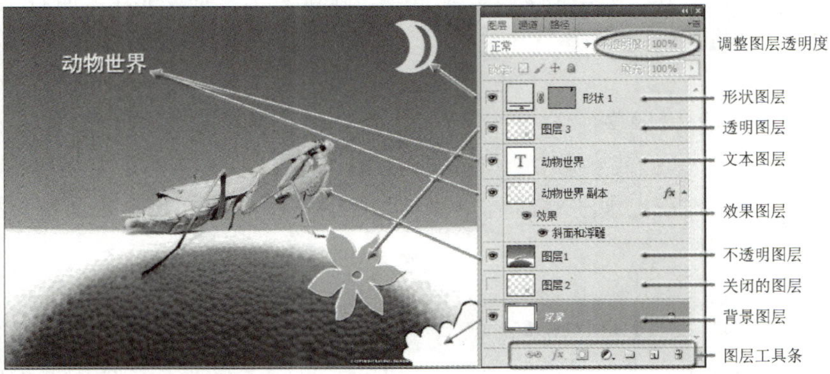

图 7-12　Photoshop 中不同类型的图层

3）文本图层

文本图层是用文本工具建立的图层，一旦在图像中输入文字，就会自动产生一个文本图层。文本图层的特点：可以反复修改和编辑文本图层；在文本图层上不能使用工具进行着色和绘图，如画笔、铅笔等；Photoshop 中的许多命令不能直接在文本图层上应用。文本图层可以转换为普通图层，但是转换后的普通图层将无法还原为文本图层。

4）形状图层

当使用矩形工具、圆角矩形工具、椭圆工具、多边形工具、直线工具或自由形状工具等在图像中绘制图形时，就会在“图层”面板中自动产生一个形状图层，并自动命名为“形状 1”。可以反复修改和编辑形状。在形状图层中不能直接执行某些 Photoshop 功能，如色调和色彩调整及应用滤镜等，必须将形状图层转换成普通图层之后才可使用这些功能。

3. 图层的基本操作

1）图层的选择

选择图层时，先单击工具栏的“移动”工具（见图 7-10 中的 V 区域），然后在“图层”面板中单击某一个图层，就可以选中该图层。选中的图层以蓝色显示，图 7-12 所示的“背景”图层为蓝色，表示当前图层是“背景”图层。

2）复制图层

可以将某一图层复制到同一幅图像中，或者复制到另一幅图像中。在同一幅图像中复制图层时，最快的方法是按 Ctrl+J 快捷键；或者将该图层拖动到“图层”面板下方的“创建新图层”按钮上，被复制图层的副本将出现在被复制图层的上方。

3）删除图层

选中要删除的图层，然后单击“图层”面板下方的“删除图层”按钮；也可以直接用鼠标指针拖动该图层到“删除图层”按钮上。

4）调整图层的叠放次序

初学者要特别注意图层的层次关系，因为不同的图层之间会存在遮挡现象。当图层不透明时，上面的图层会遮挡下面的图层。在“图层”面板中，选中某个图层后（该图层显示为蓝色），按住鼠标左键上下拖动，可以改变图层的次序。

5）图层的链接与合并

多个图层在链接后，可以方便地移动这些图层中的图像，同时可以对这些图层中的图像进行旋转和自由变形，以及对不相邻的图层进行合并。

对一些不需要的图层可以将它们合并，以减少文件占用的磁盘空间，同时可以提高操作速度。“向下合并”命令是将当前图层与下一图层合并，其他图层保持不变，可以按 Ctrl＋E 快捷键将图层向下合并；“合并可见图层”命令是将图像中显示的所有图层合并，而隐藏的图层保持不变；“拼合图像”命令是将图像中所有图层合并，并在合并过程中丢弃隐藏的图层。

6）图层的其他操作

- 如果要移动图层中的图像，可以使用“移动”工具来操作。
- 单击图层前面的小眼睛图标，可以关闭或打开图层。
- 双击图层的名称，可以对图层进行重命名。
- 在“图层”面板中选中图层并右击，可以在快捷菜单中选择命令，进行删除图层、合并图层、栅格化图层（如将文本图层或形状图层转换为普通图层）等操作。

4. 设置图层的不透明度

图层的“不透明度”的数值越大，图层的透明性越差。降低“不透明度”的数值后，图层中的图像会呈现出半透明的效果。如果各个图层中的“不透明度”均为 100%，那么各图层之间不存在重叠效果。当各图层处于半透明（“不透明度”的数值低于 100%）时，图层之间的重叠区域就会呈现色彩重叠的效果，如图 7-13 所示。

(a) 正常图层关系　(b) 图层遮挡关系　(c) 云彩的不透明度=70%

图 7-13　图层之间的遮挡关系

7.3.5 Photoshop 抠图技术

制作合成图像成功的前提是完美的抠图技术，即把需要的图像从原图的背景中分离，然后利用 Photoshop 强大的滤镜功能添加光影效果。抠图有多种方法，如使用矩形选框、套索、魔术棒、橡皮擦、通道等工具。利用工具选择了图像某个部分后，选区边缘会用闪烁的虚线表示。如果涉及人像抠图，特别是用于头发抠图时，仅用简单工具则无法达到满意的抠图效果，往往需要利用通道功能来实现抠图效果。

1. 利用魔棒工具抠图

【例 7-4】 利用魔棒工具抠图。

打开一个图像文件，按 Ctrl＋J 快捷键复制图层；按 W 键选择魔棒工具，在工具的属性栏设置“容差”值为 20（见图 7-14），在图像背景上单击，这时会形成一个小的选区，按 Delete 键删除背景图像；然后调整

魔棒工具的“容差”值，单击其他没有删除的图像背景部分，按 Delete 键删除；将所有背景删除后（见图 7-14），按 Ctrl+D 快捷键取消选区；然后在图像中插入新的背景图像，形成一幅合成图像。

图 7-14　魔棒工具的不同容差值对选区的影响

2. 利用羽化功能抠图

利用套索的羽化功能可以对图像进行粗略的抠图，这种抠图方法的缺点是图像的边界不精确。方法是：单击套索工具，用套索粗略地围住图像，边框各处要与图像边界有差不多的距离，保证之后羽化范围的一致性；然后右击，在快捷菜单中选择“羽化”命令；在打开的“羽化选区”对话框中设置羽化半径，羽化半径的大小要根据前一步边框与图像的间距调节。

【例 7-5】 利用羽化功能抠图。

打开一个图像文件，按 Ctrl+J 快捷键复制图层；按 M 键选择椭圆选框工具，在工具的属性栏设置“容差”值为 30；在图像外部用鼠标指针拖出一个椭圆选区；按 Ctrl+Shift+I 快捷键对选区进行反向，按 Delete 键删除选区（见图 7-15）。使用完羽化功能后，必须将“羽化”值调回 0，不然将影响后续操作。

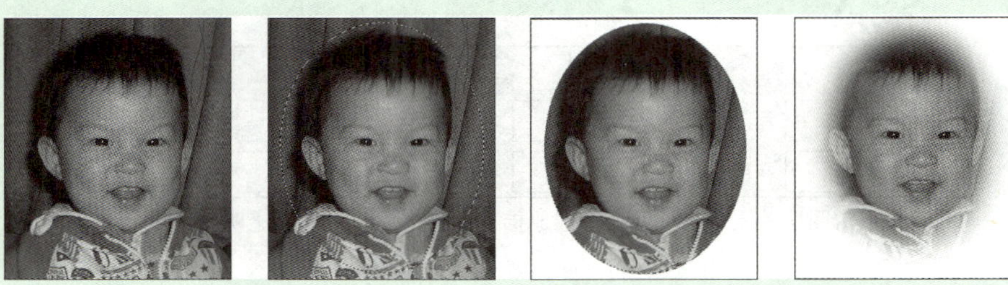

(a) 原图　(b) 椭圆选区　(c) 羽化=0像素的效果　(d) 羽化=30像素的效果

图 7-15　羽化抠图的效果

3. 利用套索工具抠图

套索是一种常用的抠图工具，套索工具有套索、多边形套索和磁性套索。使用套索工具，可以选取不规则形状的曲线区域。

使用多边形套索工具，可以选择不规则形状的多边形和曲线，应用较为广泛。使用多边形套索工具时，如果在选取图像时按住 Shift 键，则可按水平、垂直或 45° 方向选取线段。使用多边形套索工具时，如果按住 Alt 键，则可切换到磁性套索工具。使用多边形套索工具拖动选取时，如果按 Delete 键，则可删除最近选取的线段；如果按 Esc 键，则取消选择。

磁性套索工具具有自动识别图像边界，并自动黏附在图像边界上的功能，对于一些边缘清晰的图像，选取方便、快速。磁性套索工具的缺点是边界模糊，处理时需仔细放置边界点。

4. 利用其他方法抠图

除以上抠图工具外，还有很多种抠图方法。例如，利用钢笔工具抠图也是不错的选择；Photoshop CS5 中有一个比魔棒工具更加强大的快速选择工具，可以像绘画一样选择图像区域，利用它可以快速选择颜色差异大的图像；除了用工具选择外，还可以用色彩范围进行选区的选择。利用 Photoshop 抠图之前，先分析图像的色彩构成，再灵活运用各种工具来抠图，可以达到事半功倍的效果。

7.3.6 Photoshop 文字编辑

利用 Photoshop 的文字处理功能，可以对文本进行编辑操作，如在同一文本图层设置多种文本格式，在输入文本时实现自动换行、转换文本路径等。

1. 输入文字

【例 7-6】 在图像中输入文字。

打开一个图像文件，按 T 键选择文字工具，在图像中单击，这时会在屏幕右边出现“字符”面板（见图 7-16），并且自动建立一个文本图层；在“字符”面板中设置字体为“幼圆”，字号为“24 点”，行距为“34 点”，颜色为“蓝色”，消除锯齿为“浑厚”；然后输入文字，文字较多时，按 Enter 键换行后继续输入；文字输入完成后，在工具栏选择移动工具，将文字移动到合适位置即可。

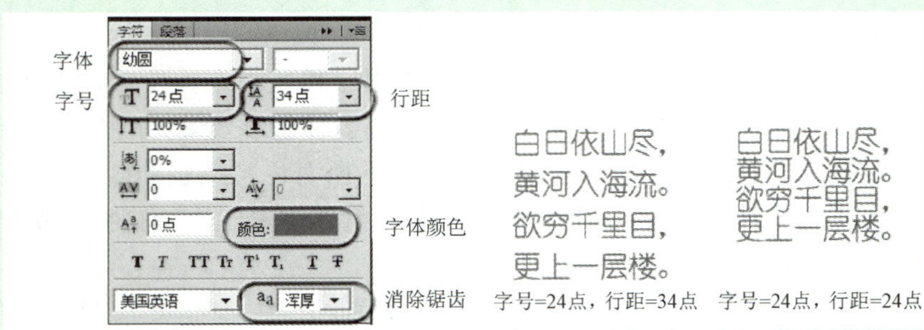

图 7-16　“字符”面板中文字参数的设置

文本图层具有可以反复修改的灵活性，当输入的文本内容有错误，或者用户对文本格式不满意时，可以重新修改和编辑文本内容。其方法是在已有的文本上单击，然后进行文本内容的修改。

2. 设置文字的浮雕效果

【例 7-7】 对图像中的文字设置浮雕效果。

对文字进行斜面与浮雕效果的处理，可以制作出具有立体感的文字和图形效果。制作特效文字时，浮雕效果的应用非常普遍。其方法是：在“图层”面板中选中需要进行浮雕效果处理的图层并右击，在弹出的快捷菜单中选择“混合选项”命令；在打开的对话框中进行各种浮雕效果的设置。常见的浮雕效果如图 7-17 所示。

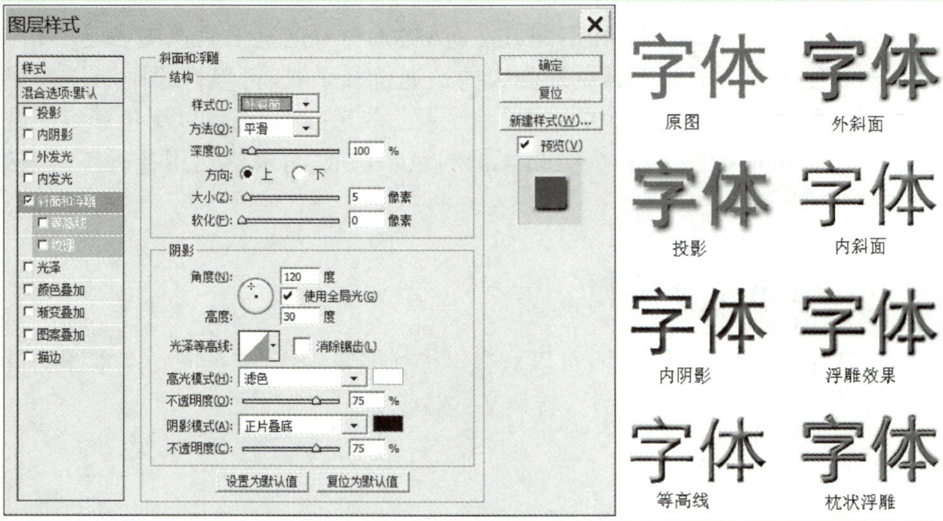

图 7-17 “混合选项”列表中“斜面和浮雕”效果的参数设置和各种浮雕效果

7.3.7 Photoshop 色彩处理

1. 图像的色彩控制

Photoshop 提供了多个图像色彩控制命令，可以很轻松快捷地改变图像的色相、饱和度、亮度和对比度。通过这些命令的使用，可以创作出呈现多种色彩效果的图像。但要注意的是，使用这些命令后或多或少都要丢失一些颜色数据，因为所有色彩调整的操作都是在原图的基础上进行的，因而不可能产生比原图像更多的色彩，尽管在屏幕上不会直接反映出来，但事实上在转换调整的过程中就已经丢失了数据。

色彩调整功能都在“图像”→“调整”菜单下的级联菜单中，有亮度 / 对比度、色阶、曲线、曝光度、色彩平衡、黑白、反相、色调分离、阴影 / 高光、变化、去色等命令。

2. 图像的亮度和对比度调整

亮度是指人对光强度的感受，对比度是指图像明暗区域中最亮的白色和最暗的黑色之间的差异程度。明暗区域的差异范围越大，代表图像的对比度越高。高对比度的图像，由于缺少中间色调，画面缺少细节，但是能够形成较强的视觉冲击力。低对比度的图像，由于缺少色彩的强烈对比，图像显得灰暗、不清晰。对比度适当的图像可以形成一定的空间感，带给人强烈的视觉冲击力，能够获得清晰的画面效果。

【例 7-8】 对图 7-18 中的图像进行亮度调整。

选择“文件”→“打开”命令，打开图片文件，如图 7-18(a)所示；再选择“图像”→“调整”→“亮度 / 对比度”命令，打开“亮度 / 对比度”对话框，如图 7-18(b)所示。亮度 / 对比度的值为负值时，图像的亮度和对比度下降；若其值为正值时，则图像的亮度和对比度增加；当其值为 0 时，图像不发生变化。用鼠标指针拖动三角形滑块，调整亮度和对比度的参数值，当对图像的亮度和对比度满意后，单击“确定”按钮。调整亮度和对比度后的效果如图 7-18(c)所示。

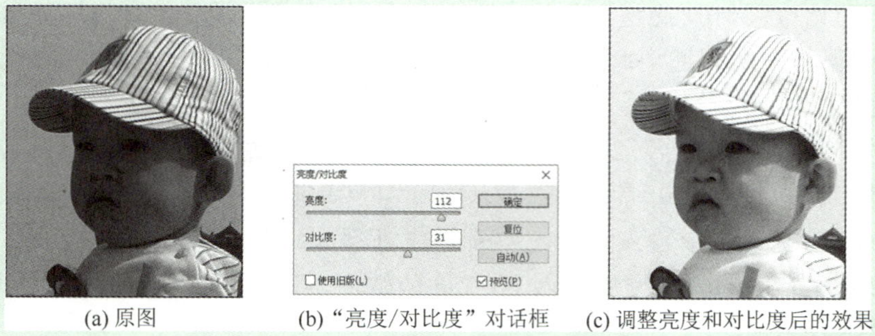

(a) 原图　(b)“亮度/对比度”对话框　(c) 调整亮度和对比度后的效果

图 7-18　图像亮度 / 对比度的调整

3. 图像的色调调整

使用“曲线”命令可以调整图像的色调和明暗度。既可以对整个图像进行调整，也可以对图像的某一选取范围或图像的某一个颜色通道进行调整。选择“图像”→“调整”→“曲线”命令，或者按 Ctrl＋M 快捷键，打开“曲线”对话框，如图 7-19 所示，在“通道”下拉列表中选择要调整的通道的色彩（如“绿”通道），然后单击图表中的斜线，增加一个节点后，用键盘上的方向键移动节点位置，就可以调整图片的色调；也可以用鼠标指针拖动曲线进行调整。删除节点时，将节点拖到坐标区域外即可；或者选中节点后，按 Delete 键删除节点。

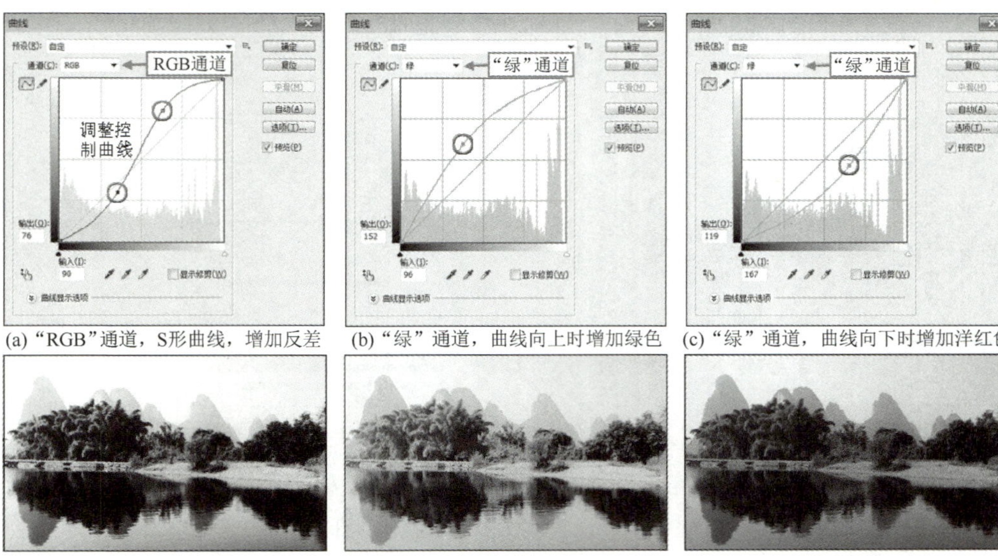

(a)“RGB”通道，S形曲线，增加反差　(b)“绿”通道，曲线向上时增加绿色　(c)“绿”通道，曲线向下时增加洋红色

图 7-19　图像色彩的调整

利用“曲线”命令，除了调整图像的亮度外，还可以调整图像的对比度和控制色彩。“曲线”命令的功能实际上是由“反相”“色调分离”“亮度 / 对比度”等多个命令组成的。图像的色彩是由 R、G、B（红、绿、蓝）3 个通道组成的。如图 7-19（a）所示，在“RGB”通道中，图中的斜线调整为 S 形曲线，可以增加图像的反差。在“红”通道中，曲线向上时增加红色，曲线向下时增加青色。如图 7-19（b）和图 7-19（c）所示，在“绿”通道中，曲线向上时增加绿色，曲线向下时增加洋红色。在“蓝”通道中，曲线向上时增加蓝色，曲线向下时增加黄色。

4. 图像的色阶调整

对图像进行“色阶”调整的方法是：按 Ctrl＋L 快捷键，打开“色阶”对话框，如图 7-20 所

示。在“色阶”对话框中，在“通道”下拉列表中选择要进行色调调整的通道。如果选择“RGB”主通道，色调调整将对所有通道起作用。如果只选择R、G、B通道中的某个通道，则色阶调整只对所选通道起作用。

“输入色阶”的调整：如图7-20所示，在左侧的文本框中输入0～253的数值，可以增加图像的暗部色调（或者如图7-20所示，在“输入色阶”栏中，拖动左边的三角形滑块，改变文本框中的值）；在中间的文本框中输入0.01～9.99的数值，可以控制图像的中间色调（或拖动中间的三角形滑块）；在右侧的文本框中输入2～255的数值，可以增加图像的亮部色调（或拖动右边的三角形滑块）。

5. 图像的色相和饱和度调整

“色相/饱和度”命令主要用于改变像素的色相及饱和度，还可以给像素指定新的色相和饱和度，实现给灰度图像染上色彩的功能。

按Ctrl+U快捷键，打开“色相/饱和度”对话框，如图7-21所示，在该对话框中分别拖动“色相”（范围－180～＋180）、“饱和度”（范围－100～＋100）和“明度”（范围－100～＋100）的三角形滑块，控制图像的色相、饱和度及明度（或亮度），此时需要在下拉列表中选择“全图”选项，才能对图像中的所有像素起作用。当选中“全图”选项之外的其他选项时（如红色），对话框中的3个吸管按钮会变亮，其功能如下。

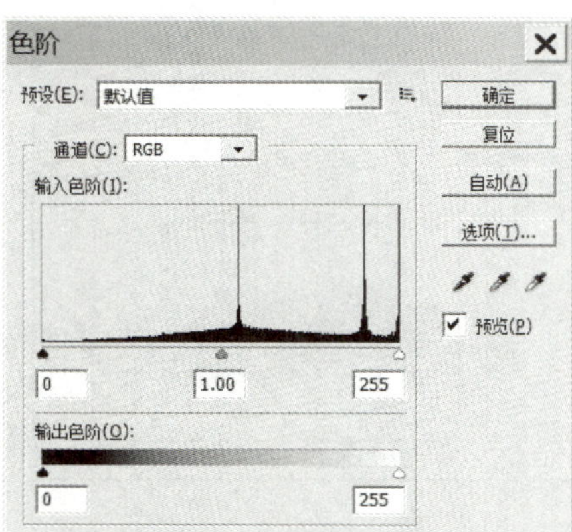

图7-20 图像色阶的调整

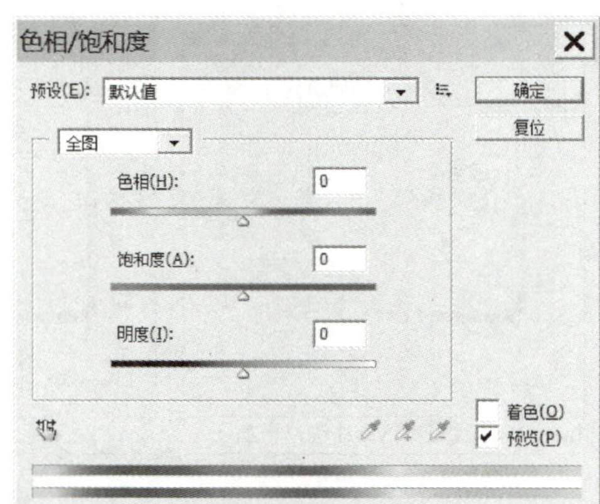

图7-21 图像色相和饱和度的调整

（1）选择“吸管工具”按钮（左），在图像中单击，可选择一种颜色作为色彩变化的范围。

（2）选择“添加到取样”按钮（中），在图像中单击，可以在原有色彩的变化范围上增加当前单击的颜色范围。

（3）选择“从取样中减去”按钮（右），在图像中单击，可以在原有色彩的变化范围上删减当前单击的颜色范围。

（4）勾选“着色”复选框，可以将灰色和黑白图像转换成彩色图像。

7.3.8 绘制竹简画

本节利用Photoshop CS5绘制一幅简单的竹简画。

1. 新建文件

步骤1：启动Photoshop CS5，按Ctrl+N快捷键，打开“新建”对话框，设置宽度为1 024像

素，高度为 780 像素，分辨率为 72 像素 / 英寸，名称为“竹简画”，其他参数不变，单击“确定”按钮，新建一个文件。

步骤 2：按 Shift＋Ctrl＋N 快捷键，打开“新建图层”对话框，单击“确定”按钮，增加一个“图层 1”。按 D 键，将前景色设置为黑色，背景色设置为白色。

2. 制作竹简纹理

步骤 3：选择“滤镜”→“渲染”→“云彩”命令，设置云彩渲染效果如图 7-22 所示。

步骤 4：选择“滤镜”→“杂色”→“添加杂色”命令，在打开的“添加杂色”对话框中设置数量为 20%，选中“平均分布”单选按钮，勾选“单色”复选框，单击“确定”按钮（见图 7-23）。

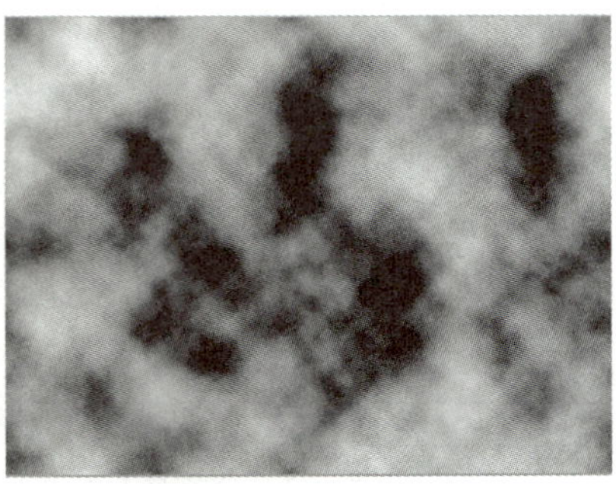

图 7-22　云彩渲染效果

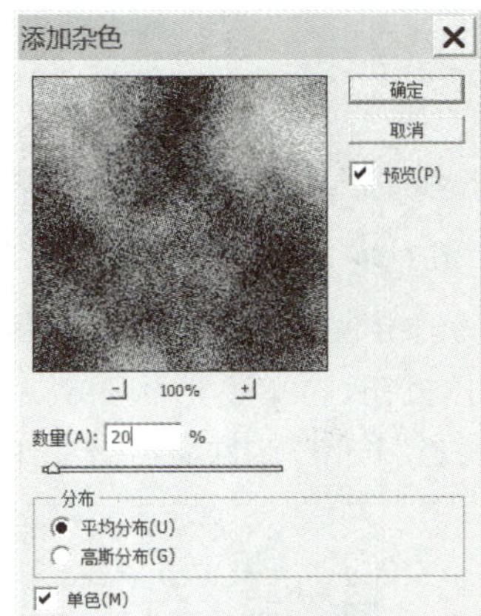

图 7-23　“添加杂色”对话框

步骤 5：选择“滤镜”→“模糊”→“动感模糊”命令，在打开的“动感模糊”对话框中设置“角度”为 90 度，“距离”为 999 像素，如图 7-24 所示，单击“确定”按钮。

步骤 6：在工具栏选择“矩形选框”工具，在绘图区用矩形选区工具选择纹理和光照比较满意的区域（选中区域闪烁的虚线称为蚂蚁线，选区可稍微宽一点，之后可调整），如图 7-25 所示。按 Ctrl＋C 快捷键复制选区，按 Ctrl＋V 快捷键粘贴选区，形成“图层 2”。单击“图层 1”上的小眼睛，关闭“图层 1”。

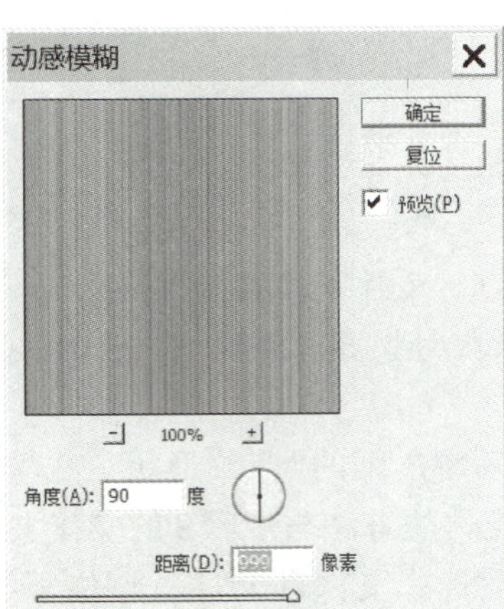

图 7-24　“动感模糊”对话框

图 7-25　竹简选区

步骤 7：按 Ctrl＋U 快捷键，打开“色相 / 饱和度”对话框，如图 7-26 所示，在对话框中勾

选“着色”复选框,“色相”设为28,“饱和度”设为40,“明度”设为0,单击“确定”按钮。

步骤8:按Ctrl+T快捷键,调出“自由变换”工具,如图7-27所示,拖动变形控制点,改变竹筒的高度和宽度,然后按Enter键确认。

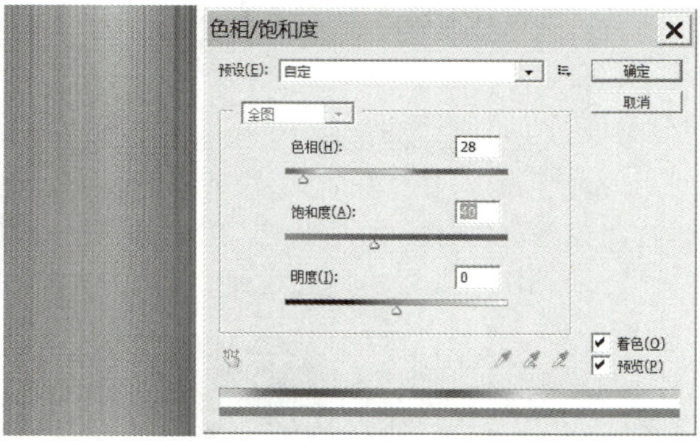

图7-26　利用“色相/饱和度”工具给竹筒上色

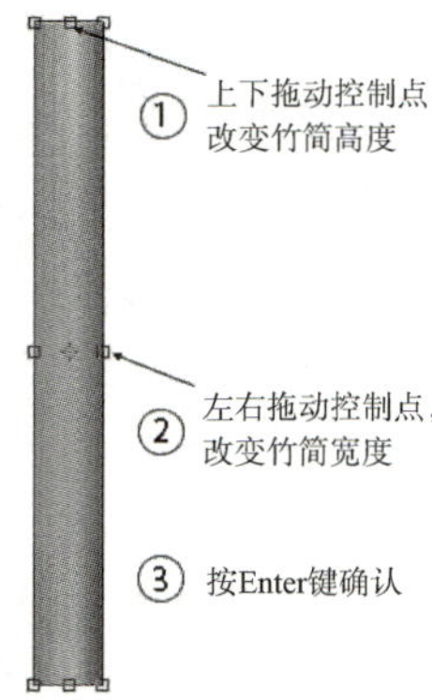

图7-27　改变竹筒大小

步骤9:如图7-28所示,在工具栏中选择“自定形状”工具,单击工具的属性栏中“形状”右边的下拉按钮,再单击形状面板右边的下拉按钮,在打开的下拉菜单中选择“全部”命令,然后单击“确定”按钮,这样就打开了Photoshop CS5自带的全部形状。

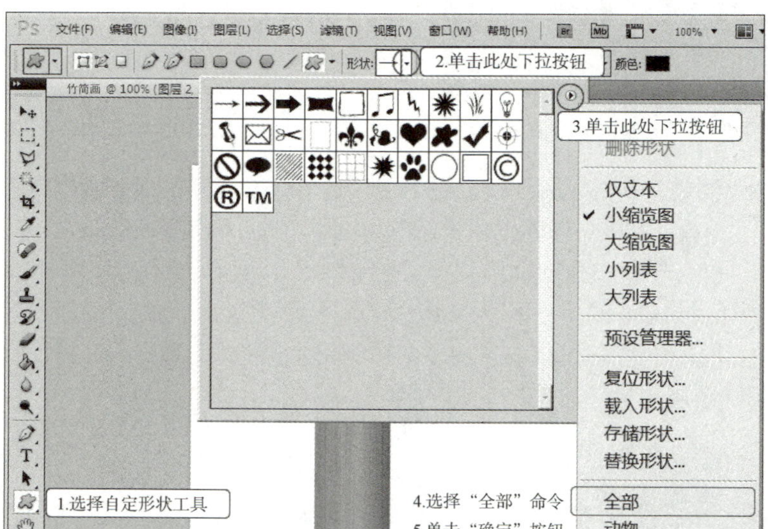

图7-28　调出全部“自定形状”工具

注意: Photoshop自带的形状是一种制作好的矢量图形,文件扩展名为“csh”,形状文件可以帮助用户快速简单地画出一些复杂的图形。读者可以在浏览器以关键词“PS形状”进行搜索,然后下载需要的形状文件。

下载“形状”文件后,需要进行解压缩。假设将下载后解压缩的“花纹形状200款.csh”文件存放在“E:\网络下载\PS形状文件\”。调用这个形状文件的方法与步骤9的操作大致相同,只是不选择“全部”命令,而是选择“载入形状”命令,然后选择文件目录“E:\网络下载\PS形状文件\”,再选择“花纹形状200款.csh”文件,即可调入自定义的形状文件。也可以将形状文件直接复制到“D:\Photoshop CS5\Adobe Photoshop CS5\Presets\Custom Shapes\”目录中(这里假设Photoshop CS5安装在D盘),以便于调用。

在 Photoshop 中，还有另外一些常用的工具文件，如 *.abr（笔刷文件）、*.pat（图案填充文件）、*.asl（样式文件）等。这些文件都可以在网络下载，然后按照以上方法加载后使用。

3. 制作竹筒装饰花纹

步骤 10：如图 7-29 所示，在工具栏设置前景为黑色，在工具栏选择“自定形状”工具，单击工具属性栏的“形状”右边的下拉按钮，打开形状面板，单击“装饰 8”（花纹）图案。在绘图区画出装饰图案，注意要小于竹筒宽度。然后在“形状 1”图层的蓝色处右击，在快捷菜单中选择“栅格化图层”命令。

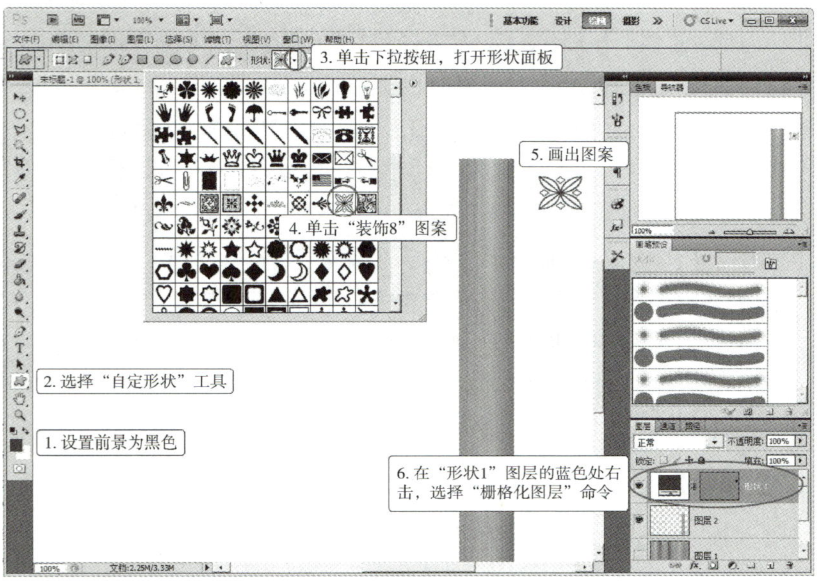

图 7-29　绘制竹筒的装饰花纹

步骤 11：在工具栏选择“移动”工具，将图案移动到竹筒上部。

步骤 12：在“形状 1”图层上右击，在快捷菜单中选择“混合选项”命令。打开如图 7-30 所示的“图层样式”对话框，勾选“斜面和浮雕”复选框，在“样式”下拉列表中选择“枕状浮雕”，“深度”为 280%，单击“确定”按钮。

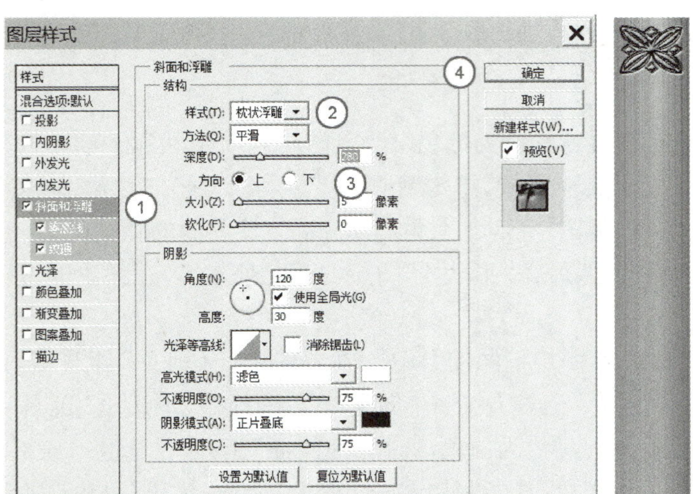

图 7-30　绘制装饰花纹的浮雕效果

步骤 13：按 Ctrl＋J 快捷键，复制一个“形状 1 副本”图层，选择“移动”工具，将复制的新图层移动到竹简图层的下方。按两次 Ctrl＋E 快捷键，将该图层合并到“图层 2”。选择“图层 1”并右击，在快捷菜单中选择“删除图层”命令，在“删除图层 1”的对话框中单击“是”按钮，然后选择“图层 2”。

4. 竹简打孔

步骤 14：按 Shift＋Ctrl＋N 组合键，在打开的“新建图层”对话框中，单击“确定”按钮，增加一个“图层 3”。选择“椭圆选框”工具，按住 Shift 键不松，拖动鼠标指针画出一个 3～4 个像素大小的选区。选择“前景”为白色，选择“油漆桶”工具，在蚂蚁线内部单击，填充白色，按 Ctrl＋D 快捷键取消选区。选择“移动”工具，将白色小圆移到竹简上部。

步骤 15：在“图层 3”（白色小圆）上右击，在快捷菜单中选择“混合选项”命令。如图 7-30 所示，在“图层样式”对话框中，勾选“斜面和浮雕”复选框（注意不要勾选“纹理”复选框），在“样式”下拉列表中选择“枕状浮雕”，“深度”为 280%，单击“确定”按钮。

步骤 16：按 Ctrl＋J 快捷键，复制一个“图层 3 副本”，选择“移动”工具，将复制的新图层移动到竹简的右方（或左方），竹简打孔效果如图 7-31 所示。按 Ctrl＋E 快捷键，将该图层合并到“图层 3”。按 Ctrl＋J 快捷键，复制一个“图层 3 副本”，选择“移动”工具，将复制的新图层移动到竹简图层的下方，按两次 Ctrl＋E 快捷键，将图层合并到“图层 2”。

图 7-31　竹简打孔效果

5. 制作竹简立体效果

步骤 17：在“图层 2”上右击，在快捷菜单中选择“混合选项”命令。在打开的“图层样式”对话框中，勾选“斜面和浮雕”复选框（注意不要勾选“纹理”复选框），在“样式”下拉列表中选择“内斜面”，“深度”为 1 000%，单击“确定”按钮。

步骤 18：按 Ctrl＋J 快捷键，复制一个“图层 2 副本”，选择“移动”工具，按“→”方向键，将复制的新图层移动到竹简的右方（或左方），效果如图 7-32 所示。按 Ctrl＋E 快捷键，将图层合并到“图层 2”。

图 7-32　竹简的复制和移动效果

步骤 19：按步骤 18 的方法复制多个竹简，然后都合并为“图层 2”。

6. 竹简穿绳的制作

步骤 20：在工具栏设置前景色为黑色，然后选择“自定形状”工具，单击工具属性栏的“形状”右边的下拉按钮，打开形状面板，单击“拼贴 2”图案（斜线）。在绘图区按住鼠标左键拖动，画出“斜线”穿孔绳图案（见图 7-33 左上角），注意高度比竹简的孔稍微小一点，长度比两个孔之间的距离稍微短一点。然后在“形状 1”图层的蓝色处右击，在弹出的快捷菜单中选择“栅格化图层”命令。

步骤 21：选择“形状 1”图层下面的“图层 2”，按 Shift＋Ctrl＋N 组合键，在打开的“新建图层”对话框中单击“确定”按钮，增加一个“图层 3”。选择“矩形选框”工具，在“斜线”穿孔绳周边拖出一个选区。设置前景色为白色，选择“油漆桶”工具，在选区内部单击，设置穿孔绳背景为白色。设置前景色为黑色，选择“编辑”→“描边”命令，打开“描边”对话框，如图 7-33 所示，在对话框中设置宽度为 1 像素，位置为居中，单击“确定”按钮，按 Ctrl＋D 快捷键，取消选

区。选择“形状 1”图层，按 Ctrl＋E 快捷键，合并“形状 1”和“图层 3”（合并后的图层名称为下面图层的名称；这里合并后的图层名称为“图层 3”）。

步骤 22：右击“图层 3”，在弹出的快捷菜单中选择“混合选项”命令。在打开的“图层样式”对话框中，勾选“斜面和浮雕”复选框（注意不要勾选“纹理”复选框），在“样式”下拉列表中选择“内斜面”，“深度”为 300%，单击“确定”按钮。选择“移动”工具，按键盘上的方向键“→”，将“图层 3”移到竹简的两个孔之间，穿孔绳效果如图 7-34 所示。

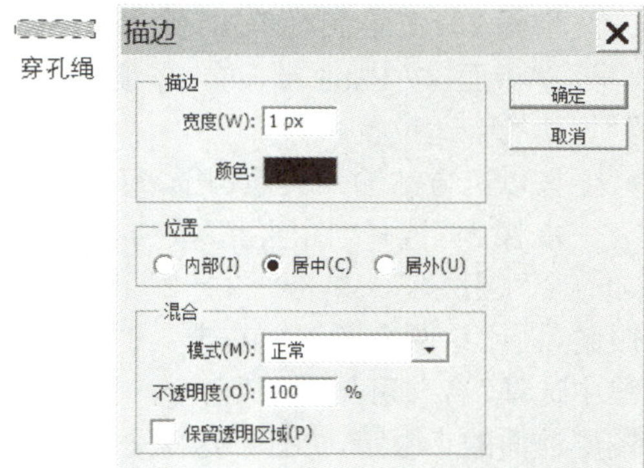

图 7-33　“描边”对话框

步骤 23：按 Ctrl＋J 快捷键，复制一个“图层 3 副本”，选择“移动”工具，按键盘上的方向键“→”，将复制的新图层移到竹简的两个孔之间，按 Ctrl＋E 快捷键，将该图层合并到“图层 3”。

步骤 24：按步骤 23 的方法复制多个穿孔绳，并且移动到合适的位置，然后合并，全部竹简穿孔绳效果如图 7-35 所示。复制一个穿孔绳，移到竹简下方，然后合并图层。最终只剩下“图层 2”和“背景”图层。

图 7-34　穿孔绳效果

图 7-35　全部竹简穿孔绳效果

7. 竹简刻字

步骤 25：如图 7-36 所示，设置前景色为黑色，选择“横排文字”工具，在菜单栏选择“设计”工作区，在“字符”面板设置字体为“华文行楷”，字号为“48 点”，行距为“60 点”。

图 7-36　输入文字

步骤 26：在绘图区单击，输入文字“早发白帝城”，输完句子后，将光标移到“发”字前面，“早”字后面，按 Enter 键，将句子变成竖排（见图 7-36）。在工具栏选择“移动”工具，将文字移到竹简的合适位置。

按以上方法输入其他句子，每个句子一个图层，这样便于调整文字位置。

步骤 27：选择“图层 2”，按 Shift+Ctrl+N 组合键，增加一个“图层 3”。单击“图层 2”和“背景”图层前面的小眼睛，关闭这两个图层。右击“图层 3”，在弹出的快捷菜单中选择“合并可见图层”命令。单击“图层 2”和“背景”图层前面的小眼睛，再打开这两个图层。

右击“图层 3”，在弹出的快捷菜单中选择“混合选项”命令。在打开的“图层样式”对话框中，勾选“斜面和浮雕”复选框（注意不要勾选“纹理”复选框），在“样式”下拉列表中选择“枕状浮雕”，“深度”为 280%，单击“确定”按钮。至此，图形制作基本完成，唐诗竹简画的最终效果如图 7-37 所示。

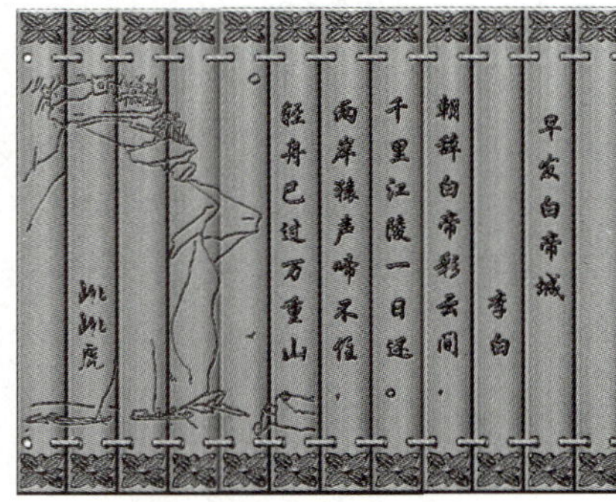

图 7-37　唐诗竹简画的最终效果

8. 保存图像文件

步骤 28：选择“背景”图层并右击，在弹出的快捷菜单中选择“拼合图像”命令。

步骤 29：选择“文件”→“存储为”命令，在“格式”下拉列表中选择“JPEG”文件格式，单击“保存”按钮；在“JPEG 选项”对话框中设置“品质”为“12”，单击“确定”按钮，保存图像文件。

7.3.9　制作图形标志

本节利用 Photoshop CS5 绘制图形标志。

1. 新建文件

步骤 1：启动 Photoshop CS5，按 Ctrl+N 快捷键，打开“新建”对话框，设置宽度为 1 024 像素，高度为 780 像素，分辨率为 72 像素 / 英寸，文件名为“图形标志”，其他参数不变，单击“确定”按钮，新建一个文件。

步骤 2：按 Shift+Ctrl+N 快捷键，单击“确定”按钮，增加一个“图层 1”。在菜单栏选择“设计”工作区，选择“色板”面板，单击“红色”色块，设置前景色为红色，背景色为白色。

2. 制作圆环

步骤 3：在菜单栏选择“视图”→“显示”→“网格”命令。选择“椭圆选框”工具，如图 7-38 所示，在绘图区拖动绘制一个圆形选区。

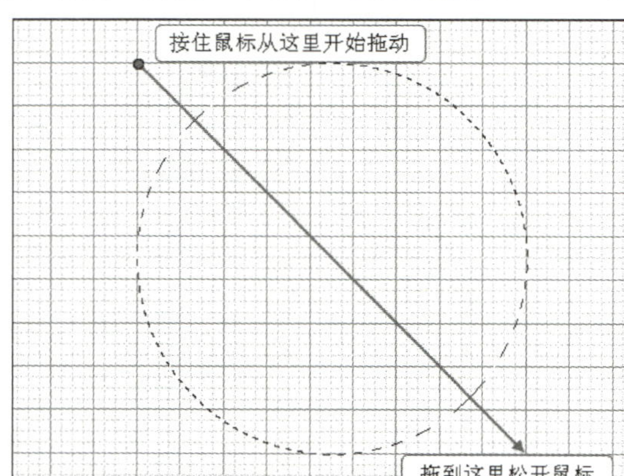

图 7-38　画出圆形选区

步骤 4：按住 Alt 键不松，如图 7-39 所示，在原来起点上退后 2 个小格，在绘图区拖动绘制一个圆形选区，拖动到终点时，要比原来终点小 2 个小格。这样就形成了一个圆环。

步骤 5：在“色板”面板上选择前景色为“红色”，选择“油漆桶”工具，在圆环内部单击，将圆环填充为红色，如图 7-40 所示。

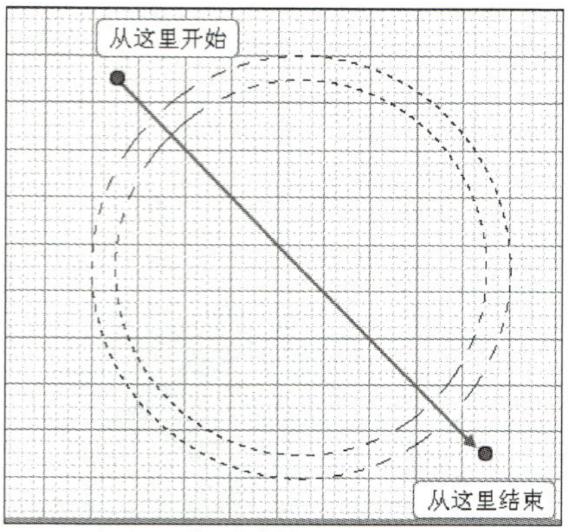

图 7-39　绘制圆环选区

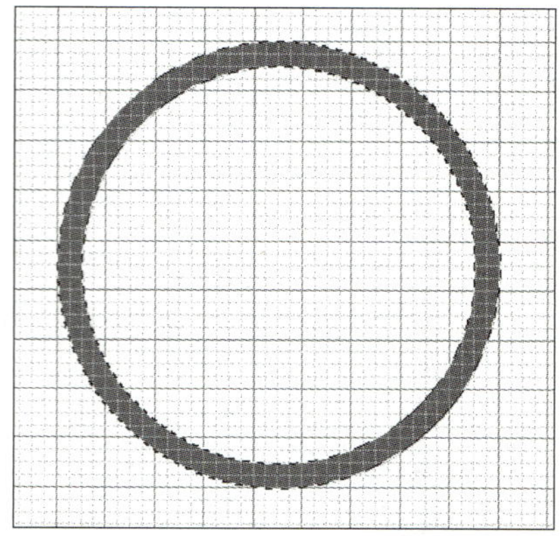

图 7-40　圆环填色

3. 制作斜线

步骤 6：按 Shift＋Ctrl＋N 快捷键，增加一个“图层 2”。选择“矩形选框”工具，如图 7-41 所示，在“图层 2”绘制一个矩形选区，并填充红色。

步骤 7：按 Ctrl＋T 快捷键，选择“自由变形”工具，如图 7-42 所示，将矩形倾斜 45°，并调整矩形框的位置，按 Enter 键确认。然后按 Ctrl＋E 快捷键，合并“图层 2”到“图层 1”。在菜单栏选择“视图”→“显示”→“网格”命令，取消网格的显示。

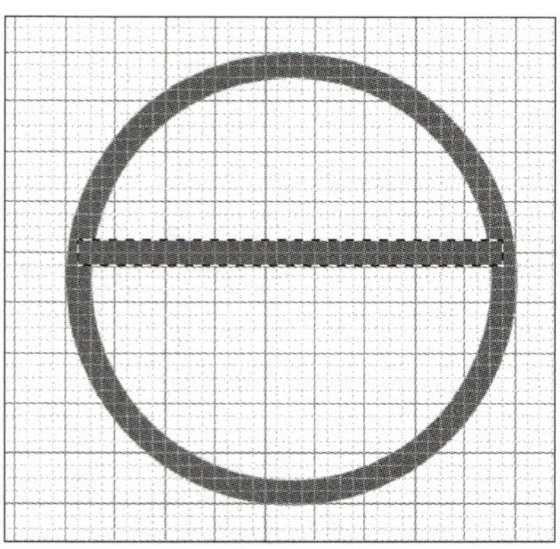

图 7-41　绘制矩形选区并填色

图 7-42　倾斜矩形条

4. 背景上色

步骤 8：单击工具栏下方的“前景色”，打开“拾色器（前景色）”对话框，如图 7-43 所示，在下方输入色相值为 #fa9632，单击“确定”按钮。选择“背景”图层，在工具栏中选择“油漆桶”工具，在绘图区单击，给背景上色。

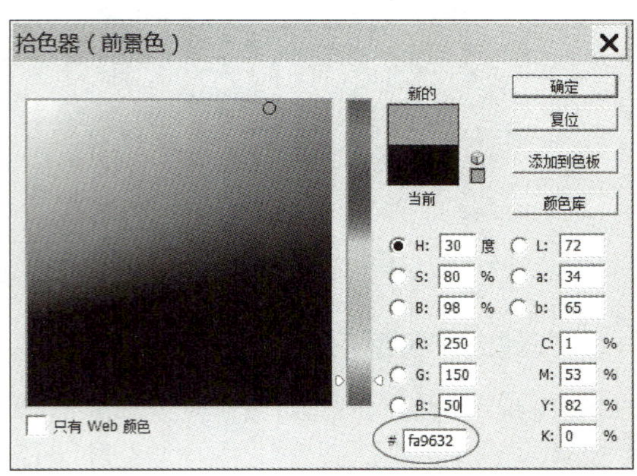

图 7-43　填充背景色

5. 标志立体化

步骤 9：选择“图层 1”，按住 Ctrl 键，单击“图层 1”，标志外围形成蚂蚁线，松开 Ctrl 键。在工具栏设置前景色为白色，在菜单栏选择“编

辑”→“描边”命令，在打开的“描边”对话框中设置宽度为 3 像素，位置为居中，单击“确定”按钮，如图 7-44 所示，按 Ctrl+D 快捷键取消选区。

步骤 10：右击“图层 1”，在弹出的快捷菜单中选择“混合选项”命令。在打开的“图层样式”对话框中，勾选“斜面和浮雕”复选框（注意不要勾选“纹理”复选框），在“样式”下拉列表中选择“浮雕效果”，“深度”为 300%，单击“确定”按钮，标志的浮雕效果如图 7-45 所示。

图 7-44　标志描边

图 7-45　标志的浮雕效果

6. 输入文字

步骤 11：在工具栏设置前景色为黑色，选择“横排文字”工具，在工具的属性栏设置字体为“黑体”，字号为“200 点”。输入文字“大声喧哗”，并调整文字位置，如图 7-46 所示。

步骤 12：选择“大声喧哗”文字图层并右击，在弹出的快捷菜单中选择“栅格化文字”命令。

步骤 13：按住 Ctrl 键不松，单击“大声喧哗”图层，文字外围形成蚂蚁线，松开 Ctrl 键。在工具栏设置前景色为白色，选择“编辑”→“描边”命令，设置宽度为“3 像素”，位置为“居外”，单击“确定”按钮，按 Ctrl+D 快捷键取消选区。

步骤 14：选择“大声喧哗”文字图层并右击，在弹出的快捷菜单中选择“混合选项”命令。在打开的“图层样式”对话框中，勾选“斜面和浮雕”复选框（注意不要勾选“纹理”复选框），在“样式”下拉列表中选择“浮雕效果”，“深度”为 300%，单击“确定”按钮，文字的浮雕效果如图 7-47 所示。

图 7-46　输入文字

图 7-47　文字的浮雕效果

7. 建立文字覆盖效果

步骤 15：选择“背景”图层，按 Shift+Ctrl+N 快捷键增加一个“图层 2”，选择“图层 1”（标志），按 Ctrl+E 快捷键合并“图层 1”到“图层 2”。选择“矩形选框”工具，如图 7-48 所示，在“图层 2”选择一个选区，按 Ctrl+C 快捷键复制选区，按 Ctrl+V 快捷键粘贴选区，形成“图层 3”。

步骤 16：选择“图层 3”，移动“图层 3”，按住鼠标左键不松，往上移动，将“图层 3”移到“大声喧哗”文字图层之上，松开鼠标。选择“移动”工具，将“图层 3”的斜线移动到合适位置，文字覆盖效果如图 7-49 所示。

图 7-48　选择选区

图 7-49　文字覆盖效果

步骤 17：选择“大声喧哗”文字图层，按 Ctrl＋E 快捷键，合并到“图层 2”。再选择“图层 3”，按 Ctrl＋E 快捷键，合并到“图层 2”，此时只有“图层 2”和“背景”图层。

8. 建立背景灯光

步骤 18：选择“背景”图层，选择“滤镜”→“渲染”→“光照效果”命令，在打开的“光照效果”对话框（见图 7-50）中，调整“光照效果”左边的控制点，将高光调整到上方，如图 7-51 所示。单击“确定”按钮，标志的最终效果如图 7-52 所示。

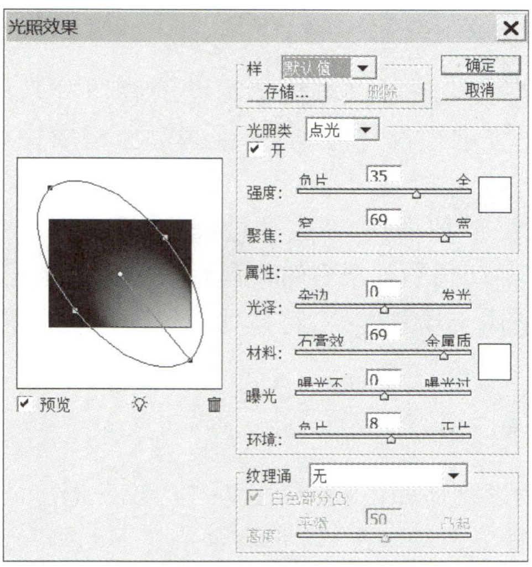

图 7-50　“光照效果”对话框

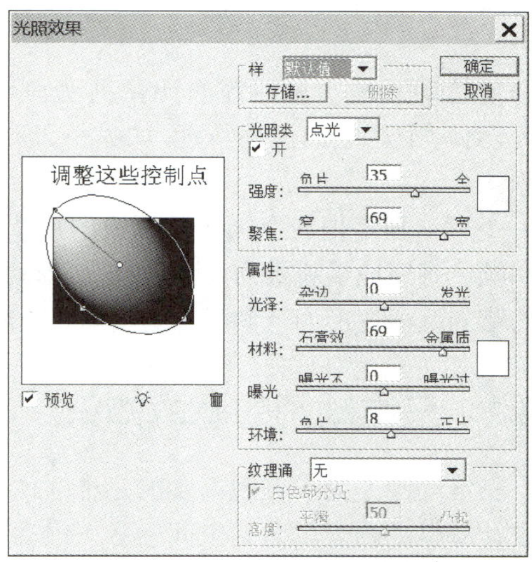

图 7-51　调整高光效果

图 7-52　标志的最终效果

7.4 动画制作技术

7.4.1 动画的类型

动画（animation）是多幅按一定频率连续播放的静态图像。动画利用了人眼的视觉暂留效应。人们在观看物体时，画面在人脑中大约要停留 $\frac{1}{24}$ s，如果每秒有 24 幅或更多画面进入大脑，人们在来不及忘记前一幅画面时就看到了后一幅画面，从而形成了连续的动态影像。这就是动画的形成原理。动画有逐帧动画、矢量动画和变形动画几种类型。

逐帧动画是由多帧内容不同而又相互联系的画面，连续播放而形成的视觉效果。如图 7-53 所示，构成这种动画的基本单位是帧，人们在创作逐帧动画时需要将动画的每一帧描绘下来，然后将所有帧排序并播放，工作量非常大。

图 7-53 逐帧动画

矢量动画是一种纯粹的计算机动画形式。矢量动画可以对每个运动的物体分别进行设计，对每个对象的属性特征，如大小、形状、颜色等进行设置，然后由这些对象构成完整的动画。

变形动画是把一个物体从原来的形状改变成另一种形状，在改变过程中，把变形的参考点和颜色有序地重新排列，就形成了变形动画。这种动画的效果有时候是惊人的，如将一只奔跑的猎豹逐渐变形为一辆奔驰的汽车。变形动画适用于场景转换、特技处理等影视动画制作。

7.4.2 三维动画的基本知识

三维动画是为了表现真实的三维立体效果，无论物体如何旋转、移动、拉伸、变形等，都能通过计算机动画表现它的空间感。三维动画是一种矢量动画形式，它融合了变形动画和逐帧动画的优点，可以说三维动画才是真正的计算机动画。三维动画软件对计算机硬件和软件环境的要求相当高，目前利用普通计算机就能完成三维动画设计。完成一幅三维动画，基本的工作流程为建模、渲染和动画。

1. 建模

建模是使用计算机软件创建物体的三维形体框架。目前，使用最广泛和最简单的建模方式是多边形建模方式。这种建模方式是利用三角形或四边形的拼接，形成一个立体模型的框架。三维动画设计软件提供了很多种预制的二维图形和简单的三维几何体，加上三维动画软件强大的修改功能，可以选择不同的基本形体进行组合，从而完成更为复杂的造型。但是，在创建复杂模型时，因为要对很多的点和面进行计算，所以处理速度会变慢。

2. 渲染

在三维动画中，物体的光照处理、色彩处理和纹理处理过程称为渲染。将不同的材质覆盖在三维模型上，就可以表现物体的真实感。影响物体材质的因素有两个方面：一是物体本身的颜色和质地；二是环境因素，包括灯光和周围的场景等。三维图形的建模和渲染过程如图 7-54 所示。

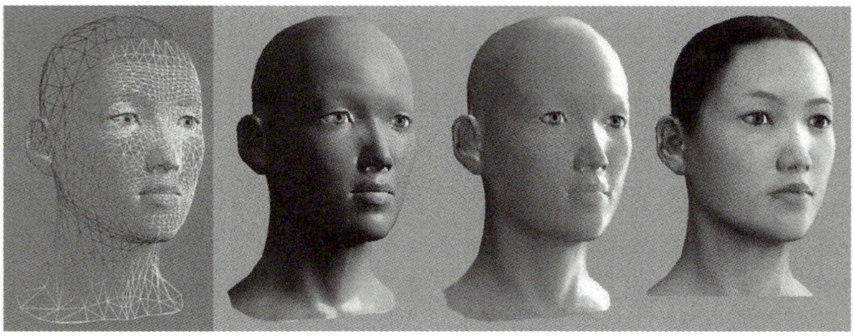

图 7-54　三维图形的建模和渲染过程

3. 动画

动画是三维创作中最难的部分。如果说在建模时需要立体思维，在渲染时需要美术修养，那么在动画设计时不但需要熟练的技术，还要有导演的能力。

Flash 应用

7.5　视频处理技术

7.5.1　模拟视频标准

视频是多媒体的重要组成部分，是人们最容易接受的信息媒体。

国际上流行的视频标准分别为 NTSC 制式、PAL（phase alteration line，逐行倒相）制式和 SECAM 制式。

1. NTSC 制式

NTSC 制式是 1952 年由美国国家电视系统委员会制定的彩色电视广播标准，美国、加拿大、墨西哥等大部分美洲国家，以及日本、韩国、菲律宾等亚洲国家和我国台湾地区都采用这种制式。NTSC 制式的主要特性是：每秒显示 30 帧画面；每帧画面的水平扫描线为 525 条；一帧画面分成两个场，每个场为 262.5 条线；电视画面的长宽比为 4∶3，电影的长宽比为 3∶2，高清晰度电视的长宽比为 16∶9；采用隔行扫描方式，场频（垂直扫描频率）为 60 Hz，行频（水平扫描频率）为 15.75 kHz，信号类型为 YIQ（亮度、色度分量、色度分量）。

2. PAL 制式

PAL 制式是 1962 年由联邦德国在综合 NTSC 制式的技术成就的基础上研制出来的一种改进方案，主要用于德国、英国等一些西欧国家，中国、新加坡、澳大利亚、新西兰等国家也采用这种制式。PAL 制式规定：每秒显示 25 帧画面；每帧画面的水平扫描线为 625 条；水平分辨率为 240～400 个像素点；电视画面的长宽比为 4∶3；采用隔行扫描方式，场频（垂直扫描频

率）为 50 Hz，行频（水平扫描频率）为 15.625 kHz，信号类型为 YUV（亮度、色度分量、色度分量）。

3. SECAM 制式

SECAM 是法文缩写，意为顺序传送彩色信号与存储恢复彩色信号制，是法国在 1966 年制定的一种彩色电视制式。使用 SECAM 制式的国家主要集中在法国、东欧地区和中东地区。

7.5.2 模拟视频信号的数字化

NTSC 制式和 PAL 制式的电视是模拟信号，计算机要处理这些视频图像，必须进行数字化处理。模拟视频信号的数字化存在以下技术问题。

（1）电视采用 YUV 或 YIQ 信号方式，而计算机采用 RGB 信号。

（2）电视机画面采用隔行扫描，计算机显示器采用逐行扫描。

（3）电视图像的分辨率与计算机显示器的分辨率不完全相同。

因此，模拟视频信号的数字化主要包括色彩空间转换、光栅扫描的转换及分辨率的统一等。

模拟视频信号的数字化一般采用以下方法。

- 复合数字化：复合数字化是先用一个高速的模 / 数转换器对模拟视频信号进行数字化，然后在数字域中分离出亮度和色度信号，以获得 YUV（PAL 制式）分量或 YIQ（NTSC 制式）分量，最后再将它们转换成计算机能够接收的 RGB 色彩分量。
- 分量数字化：分量数字化是先把模拟视频信号中的亮度和色度分离，得到 YUV 或 YIQ 分量，然后用 3 个模 / 数转换器对 YUV 或 YIQ 的 3 个分量分别进行数字化，最后再转换成 RGB 色彩分量。

将模拟视频信号数字化并转换为计算机图形信号的多媒体接口卡称为视频捕捉卡。

7.5.3 视频压缩与编辑软件

1. MPEG 动态图像压缩标准

运动图像专家组（MPEG）负责开发电视图像和音频的数据编码、解码标准，这个专家组开发的标准称为 MPEG 标准。到目前为止，已经开发和正在开发的 MPEG 标准有 MPEG-1、MPEG-2、MPEG-4、MPEG-7 等。MPEG-3 随着发展已经被 MPEG-2 取代，MPEG-4 主要用于视频通信会议。MPEG 算法除了对单幅电视图像进行编码压缩（帧内压缩）外，还利用图像之间的相关特性消除了电视画面之间的图像冗余，这大大提高了视频图像的压缩比。MPEG-2 的压缩比可达到 60～100 倍。

MPEG-1 的画面分辨率很低，只有 352×240 像素，每秒有 30 幅画面（帧频），采用逐行扫描方式。MPEG-1 广泛应用于 VCD（video compact disc，小型影碟）视频节目及 MP3 音乐节目。

MPEG-2 标准不仅适用于光存储介质，也适用于广播、通信和计算机领域，HDTV（high definition television，高清晰度电视）编码也采用 MPEG-2 标准。MPEG-2 的音频与 MPEG-1 兼容。

2. 视频制作软件

Premiere 是目前较流行的非线性编辑软件之一，是数码视频编辑的强大工具软件。它具有强大的多媒体视频、音频编辑功能，制作效果非常好。Premiere 主要适用于视频及后期制作的电视、广告、媒体等专业人员。

Premiere 的功能包括：视频、音频素材的格式转换和文件压缩，视频、音频捕捉和剪辑，视

频编辑功能，字幕功能，视频叠加功能，视频、音频过渡效果，添加运动效果，色彩修正，音频控制和多个嵌套的时间轴等。

Premiere Pro CS5 的工作界面如图 7-55 所示。

图 7-55 Premiere Pro CS5 的工作界面

Premiere Pro CS5 支持 1 080 线的 HDV 格式，通过硬件支持，可以编辑制作任何标清和高清的视频节目，支持高清晰度和标准清晰度的电影胶片。用户能够输入和输出各种视频和音频模式，包括 MPEG-2、AVI、WAV 和 AIFF 文件。Premiere Pro CS5 在支持 RGB 色彩空间的基础上还支持 YUV 色彩空间。

Premiere Pro CS5 对 CPU 和内存的要求非常高。DV 格式的文件制作需要 2 GB 内存；HDV 和 HD 格式的文件制作需要 4 GB 以上内存。Premiere Pro CS5 专门针对多处理器和超线程进行了优化，可以提供自由渲染编辑。

习 题

1. 国际电信联盟定义的媒体有哪些类型？
2. 多媒体技术的主要特性有哪些？
3. 简要说明声音的数字化过程。
4. MIDI 音乐文件有什么特征？
5. 计算机中，图形和图像有哪些区别？
6. 简要说明 JPEG 算法的设计思想。
7. 简要说明 Photoshop 中图层操作的基本要点。
8. Photoshop 中的抠图方法有哪些？
9. Photoshop 图像色彩的调整功能有哪些？
10. Flash 中有哪些动画类型？

第 8 章

计算机新技术

计算机新技术的研究热点很多，如人工智能、大数据、物联网、云计算、计算社会学、量子计算机、区块链、机器学习、3D 打印、虚拟现实、增强现实、无线传感器网络、移动计算、情感计算等。本章讨论其中几种影响较大的计算机新技术。

8.1 人工智能

中国人工智能成果

人工智能的研究起源于英国科学家艾伦·麦席森·图灵（Alan Mathison Turing）。1956 年，斯坦福大学计算机科学家约翰·麦卡锡（John McCarthy）在美国达特茅斯会议上第一次提出“人工智能”（artifical intelligence，AI）的概念。人工智能的研究从早期以“逻辑推理”为重点，经过以“知识规则”为重点，发展到目前的以“机器学习”为重点。

8.1.1 图灵测试

什么是人工智能

1. 图灵测试的方法

1947 年，图灵在一次计算机会议上作了题为“智能机器”的报告，详细地阐述了他关于思维机器的思想，第一次从科学的角度指出“与人脑的活动方式极为相似的机器是可以制造出来的”。1950 年，图灵发表了著名的论文《计算机器与智能》，他逐条反驳了各种机器不能思维的论点，并对比做出了肯定的回答。在此篇论文中提出了著名的图灵测试。图灵的这篇论文标志着计算机人工智能问题研究的开始。

图灵测试由 3 个人完成：一个男生（A），一个女生（B），一个性别不限的提问者（C）。提问者位于与其他两个测试者相隔离的房间里。图灵测试没有规定问题的范围和提问的标准。测试的目标是，让提问者通过对其他两个人的提问来鉴别其中回答问题的对象是男生还是女生。为了避免提问者通过声音、语调轻易地作出判断，规定提问者和测试者之间只能通过电传打字机进行沟通。

如图 8-1 所示，如果将上面测试中的男生（A）换成机器，提问者在机器与女生的回答中作出判断，如果机器足够“聪明”，就能够给出类似于人类思考后得出的答案，而且在 5 分钟的交谈时间内，人类裁判如果没有识破对方，那么这台机器就算通过了图灵测试。图灵指出：“如

果机器在某些现实条件下，能够非常好地模仿人回答问题，以至于提问者在相当长时间里误认为它不是机器，那么就可以认为机器是能够思维的。

图 8-1　图灵测试示意图

图灵测试的尝试与实现

人工智能的发展简史

2. 人工智能的定义

人工智能的定义可以分为“人工”和“智能”两部分，“人工”比较好理解，争议也不大；关于什么是“智能”，争议就多了。智能涉及意识、自我、心灵、无意识等精神问题。目前我们对自身智能的理解非常有限，对构成人类智能的必要元素的了解也有限，所以很难定义什么是“人工”制造的“智能”。

麦卡锡教授在 1956 年提出了人工智能的早期定义：人工智能就是要让机器的行为看起来像人所表现出的智能行为一样。

8.1.2　研究流派

1955 年以来，人工智能研究领域形成了三大学派：符号主义学派，以斯坦福大学的麦卡锡为代表；连接主义学派，以麻省理工学院的马文・明斯基（Marvin Minsky）为代表；行为主义学派，以卡内基・梅隆大学的艾伦・纽厄尔（Allen Newell）和西蒙・赫金（Simon Haykin）为代表。

人工智能三大学派

人工智能的研究内容与研究方法

8.1.3　机器学习

机器学习的案例及基本特征

机器学习与深度学习

1. 机器学习的过程

从实践的角度看，机器学习是一种通过大样本数据训练出模型，然后用模型进行预测的方法。人类归纳问题与机器学习过程的对比如图 8-2 所示。在机器学习过程中，首先需要在计算机中存储大量的历史数据。接着将这些数据通过机器学习算法进行处理，这个过程称为训练，处理的结果可以用来对新的数据进行预测，这个结果称为模型（如神经网络、支持向量机（SVM）等）。对新数据的出现称为预测。训练与预测是机器学习的两个过程，训练产生模型，模型指导预测。通俗地说，机器学习 = 数据 + 模型 + 特征。

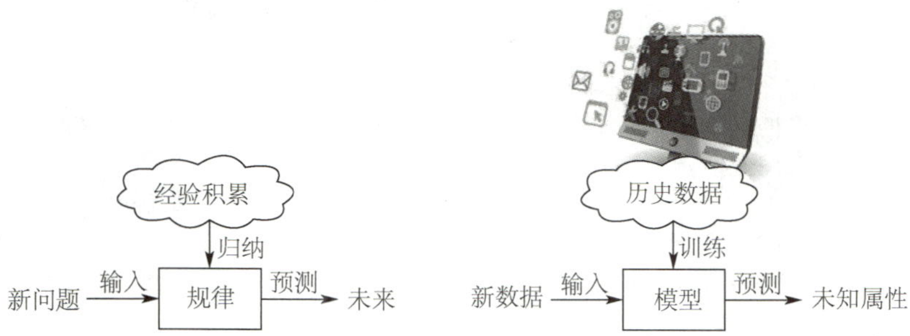

图 8-2　人类归纳问题与机器学习过程的对比

机器学习需要经过模型、评价、优化 3 个步骤，其中会用到不同的算法（或数学公式）来分别解决遇到的问题。

1）模型

模型是可以由输入产生正确输出的函数或者概率统计方法。在机器学习中，一方面需要对实际问题进行抽象化处理，将要解决的问题抽象成一个数学问题（数学模型），然后进一步解决这个数学问题；另一方面，还要对数据进行抽象，在对某些数据进行判别的时候，需要找出一些特征，或者表示成其他形式，然后再去寻找合理的算法。

机器学习中，主要采用“生成”和“判别”两类概率统计模型。常见的生成模型有高斯混合模型、隐马尔可夫模型、朴素贝叶斯模型等；常见的判别模型有逻辑回归、支持向量机、神经网络、决策树、线性回归等。例如，支持向量机在文本分类、图像分类、生物序列分析、生物数据挖掘、手写字符识别等领域有很多应用。通俗来说，支持向量机是一种分类模型，它将机器学习过程转化为一个二次规划问题的求解。

【例 8-1】 设计一个算法，判断一个邮件是不是垃圾邮件，输出结果为“是”或者“否”。对这个问题进行抽象，它实际上就是二分类问题。可以把垃圾邮件定义为 0，如果不是垃圾邮件，就定义为 1。所以，这个问题最终要解决的是输出 0 或 1 的结果。另外，还需要对数据进行抽象。例如，判定一个邮件是不是垃圾邮件时，需要根据邮件的特征进行判断，如检查邮件内容是否有推销、产品、销售商名称等关键字。可以将这些关键字表示成一个特征或者其他形式，这就是对数据的抽象表示。

2）评价

给定模型之后，需要对这个模型进行评价。这时需要设定一个目标函数来评价这个模型的性质。目标函数的选取有多种形式，一般来说，错误率在分类问题中是一个常用指标，或者说是常用的目标函数。例如，在回归分析中，会使用最小均方误差（MMSE）这个目标函数。此外还有最大似然估计（MLE）、最大后验概率（MAP）等指标。

【例 8-2】 对垃圾邮件问题，可以定义一个错误率。如果一个邮件不是垃圾邮件，但是算法误判成了垃圾邮件，这就是一个错误。错误率在分类问题中是常用指标，或者说是常用的目标函数。这就会涉及最小均方误差、最大后验概率等常用的目标函数。

3）优化

有了目标函数后，需要求解这个目标函数在指定模型下的最优解，看看这个模型在解决问题时最好能达到什么程度。目标函数的求解通常会转化为求解最优问题，常用的优化算法有快速梯度下降法、迭代法、牛顿法、概率计算公式等。

2. 机器学习的技术难点

规模庞大而且高频变化的特征和样本，给机器学习带来了挑战。机器学习的难点可以归结为数据样本、特征提取和计算规模 3 个方面。

（1）在数据样本方面，机器学习面对的是百亿规模以上的训练数据。显然，多轮迭代的机器学习算法需要消耗的计算资源极多。

（2）在特征提取方面，大规模样本下的特征总量轻易就会超过千亿量级。如谷歌的 Adwords（关键词检索）里面有上千亿的特征（如搜索关键词、企业名称等）。给特征编号需要消耗极多的机器资源和耗费很长的计算时间。

（3）在计算规模方面，大规模特征给存储空间和计算性能带来了巨大压力。例如，100 亿个 32 位浮点数就需要 372 GB 的存储空间，再加上需要保留的历史数据等，往往需要数十台服务器才能将各个进程占用的内存控制在一个合理范围内。服务器数量成倍增长，导致并行请求数线性增长，这给集群通信、调度、容错、网络、I/O 带来了很大的压力。

人工智能要达到广泛应用，还需要提高易用性。如数据需要进行采集、整理、清洗、拼接、导入、特征提取等工作。另外，模型要保证稳定性和时效性等指标。

8.1.4　深度学习

深度学习（deep learning，DL）是机器学习（machine learning，ML）领域中的一个研究方向，而机器学习是实现人工智能的必经之路。深度学习的概念源于人工神经网络的研究。一般来说，有 1 ～ 2 个隐藏层的神经网络称为浅层神经网络，隐藏层超过 5 层就称为深度神经网络，利用深度神经网络进行特征识别就称为深度学习。卷积神经网络（convolutional neural networks，CNN）和循环神经网络（recurrent neural networks，RNN）的结构一般都很深，因此不需要特别指明其深度。

深度学习通过组合低层特征来形成抽象的高层特征，以发现数据的分布特征。研究深度学习的目的在于模仿人脑的机制来解释数据，深度学习过程中获得的信息对文字、图像、声音等数据的解释有很大的帮助。它的最终目标是让机器能够像人一样具有分析学习的能力，能够识别文字、图像、声音等数据。

深度学习通过多层处理，逐渐将初始的低层特征转化为高层特征，用简单模型即可完成复杂的分类等学习任务，因此也可以将深度学习简单理解为进行特征学习。典型的深度学习模型有基于卷积运算的神经网络（CNN）模型、深度信念网络（DBN）模型、基于多层神经元的自编码器（AE）等。例如，微软研究人员将受限玻尔兹曼机（RBM）和深度信念网络模型引入语音识别训练中，在大词汇量语音识别系统中获得巨大成功，使语音识别的错误率降低了 30%。

深度学习与传统的浅层学习的区别在于：一是强调了模型结构的深度，通常有 5、6 层，甚

至10多层以上的隐藏层节点;二是明确了特征学习的重要性,也就是说通过逐层特征变换,将样本在原空间的特征变换到一个新特征空间,从而使分类或预测更容易。

深度学习适用于处理大数据,深度学习的计算量很大(如矩阵运算、卷积运算等),依赖高端硬件设备(如GPU、NPU)。数据量小时,宜采用传统的机器学习方法。

深度学习神经网络模型　　人工智能的研究及应用领域

8.1.5 核心技术

人工智能领域的核心技术包含机器学习、计算机视觉、自然语言处理、智能机器人、活体细胞机器人、知识图谱、智能搜索和博弈、人机交互等。下面介绍其中的几种技术。

1. 计算机视觉

1)计算机视觉的特征

识别是人和生物的基本智能之一,人们几乎时时刻刻在对周围环境进行识别。计算机视觉的主要任务是对采集的图片或视频进行处理,以获得相应场景的信息。通俗地说,计算机视觉就是给计算机安装上眼睛(照相机)和大脑(算法),让计算机能够感知环境。计算机视觉中包括图像识别、场景分析、图像理解等。

2)计算机视觉的应用

计算机视觉的应用领域包括人脸识别(如身份验证)、控制过程(如工业机器人)、自主导航(如自动驾驶汽车)、检测事件(如视频监控和人数统计)、组织信息(如建立图像索引数据库)、对象造型(如创建医学图像或地形地貌)、自动检测(如工业制造中的物体分拣)。

3)人类视觉的特点

人类对视觉和听觉信号的感知很多时候是下意识的,这主要基于大脑皮层神经网络的学习。如图8-3所示,毕加索名画《格尔尼卡》中充满了抽象的牛头马面,痛苦号哭的人脸,扭曲破碎的肢体,但是人们可以毫不费力地辨认出这些夸张的人物和动物。其实,画中丢失了大量的信息,但是提供了足够的整体模式。可见,人类视觉的神经中枢忽略了色彩、纹理、光照等局部细节,侧重整体模式匹配和上下文关系,并且会主动补充大量缺失的信息。如果用计算机来识别画中有多少个人物,这将是一项非常困难的工作。由此可见,人工智能还远远没有达到人们的预期目标。

计算机视觉案例

图8-3　毕加索名画《格尔尼卡》(Guernica)

2. 自然语言处理

自然语言处理（natural language processing，NLP）是人工智能领域中一个重要的研究方向，它主要研究人与机器之间用自然语言进行通信的理论和方法。自然语言处理的应用领域包括机器翻译、语音识别、机器阅读理解、全自动同声传译系统、自然语言生成等。

1）自然语言处理的发展

1950 年以来，科学家一直致力于研究如何让机器对语言做最好的理解和处理。早期人们认为只要用一部双向词典和一些语法知识就可以实现两种语言和文字之间的机器互译，结果遇到了挫折。

1955 年，艾弗拉姆·诺姆·乔姆斯基（Avram Noam Chomsky）提出“形式语言”理论后，人们发现可以利用语法规则进行机器翻译。科学家尝试让机器学习语法知识，学习分析语句，然后进行机器翻译。遗憾的是，让机器依靠语法规则理解自然语言的研究始终进展不大。

20 世纪 70 年代初，美国计算机专家弗莱德里克·贾里尼克（Frederick Jelinek）提出了统计语言模型。统计语言模型是基于概率的模型，计算机借助大容量语料库的概率参数，估计出自然语言中每个句子出现的可能性（概率），这是目前计算机自然语言处理的主流方法。基于统计的机器翻译方法突破了之前基于语法规则翻译方法的局限性，使翻译性能取得了巨大提升。

2）统计语言模型的原理

统计语言模型依赖于单词与上下文（本词与上一个词和下一个词的关系）的概率分布。例如，短语片段为“他正在认真……”，下一个词可以是“学习”“工作”“思考”等（概率大），而不可能是“美丽”“我”“中国”等（概率小）。

统计语言模型描述了任意语句 S 属于某种语言集合的可能性（概率 $P(S)$）。例如，P（他 / 认真 / 学习）= 0.02（概率值），P（他 / 认真 / 读书）= 0.03，P（他 / 认真 / 坏）= 0。这里并不要求语句 S 在语法上是完备的，该模型需要对任意语句 S 给出一个概率统计值。

统计语言模型的应用案例

3. 活体细胞机器人

2020 年 1 月，《美国国家科学院院刊》发表了一篇乔什·邦加德（Josh Bongard）教授等人的研究论文，标题为《用于设计可重构生物体的可扩展性管线研究》。其中展示了全球首个用非洲爪蛙细胞制造的活体机器人。这项研究由美国佛蒙特大学、塔夫茨大学、哈佛大学的科学家合作完成，其目的是证明计算机可以设计生物体的概念。

这个用非洲爪蛙细胞制造的活体机器人是一种由生物细胞组成的可编程机器人，它可以自主移动。它不是新物种，但是不同于现有的器官或生物体，它是活的生物体。

活体细胞机器人概况

人工智能存在的问题

8.2 大 数 据

什么是大数据

8.2.1 大数据的特点

美国互联网数据中心指出，互联网上的数据每年增长50%，每两年翻一番，目前世界上90%以上的数据是最近几年才产生的。此外，这些数据并非单纯是人们在互联网上发布的信息，85%的数据由传感器和计算机设备自动生成。全世界的各种工业设备、汽车、摄像头，以及无数的数码传感器，随时都在测量和传递着有关信息，由此产生了海量数据。例如，一个计算不同地点车辆流量的交通遥测应用，就会产生大量的数据。

大数据是一个体量规模巨大，数据类别特别多的数据集，并且无法通过目前主流软件工具，在合理时间内提取、管理、处理并整理成为有用的信息。

大数据具有4V的特点。一是数据体量大（volumes），一般在TB级别；二是数据类型多（variety），由于数据来自多种数据源，因此数据类型和格式非常丰富，有结构化数据（如数组、二维表等）、半结构化数据（如树结构数据、文本文字等）以及非结构化数据（如图片、视频、音频、地理位置信息等）；三是数据处理速度快（velocity），在数据量非常庞大的情况下，需要做到数据的实时处理；四是数据的真实性高（veracity），如互联网中网页访问、现场监控信息、环境监测信息、电子交易数据等。

大数据并不在于“大”，而在于“有用”。通过购物平台的大数据，可以表明客户的消费倾向，他们喜欢什么，每个人的需求有哪些区别，哪些需求可以集合在一起进行分类等。大数据是数据量上的增加，是一个从量变到质变的过程。例如，一个人在骑马，每隔一分钟拍一张照片，只能看到这个人不同骑马姿态的照片。随着照相机处理速度越来越快，假如1分钟拍30张照片，就会产生大量的照片。当数量的增长实现了质变时，连续播放这些照片就会生成一段视频。

大数据处理流程示意图如图8-4所示，包含数据获取、数据清洗、数据挖掘、数据可视化。

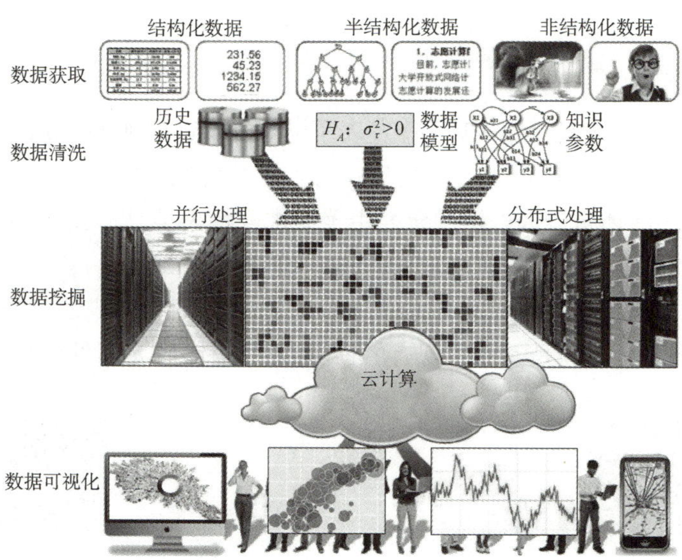

图8-4 大数据处理流程示意图

8.2.2　数据获取技术

1. 数据获取渠道

数据采集是大数据处理的第一个环节，采集数据的质量对于后续数据分析的影响非常大。数据采集的渠道有内部数据源，如企业内部信息系统、数据库、电子表格等，它们存储了大量的内部数据；外部数据源，主要是互联网资源，以及物联网自动采集的数据资源等。

数据采集时需要做好以下工作。一是有针对性地采集数据；二是尽量拓展数据采集渠道（如文字、图片等）；三是注重多场景（如晴天、雨天等）数据的采集。

1）互联网数据采集

利用互联网收集信息是基本的数据采集方式。虽然互联网数据存在真假难辨等问题，但是从大的方面看，互联网数据对于行业发展的趋势预测具有重要的意义，所以很多大数据公司都比较注重互联网数据的采集和分析。互联网数据采集是通过网络爬虫或网站公开 API（应用程序接口）等方式，从网站上获取数据的过程。这样可将非结构化数据（如图片）、半结构化数据（如树结构数据）从网页中提取出来，并以结构化的方式（如数组、文本、二维表）存储为本地数据文件。

通过大数据导航网站（地址为 https://hao.199it.com/），可以获取非常多的数据资源。

2）系统日志采集

许多公司的业务平台每天都会产生大量的日志数据。日志收集系统要做的事情就是收集系统日志数据供离线和在线的分析系统使用。

3）数据库中的数据采集

一些企业使用关系型数据库软件 MySQL、Oracle 等存储数据。此外，Redis、MongoDB 这些 NoSQL（非关系型数据库）软件也常用于保存大量数据。

4）其他数据采集

可以通过 RFID（radio frequency identification，射频识别）数据、传感器网络数据、移动互联网数据等方式，获取各种类型的结构化、半结构化和非结构化的海量数据。

2. 用网络爬虫获取数据

传统的数据采集机制（如问卷调查、抽样统计等）往往会受到经费、地域、时间、范围等因素的限制；而且因为样本容量小、可信度低等因素，导致收集的数据与实际情况有所偏离，有较大的局限性。目前互联网上的信息几乎囊括了社会、文化、工程、技术、经济、娱乐等所有领域，而且信息量还在爆炸式增长。如何自动获取和分析互联网上的海量信息，引起人们的高度重视。

网络爬虫（也称为网络蜘蛛）是一段计算机程序，它按照一定的步骤和算法规则自动抓取和下载网页。如果将互联网看成一个大型蜘蛛网，网络爬虫就是在互联网上爬来爬去，获取需要的数据资源。网络爬虫也是网络搜索引擎的重要组成部分，百度搜索引擎之所以能够找到用户需要的资源，就是通过大量的爬虫时刻在互联网上爬来爬去来获取数据。百度爬虫有 Baiduspider（百度网页爬虫）、Baiduspider-image（百度图片爬虫）等。

大数据技术最重要的工作是获取海量数据。从互联网中获取海量数据的需求，促进了网络爬虫技术的飞速发展。同时，一些网站为了保护自己宝贵的数据资源，运用了各种反爬虫技

术。因此，同黑客攻击技术与防黑客攻击技术一样，爬虫技术与反爬虫技术也一直在相互较量中发展。或者说，某些爬虫技术也是一种黑客技术。

8.2.3 数据清洗技术

数据清洗是对数据进行重新审查和校验的过程，目的是删除重复信息、纠正错误信息，并保证数据一致性。数据清洗一般由计算机完成，而不是由人工完成。

数据清洗技术

8.2.4 数据挖掘技术

数据挖掘是从大量数据中通过算法搜索隐藏在其中的信息的过程。数据挖掘经常采用人工智能中的机器学习和模式识别技术，以及统计学方面的知识，通过筛选数据库中的大量数据，最终发现有意义的知识。数据库知识发现（knowledge discovery in database，KDD）是数据挖掘的一种更广义的说法，即从各种媒体表示的信息中，根据不同的需求获得知识。数据挖掘的原则是，要全体不要抽样，要效率不要绝对精确，要相关不要因果。

数据挖掘技术

8.2.5 大数据应用案例

谷歌搜索、Facebook（脸书）的帖子和微博消息，使得人们的行为和情绪的细节化测量成为可能。挖掘用户的行为习惯和喜好，可以从凌乱的数据背后找到符合用户兴趣和习惯的产品和服务，并对这些产品和服务有针对性地进行优化，这就是大数据的价值。

大数据应用案例

1. 海量数据处理案例

【例 8-3】 热门词语统计。搜索引擎会通过日志文件，把用户每次检索使用的 Query（查询字串）都记录下来，一个 Query 的重复度越高，说明查询它的用户越多，也就是热门关键词。每个 Query 的长度为 1～255 字节，假设目前日志文件中已经过滤出 1 000 万个查询记录（查询字串的重复度比较高，假设除去重复部分后不超过 300 万个），请统计最热门的 10 个 Query，要求使用的计算机内存不能超过 1 GB。

问题分析：要统计热门关键词，首先要统计每个 Query 出现的次数，然后根据统计结果找出前 10 个热门关键词。可以采用 Top K 算法解决问题，步骤如下。

步骤 1：将日志分解为多个小文件。日志文件中有 1 000 万个 Query，每个 Query 的长度最大为 255 字节，1 000 万个 Query 使用的计算机内存为 2.37 GB。由于有 1 GB 内存的限制，不能将它一次调入内存，因此把它们分解为 100 个子日志文件（便于并行处理），这样每个文件的大小为 24 MB，可以分批调入子日志文件。

步骤 2：对每个子日志文件统计 Query 出现的次数。哈希表（hash table）的查询速度非常快，用于统计 Query 出现的次数的效果非常好，因此可以建立一个哈希表。如图 8-5 所示，哈希表由 Key（键）和 Value（值）组成，Key 保存 Query 字串，Value 保存 Query 出现的次数。分别统计完成 100 个子日志文件。

原日志中虽然有 1 000 万个 Query，但是 Query 的重复度比较高，事实上只有 300 万个 Query，每个 Query 的长度最大为 255 字节，则 300 万个 Query 使用的计算机内存最大为 729 MB（小于 1 GB），因此可以将哈希表全部调入内存中处理。

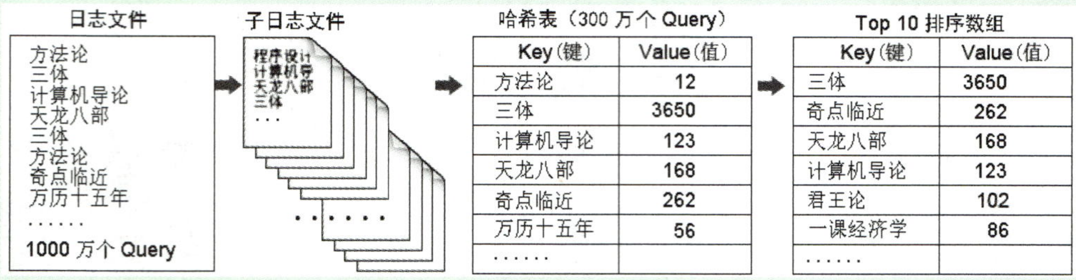

图 8-5　海量数据挖掘过程示意图

将子日志文件 1 调入内存，从子日志文件中读取一个 Query，如果该字串不在哈希表中，则在哈希表中加入该字串，并且将 Value 设为 1；如果该字串已经在哈希表中，则将该字串的 Value 加 1 即可。分别将 100 个子日志文件中的 Query 全部读入内存的哈希表中。

步骤 3：用 Top K 算法求解出现次数最多的 10 个 Query。题目要求找出 Top 10，因此没有必要对所有 Query 都进行排序，只需要建立一个有 10 个元素的数组，然后从哈希表中读入前 10 个 Query，10 个数组元素按照 Query 的统计次数由大到小排序。然后循环读入哈希表中的记录（从第 11 个记录开始，到第 300 万个记录终止）。每读入哈希表中的一条记录，就与数组中最后一个 Query 进行比较，如果读取记录的 Value 值小于数组中 Query 的 Value 值，则不做处理，继续读下一条记录；否则，将数组中最后一个 Query 淘汰，在哈希表中加入当前的 Query（新加入的 Query 要放在合适的位置，并且保持数组有序）。当所有 300 万个记录都遍历完成后，数组中 10 个 Query 便是要找的 Top 10 了。

2. 基于统计模型的应用案例

【例 8-4】 肿瘤细胞和普通细胞的识别，需要非常有经验的医生通过病理切片判断。如果采用机器学习方法，使系统自动识别出肿瘤细胞，并且通过医生 + 模型的方式识别肿瘤细胞，对结果进行交叉验证，结论可能更加可靠。

可以采用分类模型进行识别。首先，通过一系列指标刻画细胞特征，如细胞的半径、质地、周长、面积、光滑度、对称性、凹凸性等，构成细胞特征的数据。其次，在细胞特征表的基础上，通过搭建分类模型进行肿瘤细胞的判断。

3. 基于文本分析的案例

【例 8-5】 字符识别。有一些 APP（如扫描王）可以扫描书本，然后把扫描的内容自动转化为文本文件，这些属于光学字符阅读器（OCR）。以字符 S 为例，识别原理如下。

步骤 1：把字符图像缩小到标准像素尺寸，如 12×16 点阵。

步骤 2：采用二维投影的方法提取字符的特征向量。即把字符（12×16 点阵的像素图）往水平方向和垂直方向上投影。水平方向有 12 个维度，垂直方向有 16 个维度。然后分别计算水平方向上各个像素行中黑色像素的累计数量及垂直方向各个像素列上黑色像素的累计数量。从而得到水平方向 12 个维度的特征向量的值及垂直方向上 16 个维度的特征向量的值，这样就构成了包含 28 个维度的字符特征向量。

步骤 3：基于前面的字符特征向量，通过神经网络学习来识别字符。

8.3 物 联 网

中国智慧城市成果

8.3.1 物联网的特征与应用前景

2005年，国际电信联盟（ITU）发布了《ITU 互联网报告 2005：物联网》报告，正式提出物联网（internet of things，IoT）的概念。该报告指出：无所不在的“物联网”通信时代即将来临，世界上所有的物体从轮胎到牙刷、从房屋到纸巾，都可以通过物联网主动进行信息交换。RFID（射频识别）技术、传感器技术、智能嵌入技术将得到更加广泛的应用。

1. 物联网的特征

早期（1999年）物联网的定义是：将物品通过射频识别信息、传感设备与互联网连接起来，实现物品的智能化识别和管理。

以上定义体现了物联网的三个主要本质：一是互联网特征，物联网的核心和基础仍然是互联网，需要联网的物品一定要能够实现互联互通；二是识别与通信特征，即纳入物联网的“物”一定要具备自动识别（如 RFID）与机器到机器（M2M）通信的功能；三是智能化特征，即网络系统应具有自动化、自我反馈与智能控制的特点。

物联网中的“物”要满足以下条件：要有相应信息的接收器；要有数据传输通路；要有一定的存储功能；要有专门的应用程序；要有数据发送器；遵循物联网的通信协议；在网络中有被识别的唯一编号等。物联网的核心技术和物联网在各个领域的应用如图 8-6 所示。

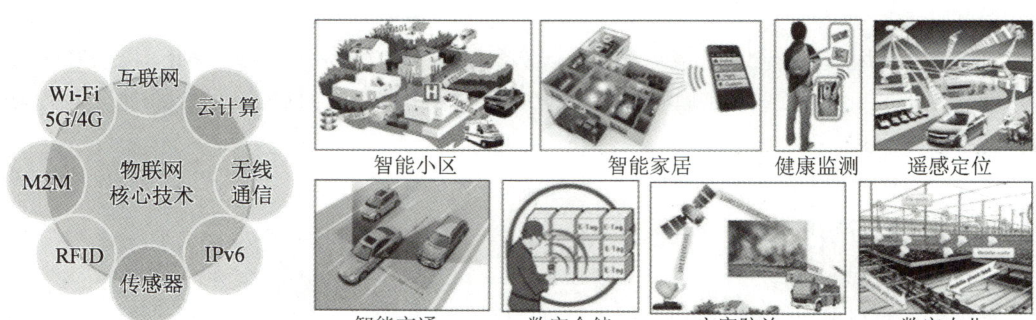

图 8-6 物联网的核心技术（左）和物联网在各个领域的应用（右）

通俗地说，物联网就是物物相连的互联网。这里有两层含义：一是物联网的核心和基础仍然是互联网，是在互联网基础上延伸和扩展的网络；二是用户端延伸和扩展到物品与物品之间进行信息交换和通信。物联网包括互联网所有的资源，兼容互联网所有的应用，但物联网中所有的元素（设备、资源及通信等）都是个性化和私有化的。

2. 物联网的应用前景

物联网通过智能感知、识别技术和普适计算，广泛应用于社会的各个领域之中，因此物联

网被称为继计算机、互联网之后，信息产业发展的第三次浪潮。物联网并不是一个简单的概念，它联合了众多对人类发展有益的技术，为人类提供多种多样的服务。IBM 公司认为，IT 产业下一阶段的任务是把新一代 IT 技术充分运用在各行各业之中，具体地说，就是把感应器嵌入和装备到电网、铁路、桥梁、隧道、公路、建筑、供水系统、大坝、油气管道等各种物体中，并且被普遍连接，形成物联网。在这一巨大的产业中，需要技术研发人员、工程实施人员、服务监管人员、大规模计算机提供商，以及众多领域的研发者与服务提供人员。可以想象，这一庞大技术将派生出巨大的经济规模。

8.3.2　物联网的关键技术

1. RFID 技术

RFID 技术是一种简单的无线系统，它由一个读写器和很多电子标签组成。电子标签由感应元件和芯片组成，每个电子标签具有唯一的编码，它附着在物体上标识目标对象，并将射频信息传递给读写器，读写器是读取信息的设备。RFID 技术给物品赋予了可跟踪特性，人们可以随时掌握物品的准确位置及其周边环境。据零售业分析师估计，物联网的 RFID 技术使沃尔玛每年节省 83.5 亿美元，大部分是因为不需要人工查看进货的条码而节省的劳动力成本。RFID 技术帮助零售业解决了商品断货和损耗两大难题。

2. 无线传感器网络

无线传感器网络（WSN）综合了传感器技术、嵌入式技术、无线通信技术、分布式信息处理技术。WSN 能够通过各类集成化微型传感器协作地实时监测、感知和采集各种环境信息，这些信息通过无线方式发送，并以自组多跳的网络方式传送到用户终端，实现物理世界、计算世界和人类社会的连通。

无线传感器网络的三要素是传感器、感知对象和观察者。无线传感器网络可探测地震、电磁场、温度、湿度、噪声、光照、压力、土壤成分等环境信息，以及获知移动物体的大小、速度和方向等。无线传感器网络广泛用于军事、智能交通、智能家居、环境监控、医疗卫生、精细农业、工业自动化等领域。

【例 8-6】 矿井环境监测的无线传感器网络由传感器节点和中心节点组成，不同的监测区域均有中心节点。每个中心节点负责处理本区域内传感器节点传送过来的数据，而基站模块负责接收来自各个监测区域内中心节点发送的无线信号，基站模块可接入互联网，使得无线传感器网络的信息能够被远程终端访问。矿井无线传感器网络的系统结构如图 8-7 所示。

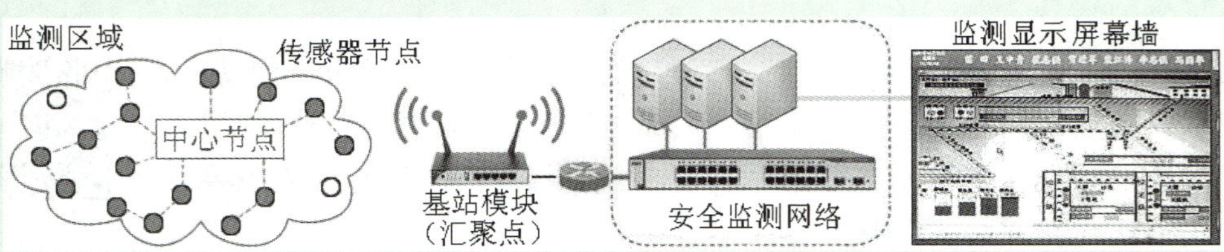

图 8-7　矿井无线传感器网络的系统结构

3. M2M 技术

M2M（机器到机器）是一种以智能终端为核心，以无线传感器网络进行数据传输，使设备实现智能化控制的系统框架。M2M技术的重要组成部分是机器、M2M硬件、通信网络、中间件、应用。例如智能停车场，当车辆驶入或离开通信区域时，天线以微波通信方式与电子识别卡进行双向数据交换，从电子车卡上读取车辆的相关信息，在司机卡上读取司机的相关信息，自动识别电子车卡和司机卡，并判断电子车卡是否有效和司机卡的合法性，核对车道控制计算机显示与该电子车卡和司机卡一一对应的车牌号码及驾驶员信息等资料；车道控制计算机自动将通过时间、车辆和驾驶员的相关信息存入数据库中。车道控制计算机根据读到的数据判断是正常卡还是非法卡，据此做出相应的提示。

8.3.3 物联网的应用案例

物联网技术难题

物联网的大规模应用还有待时日，但中小规模的物联网在市场上已经开始商用。物联网的应用主要集中在以下领域。

1. 智能交通

物联网技术在道路交通方面的应用比较成熟。随着汽车的普及，交通拥堵已成为城市的一大问题。对道路交通状况进行实时监控，并将信息及时传递给驾驶人，让驾驶人及时做出出行调整，可以有效缓解交通压力。在高速路口设置电子不停车收费（ETC）系统，免去了进出口取卡、还卡的时间，提升了车辆的通行效率。在公交车上安装定位系统，使乘客能及时了解公交车的行驶路线及到站时间，免去不必要的等待时间。车辆的增多使停车难日益成为一个突出问题，不少城市推出了智慧路边停车管理系统，该系统基于云计算平台，结合物联网技术与移动支付技术，共享车位资源，提高了车位利用率，该系统兼容手机模式，通过手机端APP，可以实现及时了解车位信息、车位位置，提前进行车位预订等操作，很大程度上解决了停车难的问题。

2. 智能家居

智能家居案例

随着宽带业务的普及，智能家居产品进行的应用更加广泛。可以利用手机等产品客户端远程操作智能空调，调节室温。智能家居产品还可以学习用户的使用习惯，从而实现全自动的家电控制操作。通过手机APP，用户能够实现智能灯泡的开关，调控灯泡的亮度和颜色。在电源插座中内置Wi-Fi模块，可实现电源插座的定时通断，甚至可以监测设备用电情况，安排资源使用情况。智能身体监测仪器可以监测人体的血压、心跳、呼吸等健康指标，并且根据用户的身体状态提出健康建议。智能摄像头、窗户传感器、智能门铃、烟雾探测器、智能报警器等都是家庭的安全监控设备，通过物联网，用户可以在任意时间和地点查看家中的实时状况。

3. 环境监测

环境监测案例

近年来，全球气候异常情况频发，灾害的突发性和危害性进一步加大。物联网可以实时监测环境的不安全因素，提前预防灾害。另外，利用物联网技术还可以智能感知大气、土壤、森林、水资源等环境数据，为改善人类的生活环境发挥巨大作用。

物联网可应用于一些危险的工业环境，如矿井、核电厂等，工作人员可以通过物联网实施安全监测。

8.4　其他新技术

8.4.1　云计算技术

1. 云计算的概念

计算机可能是人类制造的使用效率最低的机器，全球 99% 的计算机都在等待指令，而云计算可以将平时闲置的计算机资源利用起来。云计算是一种商业计算模型，它将计算任务分布到大量计算机构成的资源池上，使用户能够按需获取计算能力、存储空间和信息服务。为什么叫“云”呢？因为云一般比较大（如“百度云”提供巨大的存储空间），规模可以动态伸缩（如大学的公共计算云的规模较小），而且边界模糊，云在空中飘忽不定，无法确定它的具体位置（如计算设备或存储设备分布在不同的国家或地区），但是它确实存在于某处。

云计算将计算资源与物理设施分离，让计算资源“浮”起来，成为一朵“云”，用户可以随时随地根据自己的需求使用云资源。云计算实现了计算资源与物理设施的分离，数据中心的任何一台设备都只是资源池中的一部分，不专属于任何一个应用。一旦某个资源池的设备出现故障，可以马上退出该资源池，进入另外一个资源池。云计算的服务模式称为 SPI[SaaS（软件即服务）、PaaS（平台即服务）、IaaS（基础设施即服务）]。

2. 云计算的特征

云计算将网络中的计算、存储、设备、软件等资源集中起来，将资源以虚拟化的方式为用户提供方便快捷的服务。云计算是一种基于因特网的超级计算模式，在远程数据中心，几万台服务器和网络设备连接在一起，各种计算资源共同组成了若干个庞大的数据中心。

云计算中的关键技术是虚拟化，此外还包括自动化管理工具，如可以让用户自助服务的门户、计费系统以及自动进行负载分配的系统等。云计算目前需要解决的问题有降低建设成本、简化管理难度、提高灵活性、建立“云”之间互联互通的标准等。

3. 云计算的应用

目前，云计算已有很多应用。例如，Amazon（亚马逊）提供的专业云计算服务包括弹性计算云（Amazon EC2）、简单存储服务（Amazon S3）、简单队列服务（Amazon SQS）等，Amazon 云提供全球计算、存储、数据库、分析、应用程序和部署服务，有免费服务，也有按月收费的服务。又如，Google Earth（谷歌地图）提供包括卫星地图、Gmail（邮箱）、Docs（在线办公软件）等免费服务。再如，微软 Azure 云计算提供“软件和服务”等。

在云计算模式中，用户通过终端接入网络，向“云”提出需求；“云”接受请求后组织资源，通过网络为用户提供服务。用户终端的功能可以大大简化，复杂的计算与处理过程都将转移到用户终端背后的“云”去完成。在任何时间和任何地点，用户只要能够连接至互联网，就可以访问云，用户的应用程序并不需要运行在用户的计算机、手机等终端设备上，而是运行在互联网的大规模服务器集群中。用户处理的数据也无须存储在本地，而是保存在互联网上的数据中心。这意味着计算能力也可以作为一种商品通过互联网进行流通。

8.4.2 计算社会学

社会可以计算吗？一些观点认为，个体行为与社会活动规律如此复杂，很难运用严谨的科学方法进行逻辑推理或精确的定量计算。2009年2月，以哈佛大学教授大卫·拉泽尔（David Lazer）为首的15位来自美国不同学科的教授联名在《科学》杂志上发表了论文《计算社会科学》。此后，这被看作一个新兴研究领域诞生的标志。目前计算思维的方法融入人文社会科学虽然不乏争议，但是深刻地改变了传统人文社会科学的研究模式。

计算社会学是利用大规模数据收集和分析能力，揭示个人和群体行为模式的科学。对计算社会科学家而言，大数据时代不仅需要记录，更需要计算，从看似日常而随机的个体行为与社会运转中，获得对人类社会、经济、政治等更深刻、更具前瞻性的解读。

如图8-8所示，从计算角度看，微博就是一个矩阵，在特定研究范围内是 n 个博主之间的关系矩阵。可以采用线性代数、矩阵运算、图论等方法建立微博点击量数学模型。

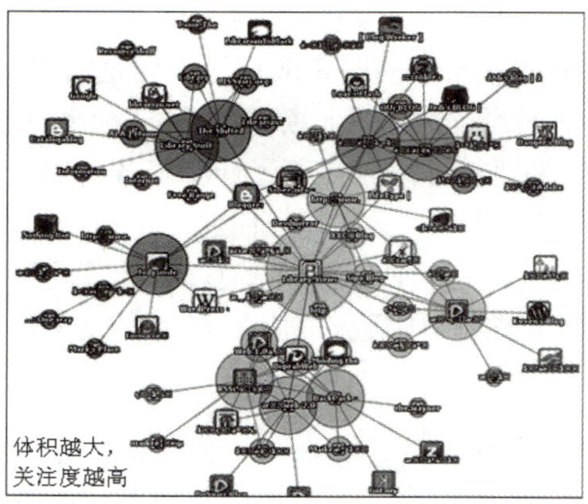

图8-8 微博点击量数学模型

计算社会学

计算社会学彻底打破了人们对人文科学的传统观念和原有的学科划分。计算社会学需要人文学家和计算机科学家的团队合作工作。

8.4.3 区块链技术

区块链本质上就是一个共享数据库，存储在其中的数据具有不可伪造、全程留痕、可以追溯、公开透明、集体维护等特征。基于这些特征，区块链技术具有坚实的信任基础，创造了可靠的合作机制，具有广阔的运用前景。

1. 区块链的起源

区块链起源于比特币。2008年11月1日，一位自称中本聪（Satoshi Nakamoto）的人发表了《比特币：一种点对点的电子现金系统》一文，阐述了基于P2P网络技术、加密技术、时间戳技术、区块链技术的电子现金系统构架理念，这标志着比特币的诞生。两个月后，序号为0的创世区块诞生，几天后出现了序号为1的区块，并与序号为0的创世区块相连接形成了链，这标志着区块链的诞生。截至2019年11月，比特币的区块链账本上共产生了602 941个区块，所有区块的数据量总和为232.6 GB。

2. 区块链的工作过程

电子现金永远存在两个问题：一是怎么证明这笔钱是你的（真伪问题）；二是如何保证同一笔钱没有被多次支付给不同的人（双重支付问题）。金、银、现钞等实物货币天生具有唯一性，而对于计算机来说，数据的复制品和原始数据是完全等价的。

区块链是为了实现比特币交易而发明的一种技术。支付的本质是“将账户 A 中减少的金额增加到账户 B 中”。如图 8-9 所示，账户 A 将转账信息通过哈希算法（SHA-256）生成一个区块，然后账户 A 将区块广播到网络中，网络中区块链参与者同意这次交易有效，并且将新区块加入公共账本，这个公共账本就形成了一个区块链。

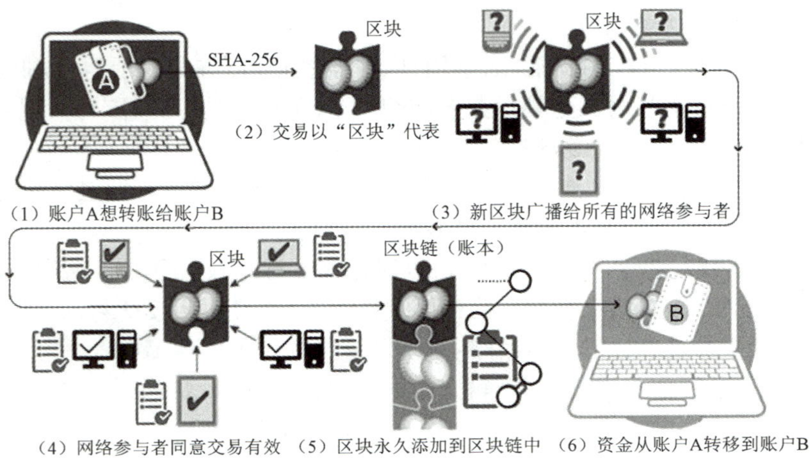

图 8-9　区块链工作原理

区块是一个一个的存储单元，记录了一定时间内各个区块节点全部的交流信息。各个区块之间通过哈希算法实现链接，后一个区块包含前一个区块的哈希值，随着信息交流的扩大，一个区块与一个区块相继接续就形成了区块链的结构。

从技术角度看，区块链相当于定义了一条时间轴，确保记录在这条时间轴上的数据可以查询，但是不可更改。区块链建立了一种基于算法、可被验证的信任。

3. 区块链的核心技术

1）分布式账本

分布式账本指交易记账由分布在不同地方的多个节点共同完成，而且每个节点记录的是完整的账目，因此它们都可以参与监督交易的合法性，同时可以共同为其作证。

区块链的分布式存储体现在两方面：一是区块链的每个节点都按照块链式结构存储完整的数据；二是区块链的每个节点的存储都是独立的、地位等同的，依靠共识机制存储。没有任何一个节点可以单独记录账本数据，从而避免了单一记账人被控制或记假账的可能性。由于记账节点足够多，理论上讲，除非所有节点被破坏，否则账目就不会丢失，从而保证了账目数据的安全性。

2）非对称加密

存储在区块链上的交易信息是公开的，但是账户的身份信息和交易信息被高度加密，只有在数据拥有者授权的情况下才能被访问，从而保证了数据的安全和个人的隐私。

3）共识机制

共识机制是所有记账节点之间怎么达成共识，去认定一个记录的有效性，这既是认定的手段，也是防止篡改的手段。区块链提出了 4 种不同的共识机制，适合不同的应用场景，在效

率和安全性之间取得平衡。

只有在控制了全网超过 51% 的记账节点的情况下，才有可能伪造出一条不存在的记录。当加入区块链的节点足够多的时候，这基本上是不可能的，从而杜绝了造假的可能性。

4）智能合约

智能合约是基于可信的不可篡改的数据，可以自动执行一些预先定义好的规则和条款。以保险为例，如果说每个人的信息（如医疗信息等）都是真实可信的，就很容易在一些标准化保险产品中进行自动理赔。

4. 区块链的应用

区块链的应用遍及如下领域。

（1）金融领域。区块链在国际汇兑、信用证、股权登记、证券交易所等金融领域有巨大的应用价值。将区块链技术应用在金融行业中，能够省去第三方的中介环节，实现点对点的直接对接，从而在大大降低成本的同时，快速完成交易支付。

（2）物联网和物流领域。区块链也可以用于物联网和物流领域。通过区块链可以追溯物品的生产和运送过程，并且提高供应链管理效率。

（3）数字版权领域。通过区块链技术，可以对作品进行鉴权，证明文字、视频、音频等作品的存在，保证权属的真实性、唯一性。作品在区块链上被确权后，后续交易都会进行实时记录，实现数字版权的全生命周期管理，也可作为司法取证中的技术性保障。

（4）公益领域。社会公益中的相关信息，如捐赠项目、募集明细、资金流向、受助人反馈等，都可以存放在区块链上，并且有条件地进行公示，方便接受社会监督。

习　题

1. 简单说明机器学习的过程。
2. 简要说明机器学习的技术难点。
3. 简单说明自然语言处理的统计语言模型的原理。
4. 简单说明大数据的特点。
5. 简要说明物联网的特征。
6. 简单说明云计算的特征。
7. 简单说明区块链的工作过程。

参考文献

[1] 蒋加伏，沈岳. 大学计算机[M]. 5 版. 北京：北京邮电大学出版社，2017.

[2] BROOKSHEAR J G. 计算机科学概论：第 11 版[M]. 刘艺，肖成海，马小会，等译. 北京：人民邮电出版社，2011.

[3] FOROUZAN B，MOSHARRAF F. 计算机科学导论：原书第 2 版[M]. 刘艺，瞿高峰，等译. 北京：机械工业出版社，2008.

[4] 约翰·冯·诺依曼. 计算机与人脑[M]. 陈莉，译. 南京：江苏人民出版社，2011.

[5] TANENBAUM A S. 计算机组成：结构化方法：第 5 版[M]. 刘卫东，宋佳兴，徐恪，译. 北京：人民邮电出版社，2006.

[6] STALLINGS W. 计算机组织与体系结构：性能设计：第 7 版[M]. 张昆藏，等译. 北京：清华大学出版社，2006.

[7] 易建勋，范丰仙，刘青，等. 计算机网络设计[M]. 3 版. 北京：人民邮电出版社，2016.

[8] 易建勋，史长琼，付强. 计算机硬件技术：结构与性能[M]. 北京：清华大学出版社，2011.

[9] 白中英. 计算机硬件技术基础[M]. 北京：高等教育出版社，2009.

[10] 周贺来，连卫民. 办公自动化实用教程[M]. 2 版. 北京：高等教育出版社，2008.

[11] 杜茂康，刘宴兵，袁浩. Excel 与数据处理[M]. 2 版. 北京：电子工业出版社，2005.

[12] 刘春茂，刘荣英，张金伟 .Windows 10+Office 2016 高效办公[M]. 北京：清华大学出版社，2018.

[13] 龚轩涛，陈昌平，徐鸿雁 .Office 2016 高级应用与 VBA 技术[M]. 北京：电子工业出版社，2018.

[14] 凤凰高新教育，李俭霞 . 中文版 Office 2016 三合一办公基础教程[M]. 北京：北京大学出版社，2016.

[15] 姜灵敏，吕会红. 办公软件实用技术[M]. 北京：高等教育出版社，2010.

[16] KRIEGMAN S, BLACKISTON D, LEVIN M, et al.A scalable pipeline for designing reconfigurable organisms[J]. PNAS，2020，117(4)：1853-1859.